U0239945

记
号

/M/A/R/K/

真知　卓思　洞见

借地而生

写给地球人的土壤生命史

［法］马克－安德烈·瑟罗斯（Marc-André Selosse）著

［法］阿诺·拉法林（Arnaud Rafaelian）绘

刘成富 章赟菡 徐 晨 译　　高瑞贺 审订

北京科学技术出版社

Originally published in France as:
L'Origine du monde : une histoire naturelle du sol à l'intention de ceux
qui le piétinent, by Marc-André Selosse
Illustrations by Arnaud Rafaelian
©Actes Sud, 2021
Current Chinese translation rights arranged through CA-LINK International LLC

著作权合同登记号 图字：01-2023-5715

图书在版编目（CIP）数据

借地而生：写给地球人的土壤生命史 /（法）马克 -
安德烈·瑟罗斯著；（法）阿诺·拉法林绘；刘成富，
章赟菡，徐晨译 . -- 北京：北京科学技术出版社，
2024.7
　 ISBN 978-7-5714-3907-1

Ⅰ . ①借… Ⅱ . ①马… ②阿… ③刘… ④章… ⑤徐
… Ⅲ . ①土壤学—普及读物 Ⅳ . ① S15-49

中国国家版本馆 CIP 数据核字（2024）第 085172 号

选题策划：记　号
策划编辑：闻　静
责任编辑：闻　静　马春华
责任校对：贾　荣
封面设计：刘树栋
图文制作：刘永坤
责任印制：吕　越
出 版 人：曾庆宇
出版发行：北京科学技术出版社
社　　址：北京西直门南大街 16 号
ISBN 978-7-5714-3907-1

邮政编码：100035
电　　话：0086-10-66135495（总编室）
　　　　　0086-10-66113227（发行部）
网　　址：www.bkydw.cn
印　　刷：北京顶佳世纪印刷有限公司
开　　本：710 mm × 1000 mm 1/16
字　　数：398 千字
印　　张：31.25
版　　次：2024 年 7 月第 1 版
印　　次：2024 年 7 月第 1 次印刷

定　　价：128.00 元

致莱昂：

当我写下这些文字的时候，

这个小家伙刚刚降临世间，

没有任何作品能够比得上

我心爱的儿子——你母亲的杰作

目 录

PART 3

生命共同体：植物生命的地下探索之旅

引言
穿行在隐形之物的边缘

> 我们在徒步行走中与隐形的"伴侣"不期而遇；我们将目光投向地面，发现大地肮脏不堪，尽管这是无稽之谈。在这里，我将讲述一个惊心动魄的故事（毫不夸张）；在这里，我要向读者展示撰写此书的意图，梳理本书的行文脉络。

雨后天晴，行走在田间地头

法国的冬季总是温和而潮湿的，整日阴雨不断。让我们趁着雨停的片刻晴朗，穿戴好雨衣与徒步专用的雨鞋去田间走走吧。临近傍晚，太阳的余晖倾泻而下。我们穿过伯特利大街离开罗宰昂布里[①]，前往周边的田野。依旧潮湿的空气里弥漫着雨后泥土的清香，有人说这种潮湿的泥土气味叫作"潮土油"[②]。在风和日暖的冬日，田埂小径草木青翠，与棕褐色的耕田形成强烈的视觉反差。秋末冬初之际，棕色的土

[①] 法国法兰西岛大区塞纳－马恩省的一个市镇。——译注
[②] 1964 年，澳大利亚研究员伊莎贝尔·贝尔（Isabel Bear）和理查德·托马斯（Richard Thomas）首次将潮湿的土壤气味命名为 petrichor。——译注

块按照耕犁的线条整齐排列，覆盖着广阔无垠的布里农业平原。在法国的其他地区，错落有致的耕田始终是冬日里一道奇特的风景线。

在随处可见的沟渠里，潺潺流水被不断积蓄的泥沙染成赭褐色。我们抵达横跨耶尔河的大桥时，惊讶地发现水位受连日来持续降雨的影响不断高涨。灰褐色的河水卷携着沉积物奔流而下。此时，孩子们终于按捺不住地追逐打闹起来，他们以投掷土块为乐，因溅起的泥浆而开怀大笑。孩子们的母亲严厉制止了这种嬉闹，她可不想让小家伙们变成一个个灰头土脸的泥娃。然而，他们的衣服早已泥渍斑斑。返程途中，我们穿过一片铺满枯叶的小树林，暂时保持了鞋面的整洁，但一回到路面，鞋子就被邻近田里的泥水弄脏。回到家不久，倾盆大雨从天而降。我们轮流使用刮刀——和许多老房子一样，这是一种固定在入口处的金属薄片——在进门前刮擦鞋底。

屋内芳香四溢的炖菜味道让我们在湿冷的户外散步后重新恢复活力。俗话说得好：好马配好鞍，美食配美酒。我们在屋主的陪同下前往酒窖，一览那里收藏的众多陈年佳酿。作为前菜的波罗的海烟熏三文鱼通常搭配白葡萄酒，而闻名遐迩的法式炖锅自然要配上更为醇香的红葡萄酒。虽然地窖离主屋有些距离，但一位前屋主在 20 世纪盖的胶泥耳房让我们不用离开主楼便能快速进入地窖。这在下雨的冬日是十分惬意的。当我们踏进这个巨大的拱形空间时，浓烈的潮湿气味和泥土气味扑鼻而来。四季恒温的酒窖令主人无比自豪，酒窖内部的温度几乎常年保持在 11℃，这是葡萄酒储藏的必备条件。最后，让我们带着精心挑选的美酒，上楼与朋友共度良宵吧。

……其实，我从未去过罗宰昂布里，在那里也没有任何朋友。但是，这个小镇是真实存在的，也许真的出现过这样的情景。我之所以编造这样一个似是而非的场景，是因为本书的核心主题贯穿这个场景的始终，即便我从未提及它的名字——**土壤（sol）**。如果在你看来土壤是"隐形"的，那是因为你不知不觉地生活在这个低调隐秘但无处不在的伙伴身边。

走向隐形之物的第一步

其实，你早已在田野、地表、鞋底、孩子的手和衣服上见过隐形之物的身影。你在被沟渠与河流的颜色吸引时，就能猜出一二。但是，你是否意识到葡萄酒、炖锅及精心烹调的牛肉其实都是由土壤孕育而生的呢？就像路边破土而出的如茵绿草。毫无疑问，由稻草和土壤混合而成的胶泥耳房，以及确实存在于罗宰昂布里镇的伯特利大街都在提醒我们，土壤和黏土是必不可少的建筑原材料。你是否也闻到过土壤的味道呢？这既是雨后的清新泥香（潮土油），也是地窖中的潮湿气味。你是否注意到地窖的温度恒定不变是因为它深埋于地下？更为有趣的是，你是否意识到，天气因时间的推移而发生变化（或不变），这在一定程度上也是由土壤调节（或破坏）的呢？还有前面提到的波罗的海三文鱼，你是否知道，如果海域周围没有土壤，它就无法在这些水域中生长或畅游？你看，即便海洋也十分依赖土壤。

你是否觉得我在夸夸其谈？不要紧，在发现更多意想不到的惊喜之前，你还有时间慢慢地消化，因为土壤就是不折不扣的世界起源！土壤的特点显而易见，但是，像你我这样踏在土壤上的人并不真正了解它。

首先，土壤是"混浊的"。你看不透它，就像你看不透冲走它的水流一样。前文描述的景色只是地球生态系统中很小的一部分，在晴天可以尽收眼底。整个地下生态系统，植被（其中三分之一是根块）、土壤中的动物及大量的**微生物（microbe）**都无法被肉眼察觉。即便在寒冬，生活在地下的居民们仍旧紧张忙碌着，稍后我将一一介绍。生物的多样性展露无遗，这就是生态系统得以运作的多样化机制。

其次，土壤是"脏的"，至少在现代西方文化中如此。人们常将"烂醉如泥""贱如粪土"挂在嘴边。在很多国家的丧葬文化中，死者都要入土为安。还有前文提到的，泥土总会弄脏我们的鞋面。作为滋养万物的土壤真的这么脏吗？所有这些，很难让我们感受到土壤的伟大与慷慨，我们自然也就无法意识到土壤所发挥的积极作用。

那么，你是否看到过土壤遭受的磨难呢？被罗宰昂布里镇和纵横交错的道路盖住的土壤，在严冬遭受垦耕的土壤，以及为河水"上色"的同时忍受着可怕**侵蚀（érosion）**的土壤。也许，你从来没有意识到土壤所受的伤害。唉！我们很少深入研究土壤，无法感同身受自然是可以被理解的。但是，无论如何，拯救行动已迫在眉睫，土壤正在我们的眼前慢慢消失。我将在后文中详细地说明这一点。

人们对土壤的误解不止于此。在日常用语中，"土地"通常用来指代地表，比如我们说"放在地上""倒在地上""土地权""法国领土""躺在地上"等。因此，本书也将为进一步了解土壤提供另一个维度，并加以深入的探索。

生活在土壤的身边

为了弄清什么是土壤，我花了大量的时间。我在本科期间所做的研究与土壤密切相关，比如根系模糊的生存环境、微生物的培养基、有机材料的循环利用等。当然，不是土壤本身不值得研究，而是因为相关的大学课程照本宣科，缺乏实践，通常都是一些模棱两可的陈词滥调。因此，在最初的学习中，我并没有意识到土壤的重要性。虽然林业专家和农学家重视土壤（因为所有的作物生产都依赖土壤），但是在大学里，就像我就读的巴黎高等师范学院，有关土壤的研究因技术性过强并没有得到重视。后来，实习经历使我对土壤开展了真正的研究。

1992 年，我在法国国立水林农村工程学校接受培训时，有幸参加了农业科学研究院研究员的课程。克劳德·布吉尼翁（Claude Bourguignon）[1]致力于土壤及其生命力的全新解读，成了时代的弄潮儿。在后来的几个月里，我迷上了有关土壤的书籍，并惊讶地发现在以往的学习中竟然缺乏对生物自然史和陆地生态系统进程的正确认识。以前的老师在谈论陆地生命时，总是说不到关键之处。这种感受在我成为生物学家之后逐步得到了印证。

我在南锡市的农业科学研究院攻读学位期间，有幸得到了一位土壤学专家的指导。弗朗索瓦·勒塔孔（François Le Tacon）教授指导我研究了滋养植物的真菌［植物利用真菌形成**菌根（mycorhize）**，我将在第 11 章详细介绍］，这也是一种研究土壤的方式。南锡市是个拥有丰富自然科学史和相关知识的地方，我曾在那里忙忙碌碌。土壤学（pédologie，源自希腊语 pedon，"土壤"；logos，"研究"）作为一门研究土壤的学科，在这座城市得到了飞速发展，尤其是在菲利普·迪绍富尔（Philippe Duchaufour）的影响下。迪绍富尔曾就读于国立水林农村工程学校，后来成了地质学和土壤学专家，被南锡大学聘为土壤学教授。此外，他创建了隶属于法国国家科学研究中心的生物土壤学中心，南锡市因此在土壤学领域大放异彩。我在先后就职的大学、农业

---

[1] 法国知名土壤与葡萄栽培专家。——译注

土壤啊，
终于找到你啦！

那人嘀咕什么呢？　　　　　　　　　他说："终于见到土壤了！"

科学研究院，以及国立水林农村工程学校遇到的若干土壤学专家，基本都是迪绍富尔的嫡系弟子。在这里，我还想提一下让-路易·莫雷尔（Jean-Louis Morel）及其治理土壤污染的独创性方法、弗朗索瓦·图坦（François Toutain，他在我撰写这部作品期间去世了）及其关于**枯枝落叶层**（**litière**，腐烂的树叶）的新观点，以及教我如何咀嚼土壤的贝尔纳·雅比奥尔（Bernard Jabiol，别担心，你在第1章中也会学到这项技能）。

　　1995年，我在法国里昂高等师范学院开设了一门土壤学课程，近30年后的今天，我再一次"讲授"这门课。我的个人经历为本书的撰写提供了丰富的素材。土壤学家也许会认为我科普的知识过于简单肤浅，但这本书毕竟是写给那些对土壤不甚了解的读者的。我想绘制的是一幅人人都能理解的生态画卷。在朋友马蒂厄·布尔尼亚（Mathieu Burniat）[①]的提议下，我与他共同创作了一本科普漫画[②]，生动地勾勒了这幅画卷的大致轮廓。总之，我想在本书中详尽地介绍土壤，因为土壤在我们的生活中无处不在。不仅如此，土壤里别有洞天，我将带领大家共同探索这个精妙绝伦的地下世界。

土壤之旅

我们的探索之旅主要分为三部分。首先，我们了解土壤的成分，包括寄生在土壤中的所有生物。其次，我们探索土壤内部的运作机制，在地下生物的作用下，土壤能焕发出无限生机。最后，在以这种方式形成的土壤中，我们通过种植植物了解土壤的多重调节功能。土壤是生命世界之源，但我们对它知之甚少。难道不是吗？

书中每一章的内容完整且独立，并在章末附有小结。摘要在每一章的开头以下划线的方式来表示。本书的内容十分丰富，请读者各取所需，阅读之后一定会有所得。如果你不喜欢某个章节的叙事或故事，可以直接跳至小结，以便快速过渡到下一章。没错，你可以通过每一章的小结跳过部分内容。

---

① 漫画家，1984 年生于布鲁塞尔，年轻时就痴迷图像艺术。2007 年，布尔尼亚获得比利时康布尔国立视觉艺术高等学校的工业设计学位。2016 年，与蒂博·达穆尔（Thibault Damour）共同创作了科普漫画《神秘的量子世界》。——译注

② Mathieu Burniat (et Marc-André Selosse, 科学顾问), *Sous terre* (《地下世界》), Dargaud, 2021.

简言之，这段地下之旅是为对土壤所知寥寥的读者量身定制的。人们行走于土壤之上而不自知，甚至对土壤的存在置若罔闻。这段旅程会让我们融入身边的自然环境。为了将零散的知识串联成线，请允许我不断回顾各章内容。各位不必回溯相应段落，因为提及的内容将标注下圆点供读者参考。这场探索之旅不需要任何化学、地质或者生物方面的知识储备，我会尽量避免使用专业术语。如果你想对某个概念追根溯源，可以查阅全书最后的术语表。

阅读之旅启程前的最后几句话

这部有关土壤的作品涵盖了我前两部作品的所有方面，包括微生物[1]、与生物的相互作用，以及**单宁酸（tannin）**[2]。单宁酸是植物中的重要物质，也是土壤中的重要物质。在探索大自然的过程中，我们不可避免地要重复已有的发现。在本书中，我会重述前两部作品的部分内容。在此，特向我最忠实的读者深表歉意，请原谅我的啰唆，但无论如何，我真的希望全新的阐述能够让诸位从另一个角度重新审视土壤。至于第一次阅读我的作品的读者，你们面对的是一部完全独立的著作，我也希望你们会出于好奇阅读我的其他相关作品，而不是因为理解上的困难。

本书的写作目的在 3 个方面与我的前两本书是一致的。首先，这

---

① *Jamais seul. Ces microbes qui construisent les plantes, les animaux et les civilisations*（《永不孤独：构建动植物与文明的微生物》）, Actes Sud, 2017.

② *Les Goûts et les Couleurs du monde. Une histoire naturelle des tannins, de l'écologie à la santé*（《世界的美味与色彩：单宁酸的自然史，从生态到健康》）, Actes Sud, 2019.

本书是为了揭示隐藏在我们的世界及日常生活中的简单原理和鲜为人知的机制。这些机制让许多平庸的观察变得意义非凡。为此，我想与各位分享一段个人经历。这段经历刷新了我对世界的看法，起初只是一些简单的感知，后来慢慢变成了深层的探索，因为这些探索带来的结果无处不在。希望各位在阅读本书之后，不再以一成不变的方式感知身边的环境。

其次，调动你的全部感官。我会观察并细致入微地描写自然，唤醒日常生活中无法察觉的土壤生命。这种观察突破了视觉的限制，鼓励你去感受、去触摸。土壤生命是对感官和观察的召唤，它启发我们对世界的认知，向生活发问，引人深思。

最后，也是最重要的一点：要让整个世界为之所动。这本关于土壤的自然史褪去了大自然的外衣，美丽的胴体展现了大自然最原始的魅力，简单有序的内部运行机制能够完美地解释我们所有的观察。这种理解可以重新建立我们与自然界的联系。通过理解和思考，我们能够更好地、可持续地经营并管理好土壤。

正如我所说，人类的践踏和破坏加剧了土壤生态的失衡。人类对土壤的伤害是老生常谈的话题。在不屈服于"农业打击"的情况下，在一个靠农民养活的国家，虽然人们很少承认，但我们不得不考虑重新评估或替换曾经行之有效的改良方案。毋庸置疑，如果我们不了解土壤本身，也就无法寻根诊病，对症下药。

来吧，让我们一起来探索生命世界之源吧！

PART 1

土壤的灵魂：包罗万象的构成

第1章
内心柔软的硬汉：
土壤中的固相物质

　　在这里，我们要从放下本书开始；在这里，我们通过将土壤与水混合来分离不同成分；在这里，大小不一的颗粒在功能上平分秋色；在这里，我们必须选择品尝土壤或是牙膏；在这里，我们会再次发现被合理遗忘的、祖先曾经使用的干性去污剂；在这里，土壤颗粒依次沉降；在这里，土壤有机质的死亡为大地披上一层黑色的面纱；在这里，可疑液体的游戏让黑色的不明物质显露无遗；在这里，土壤会发生塌陷，尤其是贫瘠的土地；在这里，我们观测土壤的抵抗力。

　　工欲善其事，必先利其器。手中无土，是无法开始阅读这本书的。所以，去厨房拿个旧汤盘吧，然后去花园或公园里挖土，即便你不在家，也可以徒手抓一把土或捡个土块。没人知道土壤有多珍贵，自然不会因为"小偷小摸"的行为追责于你。如果能找到一个杂草丛生的花坛，那就再好不过了，虽然手会有点疼，但只管挖就对了。有条件的可以回家寻找合适的工具，比如铲刀、刮刀或铁锹。是的，准备一个称手的工具是非常必要的。优质的样土对我们之后的观察至关重要。

　　不是我写得不好，而是因为取样实非易事。我想说的是，土壤的表面坚若磐石，要想从地面拆下土块，就得使用工具，比如你从家中找来的工具，或是园丁用来为花坛除草的器具。哦，对了，看看你现在的手指吧，它们已被染成黑褐色。土壤是坚硬的、色彩斑斓的，土壤也是厚实的，不信你可以掂量掂量手里的盘子……

这些观察目前对我们来说已经足够，因为我们需要一整章来一探究竟。请将带回的土块放在合适的地方备用。好了，把手洗干净，让我们继续吧！

在本章中，我们将认识土壤中的固相物质，从颗粒的大小开始，然后是它们的组成成分。**矿物质（minéral）**与有机质是土壤的惰性成分，它们将为我们展示土壤的坚硬度，以及在维护得当的情况下土壤是如何成为支撑材料的。

土壤颗粒

我不知道你收集的样土能否很好地说明问题，但是，土壤中通常包含各种大小的土粒。如果没有刻度试管作为理想容器（毕竟在家中并不常见），我们可以通过在细长玻璃管或瓶子中加水摇晃过的土壤沉积物来观察。晃动停止时，较大的颗粒很快就会沉入容器底部，然后是较小的颗粒，再然后是细微颗粒。在接下来的一个小时里，会有更多细小的颗粒缓慢沉淀。颗粒的体积越大，在水中沉淀的速度就越快，这便厘清了土壤中的混合物。在不同的土壤中，大小不一的颗粒比例是不同的。

让我先从粒径大于 2 毫米的砾石讲起吧，通常是一些较大的卵石、碎石或石块。在我的家乡布列塔尼，农民称之为"土骨架"。在翻耕过的土壤中，这些"土骨架"大多是从地下**岩石（roche）**上脱落的碎片，随着每一次翻犁逆势而上。砾石不利于耕作及作物的生长，在很多地区会被农民从耕地中剔除。这些石块可能被扔进隔壁的农田而惹恼邻居［一种被称为扔石圈地（scopelism）[①]的恶意行为］；也可能被用来堆砌石堆、搭建矮墙，甚至是一个临时的庇护所。下层岩石极易碎裂，卵石和石块比比皆是，经过几个世纪的削磨堆积，形成了高大的石墙：一些观赏者经常误解的地中海景观，看起来就像一幅由繁多砾石堆和田野组合而成的镶嵌画。从 75 号高速公路前往拉尔扎克高原会途经蒙特利尔，直至埃斯卡莱特山脚，我们可以在途中看到一幅绝美的石丘马赛克，这些石丘是见证人类与岩石长达几个世纪斗争的完美实例。

翻耕可以解释卵石与石块在土壤中的持续上升。被农具翻起的砾石还没来得及回到原位，较小的碎石就已经滑落至下层。这就好比将大小相同的弹珠（密度相同）混合并摇晃，较大的弹珠总是会停留在顶层。这便是耕地的小把戏，否则巨石将深埋地下，永世不见天日。这就是为什么，在森林或牧场中，你几乎看不到巨石的身影。

事实上，蚯蚓（我将在第 4 章中详细介绍）通常会大显身手，将较大的砾石逐渐埋入土层，因为它们从深处蚕食泥土，再将消化后的泥土排出地表，从而在土壤表层形成足够的排泄空间。年复一年的蚕食与排泄，会逐渐填盖住蚯蚓无法吞食的大块砾石。

寻找微小的土粒

让我们再来看看粒径小于 2 毫米的土壤颗粒。土壤学家会用这些小颗粒定义土壤的粒级（或质地），即土壤中细微颗粒的大小。他们忽

---

① 在 2019 年法国农业联盟（FNSEA）的声明中，这个词语被频繁使用。法国农民背负着来自多方的指控：滥砍滥伐、毒害土壤、虐待动物并被要求对目前的气候危机负责。农民则强烈谴责这些指控。——译注

略较大的颗粒，将粒径小于 2 毫米的土粒分为三类：0.02~2 毫米的是**砂粒（sable）**；0.002~0.02 毫米的是**粉砂（limon**，在某些分类中，粉砂的上限为 0.075 毫米或 0.063 毫米，但区别不大）；小于 0.002 毫米的则为**黏粒（argile）**。值得注意的是，这里的"砂粒"和"黏粒"指的是颗粒大小，并非成分——稍后我们会发现它们的另一层含义。土壤中某一种土粒含量较高时，被分别称为砂质土、粉质土、黏质土；某两种土粒含量较高时，被称为砂粉质土、粉质黏土等。

　　砂粒通常可以用眼睛识别。但是，我们如何才能区分微乎其微的粉砂和黏粒呢？将两者与水混合呈糊状，像卷香肠一样用手滚动泥土，便可以区分出富含黏粒的土壤，因为即使我们将泥土卷成一个圆圈，泥团也不会断裂，这也是为什么可塑性强的黏土可用来制作陶器。相反，如果我们试图将富含粉砂、黏性不足的泥土卷成圈，泥团就会破裂。当然，这仅仅可以区分富含黏粒与富含粉砂的土壤，因为这两类土粒往往是混合在一起的。粉砂会在手指上留下细微丝滑的粉末，就像蝴蝶翅膀上的鳞粉。相较而言，粉砂的粘连性较差。此外，粉砂还可以放在嘴里来尝。经验丰富的土壤学家总会不时品尝土壤。黏粒过于细微难以察觉，而粉砂会在牙齿间嘎吱作响。以牙膏为例，牙膏通常含有粉砂大小的二氧化硅粉末，有助于在刷牙时去除牙菌斑。用牙齿轻磨牙膏，你会感受到唇齿间有轻微的嘎吱声，这便是粉砂存在的证据！

　　那么，从农艺的角度而言，我们应该选择哪种土壤呢？不同土粒的单粒过量存在都是有百害而无一利的，但是，它们混合在一起却大有裨益。卵石、巨石及砾石的共同特点，就是它们之间存在较大的孔隙，水和空气能够畅通无阻（我将在下一章中详细解释）：这对土壤中的生命至关重要，充分保证了土壤生物对水分和氧气的需求。然而，孔隙太多是有害的。众所周知，水在沙滩上会快速渗透，无法储存。因此，只有通透性是远远不够的，还应该有强大的蓄水性能：粉砂和黏粒能通过细小的孔隙很好地保持土壤中的水分。

当然，黏粒含量过高又会导致保水性过强，以致土壤中的生物，特别是植被根系无法汲取水分。同样，粉砂也有其弊端，粉砂含量过多的土壤容易淀浆板结。开垦过或翻耕过的土壤中，粉砂在雨水的击打作用下重组，在地表被压缩形成叠瓦状硬壳，从而阻碍空气与水的流通。使用重型机械翻耕则极易淀浆，导致粉砂间的孔隙缩小。毫无疑问，泥土的沉降会降低土壤的通气性。

不过，粉砂还有一个积极的特性，这与颗粒的大小息息相关。粒径越细，比表面积[①]就越大。因此，相较于砂粒，粉砂的比表面积更大……让我们比较一下直径 1 毫米的砂粒与平均直径 0.01 毫米的粉砂，虽然粉砂的直径仅为砂粒直径的百分之一，但对相同的体积而言，粉砂的比表面积却是砂粒的 1 万倍！土壤正是通过它们的表面孔隙为微生物和植被释放**磷酸盐（phosphate）**、镁或钾等无机盐养分——我将在本书的第二部分重点解释这部分内容。所以，粉质土往往能比砂质土更快地释放土壤肥力！你可能要问了，那黏土的积极特性更为显著吗？毕竟它们的颗粒更小。事实上，大多数形态的黏土稳定性较高，在土壤中很少受到侵蚀。而且，黏土极大地保留了土壤中的**矿物盐（sels minéraux）**，并以此提高土壤肥力，我将在第 3 章中探讨这一点。

由此可见，平均分配砂粒、粉砂及黏粒才能保证土壤肥沃。土粒含量的均衡也取决于气候，例如在排水至关重要的多雨地区，砂质土是首选。至此，颗粒的大小已经无关紧要，各类土粒都功不可没，没

---

① 单位体积或单位质量土颗粒的总表面积。——编注

有孤军奋战的"主导者"，只有齐心协力、相辅相成的"盟友"。土粒实现联合作战，发挥整体效能。现在，我们已对土壤的粒径有所了解，但尚不知晓土壤的特性，接下来让我们一起看看，土壤是如何在岩石中及生物活动中产生的吧。

土壤中的矿物质

我们通过砾石明白了土壤的部分成分来自底层的岩石，这就是为什么我们称底层岩石为"母岩"，因为它有助于在深处生成土壤。土壤中各种大小的岩石碎片，都是母岩破碎形成的碎屑，法国布列塔尼地区土壤中的花岗岩碎片便是如此。当然，还有一些碎片是在成土过程中新生成的矿物质。以在洛里昂附近的普洛默尔开采的高岭石为例，这种白色矿物由花岗岩残积的母质发育而成，大多用于制造瓷器。高岭石其实是花岗岩中的成分钾长石在地表经风化或生物作用转化形成的。

在这里附上一份存在于土壤中，被称为矿物的化学物名录是毫无意义的。因为一块岩石由一种或多种矿物组成，而土壤中的矿物含量远比母岩中的矿物含量丰富得多。土壤既含有直接来源于母岩的原生矿物，又含有经其转化而来的次生矿物。土壤中的矿物多样性非同寻常，涵盖了自然界中已知矿物种类的一半以上，其中一些矿物是通过其他原生矿物在土壤中重新组合而成。例如，绿锈（fougèrite）是一种富含铁的化合物，呈蓝绿色，多形成于水饱和且**缺氧（anoxie）**状态的土壤（称为潜育层）中。绿锈之所以被这样命名，是因为它出现在法国的富热尔（Fougères）[①] 森林土壤中。

---

① 位于布列塔尼大区东部边缘的一个市镇，以蕨类植物命名。——译注

不过，还是让我们来聊一聊两个常见的矿物家族吧。这两个家族的名字你已经耳熟能详，即砂粒和黏粒。我们常常在土壤研究中面临这样的问题：一词多义。我们在上文中，将砂土和黏土看作土壤固体颗粒的粒径，但其实，它们还有第 2 种矿物学的含义（有混淆的风险，抱歉），即指代一种矿物成分。

"砂土"是由石英即氧化硅构成的矿物的名称。我们在市场上购买的用于清洁外墙、制造玻璃、砌筑或园艺的沙子大多是砂土，既是因为它的颗粒大小，也是因为它主要由石英构成。事实上，花岗岩母岩风化时，会释放出石英晶体，根据晶体的颗粒大小，无论是粒径还是成分，通通属于"砂土"。由此可见，通常按大小划分的砂粒也符合成分划分标准，反之亦然。我们大多是在粒径意义上使用"砂土"一词，海滩上的"砂土"主要混合了石英碎屑、石灰石构成的贝壳碎片及许多其他成分！土壤中通常含有石英碎片，即矿物学意义上的"砂土"。

让我们再来看一看在土壤中十分常见的黏土吧。这里的黏土指的是整个矿物家族，具有如下特征：它们是一种层状硅酸盐（我稍后会详细描述），在地表环境里相当稳定，在土壤中尤其稳定。层状硅酸盐是由铝氧片和硅氧片交替堆叠组成的矿物，二者的化学结构相互堆叠。有些黏粒矿物是 1∶1 型层状硅酸盐晶体结构，比如前文提过的高岭石。其他黏粒矿物则由两片硅氧片中间加叠一片铝氧片形成 2∶1 型晶层结构。蒙脱石和索米耶尔土便属于 2∶1 型层状硅酸盐。在法国维埃纳省的蒙莫里永镇和加尔省的索米耶尔镇，人们以前会开采这种黏土用作干性去污剂。蒙脱石散则可作为药物用于止泻。由此，我们可以猜到黏粒矿物的一个重要特性：它与土壤里的多项理化性质关系密切。蒙脱石与污渍中的污垢或染色剂息息相关；蒙脱石散则与病毒、食物毒素及病原菌脉脉相通。这种矿物结构是层状硅酸盐矿物的一般特征，但并不是所有的层状硅酸盐都是黏粒矿物：只有那些在与空气接触时不会（或非常缓慢）降解的矿物才属于黏土。例如，云母是一种在花岗岩中发现的矿物，属于铝硅酸盐矿物，但不是黏粒矿物，因为其在与空气接触时会逐渐变质。

层状硅酸盐化学性质稳定，矿物学意义上的黏土通常以颗粒的形式出现。这些颗粒在粒径意义上也是黏粒，和砂土一样，最常见的矿物尺寸以粒径命名。但许多其他的矿物也属于粒径意义上的黏土，例如一块粒径小于 0.002 毫米的石英。矿物学意义上的黏土通常蕴藏在土壤中，它们或直接源自母岩，或经过风化变质。

值得注意的是，从地质学角度来看，有些岩石完全由黏粒矿物或矿物学意义上的纯砂构成。无论是洛林大区[①]底土中的黏土，还是枫丹白露[②]由砂土构成的岩石，都表明矿物学意义上的砂土和黏土同样存在于地质领域。

最后一组重要的矿物是铁氧化物和氢氧化物，呈赭红色：+3 价铁离子（ion）常存于透气通风的土壤中，也是我们熟知的铁锈的主要成分。赤铁矿（主要成分是氧化铁）等铁氧化物或针铁矿（主要成分是碱式氧化亚铁）等氢氧化物中均含有 +3 价铁离子。千万不要把铁离子与亚铁离子（蓝绿色）混为一谈，亚铁离子通常存在于低氧浓度的土壤中，如利于蕨类植物生长的阴湿土壤。+3 价铁矿物使得某些土壤呈现赭褐色。在热带地区，红得发光的土壤得益于大量存在的 +3 价铁离子，当然也与温度和湿度密不可分——地中海地区的气候比法国北部温暖，这也解释了为什么那里的土壤更偏红。

---

① 法国东北部大区。——译注
② 法国巴黎大都会地区内的一个市镇，位于巴黎市中心东南偏南 55 千米处。——译注

可是，为什么我们提取的土壤样本是深色或灰褐色的呢？说到这里，染黑我们手指的"罪魁祸首"也该闪亮登场了。下面让我们聊一聊土壤固相物质的第二大成分——**有机质（organigue）**！

土壤中的有机质

也许你提取的是森林土壤，森林中的表层土壤实际上是由有机质组成的，密度相对较低且极易挖掘。你应该可以或多或少辨认出土壤中残留的完整或支离破碎的枯枝败叶。当然，你还能看到一些植物根须，蚯蚓和各类昆虫也俯拾皆是——我将在第 4 章中展开这一主题。除此之外，还有一部分物质是惰性的有机质和**腐殖质（humus）**[①]，它们大多是有机残余物（粪便、残根和败叶）或最终在地表枯死腐烂的动植物尸体。根据不同的土壤类型，动植物的尸体能占到土壤有机质总量的 60%~90%，活的生命体往往只占地下有机质总量的很小一部分。

有机质是生命产生的物质基础，因而被称作"有机"，组成分子的化学结构包含彼此联结的碳原子。例如，水（H_2O）的分子结构中不含碳原子（化学符号为 C），所以是无机物；二氧化碳（CO_2）只含有一个碳原子，不与其他任何碳原子相连，因此也不是有机的。相反，葡萄糖（$C_6H_{12}O_6$）中的 6 个碳原子以单键结合形成碳链，因此属于有机化合物。蛋白质、脂质、其他糖类［包括淀粉或**纤维素（cellulose）**］、单宁酸等都是常见的有机质。除了碳元素，有机质还可能含有氢、氧、

[①] "腐殖质"有 3 种定义：（1）所有土壤有机质；（2）腐殖质产生的抗分解有机质，我们将其定义为"稳定腐殖质"加以区分；（3）本文中使用的定义，即纯有机层，或称"O 层"，通常位于表土层，本章将进一步展开研究。

硫、氮（azote）、磷等元素。

　　无论是一片枯叶还是一根残枝，死亡的有机质都是可以辨认的。但大多数情况下，它们是由肉眼不可见的细小颗粒组合而成。就大小而言，这些颗粒属于粒径意义上的粉砂与黏粒。土壤有机质之所以呈黑色，是因为包含了数以亿计不同的有机分子（目前仍无法分析它们的完整结构），每一种分子都有自己的颜色，这意味着它们会吸收与其他颜色相对应的所有光线，并将赋予其色彩的单束光线反射回外部。如果将不同颜色的分子混合在一起，光的每一次辐射都会被至少一种分子吸收。因此，在整个混合物中，没有任何光线能够折射出来，因而最终呈现出黑色！土壤中有机分子的多样性是黑色土壤形成的主要原因，也是染黑我们手指的真正"元凶"。

腐殖质、腐殖酸和黄腐酸

　　现在，就让我们一起来辨认这些有机分子吧。部分有机质难以用眼睛分辨，我们必须要过筛土壤才能除去较大的颗粒。首先取一些水，使土壤溶液（solution）呈现碱性（basique）[①]：从技术层面来说，我们可以在水中加入浓缩氢氧化钠，但这只能在实验室里操作，因为这种碱性溶液能够吞噬一切（这就是管道疏松剂的配方）！接着倒入一些筛过的土壤，并轻轻搅拌（避免飞溅，容易灼伤），然后用滤纸过滤溶

———————————

[①] 如果液体中含有氢离子（H^+），比如醋，那它就是酸性的，这些离子的浓度越高，液体的酸性越强。反之，如果液体中缺少氢离子，而含有大量的氢氧根离子（OH^-），那液体就呈碱性，比如肥皂水、管道疏通剂或小苏打溶液。氢氧根离子越集中，液体碱性越强。溶液中的氢离子与氢氧根离子数量相等时，溶液呈中性。简而言之，溶液可以是酸性、碱性或中性的。

液。我们会看到滤纸上残留了少量黑色的不明物，这便是腐殖质，它们无法溶于碱性介质。由于土壤浸出液是黑色的，所以溶液中同样含有有机质。现在，让我们在浸出液中加入几滴盐酸，使其酸化。静置片刻，我们会看到，原本颜色均匀的液体开始像乌云般凝结，某种物质不断凝聚并缓慢浮出水面：这些不溶于**酸性（acide）**介质的有机质便是**腐殖酸（acides humiques）**。此时的土壤溶液因含有另外一种有机质而呈浅棕黄色，这种有机质因其颜色得名**黄腐酸**（acides fulviques，源自拉丁语 fulvus，意为"黄色"）。由此可见，黄腐酸可同时溶于酸性介质和碱性介质。

因此，我们可以根据实验过程中溶液发生的变化，明确土壤中主要有 3 种有机质：难溶于碱性介质的腐殖质、难溶于酸性介质的腐殖酸，以及可溶于任何溶液的黄腐酸。3 种有机质的相对含量因土壤而异，我将在第 8 章中详细介绍。泥土被水流冲刷入河时，土壤中的腐殖酸和黄腐酸会为河流着色，这便解释了亚马孙流域内格罗河（Negro）[1]名字的由来。这 3 种有机质的确切结构无人知晓，事实上，它们是由数千个分子组成的聚合型复杂有机质，含量因土壤的类型不同而各不相同。如果你想了解三者究竟有何区别，可以阅读我在下页的专题栏中做的整体介绍。

如今，很多人对土壤有机质的三分法大加挞伐。批评者认为，用强碱性溶液（土壤中从来不存在的条件）做初步筛选不仅会改变有机质成分，还会在纯碱引起的化学反应中生成不为人知的全新物质。此外，专题栏中提到的化学结构也并不完全准确。即便我确信目前的分类法存在缺陷，但提出另一个全新的分类观点似乎还为时过早。因此，

---

① 直译为"黑河"。——编注

腐殖质、腐殖酸与黄腐酸的化学差异

腐殖质、腐殖酸与黄腐酸中均含有对水毫无亲和力的基团，我们称之为疏水性基团；而其他可吸附于水分子，并随水大量迁移的基团被称为**亲水性基团**（**hydrophile**，比如棉花可浸泡于水中，是完全亲水的）。土壤有机质中分子基团的占比各不相同。

腐殖质内部含有较少的亲水性基团，由疏水性基团发挥主导作用，因此对水避之不及。与之相反，粒径较小的腐殖酸含有较少的疏水性基团，亲水性基团占据优势。此外，腐殖酸内部的亲水离子与疏水离子呈游离状态。在碱性介质中，酸性官能团（羧基）离解生成的阴离子与水分子相互作用形成水合阴离子，此时的腐殖酸发挥亲水效应，可溶于水中；但如果介质呈酸性，氢离子会大量吸附在羧基表面，导致腐殖酸的溶解性降低，因此难溶于酸性溶液。

请允许我暂时将腐殖质、腐殖酸和黄腐酸作为有机质的代表，直到日后出现更多的有效信息并能深度探索它们的特性。但愿这些争议能够让各位明白，人类对土壤有机质的了解不过九牛一毛，我们脚下的这些化学物质仍然神秘莫测。

这3种有机质之所以在本书中占有一席之地，是因为无论颗粒大小（从最大的分子到最小的分子），它们都具有以下几个重要特性：首先，有机质具有络合作用，为土壤矿物提供物理黏合剂，是土壤的柔软心脏。土壤浸泡在水中时，有机质的含量越低，分解的速度就越快。其次，有机质具备良好的亲水性，因此能够将水分很好地保留在土壤中，这对土壤生物的生命活动至关重要，比如为植物的生长提供水分。最后，土壤有机质为微生物供应生长所需的能量和养分，我将在第 4 章进一步介绍。不仅如此，有机质还有助于矿物盐的储存（尤其是带正电荷的矿物盐，比如钾盐。因为有机质中的有机胶体通常带有大量的负电荷）。我们很快会在土壤生命的核心再次与有机质相遇。

土壤中有机质的浓度

无论我们能否识别有机质，土壤中的有机质含量都是十分丰富的。森林土壤蕴含丰富的有机质，而农业土壤中的有机质含量相对较低，因为农作物在种子（果实）脱落之前就被快速收割。在第 10 章中，我们将一起探寻耕作促进土壤生物呼吸的原理，这是消耗有机质的主力。有机质的含量较低也解释了为何农业土壤的颜色较浅。眼见为实，耳听为虚，请各位在徒步旅行中亲自观察对比田野土壤和森林土壤的颜色吧，毕竟事实胜于雄辩！

土壤中的有机质含量通常介于 1%~10% 之间，但在某些有机质丰富的土壤中，含量可高达 20%，甚至 100%。寒冷的气候和充足的水分可以保护有机质免受微生物的侵袭，因此，位于法国山区、北欧和加拿大的潮湿的泥炭沼泽土壤的有机碳含量，占世界土壤有机碳总含量的 25%，而这些泥炭沼泽土壤仅覆盖了地球表面积的 3%。有机质主要存在于深度小于 30 厘米的表层土壤中：在全球范围内，泥炭层大约含有 1.5 万亿吨的有机碳，比植被（6000 亿吨）和大气（7200 亿吨）中的碳总量还要多。如果折算成公顷，意味着每公顷森林或草地的含碳量为

80~120 吨，而每公顷耕地的含碳量为 40~60 吨。除此之外，我们还应该统计储存于深层土壤中（深度大于 30 厘米）的有机碳，这些有机碳鲜为人知且浓度较低，但估计占总碳储量的 20% 以上！

总之，土壤有机质占陆地生态系统生物总量的 60%~90%，即所有"活的"和"死的"有机质总和的 60%~90%。枝繁叶茂的森林含有 60%~70% 有机质，而草本**生物量（biomasse）**缩减的草坪含有 70%~90% 有机质。看到这里，你一定恍然大悟：从数量上看，陆地生态系统隐藏在土壤深处。

土壤的硬度及其局限性

现在，让我们把时间倒退至 2010 年的 4 月，我们在暴雨中抵达了巴西的里约热内卢。由于暴雨强袭，多地洪涝成灾。4 月 8 日，尼泰罗伊的一个贫民窟被无情地拖入泥泞的洪流，造成 200 余人死亡。无人关心究竟有多少贫民窟被泥石流冲垮，官方也未通报具体的伤亡人数。土壤的局限性却在这一悲剧中展露无遗。

土壤因固体颗粒的存在具备地基承载力，这是我们获取土壤样本费力的主要原因。植物也因地基承载力能够在土壤中扎稳根系。除过草的人都知道，只有斩断根茎，才能迅速将杂草连根拔起。而很多房屋的地基没有深扎土壤，只是简单地插入浅土层（例如贫民窟的地基）。人们常说"脚踏实地"，那是因为在我们看来，土地是坚实且牢固的。土壤中的两种固体成分结合在一起，使其成为良好的承重体：有机质像胶水一样将固体颗粒牢牢黏合；高密度的矿物具有惯性容重，土壤也因此变得更加紧实。虽然土壤中含有密度小于 1 的有机质（密度是单位体积的物质质量，水的密度是 $1g/cm^3$。物质密度小于 1 时，物质悬浮于水中；反之，密度大于 1 的物质在水中沉淀），但是土壤富含密度总是大于 1 的矿物质。因此，即使土壤的孔隙率和有机质含量不同，土壤密度也总是介于 1.2~1.3 之间，从而产生惯性力。

一旦外部施加的作用力能够克服土壤容重产生的惯性力，土壤便会发生破裂：被风暴连根拔起的参天大树就是最好的例证。这一阈值会随着土壤的潮湿程度逐渐降低。因为，水分的渗透导致矿物颗粒与有机质分道扬镳，从而降低了阻碍颗粒迁移的摩擦力；除了润滑作用，水分子还通过阿基米德定律减轻了较重物质的重力，从而降低了土壤颗粒的惯性力。除此之外，斜坡上的土体也极易顺坡坍滑（也就是我们说的"泥流作用"）。尼泰罗伊贫民窟的 50 余所房屋就是这样被高密度的泥浆卷入洪流。高密度的泥浆具有较强的承重力，因此汹涌的山洪流体能够裹挟着巨石奔腾而下。我们通常认为洪流的巨大冲力是卷动巨石的主要原因，然而阿基米德定律才是真正的动因，介质越稠密，颗粒浮力越强大。这些庞然大物之所以能够悬浮在泥浆中，是因为裹挟着巨石的洪流密度远远大于泥沙沉积的河流密度。

因此，在潮湿的情况下，地面更容易坍塌变形。夯筑工艺指的是将粉质土和黏质土在水中混合，并在逐渐成型时加入稻草或其他植物纤维作为增强材料，然后将其风干硬化。这种混合土仍然需要适当的维护，因为连绵不断的雨水会侵蚀土体。混合土的用途十分广泛，例如黏土泥主要用作黏合木块或石块的砂浆，压实混合土则可以制作夯土覆盖物。欧洲缺乏木材和石料的国家曾广泛使用土坯，如今却成了遗闻轶事。然而在其他地区，我们仍然可以看到非同寻常的建筑奇迹，比如北非。我曾有幸参观摩洛哥的阿伊特·本·哈杜村，这个美丽的村落位于瓦尔扎扎特附近。在旅游业兴起之前，该地区掀起了马拉松式的重建热潮：尽管极为罕见，大量废弃的土坯房屋经过雨水的冲刷老化坍塌。富含铁铝氧化物和氢氧化物的热带土壤通常被称为砖红壤（latérite），是一种理想的建筑材料。这种土壤的名字源自拉丁语 later，意为"砖"，因被广泛用作砖块而得名。这些热带砖红壤在潮湿状态下大多呈糊状，并在阳光的照射下逐渐变硬形成砾石，被广泛用作建筑材料，尤其是在印度。富丽堂皇的柬埔寨吴哥窟便是用砖红壤建造的，我们之所以看不出原材料，是因为材料的表面装饰着兼具观赏性和保护性的砂岩块，它们能够更好地抗寒防潮。

　　虽然黏质土提升了土壤韧性，但其胀缩性却会对建筑物造成损害。矿物学意义上的黏质土具有良好的保水性（我将在第 2 章探寻其中缘由），在降水量充足的雨季，黏结性较强的土壤因储存水分而膨胀，并在缺水状态下迅速收缩。为什么我们可以轻而易举地辨认出黏性土壤呢？这是因为在炎热的夏季，土壤表面常常因为胀缩性存在大量裂缝。对地面建筑（露台或泳池）及地基较浅的现代建筑来说，黏质土的这一特性是极其危险的：土壤受到不同程度的拉伸时，建筑体极有可能破裂倒塌，尤其是在极度缺水的旱季，出现裂缝的房屋几乎无法居住。法国的 8500 多个城镇深受其扰，2003 年，其中的 7000 个城镇因酷热天气导致的土壤干化申请了自然灾害救助。深入土壤的地基、地表覆盖物（防止水分流失）及合理的排水系统（排除多余的水分）能有效降低坍塌风险。

土壤的承载力与土壤的板结

　　从实用性来看，土壤的机械承载力始终是农民的"心头病"。承载力是指土壤在不沉降的情况下承载推土机或犁具的能力，特别是在潮湿的状态下。我们总是对土壤的这一特性视而不见。唉！人类大多如此，

拥有时不懂珍惜，失去时方知可贵。法国诗人雅克·普雷韦（Jacques Prévert）也曾有感而发："我从他离开时的窸窣声中认出了幸福。"土壤的韧性备受瞩目，以至于我们忽略了同样值得关注的承载力。

　　虽然陷入泥泞道路的情况时有发生，但只要我们沿着长满杂草的土地边缘前进，问题就会迎刃而解。事实上，泥泞的小路经常在车辙周围蜿蜒：如果没有沟渠，车辆和行人都会沿着土壤结构完整且较为坚固的一侧前行。在森林里，机器下沉鲜少发生，因为森林土壤往往具备较好的承载力。但是，频繁的耕作、疏松的植被和有机质的贫乏都会损坏农业土壤的凝结力。虽然翻耕有助于根系生长，但同时会降低土壤的承载力。雨后，甚至在整个雨季，我们很难将拖拉机开进农田，而这会大大影响农耕的进程。当然，在大部分情况下，拖拉机依然可以在农田耕作，只是操作工序极为复杂，需要耗费大量的时间与精力：一旦泥土在车轮黏附面淤结，我们就得将拖拉机驶离农田，利用坚硬的路面脱去轮胎上的泥土。

影响土壤承载力的因素很多，其中一些因素是无法避免的，比如气候湿度、黏粒的含量等。但其他因素却能通过人工干预加以优化，例如黏结土壤颗粒的有机质、一种可以从根部和表层茎部保护土壤的植物覆盖物，以及通过生命活动改良土壤结构的各类生物 [特别是**蠕虫（vers）**，我将在第 7 章和第 10 章详细介绍土壤生物的重要作用]。最后值得注意的是，农业机械的低重心和高质量有利于提高操作的稳定性，从而保障驾驶员的安全。但是设计者时常忽视土壤特性，一味地增加机械重量，以致土壤承载力成为当下亟待解决的新问题。

机械承载力反映了土壤的特性，而技术人员却很少或完全没有对此给予应有的重视。我们在日常生活中对土壤的馈赠置若罔闻，却在失去这份得天独厚的宝藏时追悔莫及。简而言之，土壤的耐受力和承载力都是有限的。

让我们以更有趣的方式结束这一章吧。我们脚下的土地是柔软的。我撰写这本书的时候，正值新冠病毒大流行。因为被限制在巴黎市中心，我只能在社区跑步，之后逐渐扩大跑步范围，一直延伸至巴黎东郊的万塞讷森林。周末，我经常在柏油马路，有时在布列塔尼的石路上慢跑。无论是土壤的柔韧性还是缓冲性，城市路面都无法与森林小道相提并论。自从我开始在万塞讷森林慢跑，跑步引发的关节疼痛竟然奇迹般地消失了。我沿着树林或赛马场奔跑，看见宽阔的**红土（latérite）**和草地时豁然开朗：赤脚和未钉蹄铁的马掌才是顺应自然的必然选择，没有沥青的路面才最适合运动。

马蹄铁和鞋子是文明后期的产物，用来减缓道路、鹅卵石和人行道对马掌和人脚的冲击与磨损。虽然人造路面是平坦且光滑的，却让

我们无法接触柔软的土壤。通常，我们只要在柏油路上光脚走 10 分钟
（尤其是摔倒）就会磨伤脚底，而赤脚在草地奔跑（甚至摔倒）却能毫
发无损。无论人还是其他动物，都更适合在土路上行走或奔跑，因为
土壤才是人体的最佳承托物。人类曾经在月球上行走，但诸位有试过
哪怕一次，赤脚在地球上行走吗？

结　语

　　这一章重点介绍了土壤的固相成分。这些成分在我们的日常生活
中并非平淡无奇，毕竟我们周围的土壤是深不可测的。我们假定土壤
有 30 厘米厚，那就意味着每公顷土地拥有 4500 吨的土壤物质，而母
质层往往埋藏得更深；在 1 米厚的土壤中，每公顷物质含量高达 1.5 万

吨，这还只是一般情况。本书在这方面并非轻描淡写。

　　土壤中的固体颗粒大多来自底土层的岩石，包含石块、卵石和粒径小于 2 毫米的各种土粒。我们在有限的条件下，区分了 3 种主要的粒径类别，从大到小依次是砂粒、粉砂和黏粒。土壤颗粒不论大小，功能各有千秋，在土壤中各司其职：石块和卵石保证了空气与水分的流通；粉砂释放矿物盐，黏粒储存有机质，二者相辅相成，提升土壤的保水保肥性能。

　　至于土壤固相物质的成分，我们区分了矿物质和有机质。"砂土"和"黏土"具有两种含义，既是颗粒的粒级单位，也是极为丰富的矿物种类，比如属于黏土的层状硅酸盐和属于砂土的石英。在土壤中，矿物学意义上的黏土与砂土，和其他含量丰富的稀有矿物并驾齐驱。值得一提的是，某些矿物，比如铁氧化物和氢氧化物只能在土壤中生成。

　　土壤有机质主要由活的有机体组成，我将在第 4 章中深入探究这些有机生物和腐败的有机残体，它们或多或少发生了质变，面目全非且支离破碎，以致难以通过肉眼分辨。除此之外，有机质还包括鲜为人知的微小物质，比如难以溶于碱性介质的腐殖质、只溶于碱性介质的腐殖酸，以及可溶于任何介质的黄腐酸。虽然有机质在矿物土壤中的含量并不高，但其总量是极其可观的，土壤中的有机质占陆地生态系统中生物总量的 60%~90%。

　　土壤因固相物质的存在而具备为我们提供支撑点和锚定点的能力，土壤的定义便是最好的证明："土壤是地壳的一部分，处于自然状态或已开发的状态，人们在其表面站立或移动。"[①]土壤表面虽然看起来坚不

---

① 出自《法语宝典》（ *Trésor de la langue française*，简称 TLF），该书博大精深，引人入胜。

可摧，甚至常被用作建筑材料，但是一旦到达韧性临界点，便会发生断裂。在潮湿的状态下，土壤的断裂阈值会大大降低。其实，土壤与生俱来的特性，即可塑性与抗压性掩盖了这一缺陷。总而言之，土壤是坚硬的，"内心"却是柔软的。即便是坚硬紧实的矿物土壤，特性也毫无二致，因为黏结固体颗粒的有机质是松软的。

　　事实上，多孔土壤的密度远低于岩石密度（岩石密度通常是土壤密度的 2 倍）。接下来，让我们一起去探寻这种差异产生的原因吧。

第2章
地下美食圣殿：
土壤中的液相物质

在这里，我们浸润土壤；在这里，大小不一的孔隙各司其职；在这里，雨水经由土壤参与大气循环；在这里，土壤水分通过植物的蒸腾作用重返大气，每公顷森林每天的耗水量多达数十吨；在这里，悲喜交加的故事反复上演；在这里，灌溉与排水相辅相成，花盆透水孔的重要性不言而喻；在这里，盐渍化的肥沃土地正面临着退化危机。

安达卢西亚被誉为"欧洲花园"，因为当地的果蔬产量占西班牙农作物生产总量的 25%，并以低廉的价格涌入欧洲市场。其实，这个由数万公顷塑料温室大棚组成的"花园"既不美观，也不环保。当地广袤稀薄的沙漠景观足以拍摄一部西部大片，极其不利于农作物的生长，"欧洲花园"的盛名要归功于人们对水资源的合理利用。当地的农业用水主要来自河流和底土层，相继出现的文明逐渐改善了贫瘠的土地，提高了土壤肥力。罗马人建造了运河和引水渡槽，掌握了利用重力引水的方法，这一引水技术得以代代相传；8—15 世纪，阿拉伯人在维修的基础上不断完善实践引水系统，例如引入斗轮或戽斗水车，依靠动物牵引取水灌田。现如今，深孔钻井和抽水泵将灌溉强度提高了 10 倍，土壤愈发肥沃，农作物得以茁壮成长，沃野千里，仓箱可期。

　　那么，土壤中的水分究竟发挥着怎样的作用，又是如何提升土壤肥力的呢？毫无疑问，水分在土壤中不可或缺。在厨房等候多时的土壤样本终于派上用场了，让我们在大一点的碗或桶里装满水，并将土块放入水中，我们会发现大大小小的气泡不断从泥土中冒出。土壤由许多体积不同、形状迥异的土壤颗粒组成，这些土壤颗粒堆积在一起，形成大小不一的空隙，空隙相互串联形成的通道叫作"孔隙"。孔隙中通常含有少量的水分，这也是为什么土壤摸起来总是湿乎乎的。我在上一章中谈到了山体滑坡、沼泽湿地，以及因黏质土的膨胀性破裂坍塌的房屋，这些都是土壤中存在水分的证明。

　　在本章中，我们将认识为水分停留提供空间的孔隙，了解水在土壤中的迁移运转。我们会发现不同大小的孔隙具有不同的保水性能；我们将看到植物根系如何支配和利用土壤水分，并在此过程中发现水分循环的演化规律；我们还会看到，土壤水如何通过地表蒸发及植物蒸腾重返大气，如何为植物输送生长发育所需的各种养分，例如不可或缺的矿物盐。当然，脱离农业实践的夸夸其谈都是纸上谈兵，我们的一切讨论最终都会回到如何合理灌溉和如何降低土壤**盐渍化**（**salinisation**）风险等实际问题上。

土壤中的孔隙

　　土壤孔隙对水分及气体的循环（我将在第 5 章详细介绍）至关重要。土壤的孔隙大小不一，如前文所说，土壤中的粗壮颗粒堆积形成的孔隙较为粗大，如石块、卵石或砂粒等。孔隙度越高，土壤越疏松。土壤孔隙根据粗细分为两类：一类是**大孔隙**（**macropore**，或称通气孔隙，源自希腊语 macros，意为"宏大"），水分和空气能够在其中快速流通渗透，持水性较差；另一类是**微孔隙**（**micropore**，或称毛管孔隙，源自希腊语 micros，意为"微小"），通过毛细作用储存水分。毛细力是一种值得我们关注和研究的物理作用力。让我们先从简单的观察开始：准备一杯不加糖的有色热饮（咖啡、茶或冲剂）、一张纸巾和一块方糖。

　　一切准备就绪了吗？先将纸巾的一角浸入水中，只要浸入几毫米，我们就会看到有色液体迅速渗透纸巾，上升至 1 厘米处甚至更多！再将方糖的一端泡入水中，我们会发现溶液再次渗透上升。方糖融化时，糖块会碎裂。糟了，你的手指一定被黏住了吧，还不赶紧扔掉糖块！而我们用纸巾擦手时，会发现手指上黏稠的残留液体再次被纸巾吸附。常言道"水往低处流"，那为什么有色液体总是沿着缝隙上升呢？这是因为，糖块晶体与纸帕纤维内部的细小孔隙连在一起，形成了毛细管，水分在毛细力的作用下吸附上升，这便是毛细现象。在物理学家看来，毛细现象是其他分子引力共同作用的结果——还请少安毋躁，我会在下文中详细解释。毫无疑问，毛细力在毛细现象中具有举足轻重的作用。顺便说一句：观察结束，你可以开怀畅饮了！

　　简单地说，毛细力是一种将水分吸入由团粒堆积而成的毛管孔隙中的作用力，这些团粒（糖、棉花、有机质或土壤黏粒）与水分子相互作用，具有较好的亲水性。毛细力与孔隙的大小密切相关：孔径越小，毛细力越大；反之亦然。粗大的孔隙缺乏毛细力，水分在大孔中快速渗透流失；而细小的孔隙则能够很好地吸附蓄水，孔隙越小，保水功能越强。举例来说，如果衣服脏了，我们用纸巾（孔隙比织物孔隙小）大力地擦拭，通常只能去除一小部分污渍。那为何超细纤维毛巾的擦拭效果更好呢？这是因为其内部细小的纤维孔隙拥有强大的吸水力。我在上一章中谈到的索米耶尔黏土的去污特性也是相同的原理，它能够有效地吸附有色液体。

　　孔隙的吸水能力参差不齐，那么土壤更偏爱哪种孔隙呢？其实，孔隙和土粒一样，大小不一却各有所长：大孔隙通气透水，能供应充足的氧气；微孔隙保水蓄肥，为土壤生命源源不断地输送养分。由此可见，性能良好的土壤通常孔隙分布适宜，水、气比例协调。值得注意的是，土壤能够像海绵一样疏松透气、保水蓄肥，微孔隙功不可没。

土壤水的存在形态

　　让我们重新回到厨房吧。拿出之前用过的沙拉碗和一块干海绵，在碗里装满水，并仔细观察海绵内的孔洞，不难发现海绵内部分布着大小不一的缝隙，这和土壤并无二致。既然如此，我们不妨用海绵比拟土壤，来观察土壤水的存在形态。首先，将海绵浸泡在沙拉碗里，轻轻按压排出海绵内部的空气。当海绵达到最大吸湿量时，无论是大孔还是小孔，所有的孔隙都将填满水分。与此类似，土壤在这种状态下所能容纳的最大水量便是"土壤饱和含水量"。

　　然后，取出海绵，将其悬挂在碗上，我们就会看到，部分液态水被吸附在吸着水[1]的外层，并定向排列成水膜。膜状水沿着孔隙受重力作用向下移动，但速率缓慢，这是因为大孔间的连接是间接且复杂的，水分在空隙间的移动受阻，无法实现良性渗透。所以，雨后土壤的保水性能往往取决于水分在大孔中的流动速率。虽然膜状水不断向水膜薄处移动，但渗出的水量越来越少，最终以滴落的形式渗出。即便如

---

[1] 紧附于土颗粒表面，结合最牢固的一层水。——编注

此，静候一段时间，大孔隙也会逐渐排尽水分。事实上，水分循环的速率根据孔隙的形状和大小而有所不同。例如，水分在砂质土和粉质土中的渗透速率介于每小时 1~100 厘米之间，而在黏质土中则低于每小时 1 毫米。

研究微孔隙的土壤学家采用了如下衡量标准：等待 48 小时，当膜状水充分下渗并达到所谓的"渗透饱和"时，大孔隙中的水分全部排空，而微孔隙仍然蓄满水。此时，每千克（或每升）土壤所能稳定保持的最高含水量就是所谓的"田间持水量"。田间持水量的大小受土质影响，一般来说，黏质土（微孔隙数量多）>粉质土（微孔隙较少）>砂质土。砂质土颗粒形成的孔隙较粗，缺少微孔隙，因此保水性能较差。田间持水量为零的农田被称为漏斗田，沿海沙丘的土壤便是如此！以石灰质黏土为例，每千克土壤能储存 300 克的水分。

这些参数的考量是为菜园设计灌溉、排水系统的重要指标：浇水是为了补给土壤毛管水，一旦超过毛管持水量，多余的水分便会在重力作用下沿着大孔隙向下流动，无法储存的重力水将快速渗漏出土体。由此，我们不难得出结论：相较于粉质土与黏质土（微孔隙多，持水性能强），加大砂质土的灌溉力度势在必行（再次重复：砂质土微孔隙少）。

土壤水的形态与植物吸水方式

让我们再来重点关注一下植物是如何从土壤中吸取水分的吧。虽然大孔隙中的水分唾手可得，但是一场降雨过后，随着时间的流逝，土壤达到了渗透饱和。此时的植物必须克服将水分储存在土壤中的毛细力，并将微孔隙中的毛管水收为己用（我们稍后便会看到植物究竟是如何吸水的）。我还是用海绵来打个比方：当海绵不再渗水时，我们可以通过按压在内外部分别施加压力，将海绵中的水分挤出。不同的是，植物是吸入水分，而海绵是排出水分。但不管怎么样，按压海绵和克服了毛细力的植物一样，都使水发生了转移。按压的力度越大，克服毛细现象的作用力就越强。同理可得，植物的吸水能力越强，其微孔隙就越小。

当微孔隙中仅剩少量的毛管水时，就会达到新的水量平衡。即便海绵还是潮湿的，我们也很难再将水分挤出。同样地，当土壤中的毛管水减少，植物吸水困难，土壤中的含水量就达到了暂时萎蔫系数。达到暂时萎蔫系数的剩余含水量因土质差异而各不相同。对特定的植物来说，蔫头耷脑就是水分亏缺的表现。一时的萎靡不振是有法可医的，一旦植物重新获得水分，便能容光焕发，精神抖擞。如果我们继续排出水分，海绵终将被榨干最后一滴毛管水，此时无论如何挤压，都将是竹篮打水一场空。因此，当植物再也无法从土壤中吸取可用水时，便会香消玉殒，回天乏术。土壤的质地不同，达到永久萎蔫系数的剩余含水量也不尽相同。

值得一提的是，暂时与永久萎蔫系数和土壤的质地毫不相干（与饱和含水量及田间持水量相反），而是取决于根系的吸水性能。为什么同种植物，特别是异种植物之间的萎蔫系数各不相同呢（即便生长在一种土壤上）？这是因为每个有机体都有独一无二的生理特性。这也是为什么力气大的人仍然能从几近"枯竭"的海绵中挤出水来。

植物的吸水性能也是灌溉、排水系统中不可或缺的参数：每当土壤含水量接近植物的暂时萎蔫系数，加大灌溉便能有效满足植物根系对水分的需求。常言道：月盈则亏，水满则溢。过度灌溉反而会导致多余重力水的快速渗漏，因此一定切记：不缺不补，过犹不及。土壤中可被植物有效利用的毛管水和吸着水，通常是田间持水量和土壤萎蔫系数之间的差值，被称为土壤有效含水量。为了避免植物萎蔫，哪怕是暂时的萎蔫，土壤有效含水量始终是灌溉决策的主要依据。概括来说，对土壤实施水分管理，指的是田间土壤的湿度既不高于有效含水量的上限——田间持水量，也不低于有效含水量的下限——萎蔫系数。为此，我们可以通过探针测量土壤含水量，也可以根据种植者的习惯来确定灌溉定额。当然，这也就意味着，在特定的土壤和气候条件下，我们需要选择具备合适萎蔫系数的作物来满足灌溉需求。比如在法国西南部的阿基坦盆地，人们便可以质疑年年需要灌溉的玉米种植。

土壤水的运动规律

在进一步探讨土壤和植物间的水分交换之前，我们先来简单地了解一下推动雨水移动的动力因素吧。首先是压力势（正压或负压）。众所周知，水流总是从高压流向低压。例如，我们打开水龙头，水从阀门流向水槽；我们用力吮吸时，鸡尾酒被吸入管内。然而在毛细现象中，水流会在毛细力的作用下从低压流向高压。

其次是溶质势，即水分子总是从低浓度溶液向高浓度溶液扩散。液体因含有溶质而具有浓度，水分子的渗透则利于平衡由不同浓度产生的压差。例如，我们不小心把某种液体洒在桌布上时，撒上一点盐便可以有效吸除水分，这是因为桌布外部的浓度高于内部。这也解释了为什么有色热饮能够在糖块中吸附上升，因为糖块（含有糖分子）的浓度高于溶液。

最后是基质势，即介质具有亲水性。水分子通过与物质的相互作用被吸附、被黏结，从而降低自由度，处于稳定状态。纤维素和亲水棉一样，都具有良好的亲水性。在前文的观察实验中，纸巾之所以能够有效擦除残余的咖啡，便是因为纸巾纤维具有较强的水分子亲和力。

以上动力因素[1]能够很好地解释雨水在土壤中的运动过程，特别是压力势和基质势。压力势指的是水在重力作用下沿着大孔隙向低势处流动，正如常言所说：水往低处流。微孔隙在毛细力的作用下对水分有较强的吸附能力，微孔隙度高是粉质土和黏质土的优点之一。土壤中的亲水介质是存蓄水分的关键：有机质含量高的土壤具有更好的保水性能，因为几乎所有的有机质都是亲水的，而这些储备水通常是可被利用的有效土壤水。因此，在土壤中添加有机质的一大好处，便是土壤有机质可以保留高达其重量 90% 的水分！

雨后的土壤具有双重的调节功能：一方面，由于大孔隙的不连贯，雨水在土壤中渗透缓慢，即使在相互连通的孔隙中，水流也只能以远低于每小时 1 米的速度缓慢流动。雨水被有机质吸附并储存在微孔隙中时，地表水分便无法及时下渗排放，因此过量降雨极易导致地表径流的增大，从而引发水灾。另一方面，由于雨水渗漏缓慢，地下径流减少，从而缓解了下游水位的快速上涨。在没有土壤和植被覆盖的荒瘠沙漠中，干涸的河谷一览无遗：猛烈的暴雨汇集成短暂存在的河流，在剧烈蒸发下，这类河流很快便会干涸，形成河道，直至下一次天降甘霖。事实上，健康的土壤具有良好的调蓄引流功能，然而随着城市化进程的加快，土壤因被塑胶水泥覆盖而无法发挥调节功能，从而加剧了洪水泛滥的危机。

现在，让我们去阿尔卑斯山脉东南部的德赖试验田看一看吧。那里地势陡峭，地表软岩因受到严重侵蚀而寸草不生。20 世纪 80—90 年

---

[1] "水势"由以上 3 个动力因素共同组成。水势可像压力一样被测定，用压强单位巴（bar）表示。

代，人们在此开展了大规模的种植试验，对土壤的人为改造卓有成效：不仅洪水强度降低了 90%，洪峰出现的时间也滞缓了半个小时；此外，雨水冲刷造成的水土流失面积大幅减少，土壤流失量因 40% 的植被覆盖率降低了至少 50%。

我在上文中提到，有机质含量丰富的土壤具有强大的降水储存能力，能够为安第斯山脉附近的大城市（如基多、波哥大、梅里达）提供水源。在海拔 3500 米处至山顶终年积雪的 5000 米高山上，有着特殊的生态系统，即"冻原生态系统"。在东非和新几内亚的热带山区也有类似的生态系统，那里的土壤富含不可降解的有机质（由底层火山母岩释放的铁和铝混合而成），凉爽的气候同时抑制了微生物的生长：有机质含量占土壤总量的 10%~40%，即每公顷有机质含量高达 1500 吨！高山的海拔高度导致水汽凝结降落，而富含有机质和微孔隙的土壤具有海绵般的强吸水性。因此，冻原土壤的含水量高达自身重量的 3 倍以上。达到饱和含水量的土壤就像一颗果冻，是固态和液态共存的半固体混合物。这些令人惊叹的土壤源源不断地为下游河流提供丰富的水源，同时是低海拔地区全年农业灌溉、水力发电和城市供应的坚实保障。但是现如今，气候变化、高原耕作及过度放牧都加剧了冻原生态系统的恶化，导致人口密集地区得以蓬勃发展的天然生命之源濒临枯竭。

土壤水的运动（循环）路径

首先，重力在土壤水运动过程中起主导作用：降雨后的饱和流，受重力影响沿着大孔隙不断向下渗透，直达母质层。水流渗入母岩，垂直纵向流入更深处的地下水系。如果母岩的渗透性较差，则形成片流，沿着岩石倾斜面水平流动，最终汇入江河。万千水流从天而降，在重力势能的影响下，百川朝海，流行不止。而储存在土壤孔隙中的水分却总是逆道而行，附着在毛管中的水克服重力垂直向上运动。毛管水和大孔隙中残余的少量水分通过土壤蒸发和植物叶面蒸腾重新返回到大气中。

其次，土壤湿润时，水分通过毛细作用不断快速地向地表运行。由于热（太阳辐射）的作用，地表孔隙中的水分汽化蒸发，表层含水量下降，深层土壤水沿毛管上升至地表蒸发面。干燥孔隙若大于湿润孔隙，毛管水的连续状态便会断裂，毛管流通量也急剧降低，毛管水会逐渐停止向其消失点供水。简而言之，土壤蒸发速率与持水孔隙的排列衔接密切相关。

那么，农艺实践中是如何抑制土壤水分的蒸发呢？行之有效的措施有两种：第一种措施是通过放置疏松覆盖物来抑制水分的蒸发。沙石或秸秆等覆盖物增加了地表糙度，水分因向上传导阻力增大而无法上升至土壤表层，从而降低蒸发速率。第二种措施则是破坏土壤表层结构，增加土壤内部孔隙，从而增加土壤透气性。俗话说得好：锄勾下有水，算盘珠有钱。锄地锄得好，少浇两次田。在园艺中，耕松表土可以切断土壤微孔隙的连接，使深层土壤水难以补给地表，从而起到保蓄下层水分的作用。万事万物都有利弊，地表覆盖物和耕田松土在减少水分流失的同时也会抑制植物的生长。在进一步探索植物的蒸腾过程之前，让我们先来简单了解一下土壤毛管断裂的不良影响。

约翰·斯坦贝克（John Steinbeck）撰写的《愤怒的葡萄》（*The Grapes of Wrath*）于 1939 年出版，次年被改编成电影，讲述了经济危机时期，美国中部各州（如俄克拉何马、新墨西哥、得克萨斯、堪萨斯和科罗拉多等）大批农民在失去土地之后颠沛流离的惨痛人生。这些地区是美国主要的农业带。自 20 世纪初发展起来的农耕技术，即旱地直播技术，有利于在旱耕季节储存雨水。"旱地直播"指的是作物发芽后，通过机械覆盖压实表土，切断土壤微孔隙，从而起到保墒 ① 作用。这种大规模的耕种模式显然是为了适应当地气候而量身定制的。20 世纪 30 年代，美国爆发了严重干旱，滥垦滥伐造成土壤大面积风化，经热风扬起后形成了严重的沙尘暴，一些地区超四分之三的农田被损毁，而其他地区的农场则全部被尘沙掩埋。受"尘盆"（Dust Bowl）旱灾影响的地区超过 40 万平方千米。美国政府制定了"雄心勃勃"的抗旱防灾计划，大力开展植树造林，改进农业生产技术。面对人人谈之色变的旱灾，时任美国总统富兰克林·德拉诺·罗斯福（Franklin Delano Roosevelt）的发言掷地有声："一个破坏其土地的国家终将自取灭亡。"这个说法完全准确，并非危言耸听，因为人们在制定政策时总是习惯性地无视科学和环境。在某些地区，沙尘暴导致 80% 的农业用地流失，让人类付出了惨痛的代价（《愤怒的葡萄》中农民遭受的苦难）。"尘盆"旱灾终于让人们意识到土壤的重要性。勤于打理花园的人不会有受灾的风险，因为他们心知肚明，善待土地就是善待生命。土壤是万物之源，以善待之可获其利，以恶待之则受其惩戒。这样的例子不胜枚举。

　　总之，雨水在土壤中或在重力作用下向下层渗透，或在毛细力的作用下沿着微孔隙上升至土壤表层并蒸发。除此之外，植物也为水分重返大气层提供了通道。

---

① 采用各种耕作技术使土壤保持一定的水分，以利农作物生长的农业措施。——编注

植物根系的吸水动力

植物根系吸取土壤中的水分，一方面用于植物本身的生长，另一方面水分的吸收和流动将矿物盐运送至植物各个部分。氮、磷、钾等矿质元素以**树液（sève）**为载体，在蒸腾拉力的驱动下迁移运转。太阳辐射是影响植物蒸腾速率的关键因素。在太阳能的驱动下，水分通过地上部器官（主要是叶片）以气体状态从体内散失到体外。其实，这一现象在日常生活中随处可见。我们坐在或踩在草地上总会感到湿冷，便是因为植物的蒸腾作用消耗热能。在蒸腾过程中，液态水吸收热能转化为水蒸气，从而产生降温增湿的效果。俗话说"大树底下好乘凉"，也是这个道理。由此可见，植物不仅可以利用太阳能进行**光合作用（photosynthèse）**，还能够在其驱动下将"战利品"运输至地上各部。

那么，水分究竟是如何进入植物体内的呢？换句话说，土壤水吸力 [1] 是如何产生的呢？其实，影响根系吸水的动因有三：亲水性、介质浓度和物理压力。虽然植物内部的亲水性化合物能够有效储存水分[如多肉植物**细胞（cellule）**中的亲水凝胶]，但对吸水量的贡献微乎其微。介质浓度是植物吸水的主要动因之一，植物根系主动吸收土壤溶液中的离子时，中柱细胞和导管中的溶质增加，溶质势下降，此时导管水势低于土壤水势，土壤中的水分便自发顺着根部内外的水势梯度从外部渗透进中柱和导管。对生长在海边等盐渍环境中的植物来说，根压是主要的吸水动力：盐生植物细胞（尤其是根部细胞）吸收并积累大量的可溶性钠盐 [氯化钠（NaCl）]，导致植物细胞浓度高于土壤

---

[1] 土壤基质对水分的吸附和保持能力。——编注

溶液。生长在盐沼边缘的盐角草就是由于出色的摄盐能力，常被作为调料食用。值得注意的是，过量的盐分也会损害根部细胞，抑制植物的生长（我将在第11章详述）。这就解释了为什么有些植物会吸收毒性较小的小分子有机物质以保护细胞，比如脯氨酸、多元醇和甘油。植物因小分子有机物质的存在总是带有淡淡的甜味，如生长在海边盐碱滩的水麦冬属植物和的黎波里紫菀。而吃着中草药、喝着山泉水长大的盐池滩羊，肉质具有香甜不腻的独特风味也就不足为奇了。

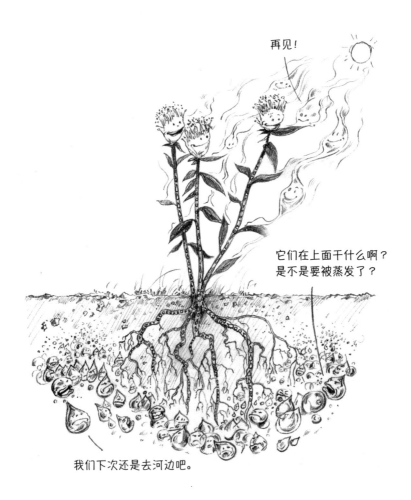

　　植物吸水的主要动因就是植物根茎产生的毛细力，即在物理压力的作用下吸收水分。因为在植物体内，胞间隙、细小的汁液传导性组织及细胞间隙连接都具有强大的毛细作用。在阳光下，叶片微孔隙中的水分汽化扩散，导致叶片细胞失水，形成水势梯度，相邻的微孔隙共同接力供水，水分逐渐由根部向顶部运动。

　　植物就像个巨大的干燥器，紧密堆积的微孔隙相互交织，形成多个干燥机芯，布满微孔隙的叶片面积越大，水分蒸发得就越快。位于根茎之间的微孔隙结构（即胞间隙）优化了水分运输通道，并最大限度地减少了传导阻力。水分从植物体表面以水蒸气状态散失到大气中的过程被称为蒸腾作用，蒸腾拉力驱动水分在植物体内的运输。**蒸散（évapotranspiration）** 是土壤蒸发和植物蒸腾的总称。植物经过长期的自然选择和优化，蒸腾效率比土壤蒸发效率高得多，蒸腾耗水量通常是蒸发耗水量的 10 倍！这是因为相较于土壤中的毛细力，水分更容易在蒸腾拉力的驱动下由根部向上运动，与此同时，叶片对光的反射有效提高了对太阳能的利用率。蒸腾速率取决于植物的生理特性。

植物，水分重返大气的通道

　　蒸散，特别是植物蒸腾，及时补充了雨后土壤中的水分，并限制地下水位的上升。让我通过具体事例来进一步解释。植物的蒸腾速率取决于叶片的密度（每立方米树叶的表面积为 1~100 平方米），因此木本植物的蒸腾量高于草本植物和灌木。法国朗德省在 19 世纪还是一片长有许多灌木丛的荒原[①]湿地，朗德也因此而得名。一方水土养一方

---

① "荒原" 的法语为 lande，朗德省为 Landes，两者拼写与读音相近。——译注

人，特殊的地理环境造就了当地牧民独一无二的放牧方式——为了在柔软又不稳定的沼泽地行走，朗德的牧羊人练就了踩高跷放牧的独特能力。如今，这种曾经闻名遐迩的传统牧羊人形象逐渐销声匿迹。松树的种植和适当的排水逐渐降低了该地区的地下水位，在松树林的蒸腾作用下，焕然一新的现代朗德横空出世！

砍伐森林则会导致地下水位的升高，因为仅靠土壤蒸发消耗地下水是远远不够的。德国著名博物学家和探险家亚历山大·冯·洪堡（Alexander von Humboldt）在南美洲巴伦西亚湖畔（委内瑞拉北部）旅行期间率先发现了这一现象："森林被摧毁，河床……每当大雨落在高处时都会变成激流。雨水不再通过渐进式过滤被储存在河道中。"另外，众所周知，北美洲的大规模毁林导致了地下水位的不断上升。同样，砍伐森林将导致朗德的地下水位上升0.5~1米，地下水含水层会再次露出地表。森林治理也解释了为什么罗马帝国时期疟疾肆虐的地区，现如今不再受其侵扰。虽然当时的气候条件更为恶劣，但不可否认的是，城市周围森林的过度采伐引起了地下水位的上升，潮湿的环境为传播病毒的蚊虫提供了绝好的繁育温床，并最终导致疾病暴发。不仅如此，地下水位的上升还会造成土壤盐渍化。另外显而易见的是，森林面积的减少会加剧重力作用下的水力侵蚀，导致雨后洪灾风险飙升。这让我们自然地想起在第1章中提到的尼泰罗伊的灾难性泥石流。这次灾难就发生在森林砍伐最严重的地区。无独有偶，2020年，法国南部同样遭遇了前所未有的毁灭性洪灾。

既然植物的生长离不开水分，那么运送养分的汁液便会在蒸腾拉力的作用下向地上部迁移。蒸腾耗水量因植物种类的不同而千差万别。比如，一棵盆栽天竺葵每天要消耗40克水；一棵成年山毛榉每天要消耗100千克的水；而每公顷森林通过蒸腾作用，每天要消耗30吨水！这些

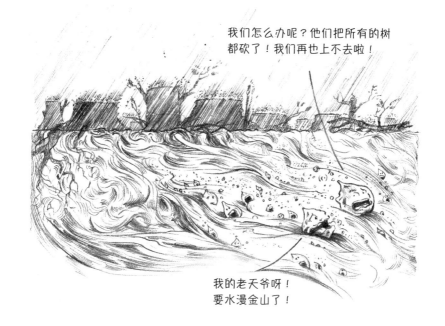

数字多么不可思议！让我们简单地计算一下吧：每公顷 30 吨水，相当于在每公顷土壤的表面形成一层 3 毫米的薄水层（虚拟含水层，水分实际上分散在土壤中）。换句话说，森林每天的耗水量相当于 3 毫米的降水量。当然，在一年四季中，森林只有在枝繁叶茂的生长旺季才会快速进行蒸腾作用；当植物进入休眠期，叶片像松树般细长如针，汁液的流动速率会因叶片面积的缩小而减缓。假设植物每年有 200 天处于生长旺季，那么蒸腾大约需要 600 毫米（3 毫米 ×200 天）的降水量。法国的年平均降水量是 800 毫米，足以满足众多河流的水源补给。而地中海地区的年平均降水量低于 600 毫米，因此森林稀疏散生，河流总是干涸见底。

　　由此可见，大部分的陆地降水是通过地表蒸散返回大气的。腾发量的大小取决于多个因素，如植物的类型和包括气温、风力、干燥度在内的气候条件。在法国，平均约有 60% 的陆面降水重返大气。在森林覆盖率较低的地区，植物蒸腾耗水量不足；而在植被茂密的地区，再循环的雨水较多。以法国东北部的森林为例，其腾发量占总降水量的75%~95%。热带森林蒸腾消耗的水量则更多，如圭亚那的森林通过蒸散作用可消耗至少5毫米的降水。这也解释了热带地区司空见惯的夜雨现象：太阳落山后气温下降，导致蒸散的水汽在空中凝结降落。你看，水分就是通过这样的方式周而复始地循环着。

土壤对雨水的"改造"

毋庸置疑，土壤中的水分主要来自降水。地面接收的水由云层中的水蒸气凝结而成，几乎是纯净的。雨水冲刷地面时，土壤中的杂质随波逐流，雨水成分也因此发生改变。我们用清水冲洗一块脏海绵，可以明显看到海绵中的杂质随着液体四散流动……那么，究竟什么物质会随水迁移呢？

这些物质通常是能够与水分子相互作用的小分子，我们称其为可溶性物质或"溶质"。例如黄腐酸、腐殖酸（可溶于弱酸性介质）等可溶性有机质。在黄腐酸含量丰富的地区，如法国的利穆赞、阿雷山区或者英国的苏格兰，土壤溶液通常呈黄褐色。土壤水中的溶质主要来自土壤矿物和岩石的可溶性化合物，也就是我接下来要详细介绍的矿物盐。

让我们再次回到厨房，通过实验来详细解释。我们要准备一杯水（底部有少许水即可）、**食盐**（sel，一种特殊的矿物盐，也称"海盐"）和一个小银勺。其实，任何材质的勺子都可以，但是贵金属材料更能彰显专业性。首先浅尝一口清水，此时的溶液淡而无味。然后，在水中加入少许盐并用勺子搅拌，让食盐在水中完全溶解。再次品尝一下，此时的溶液微咸，这是因为食盐溶于水，在水分子作用下离解出氯离子（Cl^-）和钠离子（Na^+）。接着，我们向水中继续加入一点食盐，并用力搅拌。现在，不要轻易品尝了，因为此时的溶液一定咸得发齁。我们会发现，食盐加到一定量后，无论如何搅拌，总是有盐粒沉淀在杯底，因为此时的溶质浓度已达到固定的极限量，溶液浓度达到饱和。

矿质化合物是由带电的分子（即离子）构成的，也就是我们所说的"矿物盐"。**溶解（dissolution）**则是指物质以分子或离子的形式均匀、稳定地分散在水中。如果一种矿物是由 2 个离子（X^+ 和 Y^-）构成，其溶解过程可用下列化学方程式表示：

$$XY（化合态）\rightarrow X^+ + Y^-（水溶液中的离子态）$$

食盐由钠离子（Na^+）和氯离子（Cl^-）构成，它的溶解过程如下：

$$NaCl（化合态）\rightarrow Na^+ + Cl^-（水溶液中的离子态）$$

石灰石又称"碳酸钙"，由钙离子（Ca^{2+}）和碳酸根离子（CO_3^{2-}）结合而成，溶解过程如下：

$$CaCO_3（化合态）\rightarrow Ca^{2+} + CO_3^{2-}（水溶液中的离子态）$$

先别急着离开厨房。将高浓度的盐水倒入平底锅中，加热使水分蒸发（只要时间充足，在常温下同样会蒸发）。随着水分的蒸发流失，残余的盐水不断浓缩，饱和溶液逐渐析出食盐晶体，这便是**结晶（cristallisation）**现象：

$$Na^+ + Cl^- \rightarrow NaCl（晶体）$$

　　我们加入大量的水，这些晶体可以重新溶解。其实，这样的结晶现象随处可见，至少在富含钙元素和碳酸盐的石灰岩地区屡见不鲜。自来水烧开时残留的水垢同样是碳酸钙晶体：

$$Ca^{2+} + CO_3^{2-} \rightarrow CaCO_3 （晶体）$$

　　同理，土壤中的水分完全蒸发时，土壤中的矿物盐便会在地表析出晶体。

　　矿物质中的矿物盐（即离子）在雨水中充分溶解，并随着水分的蒸发在地表堆积形成矿物晶体。值得注意的是，矿物晶体并不会像盐粒或糖块那样迅速溶化消失，其因有二。一方面，矿物盐的浓度远高于盐水中溶质的浓度；另一方面，大部分矿物质难溶于水，释放矿物盐的速度缓慢。（现在可以离开厨房了，我们的实验圆满结束。）简而言之，土壤溶液中的矿物盐浓度不值一提……我将在第9章中进一步解释土壤生物是如何促进矿物溶解的，并在第11章中谈谈植物对土壤溶液的稀释作用。

土壤溶液，养料与毒性共存

　　首先，让我们搞清楚究竟什么是矿物盐吧。矿物盐其实就是土壤溶液中的矿物离子。不同土壤中的矿物盐成分和含量各不相同。矿物盐对土壤生物来说是把"双刃剑"，它既是养分来源，也是致命毒药。

　　一方面，矿物盐是土壤生物赖以生存的主要营养来源，只有溶于水中的矿物盐才能在土壤中循环运转，被微生物和植物吸收。这些矿物离子含有植物生长所需的各种营养元素，如钾（K^+）、磷酸根离子

（PO_4^{3-}）中的磷、硝酸根（NO_3^-）和铵根离子（NH_4^+）中的氮，以及硫酸根（SO_4^{2-}）中的硫。镁、钙、铁、钼、硼、硒等微量元素也会随着水分的流动被吸收利用。从某种程度上说，土壤溶液就像是哺育土壤生命的"奶瓶"，将不溶于水的物质拒于千里之外。

　　我们可以在装满液体并加有适量矿物盐的容器中培育植物，这便是所谓的"水培植物"［hydroponiques，源自希腊语 hudôr（意为"水"）和 ponos（意为"工作"）］。在自然界中，土壤通过雨水溶解的矿物盐为植物生长提供营养液。植物体内的运输系统将矿质营养运送至各个部位，即便位于顶端的叶片汁液中也含有根系精挑细选的矿物元素。富含矿物盐的土壤水滋养着植物和地下数以万计的微生物，从这个意义上来说，土壤溶液就像是希腊神话中奥林匹斯诸神的食堂，是名副其实的地下美食圣殿！

　　另一方面，土壤溶液也是致命的。土壤中含有的部分有毒物质对植物和微生物来说有百害而无一利。有些微量元素一旦过量便会危害植物的生长（钙、钠、铁），还有一些矿物元素即使浓度很低也具有很强的毒性，例如铝元素和锌、铅、镉等土壤中的其他**重金属（métauxlourds）**。我们将在第 12 章中看到植物是如何让自己"百毒不侵"的。

　　那么，如何避免有毒的金属离子渗入土壤呢？这就要得益于土壤矿物特殊的溶解特性了。例如，铝离子（Al^{3+}）易溶于酸性溶液，而在**中性（neutre）**或碱性溶液中会与含量丰富的氢氧根离子结合，形成难溶性氧化铝和氢氧化物，这些物质既不会随着水流在土壤中循环，也不会被根系吸收。因此，只有酸性土壤中的铝离子才有毒性，比如布列塔尼或孚日山区①土壤中的铝离子。铜离子（Cu^{2+}）也是如此，葡

―――――――――――――

① 位于法国东部的山脉。——译注

萄园土壤中的铜含量是普通土壤铜含量的 10~10 000 倍，因为葡萄园常用的波尔多液是一种硫酸铜喷雾剂，具有阻止**孢子（spore）**发芽、防止病菌侵染的作用，而残余的杀菌剂最终会渗入土壤。几十年来，葡萄园长期使用杀菌喷雾，尽管施用的剂量已经大大减少，还是造成了铜元素在土壤中的堆积。值得庆幸的是，铜离子的毒性在一定程度上有所抑制，原因有二：一是葡萄藤通常生长在中性或弱碱性的石灰质土壤中，铜离子与氢氧根离子结合形成了难溶于水的复合物；二是土壤中的有机质具有吸附铜离子的作用，因此土壤中的生命不易受到铜离子的侵害。[①] 然而，一年生植物（谷物或豆类）常常无法幸免，因为一年生植物会通过根系释放氢离子酸化土壤，极弱的酸性也足以激活铜离子的毒性，危害作物的生长。

　　为什么只有溶于水的物质才能被植物根系吸收呢？这其实与**生物可利用性（biodisponible）**息息相关：任何一种矿物盐想在植物体内大展身手，无论好坏，都必须先获得"通行证"，即可被生物吸收利用。因此，物质具有"生物可利用性"意味着该物质要易溶于土壤溶液。

　　可惜的是，大有裨益的矿物离子往往不易被吸收利用，比如磷酸根离子（磷的主要来源）在酸性土壤中与含量丰富的氢离子结合，既生成了易溶的过磷酸钙离子（$H_2PO_4^-$），又生成了难溶的磷酸（H_3PO_4）。在中性或碱性土壤中，虽然氢离子含量较少（根据酸碱定义），但这类土壤通常由石灰质母岩演变而来，因此含量丰富的钙离子（Ca^{2+}）与磷酸根离子结合，生成极难溶于水的磷酸钙［$Ca_3(PO_4)_2$］。由此可见，磷酸

---

① 每年在每公顷土壤中投入 4 千克的铜，短期内不会损害土壤寿命，因为始终在合理使用的范围内。尽管从长远来看，有必要停用铜以避免有害离子的积累，但是目前对土壤的危害并不大。

盐几乎不溶于任何液体，在大部分土壤中的生物可利用性较低，从而导致土壤生物出现"缺素症"[①]。我将在第 11 章重点介绍磷酸盐是如何被植物吸收利用的。

土壤溶液的酸碱性来自土壤中的各类化学反应。当土壤溶液中氢离子浓度大于氢氧根离子浓度时，土壤呈酸性，反之则呈碱性，两者相等时则为中性。我们用 **pH 值** 表示溶液的酸碱性，pH 值介于 0~14 之间，土壤的 pH 值通常在 2~8 之间。中性土壤的 pH 值接近 7（通常介于 6.5~7.5 之间）。氢离子的浓度越高，pH 值越小（大部分土壤呈弱酸性或强酸性）；反之，氢氧根离子的浓度越高，碱性越强，碱性土壤较为罕见。

调节土壤水分

水分和土壤溶液中的矿物盐是植物和微生物赖以生存的营养来源，那么土壤中的水分是如何被支配利用的呢？接下来，让我们一起搞清楚土壤水的来龙去脉。

首先，水分的渗透需要一条专属通道。土壤是地下生物群落的家园，动物和微生物在土壤中钻洞穿行；植物根系为有一方立足之地，也在土壤中肆意延伸。因此土壤中的孔隙错落有致且曲折蜿蜒，正是这些四通八达的孔隙保障了水分在土壤中畅行无阻。不仅如此，土壤生物通常会释放产生有机质，如蠕虫的黏液就兼具润滑和巩固的作用。黏质土壤和富含有机质的土壤具有良好的透水性，这是因为吸水膨胀

---

① 指植物在生长过程中因缺乏某种营养素导致的一些生长异常的症状。植物生长受到抑制，植株矮小、瘦弱。——译注

时土壤孔隙度增加，并在干燥收缩时形成透风散热的巨大裂隙（我在上一章中有所提及，胀缩性强的黏质土容易在夏季出现龟裂）。

其次，水分子的地下之旅并不顺利，水分的渗透受多种因素的制约。例如受耕种影响较深的黏质土会在表面形成一层透水性差的熟化层，表层黏土经雨水拍打堆积形成淤泥。深层土壤被压实后，土壤的孔隙度减小，阻碍了水分的下渗。或许你在森林里见过充满泥浆的池沼，又或许你在采矿设备的车辙印里发现过灯芯草等湿生植物的身影？这都是因为土壤沉降产生的压力造成了微孔隙断裂，土壤失去吸水动力，水分便在地表聚集。显而易见，解决农业机械耕作导致的土壤压实问题刻不容缓（上一章里已经提及），因为目前机械轮胎的重量已经高达 10吨！影响土壤压实的主要因素有两个。一是碾轧时的土壤含水量。适当的含水量有润滑作用，能够有效减少土壤颗粒之间的摩擦力。当然，土壤的紧实度也与质地息息相关，正如我在上一章所说，砂质土和粉质土更易压实，而潮湿的黏质土具有较高的抗压实能力。二是破坏土壤结构的农耕（土壤有机质含量低）。翻耕将深层的紧实土层变为疏松细碎的耕层，从而增加了土壤孔隙度。与生物活动形成的孔隙不同，人为制造的孔隙缺少有机质的黏合，因此稳定性较差。随着时间的推移，耕层会因孔隙的快速崩塌产生裂纹，造成不可逆的土壤损伤。

事实上，影响土壤压实的外力因素是压力而非重量，换句话说，增大接触面积可减少机械对地面的破坏。比如降低胎压可以增大轮胎与地面的接触面积，从而减缓压力造成的损害。然而，分散的压力和新型农具不断增加的总质量比起来简直是杯水车薪。使用动物牵引犁也未必能够有效缓解土壤压实，虽然犁具比机械滚轮造成的压实面积小，便于土壤生物疏松表土，从而修复土壤压实程度，但犁具和家畜与地面的接触面积较小，会以更强的单位压力深度夯实土壤。

土壤水分的调节同样能够弥补降水的不足：合理的灌溉可以化腐朽为神奇。比如西班牙的安达卢西亚通过深度钻井技术灌溉沙田，让贫瘠的荒漠繁花似锦，百花争艳，形成了奇特景观。但是俗话说得好，竭泽而渔，只图眼前，必然伤害长远。荒漠地区的农业用水主要取自江流湖泊和深层地下水，长期引水灌田容易造成水源枯竭，况且地下水资源是不可再生的。跨流域调水也会大幅度减少河流入海的水量，从而造成海域面积萎缩。

避免土壤盐渍化

事实上，合理的灌溉可以改良土壤盐渍化。因为灌溉水在下渗之前，能够充分溶解土壤中的盐分，并在排水良好的情况下消除盐分。矿物盐本身的浓度并不高，但年复一年的摄入会积累盐分。我们仔细观察家里长期用自来水浇灌的盆栽，会看到土壤表面和花盆边缘出现了菜花状的白色或橙色的细小颗粒，这便是析出的矿物盐晶体，比如氯化钠、氯化钙（$CaCl_2$）、碳酸钠（Na_2CO_3）和碳酸钙等。这些矿物盐大多富含铁元素。土壤中的矿物质通过长期浇水不断溶解，随后在土壤表面沉淀累积，并随着水分的蒸发逐渐析出晶体。这和我们在厨房所做的实验异曲同工：用来烧水的锅底总是有一层薄薄的水垢。

矿物盐（含有大量食盐）在土壤中日积月累，一旦过量便会对植物根系痛下毒手。矿物盐的堆积能够提升土壤的蓄水量，因为人往高处走，水往低处流（水从水势高处流向水势低处）。易溶性盐分（钠、钙、钾、镁）堆积在盆土表面时，盆土就开始板结，根部溶液受水势影响向土壤倒流，导致根系吸水困难，发生萎蔫。这便是我们必须不定期翻盆换土的原因，也解释了为什么我们不必改变森林里的土壤，因为这些土壤是雨水浇灌的，雨水是纯净的！土壤盐分积聚形成盐渍土的过程便是"土壤盐渍化"。如果没有及时为耕地换上疏松肥沃的新土，耕地表面就会形成一层白色的盐结皮。

　　万幸的是，亡羊补牢，为时未晚。由于蒸发发生在土壤表层，我们可以通过钻孔管道为深层土壤供水。深度灌溉可有效减少地表蒸发损失，是一种既省水又能缓解土壤盐渍化的灌水方式。但是，发达的植物根系容易堵塞输水管道，从而导致深度灌溉效果大打折扣。不仅如此，植物的蒸腾作用也会驱动深层土壤中的盐分上升堆积。但有些地区通过合理的灌溉成功改良了盐渍土，这究竟是如何做到的呢？

　　我们可以利用"盐随水走"的特点加大灌溉力度。地面形成的水层可以充分溶解土壤中的盐分，多余的土壤水在下渗时会"顺手牵羊"，将溶解的盐排出土体。虽然土壤水分流失严重，但是水流将表土层中的可溶性盐渍自上而下地淋溶到土壤深层并排出，保持了土壤的活力与健康。这种泡田洗盐的方法需满足以下条件：要么降水充沛（如法国阿基坦盆地的灌溉很少引起土壤盐渍化）；要么大水漫灌，利用水的动力冲刷掉土壤中的盐分。无论是自然淋灌还是人工漫灌，对修复盐渍土壤都有立竿见影的效果。让我们再次观察家里的盆栽：不难发现花盆的底部通常有排水孔并垫有托盘，为什么水分不停地流失，植物却愈发繁茂呢？这是因为适当浇水可以及时补给排出矿物盐所流失的水分。土壤中的盐分随水排走，避免了花盆土及农耕土壤的盐渍化板结（尽管小体积花盆的土壤盐渍化无法避免）。值得注意的是，一旦地面蒸发或植物蒸腾作用强烈，土壤母岩及地下水中的盐分便会随着土壤毛管水上升至地表，在表土层不断凝结堆积，最终造成土地盐渍化。因此，配套的排水系统必不可少！如果土壤本身的透水性较差，我们需要修建田间排水渠，以便维持土壤水盐动态的良性循环。

　　盆栽通过底部的透气孔排水，农田同样通过密布的孔隙排出多余的重力水，配套的灌排系统对缓解盐渍化的重要性不言而喻。地表蒸发和植物蒸腾产生强大的拉力时，土体中的水分会以水蒸气的形式沿着土壤孔隙快速扩散到大气中，例如沙漠地区气候干燥，水分在强烈的光照下迅速蒸发，荒漠危机便接踵而至。当然，冰冻三尺非一日之寒，土壤盐渍化是由于盐分积聚而缓慢恶化的过程，虽然土壤在短期内不会出现明显的颜色变化，但此时的土壤已经进入盐渍化孕育期。等土壤表面泛起"白霜"时，土壤中的含盐量早已达到危害植物生长的水平，土壤盐渍化已积重难返。目前，全球 25% 的灌溉土地深受盐渍化的困扰，特别是蒸发损失严重的干旱地区，农作物也因此大幅减产，改良盐渍地迫在眉睫！全球每年约有 2% 的灌溉农田盐渍化问题突出，也就是说，全世界每天有近 2000 公顷的农田受盐渍化影响严重。而灌溉地[①]恰恰是产量最高的地区，几乎占农业耕地总面积的 20%，因此盐渍地每年造成的经济损失超过 250 亿欧元。

　　此外，植被覆盖率的降低也是造成土壤盐渍化的主要原因。正如我在前文中提到的，如果没有蒸腾作用，便不会发生由蒸腾拉力引起的吸水过程，根系无法酣畅淋漓地吸取深层水分，便会导致地下水位上升。太阳辐射因被树冠拦截无法抵达地面而"怀恨在心"，转而"伺机报复"地面上的植物：水分通过植物的蒸腾作用从土壤转移到大气中，水分循环驱动深层土壤中的矿物盐迁移至表层。与此同时，浅水层的盐浓度不断升高，地下水顺着水势梯度自发地向上运转，并在蒸发过程中沉积新的盐分。简单地说，深层矿物盐通过水分的蒸发呼朋结党，最终在地表欢聚一堂。

_____

① 必须依靠灌溉来获得正常的生产力的土地。——编注

最后，气候环境同样影响着土壤盐分的迁移、聚集与转化。冬季气温骤降，盐分随着水分被固着在表面，土层的冻结加剧了土壤盐渍化进程。尤为重要的是，大气中二氧化碳的浓度不断增加，导致全球气温逐年上升（我将在第 5 章中展开这一主题），造成水面蒸发量的加剧。可以说，人类是造成四分之一土壤盐渍化的"罪魁祸首"。从技术层面来说，盐渍化土壤仍然具有土壤特性，但再也不是滋养万物生灵的一方乐土。

结　语

大小不一的孔隙在功能上平分秋色：大孔隙具有通气、排水的作用，微孔隙在毛细力的作用下具有良好的持水性能。微孔隙可以进一步细分：细小的微孔隙对水分子具有强大的吸附功能，毛管吸附水不易被根系吸取；而较大的微孔隙持水量较少，毛管悬着水易被植物吸收利用，是植物所需水分的主要来源。一方面，土壤有机质的**腐殖化（humification）**过程或土壤生物的掘穴运动能够有效提升土壤孔隙度，构建健康疏松的土壤；另一方面，重型农业机械通过车轮碾轧压实土壤，大大降低了土壤孔隙度，阻碍空气水分的流通，抑制了植物根系吸收养分。

疏松多孔的土壤在水分循环过程中发挥了关键作用。首先，土壤捕获和储存雨水，从而调节河流水量。每平方米的土壤通常能够储存 50~400 升的雨水。水分在重力作用下沿着土壤孔隙缓慢下渗，汇入河流和地下水层。下渗速率取决于孔隙的大小，直径越大的孔隙透水性越好，土壤下渗能力也就越强。

其次，部分雨水通过蒸散重返大气。植物根系在根压的作用下将水分运输至地上部，叶片中的水分蒸发，为养分的运输系统提供动力。大部分雨水通过植物体表面的蒸腾作用以水蒸气的状态自由扩散，植物的输导组织是雨水重返大气的天然捷径。法国所在的地区，一半以上的雨水通过植物蒸腾形成良性循环，这意味着平均每公顷土壤每天的耗水量高达几十吨！另一小部分的雨水则通过地表蒸发重返大气。植被覆盖率降低会导致深层地下水的上升。简而言之，过度采伐会加剧水土流失，造成河床的抬升，并最终引发洪灾。

最后，土壤溶液中含有大量的矿物盐。雨水在冲洗岩石或地表的过程中，充分溶解可溶性的矿物盐，会形成具有一定浓度的土壤溶液。溶液中的一部分矿物盐（如磷酸盐或钾盐）是动植物及微生物赖以生存的养分来源，而另一部分矿物盐则具有毒性，危害土壤生物的生长。但不可否认的是，土壤是生命之源，它孕育万物，承载生灵。土壤溶液是名副其实的地下美食圣殿，为地下生物提供充足的养分。土壤溶液的酸碱度（中性或碱性）与含量丰富的矿物盐息息相关。

值得注意的是，不合理的灌溉方式会导致矿物盐在土壤表层堆积，从而引起土壤盐渍化并使土壤丧失肥力。目前法国近 5% 的耕地深受盐渍化的困扰，炎热的气候同样会加剧盐渍化进程。当然，盐渍土的形成不是一蹴而就的。我们想当然地认为土壤无坚不摧，因为良好的缓冲性能和抗压性能完美地隐藏了土壤的缺陷；然而，无论是矿物盐堆积引起的盐渍化，还是机械车轮碾轧导致的填土压实，都令土壤不堪一击。人为导致的土壤退化问题日益严重，如不合理的灌溉和机械化导致土壤压实都会对土壤造成不可逆转的伤害，而这些不过是冰山一角！

正如我们所见，水分和矿物盐是地下世界举足轻重的治理生力军，既是德高望重的"营养大师"（滋养土壤生命），也是毒害生灵的"罪魁祸首"（导致土壤退化）。但是，地下世界的平稳运转同样离不开另一位管理者的辛勤付出，这位举足轻重的"大人物"又将如何在地下大展身手呢？让我们拭目以待吧。

第3章

土壤对肥力的依赖：
土壤胶体

在这里，我们大谈特谈河流的疯狂；在这里，混浊不堪的
泥水自相矛盾；在这里，我们对黏质土的特性持否定态度；在这
里，我们带着更多的实验重新回到厨房"实验室"，成为家里的
创新能手；在这里，我们发现越来越多的泥浆；在这里，土壤与
矿物盐的迁移息息相关；在这里，泛滥成灾的海藻散发出阵阵臭
气，亚马孙雨林的大肆砍伐浮现在我们眼前；在这里，我们探究
有机复合物的生成过程；在这里，我们通过施加间接肥料促进植
物的生长。

走吧，把手中的土块放下，让我们一起去圣米歇尔山游览吧！让
我们去布列塔尼吧！布列塔尼与诺曼底隔着库埃农河遥遥相望，弗朗
索瓦－勒内·德夏多布里昂（François-René de Chateaubriand）①曾说
道："因为库埃农河的疯狂，圣米歇尔山在诺曼底发现了自己。"为什
么这么说呢？其实，库埃农河是流入圣米歇尔山海湾的一条河流：涨

---

① 法国作家、政治家、外交家，法兰西学术院院士，是法国早期浪漫主义的代表作
家，著有《试论古今革命》《阿达拉》《美洲游记》《从巴黎到耶路撒冷》等。——编注

潮时，海水以迅雷不及掩耳之势奔腾而来，落潮时海水又瞬间退向远处，满眼望去已是裸露的海滩和泥泞的流沙。库埃农河曾在历史上泛滥成灾。相传在 11 世纪，汹涌的库埃农河紧密环绕在圣米歇尔山的南部，毫无疑问，库埃农河将继续优雅地守卫着由布列塔尼和诺曼底交替管辖的圣米歇尔山……前提是诺曼底人不再阻断该河。诺曼底人修建了一条通向圣米歇尔山的丑陋堤道，正是这一疯狂的举动将圣米歇尔山划入了诺曼底大区。然而，布列塔尼人会斩钉截铁地告诉你，这都是诺曼底人的一厢情愿，圣米歇尔山仍然属于布列塔尼。

让我们在下午游览圣米歇尔山吧。我们离开修道院，在高处观赏朝现夕隐的奇特景观。夕阳西斜，暮色浸染远山，海湾的泥浆如水银般波光粼粼，鸟儿在海面上恣意飞翔。圣马洛湾附近遍布泥浆，千万别被这看似安全的泥道迷惑，一不小心便会被流沙吞噬。深不见底的库埃农河在圣米歇尔山周围蜿蜒东流，向远处无限延伸。湍急的水流卷着泥沙翻滚而下，令人惊叹。

我们之所以会如此惊讶，是因为在前往圣米歇尔山的途中，穿越了河口处的库埃农湿地。那里的河水虽然暗沉，却并不混浊。我们会看到控制水流的阀门位于丑陋不堪的堤坝底部，处于关闭状态。既然尚未汇入海湾的水流清澈见底，那么库埃农河口和海湾淤积的泥浆从何而来？为什么岸边总是积聚大量的淤泥呢？不仅如此，我们在大西洋沿岸的河口和海湾，甚至在地中海沿岸的池塘中都会看见大量的淤泥。显而易见的是，泥沙因海水的流动而四散迁移。这些泥浆究竟来自哪里？

其实，这与土壤中的胶体息息相关。虽然土壤胶体的影响随处可见（如山体滑坡），但我们对它的特性一无所知。

在这一章中，我们将重点关注土壤胶体，即悬浮在水中的细小颗粒。首先，我们会了解胶体的特性，探寻微粒悬浮的原因（最终储存在土壤中）。其次，我们将合理利用胶体的保肥性能高效改良土壤（在土壤中添加有机质或钙质，利于植物的生长）。我们还会发现**黏土－腐殖质复合物（complexe argilo-humique）**，这是一种由不同胶体构成的化合物。最后，我们将通过胶体的动态观测矿物盐的运转迁移，而矿物盐是酸雨形成的罪魁祸首。

泥浆水是什么

让我们暂时将圣米歇尔山抛之脑后，先谈谈两种奇特的自然现象吧。首先，你是否在雨天留意过，地表汇集的雨水总是带有白色或赭色的泥浆，有时甚至是黑色的泥浆，就像圣米歇尔山海湾中的水通常呈现乳白色或灰褐色一样。泥浆水有如下特性：第一，"混浊"的泥浆水总是呈现较浅的乳白色，因此无法吸收任何波长的光线；第二，泥浆水是不透明的，因此光线无法穿透水体。就这两点来说，牛奶与泥浆水毫无二致……光线既无法被吸收也无法穿透。你瞧，我们喝了这么多的牛奶，却从未注意到这一点！

其次，泥浆水干燥后总会形成黏稠的糊状物，这一现象在水沟及车辙印中屡见不鲜。随着时间的流逝，泥浆水愈加黏稠，在水分蒸发后形成坚硬无比的固状物。泥浆絮团以独特的方式收缩，形成多边形裂缝网。这些表面的裂缝会随着水分的流失逐渐变宽。

你观察过干涸的池塘或水沟吗？你看到沉积在河床表面的白色物质了吗？这便是泥浆水中的不容忽视的特殊成分：土壤胶体。让我先从牛奶讲起。牛奶之所以不透光，是因为含有油性微分子——乳脂奶油！虽然油性分子会在液体表面形成一层奶油薄膜，但是溶液中仍含有大量乳脂分子，这些分子随着时间的推移不断上浮。被乳脂分子偏转或反射的光线四处散射，形成乳光。这就是为什么透过牛奶观察的图像总是模糊不清。

我在上一章中提到过，土壤溶液中含有矿物盐，除此之外，土壤溶液中还悬浮着大量微小的固体颗粒，这便是土壤胶体。虽然胶体能够偏转或反射光线，但无法吸收光线，就像牛奶中的乳脂分子一样。让我们来看看，前文提到的自然现象究竟是如何形成的。土壤溶液因胶体的存在而混浊不清，并随着水分的蒸发形成黏稠的糊状物，**胶体** [**colloïde**，源自希腊语 kolla（意为"胶水"）和 eidos（意为"表面"）] 因此得名。水分完全流失后，黏稠的泥浆发干变硬，形成固溶体。固态泥浆在干燥的池塘或沟渠底部随处可见，但是，为什么胶体颗粒能够悬浮在水中？又为什么会随着水分的蒸发形成黏性糊状物呢？纸上得来终觉浅，实践方能出真知。

胶体的负电荷

为了回答上面提出的两个问题，我们一起来做下面的实验吧。首先，将含有胶体的土壤与水混合并摇晃均匀，此时的溶液呈乳白色。然后，过滤提取土壤浸出液（在漏斗中放入咖啡滤纸即可）。残留在滤纸上的胶体可忽略不计。为了更好地观察，我们需要使用两种有色颜料：先在土壤混合液中加入曙红，这是一种酸性染料，溶液中的阴离子使其呈现红色。我们看到，滤液呈半透明的红色，因为大部分有色分子随着水流穿过了滤纸。接着，在土壤溶液中加入亚甲蓝，溶液中的**阳离子**（cation）使其呈现蓝色。我们惊讶地发现，容器中的滤液澄清无色。值得注意的是，滤纸本身无法阻断有色分子的迁移，那么滤液为何会失去颜色呢？

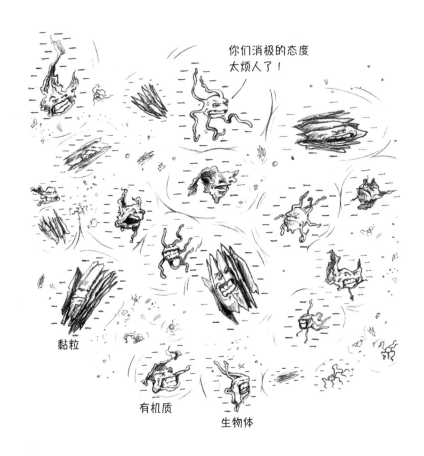

黏粒

有机质

生物体

　　这是因为残留在滤纸中的胶体携带负电荷，虽然不与曙红中的阴离子相互作用，却能中和亚甲蓝中的阳离子。胶体吸附色素形成沉淀，从而使水净化。同性电荷相互排斥，异性电荷相互吸引，梳子与头发摩擦产生的静电现象便是如此。虽然电荷斥力阻碍胶体的沉降，但胶体最终仍会在重力作用下沉入水中。土壤中的胶体不计其数，这便是为什么即使在少量的水中也会有淤泥沉积。我在上一章中谈到，矿物盐也会随着水分的蒸发在地表聚集，但实际上二者相去甚远。溶液中的矿物盐一旦达到饱和浓度，便会析出形成晶体（例如盐水受热结晶）。与之不同的是，胶体能够在水中无限制的溶解，不会以晶体的形式析出沉淀。因此，土壤溶液中的胶体不可估量。事实上，胶状分散体是由微小的粒子和液滴组成的。胶体类固体小颗粒悬浮于液体中形成的均匀混合物叫作"胶体悬浮液"［也可简单称为**悬浮液**（**suspension**）］。胶体与土壤溶质和谐共存。

我们已经知道胶体悬浮的原因，那么胶体究竟是何物？简单地说，胶体是携带负电荷且粒径小于 0.002 毫米的分散质粒子。从粒径来看，胶体也是黏土！这个说法或许有失精准，但这确实是带电胶体的最大尺寸。所有胶体都是粒径意义上的黏土，但并非所有的黏土都是胶体。（不带电的黏土会在重力的作用下沉降）。

为什么只有微小颗粒才能形成胶体	这是因为电荷通常在胶体表面并随表面积的增加而增长，而胶体的重量取决于其体积。因此，电荷量和质量均随着体积的增加而缓慢增长。假设一个圆形粒子的半径为 R，那么它的表面积为 $4\pi R^2$，体积为 $4\pi R^3/3$。半径增加时，相较于体积（质量），表面积（电荷量）增长速度缓慢。一旦胶体质量达到临界值，胶体表面的电荷斥力便无法平衡重力：这一阈值的半径为 0.002 毫米！

既然胶体在粒径意义上是携带负电荷的黏土，那它们具有怎样的化学特性呢？事实上，胶体体系是多种多样的！首先，部分土壤细菌也是携带负电荷的黏土，它们和胶体并无二致，唯一的差别在于细菌有生命。其次，土壤中的部分有机质也是胶体的一种：有机质中的**羧酸盐**（**carboxylates**，化学式为 R-COO$^-$，R 表示其他分子）带有负电荷。这种有机质常见于活细胞中，并且在生物演化过程中繁衍不息。土壤中的有机分子会在化学（氧化作用）或生物制剂的作用下转化为羧酸盐。当羧酸盐的含量达到一定浓度时，有机质颗粒便具备了胶体的特性。最后，腐殖酸是一种无法溶于酸性介质的大分子有机质，含有大量的羧酸盐，因此部分腐殖酸也是胶体：分子量最小的腐殖酸可溶于碱性溶液，而分子量最大的腐殖酸则是一种有机大分子胶体，在酸性溶液中悬浮集聚，形成絮团！

不可否认的是，大部分胶体属于矿物学意义上的黏土，因为黏土是由粒径小于 0.002 毫米的颗粒自然凝结形成的。我在第 1 章中所说，黏土是由含铝氧层和含硅氧层相互交错构成的层状硅酸盐，值得一提的是，土壤表面的铝离子会排斥取代硅离子。铝离子（Al^{3+}）携带 3 个正价电荷，而硅离子（Si^{4+}）携带 4 个正价电荷。我们简单计算一下便会发现，每一次替代都会导致电荷的失衡。当硅离子被尽数取代时，黏土颗粒便会携带大量的负电荷。

总之，胶体就是携带负电荷、矿物学意义上的黏土（悬浮液颜色较浅）或有机质（悬浮液呈深色）。由此可见，土壤溶液除了含有矿物盐，还含有大量的胶体。既然胶体带电，那么土壤溶液会因为胶体的存在而携带电荷吗？答案是否定的，这是因为土壤溶液中等量的正电荷充分中和了悬浮液中的负电荷。因此，土壤溶液整体（包含悬浮液）呈中性，绝不会有触电的危险！

絮凝与分散

你一定想知道，我为什么要带你游览圣米歇尔山呢？或者说，胶体在土壤中发挥怎样的作用呢？我先来回答之前遗留的问题吧。圣马洛湾的淤泥究竟来自哪里？河流每每入海，我们都能够看到泥沙沉积，淤泥的不断积累导致了河床的淤塞。例如，伴随着每一次涨潮，波尔多人总会看到吉伦特河口①中涌出的大量泥沙。当海岸线消失在奔流不息的海水中时，就像涨潮时的圣马洛湾，泥浆便会随着海水的涌入发生迁移，但这些泥浆又是从何而来？

为了回答这一问题，让我们重新回到厨房，用剩余的土壤（最好是黏土）来制作胶体悬浮液。当然，如果你不想弄脏手指，就拿出一小袋蒙脱石散（纯黏土）。首先，将土壤或蒙脱石散加入装满水的果酱瓶中，混合均匀后将土壤溶液（悬浮液）分别倒入 2 个玻璃杯中。然后，在其中一个杯子里（果断地）加入食盐并充分搅拌，静置 10 分钟。在等待的过程中，我们会发现玻璃杯中的悬浮颗粒逐渐下沉积聚，不带电的微小颗粒在水中盘旋片刻便缓慢沉降。10 分钟后，我们会发现加了盐的土壤溶液要更加透亮清澈，这是因为盐水中的胶体悬浮液密度更低。静置的时间越久（1~2 小时），效果越明显。

现在，让我们来看看静置的过程中究竟发生了什么？其实，电荷的中和作用是溶液变清的主要原因。大部分携带正电荷的离子在水中四散游离，还有一部分附着在胶体表面。在土壤溶液中加入食盐，就好比海水涌入了圣米歇尔山海湾、库埃农河河口。因为，海盐和食盐的成

---

① 法国西南部加龙河与多尔多涅河汇合后的名称。吉伦特河口长 75 千米，宽 3~10 千米，是法国最大最长的三角湾。航道经清理，海轮可直达波尔多。——译注

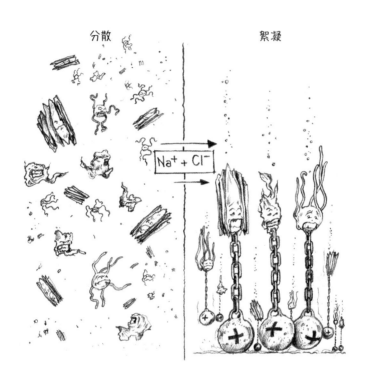

分相同，都由钠离子和氯离子构成。钠离子以两种形态溶于水中：一是溶液中的自由态离子，二是附着在胶体表面的复合态离子。随着溶液中的盐分浓度不断增加，电荷的中和作用导致静电斥力减弱，胶体相互聚合，并最终在重力作用下沉降，絮团携带的负电荷失去活性！

　　在矿物盐含量较少的土壤中，正负电荷量失衡，带同种电荷的胶粒相互排斥，均匀分散，便会形成悬浮液。简而言之，带电胶体在电荷斥力的作用下稳定悬浮。相反，在矿物盐含量丰富的土壤中，胶体携带的负电荷在中和作用下失去活性，悬浮微粒相互聚合形成絮团，在重力作用下快速沉降，这便是**絮凝（floculation）**现象。聚合体的形成称为絮凝，悬浮液的形成称为**分散（dispersion）**，二者都取决于矿物盐的浓度。

　　现在你总该知道，我们为什么要去圣米歇尔山了吧？因为那里是絮凝现象的最佳观测地。分散在库埃农河中的黏土颗粒与海盐相互作用，不断凝结沉降，导致河道淤塞。几个世纪以来，圣米歇尔山傲然挺立，凭海临风，历尽沧桑。闻名遐迩的观潮奇景正是得益于库埃农河的絮凝现象（尽管部分沉积物来自海洋）。除了圣米歇尔山，絮凝现象也在富含酸性土壤的地区层出不穷，例如孚日山区、布列塔尼地区，这两个地区的车辙印中的泥浆水总是更加透亮，正是因为酸性土壤中含量丰富的氢离子，与海水中的钠离子一样，加速了胶体的凝结沉降。如果你觉得关于胶体特性的介绍索然无味，可以直接阅读下一节：你会看到，胶体在矿物盐的迁移中发挥着至关重要的作用。下方的专题栏也能说明，胶体独一无二的化学特性造就了无数自然奇景。

石灰岩地区令人惊艳的蓝色乳光

　　山上的石灰石采石场或砾石坑中的湖面经常泛着美丽的乳蓝色光晕。奇特的蓝色乳光在流经石灰岩地区的河流（如罗讷河）中屡见不鲜。如果我们查看深海潜水图，仔细观察镶有白色瓷砖的游泳池或冰川锯齿间的裂缝，便会发现这些液体本身就呈现神奇的蓝色。即便如此，光线无法穿透的蓝色乳光仍然令人惊叹。石灰石介质中含有大量的钙离子，然而它们并没有引发胶体的絮凝现象。因为这里的胶体大多是矿物学意义上的黏土，源自石灰岩（基本上都含有黏土）。河流并未因黏土的存在而呈现乳白色。

我在前文中谈到，只有携带正电荷的离子才能中和胶体，产生絮凝现象，如钠离子或氢离子。钙离子携带2个正电荷，因此絮凝现象与钙离子浓度息息相关：土壤中的钙离子含量较少时，少量的正电荷无法充分中和胶体，胶体颗粒稳定悬浮；反之，含量丰富的钙离子能够充分中和负电荷，从而加速胶体的凝结沉降。值得注意的是，钙离子浓度过高，同样不利于胶体的絮凝。这是因为每个钙离子只能被单独"服务"一次：胶体中的负电荷与其中一个正电荷相互作用时，钙离子会吸附在胶体表面，多余的正电荷使得胶体带电，胶体便依然在同种电荷的斥力作用下稳定悬浮。由此可见，适当的钙离子浓度是胶体絮凝的关键。

简而言之，胶体在含钙量丰富的土壤中分散悬浮，难以絮凝，这便是石灰岩地区蓝色乳光的成因。我将在黏土-腐殖质复合物的生成过程中再次回顾胶体的特殊性能。

土壤的保肥性能

现在，有一个问题摆在诸位面前：假如你是农民或园丁，你会让胶体絮凝还是让其分散呢？先别急着回答，好好地想一想，毕竟我的学生总是答错。在回答这个问题之前，我们先来分析一下。

如果胶体处于悬浮状态，降雨就会导致土壤胶体大量流失。那么，土壤中的胶体究竟有什么作用？胶体的流失又会带来怎样的影响呢？胶体携带的负电荷通过中和作用吸附储存矿物离子，换句话说，胶体的絮凝现象利于矿物盐的储存。上面问题的答案不言而喻，胶体的絮凝更利于耕作！简单地说，胶体通过中和作用促进矿物离子的凝结沉降，从而提升土壤肥力。

我们为营养丰富的盆栽浇水时，渗出的水流总是清澈透明的，这是因为胶体在富含矿物盐的盆土中凝结沉降，从而起到净化作用！至此，我们恍然大悟，原来我们在徒步过程看到的泥浆漫溢（引言中谈到的）并非无关痛痒的小事，土壤正面临着严重的退化危机！混浊不清的水流意味着胶体的流失，土壤的肥力正逐渐下降……

阳离子交换量（capacité d'échange cationique）是指土壤胶体能吸附各种阳离子（携带正电荷的粒子）的总量。在阳离子中，铵离子和钾离子是植物生长不可或缺的营养元素。由于胶体携带负电荷，在同荷相斥的作用下，土壤吸附阴离子的能力较弱。现在，让我们回到布列塔尼地区，一起去集约化养猪场看一看（这里出产的猪肉品质并不是最好的，我将在第 8 章中介绍肉类的可持续生产）。播撒粪肥虽然能够有效处理牲畜粪便，但会导致土壤矿物盐含量的超标。粪肥中通常含有硝酸盐和磷酸盐，为植物生长供应养分。这两种携带负电荷的矿物盐难以在土壤中储存，一方面是因为土壤中的阴离子处于饱和状态，另一方面是因为布列塔尼地区的酸性土壤（通常是固定的）使磷酸盐具有一定的流动性。硝酸盐和磷酸盐随着地表径流迁移，最终渗入沿海土壤，以一种不太理想的方式继续发挥肥力。它们诱发了大规模绿潮，这是一种因海莴苣等藻类暴发性生长聚集所形成的藻华现象，绿潮藻在分解过程中会释放危害人体健康的硫化氢（H_2S）气体。

除此之外，过量的硝酸盐和磷酸盐也会引发马尾藻的扩张，严重污染马提尼克岛和瓜德罗普岛等加勒比岛屿。导致马尾藻泛滥成灾的富营养物质可能来自亚马孙流域，这些浮游藻类在亚马孙河附近的大西洋中生衍不息，产生的硝酸盐和磷酸盐在海流的作用下向加勒比海岸迁移。奇怪的是，矿物盐只在加勒比海东岸大量沉积，西岸没有受到任何影响。然而，和我们的猜想截然相反的是，这些藻类并非来自北大西洋中部的萨加索海 ①，而是来自巴西海岸。

硝酸铵（NH_4NO_3，铵离子和硝酸的混合物）是氮肥的主要原料，而化石燃料燃烧所产生的氮氧化物是氮元素的主要来源。硝酸铵是天使与魔鬼的化身：一方面，硝酸铵是爆炸性化合物，极其危险。2001年9月21日，位于法国西南部图卢兹的 AZF 化工厂发生爆炸，事故造成31人死亡和2500人受伤，酿成这起惨剧的元凶就是胡乱堆放的硝酸铵！无独有偶，2020年，黎巴嫩贝鲁特港再次因为硝酸铵发生爆炸事故。另一方面，硝酸铵是促进植物生长的速效氮肥！土壤的阳离子交换量保障了氮肥的有效吸收：离子态硝酸盐易溶于水却不易储存，而铵盐则在胶体的吸附作用下不易流失，二者相辅相成，形成了可持续的氮素供应链。如果硝酸盐是开胃菜，那么铵盐就是饭后甜点，不一定好吃，但富含营养。

胶体的保肥性能

土壤的阳离子交换量取决于胶体的数量和类型。通常，1克高岭石

---

① 英文为 Sargasso Sea，Sargasso 即马尾藻，这片海域以飘浮大量马尾藻而闻名。——编注

含有 180 亿兆至 450 亿兆个阳离子；1 克蒙皂石含有 700 亿兆至 1500 亿兆个阳离子；而 1 克沸石则含有 1000 亿兆至 2500 亿兆个阳离子，是土壤阳离子交换量的主要贡献者。简而言之，1∶1 型黏土矿物的阳离子交换量低于 2∶1 型黏土矿物（我在第 1 章介绍过这两种黏土矿物）。我在前文谈到，土壤中的有机质同样具有吸附作用，平均每克有机质含有 1000 亿兆至 3000 亿兆个阳离子。值得注意的是，由于阳离子大量附着在有机质表面，溶液中的自由态离子大幅减少，从而导致土壤肥力的流失。相较于黏质土，砂质土（矿物学意义上）的阳离子交换量几乎为零。

千万不要被这些天文数字吓倒，让我们来分析一下。我们需要理解的是：粒径越小，单位体积的颗粒数越多，比表面积越大。小于 0.002 毫米的粒径，决定了胶体粒子具有巨大的比表面积，能够吸附更多的阳离子。值得注意的是，这仅仅是单一胶体的阳离子吸附量，而土壤中的胶体种类繁多，不可计数。因此，我们只能大致估算出土壤中的阳离子交换量：每克土壤大约含有 10 亿兆至 1500 亿兆个阳离子。数以亿计的阳离子以不同的状态附着在土壤表面！

首先，黏土是土壤肥力的关键。例如，热带土壤通常不存在黏土或为 1∶1 型黏土颗粒，因而阳离子含量较少。其次，有机质具有良好的保水保肥性能。虽然植物生长会消耗大量的有机质，但是永久凋零的残枝败叶和腐败的有机残体能够及时弥补有机质的流失。简单地说，热带土壤的阳离子交换量与有机质的流动性密切相关，未被降解的有机质能够吸附储存矿物盐。这也解释了为什么伐林造田会引发诸多问题。热带地区的火耕便缺乏可持续性。火耕的优点在于，通过植物的燃烧将有机质转化为可吸收的矿物离子，和**肥料（engrais）**的功效异曲同工。起初，火耕的效果立竿见影。但随着时间流逝，有机质供应链断裂，矿物盐便会随着地表径流迁移流失，土壤肥力因此下降，最后竹篮打水一场空。这是饮鸩止渴的案例之一，也是人类与大自然的关系中最为常见的故事。

美洲最早的原住民深谙其道，他们会在新一轮火耕之前及时搬离。亚马孙流域的过度开垦焚烧和矿物肥料（富含硝酸盐和磷酸盐）的滥用，是导致大西洋矿物盐含量超标的罪魁祸首，而过量的矿物盐会引发马尾藻的扩散。我在前文中谈到，这些马尾藻最终随水迁移到了加勒比海岸！由此可见，土壤对人类的影响超乎想象，我将在下文中再次探究这一主题。

对黏土（矿物学意义）含量丰富的土壤而言，火耕的效果不值一提。因为，黏土本身就具有良好的保肥性能。以法国洛林大区的秋季焚烧为例，通过焚烧生长在黏土之上的作物（这些黏土由可追溯至三叠纪①的母岩发育而成）既能有效清理残留的杂草，又能增加矿物盐含量，从而提升土壤肥力，可谓一举两得！值得注意的是，"烧土肥田"指的是焚烧农田中的杂草，而非土壤本身。如今，法国仍然明令禁止焚草保肥，一是因为存在发生火灾的风险，二是因为极易损害土壤。难道冬季裸露的农田更利于保肥吗？我们会在下文中看到，这纯属无稽之谈！

有机间接肥料可增加矿物盐含量

叙利公爵马克西米利安·德贝蒂纳（Maximilien de Béthune）是法国国王亨利四世最为器重的大臣，他曾在 1638 年说道："耕作和放牧

---

① 三叠纪是 2.5 亿年前至 2 亿年前的一个地质时代，位于二叠纪和侏罗纪之间，是中生代的第一个纪。——译注

是养育法国的两个乳房，也是秘鲁真正的矿藏和宝藏。"简单地说，种植作物与饲养牲畜是法国人获取食物的主要途径。不仅如此，旧时期的农艺理念也可管窥一二。稍早一点的年代，知识渊博的伯纳德·帕利西（Bernard Palissy）曾写道："为农田施加粪肥［……］是将其物归原主：［……］随着时间的推移，谷物的收割导致土壤物质不断流失。为此，如果可能的话，将圈肥、泥土和污物，甚至人和动物的粪便重新施入土壤，能够最大程度地恢复土壤健康。"显而易见，在牧场圈养牲畜的好处是可以及时收集蓄棚中的废物、圈肥（保留粪便的稻草）和粪肥（或粪水，含有尿液的液体），并将其施加在农田中。总而言之，农业与畜牧业相辅相成，二者的有机结合可以促进共同发展。

　　土壤中的有机质不可或缺，其因有二：首先，有机质在微生物的降解作用下缓慢释放营养丰富的矿物盐，这是有机肥料的主要成分；其次，有机质表面吸附大量的阳离子，利于土壤肥力的提升。我们通常在耕种前施加粪肥，这是因为翻耕会导致有机质向下迁移，低氧环境影响矿物盐的生成。虽然有机质的沉降阻碍矿物盐的释放，但是有效缓解了阳离子的流失。

　　这也是一些人反对堆肥的原因之一，因为堆肥原料中的微生物在分解有机质的同时，其呼吸也会释放大量二氧化碳……这种处理方式的确能减少废物的运输量，但随着氮和磷酸盐含量的增加，其产出的堆肥中的有机质的肥力较之前有所下降。虽然堆肥法会造成有机质的损失，但这部分损失很大一部分可以由土壤阳离子交换量的提高弥补。无论如何，堆肥法始终是城市回收处理有机废物的最佳途径，虽然这种物质的养料价值不高，却是一种极好的**土壤改良剂（amendement）**。

　　概括来说，有机质不仅为植物供应生长所需的矿物盐，还能在微生物的作用下改良调节土壤。有机肥料是供应矿物养分的主要来源：

为作物的生长供给所需养分的肥料称为直接肥料，通过改善土壤性状使其适应作物生长从而增加植物营养的肥料称为间接肥料。有机质的矿质化可为土壤供应养分。现在，让我们来聊一聊有机质的腐殖化。

黏土-腐殖质复合物，意想不到的"婚礼"

有机质和矿物学意义上的黏土颗粒携带负电荷，具有良好的阳离子交换性能，二者相互作用，生成"黏土-腐殖质复合物"。众所周知，同性相斥，异性相吸，二者的结合简直是天方夜谭！事实上，有机质和黏土颗粒无法自发合成化合物，并且，只有部分有机质能够在微生物的作用下生成腐殖质。

有机质与黏土"喜结连理"离不开"媒人"的助攻：腐殖酸及其他带电大分子有机质在此过程中起主导作用。这些粒子带有2个以上的正电荷，通过中和作用，在胶体与有机质间搭建桥梁。土壤中的钙离子及铁离子（Fe^{3+}）发挥主要作用，铁离子通常与氢氧根离子共存，二者因浓度的失衡无法充分反应，尤其是在氢氧根离子含量不足的酸性土壤中。

从农艺学的角度来看，黏土-腐殖质复合物具有三重优势：首先，由于正电荷的中和，复合物的电荷总量降低，电荷斥力减弱，微粒集聚形成絮团，在自身的重力作用下絮凝沉降，从而避免流失。其次，黏土和腐殖酸紧密结合，相互依存，共同抵抗微生物及有害矿物盐的分解侵蚀（我们将在第二部分中再次看到二者）。对此，你一定百思不得其解，毕竟我在书中多次强调，有机质会加速矿物盐的溶解。而黏土和腐殖酸的结合令人匪夷所思，为什么二者能够和谐共生呢？其因有二：一方面，腐殖酸是一种呈弱酸性的有机胶体，腐蚀性较小；另一方面，黏土 - 腐殖质复合物中的钙离子与铁离子在二者之间拉起警戒线，避免它们相互反应（化学），从而提高了复合物的稳定性！综上所述，黏土 - 腐殖质复合物具有良好的阳离子交换能力，以及较高的稳定性。

最后一重优势，是复合物的存在有助于提高土壤孔隙度，形成理想的块状结构体，保障空气与水分的流通。稳定的有机复合物也具有良好的保肥性能，黏土 - 腐殖质复合物吸附储存矿物阳离子是土壤肥力的关键！

黏土 - 腐殖质复合物的形成需要特定条件，而大部分农业土壤能满足其生成条件（我将在第 8 章讨论特殊的案例）。黏土、腐殖酸及起黏合作用的阳离子是复合物成形的必要条件。例如，富含钙离子的钙质土壤更利于复合物（呈深黑色）的生成，这是因为钙离子具有较好的黏合作用，能够减少有机质的流失。可惜的是，钙离子很容易随水迁移，老化土壤中的钙离子含量微乎其微。虽然铁离子具有相同的黏合作用，但是由铁离子联结形成的复合物稳定性较差。因为铁离子携带的正电荷被氢氧根离子中和，阳离子交换能力随之变弱，有机质流失严重。铁氧化物复合物通常呈褐色。这些被称为棕壤或褐土的复合物在法国随处可见。源自母岩的铁离子在黏土 - 腐殖质复合物中占有一席之地，我将在第 6 章中介绍。

黏土 - 腐殖质复合物的成因

土壤是生产黏土 - 腐殖质复合物的巨型工厂，生命力旺盛的蚯蚓夜以继日地重复着装配工作。蚯蚓以有机质为食，并将消化后的食物残渣排出体外。相较于难以消化的有机质，营养丰富的微生物更易

这样一来，我觉得您并不那么讨厌。

钙离子

黏土女士和有机质先生，我宣布你们正式结为夫妻。

被蚯蚓捕食吸收。除此以外，蚯蚓还会摄取土壤中的矿物盐。没有牙齿的蠕虫会利用矿物颗粒研磨消化道中的有机质。微小的黏土颗粒吸附灭活有毒分子，和胃药的功效异曲同工，保护修复消化道。动物粪便中残留的有机质与黏土在矿物离子的作用下，相互凝聚，形成腐殖质——盛大的"婚礼"由此开始！蚯蚓是挥动魔杖的仙女，一手促成了黏土–腐殖质复合物的生成。

黏土–腐殖质复合物的农艺性能解释了另一种间接肥料的作用原理：在农田中施加石灰石（$CaCO_3$）或生石灰（CaO，石灰石受热释放二氧化碳，生成更易运输的生石灰）。通常情况下，土壤中的微量钙离子足以满足植物的生长需求，含钙量超标的土壤反而不利于植物的生长。既然如此，为什么还要使用钙肥呢？其实这是一种土壤改良剂，黏土–腐殖质复合物在钙离子的作用下性能稳定，附着在复合物表面的钙离子生物可利用性较低，因此不会危害植物的生长。钙肥对石灰（岩）土来说一无是处，却是缺钙土壤（如布列塔尼地区的砂质土）必不可少的间接肥料。值得一提的是，钙肥中的碳酸盐离子能够有效调节土壤酸度（通常呈强酸性）。

你做什么呢？

我在做复合物。

布列塔尼地区的石灰石含量并不丰富，却因其海岸带优势含有丰富的钙质沉积土。这类钙藻通常生长在海平面以下 10~20 米处。钙藻大多呈小树丛状且外表坚硬，因为它们的细胞被钙质**细胞壁（paroi）**包围，像硬骨珊瑚一样。钙藻的表面布满细小细胞，溶解面积要比其他钙质石灰大得多！海岸钙质沉积土（可用作间接肥料）在布列塔尼地区应用广泛，法国其他地区也将其作为肥料使用。深海处的钙藻群向浅滩大肆扩张，不断压缩活性藻类的生存空间。虽然含量丰富的钙藻足以满足我们的开采需求，但无视浅滩生态的过度开采仍会引发一系列生态问题，因此，开采活动遭到了法国政府的禁止。我们使用进口钙藻改良土壤时，也不能忽视生态的可持续发展。

降雨对胶体释放与迁移的影响

降雨是造成水土流失的直接动力和主要气候因子，在矿物盐的迁移过程中发挥关键作用。土壤胶体的影响不容小觑，而这种影响完全取决于土壤的阳离子交换量。阳离子流失时，土壤胶体在静电斥力的作用下均匀分散，形成悬浮液；相反，阳离子大量积聚时，特别是黏土－腐殖质复合物已经形成时，胶体絮凝聚合，附着在胶体表面的阳离子溶于水中。简而言之，当岩石碎片和矿物质随水迁移时，吸附阳离子的胶体会加速矿物盐的溶解。

降雨也会影响胶体的释放与迁移。胶体虽然具有良好的保水性能，但在长期浸润状态下（连续降雨）会加速矿物盐的释放和迁移，矿物盐离子的来源有二：一是岩石碎片及矿物质在水中的溶解，二是有机质在微生物作用下的降解（我将在第二部分中详细介绍这两个过程）。持续的降雨促进矿物盐的溶解，矿物离子渗入土壤补充胶体的流失。然后这些胶体会快速"放电"（分解矿物离子），并在长时间的浸润中重新"充电"（吸附阳离子）。

你见过油电混动汽车吗？让我们来做个简单的类比。一般来说，车辆能量需求较小时，燃油发动机（有机质和黏粒矿物）为驱动系统提供能量的同时，也为动力电池（胶体）充电。燃料（溶解于水中的矿物离子）与电能（胶体释放的离子）取长补短，并肩战斗，形成混合动力。内燃机是车辆运行的主要动力源，电动机辅助驱动汽车行驶，汽油燃烧产生的能量为电动机的运行提供电力（在持续潮湿的环境中，矿物盐离子附着在胶体表面）。简而言之，胶体释放的矿物离子是最易获取的营养元素（电量充足的发电机优先为驱动系统提供能量），而母岩矿物和有机质（燃料）只在特定的条件下（处于长期浸润状态或大量聚集）释放离子。

油电混动汽车虽然省油，但完全离不开油！胶体的释放与迁移也随降雨周期具有脉冲规律，我将在第二部分中进一步解释。

酸雨的形成原因

20 世纪 90 年代以来，酸雨造成的破坏比比皆是，触目惊心。酸雨的形成与胶体特性息息相关。酸雨多为硫酸雨（H_2SO_3）或硝酸雨（HNO_3），主要是人为排放大量酸性物质造成的，如大量燃烧含硫量或含氮量高的劣质煤。酸雨中含有大量的硫酸根离子（SO_3^{2-}）、硝酸根离子和氢离子。前两者有利于提高土壤肥力，但是，众所周知，它们不会被土壤吸附，"自由"存在于土壤溶液中。胶体吸附储存的矿物离子被酸雨中的氢离子取代，尤其是钾离子和钙离子会随着土壤水流失。

离子的代换不会对絮凝产生实质性影响，因为氢离子会中和胶体携带的负电荷。这一过程随着降雨周期循环往复，氢离子将胶体重重包围。随着雨水的不断渗透，氢离子大量聚集，形成酸性土壤。植物生长所需的离子（如钾离子）被置换后难以储存；由于促进胶体絮凝沉淀的物质（如钙离子）随水迁移，土壤中的黏土 – 腐殖质复合物也流失严重。与此同时，土壤的酸化会促进有毒金属元素的活化和溶出，例如我之前谈到的铝离子和铜离子。对植物来说，酸雨是名副其实的"空中杀手"。

在早期酸化阶段，得益于土壤的阳离子交换能力，胶体能吸附储存有益的矿物离子。土壤因此在短期内具有缓冲性能，但会突然失去效用！这一现象只见于森林，发现时往往为时已晚，因为我们无法精准监测森林土壤中的化学反应。在美国的新罕布什尔州，土壤胶体保存的矿物盐已经流失了一半以上！

不过，我们可以通过测量"氯化钾（KCl）溶液的 pH 值"来监测这一过程，也就是所谓的"土壤脱肥"。首先，将土壤浸泡在含有钾离子和氯离子的水溶液中，含量丰富的钾离子会取代胶体表面的氢离子——与酸雨的效果截然相反！然后测量水溶液的 pH 值，土壤的酸碱度取决于氢离子总量，包括原始氢离子及胶体分解产生的氢离子。对健康的土壤而言，通过这种方式测量的氢离子含量是直接测量的 3~10倍，因为氯化钾溶液的 pH 值会大约低 1%。如果是非饱和土壤，氯化钾溶液的 pH 值会更低。

目前，酸雨的预防措施主要是减少化石燃料的使用。在欧洲，因靠近城市或污染工业而受酸雨影响的森林土壤面积，已经从 2000 年的25% 下降到今天的 10% 左右。然而，全球的酸雨问题仍然亟待解决。

结　语

我们发现土壤水是一种特殊的溶液，换言之，是一种富含胶体的悬浮液。毫无疑问，土壤溶液含有各种各样可溶性物质。

胶体是携带负电荷的悬浮颗粒（粒径意义上的黏土），是土壤中不容忽视的存在。胶体在电荷斥力的作用下，克服重力作用，稳定地悬浮于水中。土壤水中的胶体含量不可估量，表面吸附的阳离子阻碍胶粒间的相互接触，从而增加了悬浮液的稳定性。胶体悬浮液混浊不清，通常呈乳白色。在矿物盐含量丰富的土壤中，阳离子的中和作用会降低或消除悬浮微粒间的排斥力，胶体聚合沉淀的过程称为絮凝。絮凝现象在富含胶体的江河中屡见不鲜，是造成河道淤塞的主要原因，但土壤胶体的絮凝有益于保持土壤肥力。

值得注意的是，土壤中的胶体会在特定条件下迁移流失。我们在圣米歇尔山及其附近的湿地见证了胶体的分散流动。

絮凝沉降的胶体会吸附储存交换性阳离子，土壤的阳离子交换量是评价土壤保肥能力的重要依据。携带负电荷的黏粒矿物，如硝酸盐或磷酸盐，不易被胶体吸附，随地表径流迁移流失。众人皆知胶体是导致土壤渗漏液混浊不堪的罪魁祸首，却总是对它的正面影响视而不见，多么荒唐可笑！正是这些隐藏在土壤内部的絮状胶体，不遗余力地保持着土壤肥力。

就成分而言，胶体本质上是黏土（矿物学意义上）或有机质（特别是腐殖酸）。因此，在黏土含量匮乏的环境中，土壤阳离子交换量取决于有机质含量，这也是火耕危害热带土壤的主要原因。热带地区缺乏黏土，有机质单枪匹马地守护着矿物盐。虽然火耕在富含黏土的环境中行之有效，但焚土肥田会严重危害植物的生长，导致土壤表面寸草不生。因此，火耕显然不是个明智的选择。黏土和有机质在钙离子或铁离子的黏合作用下生成黏土－腐殖质复合物，这是最佳的保水保肥剂！因为絮凝沉降的腐殖质具有抵抗微生物分解的能力，是形成团粒结构的良好胶结剂。因此富含黏土－腐殖质复合物的土壤，具有较高的阳离子交换量及较好的保肥性能。

雨水在胶体粒子的吸附作用下加速溶解黏粒矿物，后者是植物生长所需的养分来源之一。降雨对胶体流失的影响同样不容小觑，例如，酸雨中的氢离子会替换矿物离子，潜移默化地影响胶体流失。正如我在前文中谈到的，土壤看似无坚不摧，实际上是缓冲能力和抗压能力完美掩盖了性能缺陷，土壤会在某个时刻不堪一击。

平平无奇的胶体大有作为，这一定让你出乎意料吧？胶体的保肥性能与对土壤的改良作用，值得我用一整章的篇幅来介绍。当我们看见乳白色的泥浆时，胶体已经闪亮登场了。胶体的存在完美解释了间接肥料的效用原理：虽然本身不提供植物生长所需的养分，但是能够改善土壤物理性质，使其适应作物的生长，促进养分的吸收。土壤改良剂中含有不计其数的胶体。为什么秋施基肥总是导致村庄臭气熏天？因为四散弥漫的臭味是有机质存在的最好证明！含钙量丰富的间接肥料或生石灰有利于胶体的絮凝沉降。

值得一提的是，本章出现的"黏土"和"砂土"在矿物学意义上大放异彩，粒径意义在此不值一提。当然，黏土和砂土在其余章节中大多指代土壤中的矿物质成分。而任何微小的带电颗粒，无论其成分如何，我都将其简单地统称为胶体。

我目前已经介绍了土壤中的 3 种成分，这与 20 世纪 90 年代初，我在大学课堂了解到的土壤近乎相似。我们虽然制订了一份包含黏粒矿物、有机质、水分、矿物盐及胶体在内的成分目录，但是泛泛之谈不尽全面，因为涉及的土壤生物屈指可数，只有寥寥无几的根菌和几个可怜兮兮的虫子。现在，舞台已经建好，蓄势待发的地下主力军即将轮番登场。酣然入梦的芸芸众生等待着被唤醒，让我们拉开帷幕，走进地下世界，一起去探寻土壤生命的奥秘吧！

第4章

生机勃勃的大千世界：
地下生态系统

在这里，我们因视觉限制无法触及生物多样性的核心；在这里，芥末让蠕虫皱起鼻子；在这里，意大利语和德语因法国人的口音晦涩难懂；在这里，我们捕捉土壤的气味；在这里，我们提取土壤生物的基因序列；在这里，土壤科学家（以及微生物学家）因微生物的多样性而惊喜若狂；在这里，一些捕食者缺乏锋利的牙齿；在这里，命悬一线的猎物奋起反击；在这里，细菌与真菌和谐共生，相辅相成；在这里，大自然的魔法随处可见；在这里，以植物为食的动物被真菌反杀。

人们对生物多样性的谈论多如牛毛，千真万确。然而，对生物多样性表现出浓厚兴趣的普罗大众，却没有给予土壤应有的尊重，至少我们的消费习惯及对土地的规划利用并未体现这种尊重。好了，言归正传，究竟什么是生物多样性呢？

百闻不如一见，百见不如一干。我们在搜索引擎输入"生物多样性"，令人眼花缭乱的图片随即映入眼帘，我们会看到千姿百态的动物（哺乳动物）、种类繁多的昆虫、争奇斗艳的鲜花，还有不计其数的真菌。当然，我们还会看见成群结队的鱼群和美轮美奂的珊瑚礁群，这些包罗万象的生态系统，是数以万计的生物赖以生存的美丽家园。说到生物多样性，就不得不提涵盖 70% 已知植物物种的热带森林——每公顷森林拥有的植物种类多达 650 种！毫无疑问，植物园和动物园同样彰显着生物多样性的魅力，去巴黎的万塞讷动物园看一看吧，绝对不虚此行。占地 33 公顷的柏林动物园是世界上最大的动物园之一，拥有 19 400 只动物，不少于 1400 个物种，多么丰富的生物多样性啊！

　　不可否认的是，虽然第 107 页的表 4-1 展示着物种多样性，但是由于受到视觉的限制，并未涉及生物多样性的核心。首先，生物多样性还包括遗传多样性，即特定物种内不同个体的遗传多样性，这在一定程度上解释了不同个体在外观和性能上的差异，1 公顷森林土壤或在公园中获取的土壤样本只包含较少的遗传变异。其次，生态系统的多样性同样不容忽视，在第二部分中，我们会看到超乎想象的土壤功能多样性！总而言之，我们不应该只考虑物种多样性。

　　本章将围绕物种目录徐徐展开。物种多样性的主要研究对象是微生物系统分类、物种数量及物种的构成。微生物是指肉眼难以察觉的小型生物[①]！其实，法国的郊区拥有丰富的生物多样性，只是我们的目光总是停留在土壤表面。现在，让我们一起走进多姿多彩的地下世界，探寻其中的生物多样性，它们才是土壤生命的核心！

　　让我们先从眼睛可见的大型生物讲起，然后介绍勉强可见（需要放大镜）或勉强可察觉（通过气味）的生物，最后以难以察觉的微生物结束本章。目前，大部分微生物只有通过基因检测才能被发现。所

---

① 我在《永不孤单》（*Jamais seul*）一书中提出，微生物是最早出现在地球上的生物，而大型有机体、植物和动物漂浮在微生物海洋上：我当时想到的是它们内部的微生物。但现在您可以看看自己是如何在地下微生物海洋上"漂浮"的！

以，让我们去"微型动物园"转一转吧，与地下居民坦诚相见：它们是动物、真菌、细菌及其他更加微小的生物，如病毒。地下生态系统是一个静待探索的非凡世界，让我们即刻开启神秘之旅吧！

可见生物：植物与动物

如果让别人画一棵树，我们就会发现，无论是童稚小儿还是成熟的大人，都会把树想象成一根从地下冒出并分叉成树冠的纵轴。人们习惯于用加宽的树干底部和细长的枝条来表现树根。而植物博物馆也很少展示树的根部标本。管中窥豹，可见一斑。我们对植物的了解仅限于枝干，常常忽略地下庞大的根系。那些亲自除过草，或是看过大树被暴风雨连根拔起的人，总是想当然地认为自己对根系了如指掌，然而事实上，粗暴的牵引只能拔出最大的主根，侧根和须根仍然留在土壤中。因此，我们很难想象，植物近三分之一的生物量埋于地下。肥沃土壤中的根系并不发达，地下生物量较少；反之，如果土壤贫瘠，密如蛛网的发达根系会向深处无限延伸，从而使地下生物量激增。由此可见，生长在沃土中的植物更容易被连根拔起！"匍匐茎"则是一种沿地平方向蔓延生长的根茎，有利于植物在土壤中扎稳根系。

我们无法看清主根的真实样貌，因为它们是被树皮覆盖的树液导管。令人难以置信的是，植物细根（需要放大镜）占生物量的5%~20%，占根系总长度的90%。细根拼命地吸取土壤养分以满足植物的生长需求。显而易见，为了更好地了解土壤生命，我们必须改变观察维度，不断向下扩展延伸。概括来说，根系生物量占森林生物总量的15%~30%，占草地生物总量的75%~95%！

土壤中住着一群深入简出的"居民"，它们是让地下世界生机盎然

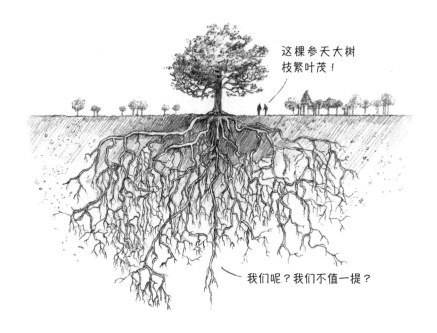

这棵参天大树
枝繁叶茂！

我们呢？我们不值一提？

的土壤动物。你猜得没错，居民中既有负责掘穴的"工程师"，比如鼹鼠；也有短暂出行并制造粪便的"肥料生产商"，比如蚯蚓。草坪中随处可见的蠕虫粪便，又被称为蚯蚓粪。那么，怎样才能让那些随地大小便的"无礼者"现出原形呢？其实，有辛辣气味的芥末就是最好的显形利器。日常生活中，我们可以用芥末取代科学家通常使用的福尔马林。让我们用芥末混合液浸润土壤，然后仔细观察（10升的水中放入300克芥末，淋在1平方的土上）：如果表土的杂草被清理干净，我们很快就能看到，颜色、大小各不相同的蠕虫接二连三地出现在表层。具有强烈刺激性的芥末分子能在15分钟内"引虫出洞"，如果加大剂量，便会有更多的蠕虫钻出土面！它们试图逃跑，并因为芥末的非法入侵而闷闷不乐。

　　我们暂时还听不到地下生物群沸沸扬扬的喧哗声，继续深入势在必行，而为了更好地观察，放大镜必不可少。当然，我们还可以借助意大利昆虫学家和植物学家安东尼奥·柏莱斯（Antonio Berlese）发明的观测装置。法国人无视意大利原名，将装置名称改称为柏氏漏斗（Berlèse）。这种装置巧妙利用了土壤动物会因躲避高温和强光而向下移动的特点：首先，将漏斗放置在装有少量酒精的瓶子上方，然后在漏斗内放置一层粗网纱网（0.5毫米），接着把土壤（表土层富含有机质，最好是森林土壤）均匀铺在滤网上，最后用强光灯源近距离加热土壤。很快，遭受酷刑的土壤动物就会在强光的刺激下落荒而逃。2 天后，慌不择路的逃亡者们会被酒精一网打尽。奄奄一息的土壤动物组成了一个"死气沉沉的微型动物园"，此时，我们就可以用放大镜尽情观赏了。

当然，还有更为简易的方法，你可以在自家的花园里做如下尝试。首先，将废弃的塑料水瓶横向剪开，把瓶口倒转插入瓶子的下半部分（自制漏斗）；然后，用胶带粘合连接处，并加入少许的肥皂水；最后将该装置埋入土中，一定要保证瓶子上沿与地表齐平。好了，一切准备就绪，让我们静候小家伙们自投罗网。耐心地等待一个晚上，我们就可以尽情观赏掉入陷阱的"猎物"了。这些大多是体积很小的微型土壤动物，比如螨虫、昆虫等。如果还想进一步了解它们，那不妨去网上看看吧，它们在互联网上广为人知，高清图片铺天盖地。丰富多彩的微型动物世界一定让你眼花缭乱了吧？但这仅仅是地下世界的冰山一角。

勉强可察觉的生物（通过气味）

土壤中弥漫的奇特气味是生命存在的最好证据。为了进一步观察，我们要充分调动嗅觉。来吧，仔细闻一闻你手里的土壤（花园土壤或森林土壤），尤其是潮湿的土壤。你闻到了什么？不要犹豫，大声地告诉我！没错，我们闻到了潮湿的土壤气味！这个味道来源于某种细菌产生的分子，我们将其称为土臭素［géosmine，源自希腊语 gè（意为"土壤"）和 osmè（意为"气味"）］，是一种由**蓝细菌**（**cyanobactéries**，需要光照且主要存在于土壤表面）及**放线菌**（**actinomycètes，链霉菌**）产生的，具有土霉味的化合物。大部分土壤中都存在链霉菌（最高等的放线菌）。有意思的是，虽然我们对土臭素的生成了如指掌，却对它的作用一无所知！其实，我们很早就认识了放线菌，至少对它的气味并不陌生。你也许听说过链霉素和放线菌素，因为它们常被用于生产抗生素。我们对土臭素的味道极其敏感，每升水中土臭素的含量大约为 1 皮克（千亿分之一毫克）至 2 毫克。土臭素由放线菌和蓝细菌合成并分泌到水中，是一种具有鲜明泥土气味的挥发性物质！

　　放线菌之所以广为人知，是因为雨后的空气中总是弥漫着浓浓的土腥味（潮土油）。这个特殊气味主要来自一种复杂的混合物，包含少量被高度稀释的土臭素。撞击地面的雨水有利于土臭素释放到空气中；随着雨水的渗透，土臭素在土壤中繁衍生息，并沿着大孔隙溢出土壤。这就是为什么阵雨后的土臭素浓度更高，空气中会弥漫着清新的泥土气味。

　　至于其他类型的土壤，比如富含有机质的森林土壤，往往散发着不同的气味：一种蘑菇香气。这种气味主要来自 1- 辛烯 -3- 醇（octénol，英文名为 1-Octen-3-ol，不发音）及其他具有相似化学结构的衍生物，1- 辛烯 -3- 醇常被用作调制香味的食用香精。和土臭素一样，尽管我们十分清楚 1- 辛烯 -3- 醇的化学成因［构成真菌的**菌丝**（**hyphes**）断裂时，细胞中的脂质分子亚油酸与氧气反应生成 1- 辛烯 -3- 醇］，但对它的作用一无所知。完好无损的口蘑或未经破坏的土壤几乎没有气味，

而我们切开蘑菇或搅拌土壤时，香气便会释放出来。

　　你难道不好奇吗？为什么这些芳香化合物如此常见，而我们却丝毫不了解其作用呢？这是因为我们从不将气味作为辨别土壤生命的依据，只能说我们对微生物世界知之甚少，闻到其气味时浑然不知。

实验室里的严谨推测

　　我们虽然可以通过气味发现某些微生物群，但是对物种的鉴定却难如登天。19 世纪以来，人们最常用的识别方法是隔离法。简单地说，就是从土壤中提取微生物并单独培育，它们彼此之间及与土壤之间都是隔离的。其实，我们已经成功研制出有利于微生物生长的培养介质，常用的培养基有两种：一种是由各种成分组成的液体培养基；另一种则是放置在半透明盒子底部的凝胶，也就是我们常说的"培养皿"。培养皿最初是由德国微生物学家罗伯特·科赫（Robert Koch）的助手、细菌学家尤利乌斯·理查德·彼得里（Julius Richard Petri）发明的，因此又被称为佩特里皿——法国人再次用口音隐藏了彼得里的名字。范妮·黑塞（Fanny Hesse）是科赫另一位助手的妻子，在丈夫为培养微生物殚精竭虑时，凭借传统的烹饪技巧制作出了"琼脂培养基"。

　　生物隔离的过程总是困难重重，因为土壤中的微生物太过繁杂。如果提取土壤中的细菌，则首先需要使用抗真菌药消灭真菌；反之，则需要使用抗生素消灭细菌。而大量的子样品培养，可以确保目标微生物的分离万无一失，一旦提取分离成功，剩下的操作便易如反掌。人工培养微生物（如果需要，可以冷藏）的目的，在于通过探测微生物的生长环境，推测它们的物理特征。微生物的形状在显微镜下清晰可见。事实上，所有的观测数据都有助于物种的鉴定，但要完成对土壤中的每一位居民的鉴定，工作量可想而知！

　　遗憾的是，这种方法并不能充分展示生物多样性。我们是否对微生物生长所需的营养元素了如指掌？我们是否因为专业知识的匮乏与某些微生物擦肩而过？不仅如此，是否所有的微生物都适合独居，与世隔离？例如，我们稍后将会看到，由法国第戎农业科学研究院发布的细菌清单[1]表明，土壤中的共生（symbiose）细菌（细菌之间协同合作）数量是拮抗细菌（细菌之间相互抑制）的2倍。而细菌内部互惠互利的共生关系不利于微生物的提取隔离。

---

[1] B. Karimi, N. Chemidlin Prévost-Bouré, S. Dequiedt, S. Terrat et L. Ranjard, *Atlas français des bactéries du sol* (《法国土壤细菌图谱》), Biotope, 2018.

其实，早在 20 世纪 90 年代中期，人类的无知便展露无遗！以至于在此之前，所有关于土壤生命的著作都是以管窥天的泛泛之谈。可以说，技术的进步让我们大开眼界！

难以察觉的生物：不可言喻的物种与基因测序

生物大分子，特别是蛋白质和核酸结构功能的研究，是分子生物学的基础。博物学家对分子生物学深恶痛绝，将其视作研究生物多样性的绊脚石。事实上，分子生物学侵占了相当多的研究经费！为了引起公众对分子生物学及生物多样性的重视，1986 年，生物学家们在美国华盛顿特区举行的会议上首次引入了"生物多样性"一词（全国生物多样性大会），会议记录也在 1988 年以"生物多样性"为题出版发行。长期以来，博物学家与分子生物学家针锋相对，喋喋不休的争论掩盖了**脱氧核糖核酸（DNA）**对揭示物种多样性的重要贡献。

分子生物学后来之所以成为博物学家得心应手的理论工具，主要得益于 3 个先进的检测技术。首先，是诞生于 20 世纪 80 年代的 PCR[①]技术，这是一种用于放大扩增特定 DNA 片段的生物技术；其次，双链构象多态分析是利用荧光标记引物，通过 PCR 技术扩增出相关的研究片段并作为荧光标记参照 DNA 分子。基因序列因个体和物种的差异而各不相同，简而言之，每个生物都有自己的"识别码"。最后值得一提的是，早期的技术只能逐次分析单个 DNA 片段，而诞生于 21 世纪的高通量测序技术是对传统测序技术的历史性变革，如今，我们一次能

① 聚合酶链式反应的缩写，是实验室里最为常见的实验。我的学生和同事每年要做数千个，是我们的主要预算支出之一。

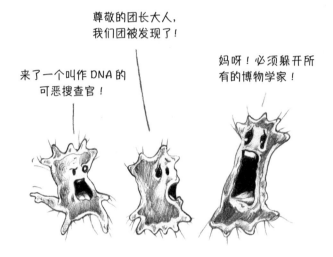

够测定分析几十万个，甚至几百万个 DNA 片段。我们再做个简单的梳理：首先用 PCR 技术扩增所有微生物中存在的基因片段，然后利用荧光标记引物，最后利用高通量测序技术加以序列鉴定。通过上述 3 个步骤，我们就能识别多个生物物种，并确认它们的归属。

　　基因序列的测定是识别所有生物体的关键，如识别存在于滴液、肠内容物及土壤中的微生物。基因序列含有丰富多样的物种标签（或者识别码，如果你更喜欢这个说法）。因此，我们不仅可以确定物种的数量，还可以鉴别其生物属性。我们培育了一个多世纪的生物，可以通过独一无二的基因序列自证身份：如果基因序列与已知物种如出一辙，便可以认祖归宗；如果与人工培育的生物体相似却不完全相同，那便是同宗不同源。当然，最令人兴奋的，莫过于发现一个全新的物种，也就是基因序列不同于任何已知生物，而这种情况对我们来说早已司空见惯。

神秘莫测的微生物

基因序列对揭示生物多样性的重要性不容忽视。事实上，大部分有待识别的微生物都是未知的，是我们从未培育过的全新物种！神秘莫测的微生物总是让人措手不及，但是，再没有什么能比探索未知更令人兴奋了。尽管人们自 19 世纪以来从未停止探索，但世界上至少有 90% 的微生物仍然不为人所知，而对土壤中的微生物来说，这一比例高达 99%，甚至 99.99%！一个多世纪以来，我们废寝忘食，苦心研究，然而，人工培育的微生物可能还不到自然界微生物总量的 1%。因此，未被成功培育的微生物如同地球上的"暗物质"，数量庞大且鲜为人知。让我们来看看以下 3 个例子吧。

面对庞大的细菌群落，我们只成功培育出为数不多的几个物种，这些籍籍无名的细菌一经问世便风靡全球！疣微菌门（Verrucomicrobia）的细菌存在于所有土壤中，占细菌总量的 1%~20%。这些细菌与导致人类疾病的衣原体门（Chlamydiae）细菌密切相关。近年来，人们致力于培育能够引起多种感染的专性寄生菌，截至目前，已经成功培育了几十种疣微菌门微生物，但令人遗憾的是，这种细菌对我们而言仍然是未知的！它们具有与众不同的特性，生物学专业的读者一定对此了然于心：封闭式膜状胞器含有细胞中大多数的遗传物质，换句话说，它们拥有细胞核，这对细菌来说简直是天方夜谭！（学术界对此争议不断，我那些讨厌例外的学生都避之不及）。

第 2 个特例是鲜色盘菌科（Cryptomycètes）。鲜色盘菌因难以培育而尤其珍贵。鲜色盘菌独树一帜：拥有独立的细胞，但没有保护性核**膜（membrane）**，依靠鞭毛（细长丝状物）泳动。你很快就会知道我们是如何知道这些的，毕竟目前为止，还从未有人见过这种菌！

　　至于最后一个特例，我们需要绕道参观巴黎及周边地区的名胜古迹，例如巴黎圣母院、圣丹尼大教堂或者凡尔赛宫和沃子爵城堡。这些建筑所用的石灰岩是由已经消失的海底石灰岩骨骼堆积而成的，而这些骨骼实际上是名为有孔虫（Foraminifera）的浮游微生物。有孔虫早在5亿多年前就常见于海洋中，且种类繁多。有孔虫是单细胞动物，能够分泌钙质或硅质，形成石灰质外壳：遗壳在海底堆积，经过几个世纪的演变形成岩石，是可供人类开采的矿物资源。有孔虫之所以为人所知，是因为它们世代在海洋中繁衍生息。我们在土壤中发现了一种极其罕见的有孔虫，是海洋有孔虫的近亲，但没有钙质骨骼。我们只在实验室里成功培育了其中一种：网状黏液虫（Reticulomyxa）。可笑的是，我们对水生的或早已形成岩石的有孔虫远亲族群了然于胸，却对近在咫尺的有孔虫（土壤中）置若罔闻！

未知但可识别的种群

　　我们发现了全新物种吗？这恐怕是水中捞月，空欢喜一场，因为DNA分子发生变异时，这些生物就已经不复存在了！它们在培育过程中变成了一团糨糊，只为我们留下了基因序列。但是请放心，我们并未因此而一蹶不振！

　　我们通过比较DNA来研究生物的演化关系，并以此进行亲缘鉴定。简单地说，就是对微生物群体加以高通量测序（宏基因组测序），分析特定环境中微生物群体的基因组成及功能、微生物群体的多样性与丰度，进而揭示微生物与环境、微生物与宿主（hôte）之间的关系。

　　那么，怎样才能让"看不见的基因序列"变的肉眼可见呢？"荧光原位杂交"（Fluorescence in situ hybridization, FISH）技术功不可没！

荧光原位杂交

哦，我的天哪，
它像圣诞树一样光芒四射！
它束手就擒了，
它已经筋疲力尽了，真可怜！

被荧光素标记的核酸探针与待测样本中的核酸序列杂交，经洗涤后便可直接在荧光显微镜下观察。概括来说，首先，我们收集样本并开展DNA 序列分析；然后，用荧光标记这些全新的 DNA 序列；最后，我们通过特定基因序列的定性定量分析，推演微生物的生长环境：它们也许附着在黏粒矿物上，也许栖息于水中，又或者有机质才是它们繁衍后代的温床……我们甚至可以估算微生物的数量！

　　决定生物遗传特征的 DNA 分子在显微镜下一览无遗。我们使用一种特殊的荧光染料来标记这些 DNA 分子，这种染料像闪烁的恒星一样忽明忽暗。作为主要遗传物质的直接证据，DNA 分子会因高密度的标记释放出强力信号。以鲜色盘菌为例，我们从未在它的基因序列上检测出**甲壳素（chitine）**，后者是一种形成真菌保护壁的化合物。但是，球形分子的荧光染色显示，鲜色盘菌的细胞内含有微管蛋白：一种组成微管的球蛋白，在细胞运动中发挥至关重要的作用（构成鞭毛的重要成分）。由此一来，长相奇特的鲜色盘菌便浮现在我们眼前：由于缺乏细胞壁，四散分离的裸露细胞依靠鞭毛泳动，随意变换形态。

不仅如此，我们可以通过分析样本微生物的多样性，采用外推法估算土壤中的微生物总量。当然，生物量的评估仍然依赖 DNA 测序技术：无论是真菌中的甲壳素，还是真菌或细菌中含有的脂肪酸，都有助于估算土壤生物量。我们可以根据土壤的类型选择合适的方法。

众所周知，对未知生物的探索离不开资金的支撑，而我们的科研经费却总是捉襟见肘。但无论如何，基因组测序对监测生物多样性的贡献不可估量，鲜为人知的土壤生物正在（或即将）慢慢进入大众视野，成功培育未知物种将会是史无前例的科研飞跃。随着现代科学技术与日俱新，分子生物学是揭示土壤生物多样性的利器！生机勃勃的地下世界，居住着许多性格迥异的"特殊居民"，让我们一起来认识它们吧！

土壤动物

接下来，让我们走进千姿百态的动物世界。各位在前文看到的蠕虫是体形最大的土壤动物之一，每平方米草甸土壤中的数量多达 50~150 只。它们同时拥有纵肌和环肌，我们仔细观察便会发现，蠕虫根据肌肉的横向收缩而变化自如，它们的身体可以无限拉伸。因此，蠕虫在掘穴过程中通过灵活收缩身体来躲避障碍物。其中最常见的是伸缩型蠕虫

（anéciques，源自希腊语 anesis，意为"弹性"），它们挖掘的洞穴纵深往往超过 2 米，这有助于它们在深土层和存放粪便（蚯蚓粪）的表土层之间来去自如。我会在第 10 章再次介绍这些"肥料制造商"。与之不同的是，其他的蠕虫大多沿水平方向运动，例如地生蠕虫［endogés，源自希腊语 endon（意为"内部"）和 gè（意为"土壤"）］，它们的掘穴运动有利于空气的流通。

　　如果仔细观察收集器的底部，我们可以看到熙熙攘攘的微动物群。其中，节肢动物门（Arthropoda）是动物界最大的一门，统称"节肢动物"。它们的身体两侧对称，由一列体节构成，拥有发达坚厚的外骨骼，比如蛛形纲（Arachnida）动物［蜘蛛目（Araneae）、蜱螨亚纲（Acari）和拟蝎目（Pseudoscorpionida）］与大部分昆虫。在蛛形纲动物中，蜱螨亚纲动物比比皆是，它们主要以腐败的有机质为食，尤其是有机残体表面滋生的细菌和真菌。螨虫的口器具有特殊形态，四周布满细长的捕食针管，它们大多是肉食性动物，并且会为了生存"自相残杀"。拟蝎目属于蛛形纲广腹亚纲，因末端钳状、体形似蝎而得名。它们异常发达的触肢令敌人闻风丧胆，但它们没有牙齿，因而捕食方式十分特殊：首先将消化液注入猎物体内令其液化，然后再尽情享用这杯黏糊糊且风味独特的"鸡尾酒"。

　　作为原始昆虫，弹尾目（Collembola）是世界上种类极为丰富的种群之一，每平方米土壤中的数量高达 1 万只。这些无翅、带内口式口器的小型动物以腐败的有机质和微生物为食（小型菌类），有两个显著的特征：第一，大部分弹尾虫的腹部末端有一个分叉的附肢，静止时被一个握器握持（弹器），释放时可将虫体弹出。弹器是帮助它们躲避敌人的不二法宝，不仅弹跳的高度可达其体形的 50~100 倍，起飞的加速度更是战斗机飞行速度的 10 倍！第二，它们的腹部有管状的黏管，用来分泌黏性物质和摄入水分（这一特性从希腊语的原名可见一斑：kolla，意为"胶水"）。弹尾虫的粪便还有利于改善土壤结构。

其他的土壤动物体形极小，体长通常不足1毫米，必须借助放大工具才能观察清楚。例如，缓步动物门（Tardigrade）俗称水熊或熊虫，因奇特的外观名声大震。它们的身体具有4对短粗的附肢，附肢末端有爪，主要通过短喙吸食细菌。一旦生存环境恶化，水熊的身体便缩成圆桶状自动脱水（干眠状态），并停止运动，蛰伏忍耐。这种生物对干燥、低温和高温等不利环境具有极强的忍耐力，不仅如此，人类首次发现水熊还可以在真空中生存！能适应外部环境变化的地表动物天赋异禀，而深土层动物往往不具备这种"特异功能"，但缓慢的生命节奏可以帮助深土层动物成功度过寒冷季节或两次降雨间的干旱期。

最后，线虫动物门（Nematoda）是动物界数量极为丰富的种类之一，在淡水、海水及陆地随处可见，每平方米土壤中大约含有1000~10 000只线虫（nématode）。土壤中的线虫个体总量高达4.5亿兆，占地球有机生物总量的20%！值得一提的是，大部分线虫体长0.1毫米，与微生物极为相似。线虫大多由少量的微型细胞组成，外表看起来更像小型蠕虫，有的线虫比单细胞生物还要小得多！不同于蠕虫，线虫的体壁只有纵肌，没有环肌，因此它们不能伸缩运动，只能像蛇一样波浪式蠕动。线虫种类丰富，食性各不相同，有的以细菌为食，有的以小型动物、生物残体为食（部分线虫可寄生于人体，如土壤中的蛔虫或丝虫）。我将在第12章重点介绍寄生于植物的线虫。

土壤动物的尿液富含氮和磷，植物吸取动物排泄物以满足自身的生长需求。地下世界的食物链环环相扣：体形最大的土壤动物，尤其是蠕虫，也逃不过被陆地动物、土壤工程师（鼹鼠）或路过的鸟类捕杀的厄运。总而言之，1平方米土壤是数以万计的土壤动物赖以生存的家园，物种多样性极其丰富，可涵盖 10~500 种生物（生物总质量约等于 10 克至 1 公斤的生肉）。值得注意的是，虽然大部分土壤动物是可见的，但它们并不在地下世界中占据主导地位。

土壤中的真菌

接下来，让我们前往丰富多彩的真菌世界看一看吧。根据真菌学家的估算，真菌总量介于 150 万至 3300 万之间，目前已知的真菌约有 13 万种。日常生活中常见的蘑菇及人们在秋天的森林里采集到的菌类只是真菌的繁殖器官：在白纸上放一朵蘑菇，我们会看到从伞褶上落下的黑色粉末，这就是"孢子"。这些细如尘埃的细胞可以无限繁殖，在特定的环境中形成生物学意义上的真菌：直径为 10~100 微米① 的管状细丝是大多数真菌的结构单位，我们称之为"菌丝"。

菌丝是由孢子萌发成芽管，再由芽管不断生长成丝状或管状的菌体，可以不断地分枝延伸。菌丝通过顶端生长向上延伸，通过侧生分枝形成**菌丝体（mycélium）**，例如法国农味干酪或圣内克泰尔干酪表面的绒毛，朽木之下或林中枯叶之间也会有菌丝体的身影——伸出鼻子使劲地嗅一嗅，你一定能闻到蘑菇香气（1- 辛烯 -3- 醇）！简单地说，真菌就是微生物，因为只有借助显微镜我们才能看清。虽说是微生物，但是有些真菌（少部分）的繁殖器官是可见的。单细胞真菌大多以出芽方式繁殖，芽生孢子成熟后脱落，形成独立的个体，比如我在前文中提到的鲜色盘菌科及酵母菌属（*Saccharomyces*）。可见的真菌是微观生态系统的窗口，它们大多以微生物的状态繁衍生息。

———————————

① 在微观世界中，相较于毫米，微米更适合作为计量单位，1 微米等于 0.001 毫米。

　　虽然不易察觉，但是菌丝体比比皆是：每公顷土壤中的生物总质量相当于20头奶牛的重量！不同菌种形成的菌丝体大小各异，有的附着在枯叶一端或土壤一隅，有的则肆意蔓延伸展。我们就以春季或秋季牧场随处可见的"蘑菇圈"（也就是繁殖器官）为例吧。蘑菇圈也叫仙人圈，这可不是什么大自然的魔法！年复一年出现的仙人圈，其实是真菌菌丝在土壤中辐射状生长的结果。大量孢子萌发形成菌丝，菌丝体逐年向四周辐射生长，随着时间的推移，中心区附近的菌丝逐渐衰老死亡。蘑菇圈根据对植物的影响可以分为3种类型：第一，蘑菇圈的生长对植物没有影响；第二，蘑菇圈的生长对植物只产生促进作用，该类型的蘑菇圈中只有一个绿草环带而没有枯草环（我将在第7章进一步介绍）；第三，蘑菇圈的生长对植物产生破坏，圈外绿草环更窄，圈内的植物更高，例如食用菌圈或伞菌圈。随着菌丝体不断向外延伸扩展，蘑菇圈越来越大，每年可增长1~50厘米。我们可以通过外圈的直径估算蘑菇圈的实际"圈龄"。耳听为虚，眼见为实，还是亲自去看一看附近的蘑菇圈吧！大部分蘑菇圈的"圈龄"不过几十年，但是法国小城贝尔福附近的一个蘑菇圈直径长达300米，这得有……700岁了！

　　蘑菇圈多见于草地和牧场。翻耕会导致菌丝体破裂，真菌的多样性和数量因此大幅减少。细菌则趁着天敌不在的大好机会疯狂繁殖，这就是为什么农业土壤中的细菌种类往往更为丰富，数量更加庞大。如果你想认识存活已久的古老真菌，不妨去森林里走一走：目前已知体形最大的真菌是来自美国俄勒冈州国家森林的蜜环菌，占地965公顷（约等于1350个足球场），菌龄在1900~8700年之间，生物总质量7600~35 000吨（蓝鲸作为最大的动物，平均体重也不过170吨）。蜜环菌通常大肆侵占森林，法国的森林也未能幸免。到了秋天，蜜环菌便会生出硕大的肉质菌盖，口感一般，体积和地下盘根错节的菌丝体相比简直微不足道。微生物（部分不可见）竟然能长这么大，太不可思议了！

　　那么真菌是如何进食的呢？包裹着菌丝的细胞壁不可或缺。真菌自然不会像我们一样狼吞虎咽……它们通过细胞壁的渗透作用，从外界摄取营养。一部分真菌紧紧依附于植物的根系（比如我将在第 11 章谈到的菌根），后者为真菌供应养分。另一部分真菌则以腐败的有机残体（腐生菌）或微小生命体（寄生菌）为食：在取食过程中，真菌分泌释放消化酶，用来分解大分子有机质，以便更好地吸收利用。

　　如果想进一步了解真菌的取食过程，我们不妨仔细观察一下法国农味干酪的熟化过程。干酪表面包裹着一层布满菌丝体的漂亮奶酪皮，像石膏一样坚挺厚实的干酪会先从表层开始融化，随着时间的推移，坚硬的中心部分逐渐变薄。这是因为石膏状的奶酪含有丰富的牛奶蛋白质，蛋白质会在消化酶的作用下降解融化。融化后的干酪口感更加细腻，这完全得益于分解产生的小分子有机质和**氨基酸（acides aminés）**。而残留在奶皮上的寄生真菌会分泌胞外酶，腐蚀攻击赖以生存的植物组织，并从中汲取养分。

土壤中的细菌

　　现在，让我们一起走进细菌的微观世界。细菌十分微小，只有0.1~10 微米，是真菌的十分之一到千分之一。但千万不要小看细菌，它们大有可为！

　　截至目前，我介绍过的动物、植物及真菌都是真核生物大群（也称为真核生物域）的一部分，稍后我们还会看到其他成员［纤毛虫和变形虫（amibe）]。真核生物的细胞通常较大且复杂，与细菌的细胞截然不同，最显著的区别在于，真核生物的 DNA 被包裹在封闭式膜状胞器中，也就是细胞核中。而原核生物没有成形的细胞核，DNA 是完全裸露的。原核生物分为两个高度多样化但完全不同的类群：真细菌（据称，真细菌有 500 万至 1500 万种，包含已知的 1 万种）和古细菌（鲜为人知，种类数量可能接近真细菌，但目前已知的种类只有几百种）。

　　全面完整地揭示土壤生物多样性并不容易，你一定对此大失所望吧，但是面对丰富的物种多样性、深不见底的地下世界，我不得不承认一个作家的有心无力。一叶一菩提，一花一世界，一粒土中也藏着大千世界。面对丰富繁杂的土壤生物，你恐怕也是一头雾水。然而，这恰恰体现了地下世界的辽阔深邃，而我们的目光所及不过是太仓一粟。如果仔细阅读下页的表 4-1，我们就会发现，一些数量庞大、物种丰富的动物群体仍然鲜为人知。我之所以用动物举例，只是因为它们更为常见，千万不要理所当然地认为，动物在土壤中占据主导地位！

　　细菌是所有土壤生物中数量最多的一类：平均每 12 微米就有一个！根据种类的不同，细菌由圆形或椭圆形，甚至杆状细胞组成。通常来说，细菌不能自主移动，只有少部分细菌依靠鞭毛（具有运动功能的蛋白质附属丝状物）泳动。菌细胞以不同的速度生长并分裂成两个，细胞分裂的时间从 1 小时到 1 年不等。有时，完成分裂的细胞依然与母体难舍难分，要么逐一排列形成纵队，要么无序的堆成一团，随着时间的推移，子细胞会继续分裂分化。放线菌一般以凝聚分裂的方式形成孢子，我在前文中谈到，雨后的土腥味主要来自放线菌释放的土臭素；19 世纪的真菌学家曾因为菌丝的形态将其误认为真菌，并起了个古老的名字"放线菌"（源自希腊语 mukès，意为"蘑菇"）。

表 4-1　本书中提及的土壤有机体的主要类群

生物域	主要类群（或门类）	书中提及的（细菌）类群或种属
真核生物	动物	环节动物（= 蠕虫），蛛形纲动物（包括螨虫，蜘蛛，多足类和触足类 *①），综合纲动物 *，少足纲动物 *，昆虫，弹尾虫，缓步动物，线虫，扁形动物 *，哺乳动物，鸟类，各种鱼类等
	植物	苔藓，针叶树，开花植物及其近亲绿藻 *
	几种藻类	硅藻 *
	真菌	鲜色盘菌，球囊菌 *，子囊菌 *，担子菌 *
	卵菌 * 纤毛虫 变形虫	有孔虫，黏液菌及其他
真细菌 ②	蓝菌门 放线菌门 疣微菌门 衣原体门 变形菌门 *	雷公菌 链霉菌，放线菌，弗兰克氏菌 * 根瘤菌 *，假单胞菌 *，固氮螺菌 *，硫杆菌 * 亚硝化单胞菌 *，硝化球菌 * 等
古细菌	无细分门类	除了产甲烷菌 *
病毒	无细分门类	

① * 表示在其他章节中出现。

② 为了简化，本书将古细菌和真细菌合并称为细菌。

　　子细胞含有与母细胞相同的遗传信息，可以看作初始细胞的克隆体。你一定认为，分裂后的子细胞是独立的有机个体。其实，从某种程度上来说，确实如此，因为子细胞可以独立生长。但是所有的子细胞，无论是相互依附还是彼此分离，都具有生物学特性。在营养不足的情况下，部分细胞勇于牺牲，掏空家底滋养同伴，和人体中释放养分的脂肪细胞如出一辙。遇到危险时，细胞的防御反应也是协调一致的。例如，一旦某个细胞被病毒攻击，就会立刻释放警告信号，同伴们便会一呼百应，合力御敌。俗话说得好：兄弟同心，其利断金。只有足够多的细菌共同作用，才能产生我之后将会重点介绍的抗生素，以及用来消化有机质、抵御植物攻击的有机酶。细菌细胞间具有群体感应机制并聚集形成多个菌落。菌群通常会释放一种信号分子，也就是高斯氨酸内酯类分子，分子浓度往往反映了细菌数量。当高斯氨酸内酯类分子浓度随着菌群密度的升高达到一定阈值时，细菌便会启动防御机制。和真菌一样，部分菌群的密度和自主性掩盖了菌细胞的真实数量：分化而成的菌群可以看作细菌的"组织"[1]。

　　细菌的生活方式各异。真细菌和古细菌比真核生物更为古老，它们在时间长河中演化出多种觅食方式。有的像植物一样靠光合作用为生，例如前文提到的蓝细菌。蓝细菌在光合作用下释放土臭素，通常栖息于水中或土壤表层。还有的细菌则和真菌一样，以有机质为食，保护性的细胞壁密不透风，因此细菌通过分泌消化酶在体外消化食物。值得一提的是，细菌还有一种鲜为人知的特殊生活方式：被称为**化能自养菌**〔**chimiolithotrophie**，源自希腊语 lithos（意为"石头"）和 trophè（意

---

[1] 只有多细胞的生物才有组织这一水平，而细菌是单细胞生物，所以不存在组织。——译注

为"食物"）〕的微生物，通过氧化简单的无机化合物获取能量。例如，铁锈是铁和氧气发生化学反应的产物，铁细菌（当然，别指望能用肉眼看到它们）通过催化铁的氧化反应获取所需的能量。在第二部分中，我们会看到化能自养菌在土壤中发挥的惊人作用。

奇幻无比的细菌王国与人类世界截然不同。例如，部分细菌利用大气层中 80% 的氮气（N_2）掌控着制造铵盐的"能量工厂"，夜以继日地量产氨基酸和蛋白质。早在人类制造矿物氮肥之前（我在第 3 章中谈到，氮元素是生产氮肥的主要原料），细菌就已经将这条大型矿脉（氮气的固定）占为己有。我将在第二部分中深入探讨细菌在土壤中的作用。

变形虫、多头绒泡菌、纤毛虫、藻类和病毒

我们再回过头来看看真核生物吧。这类生物涵盖了动物、植物和真菌。在前文中，我将真核生物与两组细菌做了对比。真核生物中还有许多不为人知的物种值得我们去探索。比如，我提到过一类与有孔虫相近的生物，研究人员通过基因测序发现了它们的踪迹。可惜的是，我们目前只成功培育出其中一种网状黏液虫。

首先，让我们来看看变形虫。这些来自不同种群的单细胞生物，在外观上相差无几。变形虫大多是单核生物，细胞膜纤薄，身体的轮廓随伪足的伸缩而有所变化。身体的可塑性对变形虫来说可谓一举两得：一方面，细胞内质在移动时，可朝着身体前进的方向流动；另一方面，有助于吞食周围环境中的固体颗粒，例如小分子有机质、细菌等。吞噬作用是细胞内化的特殊形式。我们体内的白细胞便是在吞噬作用下消灭攻击人体的有害病菌。变形虫以病菌为食，10~100 微米的体长有利于吞噬病菌。土壤中常见的大型变形虫身长高达……1 厘米！

　　事实上，变形虫属于黏菌类生物。这些大型变形虫虽然已经销声匿迹，但也曾进入过大众的视野。生于 1977 年的法国生物学家奥德丽·迪叙图尔（Audrey Dussutour）系统介绍过这些变形虫，并将其命名为"多头绒泡菌"。[①]

　　其次，纤毛虫是另一种以残渣碎片为食的单细胞生物，其中最广为人知的莫过于草履虫。草履虫的体型与变形虫相似，或小于后者（体形较大的变形虫捕杀草履虫）。顾名思义，纤毛虫呈椭圆形或长条形的细胞具有短小的纤毛。它们依靠纤毛泳动、追捕猎杀小型细胞。相较于变形虫，纤毛虫更敏捷，善于追捕身形矫健的细菌。例如，长吻虫具有特殊的定向细胞器，能够灵活地多向突击，大肆捕食猎物。我们通过显微镜捕捉纤毛虫、黏菌和变形虫的身影，网上的高清图像层出不穷（赶快去一饱眼福吧）。

　　关于土壤微生物的介绍已经接近尾声，最后，我们来看看单细胞藻类吧。荒凉贫瘠的土壤因藻类的存在绿意盎然。当然，病毒也是不容忽视的。病毒既不是细菌，也不属于真核生物。新冠疫情期间，我隔离在家并写完了这本书，我认为有必要说点什么……虽然我们对病毒知之甚少。其实，病毒远比细菌和真核生物复杂，因为病毒的基因序列千差万别；部分病毒甚至没有 DNA，取而代之的是核糖核酸（RNA），比如新型冠状病毒（SARS-CoV-2）。寻找识别病毒的基因序列困难重重，因此我们目前无法揭示病毒的多样性。病毒无处不在，多种寄生病毒（至少 6 种）与细菌、动物或变形虫和谐共生。可以说，

[①] Audrey Dussutour, *Tout ce que vous avez toujours voulu savoir sur le blob sans jamais oser le demander*（《你一直想知道但却不敢问的关于多头绒泡菌的一切》），Éditions des Équateurs, 2017.

病毒是土壤生物中数量最多的一类，同时也是最神秘的一类。

　　病毒远远小于它们寄生的细胞，利用细胞进食和繁殖。一般来说，病毒只含有少量的遗传物质。土壤病毒的研究因巨型病毒的意外发现而备受关注。在此之前，人们普遍认为，病毒是地球上体型最小、结构最简单的生命。然而，横空出世的巨型病毒与目前已知的物种截然相反，它们拥有丰富的基因序列，甚至会攻击并反杀变形虫。事实上，有一部分病毒来自活化石。人们融化西伯利亚的冰原提取收集病毒，并成功在实验室里将其复活。随着气候不断变暖，我们不禁开始反思，病毒的死而复生究竟会给人类带来怎样的影响？毫无疑问，土壤中的病毒对人类的影响不可估量，探索未知病毒刻不容缓！

地下生态系统

　　你或许已经猜得八九不离十了，土壤中确实存在互惠互利的共生关系——这是生态系统的核心。这些关系有时是残酷的：各种规模的暴力袭击让我们脚下的泥土"尸横遍野"……掠食者在每粒黏土的角落，在每个蠕虫洞穴中伺机而动。我在前文中谈到的以细菌、纤毛虫和真菌为食的动物，却被微生物开膛破肚；有机质与微生物的共生关系构成了环环相扣的食物链，并由深土层逐渐延伸至表土层，螳螂捕蝉，黄雀在后的故事比比皆是。例如以细菌为食的蠕虫被鸟类捕杀，因体型优势在土壤中横行霸道的鼹鼠却逃不过被大型猛禽捕食的厄运。

　　让我为各位讲个有趣的故事吧，一个关于微生物反杀动物的故事。节丛孢菌（*Arthrobotrys*）的菌丝附有浮标状的套索，由短小的侧生菌丝组成。这些菌丝一旦与动物接触，便在不速之客水分子的作用下迅速膨胀：邪恶的充气浮标蓄势待发，只待线虫自投罗网，便可以轻而易举地瓮中捉鳖！线虫命悬一线，全力挣扎，但蚍蜉撼树谈何容易，苟延残喘的线虫最终难逃厄运。附着在线虫皮肤表面的真菌释放消化酶，逐渐将线虫的精气吸收殆尽……育苗员和温室种植员深受这个故事的启发，利用节肢动物作为生物控制手段，消灭寄生在植物根部的有害线虫——虽然残忍，但行之有效！

共生生物休戚与共，因为正如前文所说，部分寄生微生物无法独立培育。我将在第 11 章和第 13 章讲述更多互惠互利的共生故事，我们会看到，土壤中的真菌及细菌如何与植物根系唇齿相依。

当然，土壤生物之间同样存在激烈的竞争（compétition），觊觎相同资源的生物总是自相残杀。我们已经知道，通过翻耕消除真菌有利于细菌的存活，而这二者常常为了抢夺有机质打得头破血流。真菌在酸性土壤中占据绝对优势，步步为营将细菌一举消灭，我将在第 8 章进一步介绍。不仅如此，微生物也会与植物根系争夺铁、氮、磷等矿质营养。事实上，大部分真菌和细菌并不满足于从有机质中摄取营养，它们会大肆抢夺植物生长所需的矿质营养，比如硝酸盐和磷酸盐。这些微生物大多以氮磷含量较低的有机质为食。值得注意的是，植物根系之间的互相残杀同样屡见不鲜，它们常常为了抢夺资源而大动干戈。本是同根生，相煎何太急！我将在第 12 章详细介绍根系间的竞争。现在，我们还是继续聊一聊微生物吧。

通常，微生物会分解释放酶（enzyme）在体外消化食物，然而任何微生物都可以利用活性酶偷取邻近微生物的资源。因此，为了阻止自己的资源被盗，大部分微生物处心积虑，对邻居展开疯狂报复：它们释放的有毒分子抗生素，是资源争夺战中的制胜法宝。我们通常将抗生素时代的开启归功于英国医生和微生物学家亚历山大·弗莱明（Alexander Fleming），但其实，最早观察到抗生素的是法国生物学家埃内斯特·迪

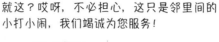

歇纳（Ernest Duchesne）和勒内·迪博（René Dubos，在美国工作期间发现了酪氨酸）。虽然弗莱明在 1928 年机缘巧合地发现了青霉素（比酪氨酸的发现早了 11 年），但将微生物真正应用于健康医疗的确实是这两个法国人较早的研究计划。1952 年，俄罗斯裔美国微生物学家赛尔曼·瓦克斯曼（Selman Waksman）发现了防治结核病的链霉素，并因此获得诺贝尔生理学或医学奖。

　　我们使用的抗生素有四分之三来自地下细菌战。例如我在上文提到的青霉素（部分青霉属真菌多用于精制法国浓味干酪或羊乳干酪）；短杆菌素是一种从短小芽孢杆菌中分离的多肽抗生素混合物，由酪氨酸和短杆菌酪肽组成；放线菌素和链霉素是从放线菌中提取产生的；头孢菌素类抗生素来自子囊菌属真菌；他汀类药物则是一种抑制胆固醇合成的抗生素，是调节控制体内胆固醇水平的首选药。

　　微生物因能产生抗生素而在资源争夺战中占尽优势，也与人类生活息息相关：作为有机质的主要分解者，微生物在土壤生态系统的能量流动和物质循环中发挥着关键作用。总而言之，土壤深处蕴藏着无限奥秘和鲜为人知的宝藏。

结　语

我在本章中介绍的土壤生物不过是地下生态系统的冰山一角。重新读一读章首那些描述生物多样性的陈词滥调，你应该对此深信不疑。与其探秘珊瑚世界或深入热带丛林，不如停下脚步，潜心观察平平无奇的土壤，丰富多彩的地下世界一定让你不虚此行。数以万计的土壤生物在这里安家落户，有的清晰可见，有的芳香四溢，但更多的是来无影去无踪、不可言喻的神秘群落。地下世界之所以生机盎然，姿态万千的土壤生物功不可没。每一个令人惊叹的土壤生命都值得详细介绍，土壤生物的多样性值得万众瞩目！

实验室中的微生物培育与观察揭示了土壤生物的多样性，基因测序技术开启了微观世界的大门，直到 20 世纪 90 年代，99% 以上的微生物都因难以人工培育而被搁置一旁。土壤是有生命的，是自然界中一个复杂的生态系统。我将在后文重点介绍土壤生物的生命活动。在法国，平均每克干燥的森林土壤中含有：

· 10 万 ～ 1000 万个细菌，来自上千个不同门类；

· 数千种真菌的菌丝和孢子；

· 上千个变形虫和纤毛虫，来自百余个不同的种属；

· 还有 1000 万 ～ 10 亿种病毒……来自未知的物种。

除此之外，随机选取的土壤样本中还含有少量的根系和土壤动物。

简单地说，每公顷农业土壤的生物量高达十几吨。是的，虽然大部分土壤生物都是人眼看不见的，如细胞、菌丝、微型动物等，但它们的总生物量超乎想象。每公顷土壤中含有 3.5 吨真菌、1.5 吨细菌、3~6 吨植物根系及 1.5 吨土壤动物，土壤总生物量相当于 150 只绵羊的重量。土壤生物的多样性取决于物种生物量：土壤生物量占陆地生态系统总生物量的 50%~75%。

深层土壤中的物种多样性远比地表丰富，是陆地生态系统的核心！例如，法国拥有 570 种鸟类、190 种哺乳动物和大约 6000 种植物，地表生物的重要性显然不容忽视，近期 2200 个土壤样本中的细菌检测结果显示，土壤中的细菌数量高达 11.5 万种！这项检测并非详尽无遗，而是揭示了土壤生物多样性的双重不可见性：首先，土壤生物难以凭眼睛观察，因为土壤是微生物的大本营，也是人类最丰富的菌种资源库；其次，土壤本身并不透明，大部分生物都隐藏在土壤深处。26% 的已知生物在我们脚下的土壤中安营扎寨（海洋中含有 13% 已知物种），这还不包括拥有地上部的土壤生物，比如植物。这些生物大部分属于已知种群，占陆地动物种群的四分之一，当然还包括鲜为人知的生物类群，比如变形虫、纤毛虫、细菌，尤其是数量庞大的病毒。

土壤生物之间的关系复杂多样，包括互惠互利的共生关系及此消彼长的寄生关系。地下生态系统错综复杂，土壤中的食物链环环相扣，从深土层延伸至表土层。蠕虫作为掠食者，在土壤中称霸一方，却在地表成为鼹鼠、啮齿动物和鸟类的掌中之物。

此外，抗生素是细菌的天敌，虫生真菌（捕食线虫的真菌）是生物防治的重要手段。土壤生物多样性是人类生命的基础，是非常宝贵的自然资源，它的实用价值超越了土壤本身。当然，土壤中的生命活动同样丰富多彩，我将在第二部分揭示地下生态系统的功能多样性。

我在前文中谈到，蠕虫促进黏土–腐殖质复合物的生成，这些生态系统工程师通过掘穴活动改造土壤环境，但对生态系统的贡献仍然有待挖掘。相较于世人皆知的动植物，土壤生物的生活方式、理化特性及对环境的影响更为复杂多变，它们在地下生态系统中发挥着至关重要的作用。

我将在下一章中介绍土壤的另一种成分：气相物质。让我们离开生机勃勃的动物世界，逃离血腥残酷的地下斗争，尽情地呼吸新鲜空气吧！

第5章

通气良好的地下城：
土壤中的气相物质与气候

> 在这里，我们开始百无聊赖的一天；在这里，我们必须加热葡萄酒奶油汤汁，才能了解地窖储藏美酒的原理；在这里，严冬匆匆而过；在这里，土壤生物舍己为人，无氧呼吸的植物会释放大量乙醇；在这里，好氧生物奄奄一息，厌氧细菌却伺机而动；在这里，笑气让我们苦不堪言；在这里，土壤排放温室气体，影响气候变化；在这里，人类的推波助澜不容小觑。

早上不到6点，我在船里无所事事……我和一群博物学家朋友一起，在盛夏的法国西部度过了一周。这天清晨轮到鸟类学家做领队，他们安排了乘船去大布里耶尔沼泽游玩。鹅卵石和植物随处可见，却看不见一只鸟儿，虽然我喜欢鸟鸣，但是我讨厌研究鸟类。非常抱歉！但研究的时间成本与收益对我来说都太有限了。昨天晚上我应该早点儿睡觉，这样也不至于刚吃完早饭就昏昏欲睡。鸟儿们肯定也睡得很晚，天知道它们昨晚干了什么——今天早上毫无踪影。总之，作为一个非鸟类学家，此时的我百无聊赖。正在划动长长船桨的导游对我说道："快来看看，我们要在湖上点火。"我不以为然地打了个哈欠，心想这只是为了调节气氛随口一说的玩笑，他肯定十分同情我。导游用船桨在沼泽底部搅动，湖面上泛起了泡沫，然后，他竟然用打火机点燃了这些泡沫！

　　漂浮在水面上的气泡含有甲烷（CH_4），由沉积物中的微生物形成。并不是所有从水底升起的气泡都含有甲烷，有的含有不助燃的二氧化碳。缺氧且富含有机质的潮湿环境往往会产生甲烷。加拿大人喜欢在冬天玩一个危险的游戏：他们破开湖上的冰层，然后点燃在压力下逸出的湖底甲烷。瞬间点燃的火焰（不妨去网上看看相关视频）能腾空数十米，既壮观又十分危险。甲烷也是"鬼火"助燃剂。"鬼火"常见于池塘或某些潮湿土壤的表面，其实是磷化氢（PH_3）的自燃现象，例如尸体腐烂会分解释放磷化氢，这便是墓地时常出现"鬼火"的原因。有氧环境中的磷化氢极不稳定，一旦暴露在空气中，便会立即与氧气发生反应，释放催化甲烷燃烧的能量，和导游手中的打火机异曲同工。甲烷与氧气的化学反应是循序渐进的，并且需要热量激活。

　　为什么水域缺氧会产生甲烷和磷化氢呢？这是因为土壤中的气体及生物体内的化学反应都会影响气候。

　　在本章中，我们将了解土壤中的空气、气体成分及它们与气候的相互作用。土壤因存在空气而具有抵抗极端温度的绝缘特性，有利于生物的生存。简单地说，土壤空气与土壤生命息息相关：土壤生物的呼吸作用至关重要。而生物的无氧呼吸将为我们揭秘，为什么大布里耶尔沼泽湖面能够被点燃。与此同时，我们还会看到，土壤生命活动释放的气体是引发温室效应并影响气候的主要原因。

土壤中的空气

　　在第 2 章中，我们将土壤浸入水中后，看到无数的气泡浮出表层，当时我们辨认了两种土壤孔隙：一种是大孔隙，水在重力作用下沿着孔隙下渗，利于空气的流通；另一种是微孔隙，在毛细力的作用下储存水分，并在枯水季排空水分，储存空气。那么，土壤中的空气究竟包含哪些气体呢？

让我先从较为干燥的土壤说起。在地表附近的土壤中，我们监测到类似于大气的气体成分：78.08% 的氮气（以 N_2 计），20.95% 的氧气，0.93% 的氩气（Ar），0.04% 的二氧化碳及其他微量气体（水蒸气、甲烷、氮氧化物等）。我们继续深入土壤，在深层土壤中也发现了这些气体，它们通过孔隙渗透并储存在底层土中。

随着土壤深度增加，水蒸气的浓度也会快速增加，因为土壤的缝隙有利于水分的蒸发。充满水蒸气的潮湿环境不适合土壤生物居住——和桑拿房并无二致，不仅温度高，周遭还非常潮湿，就像布列塔尼的大雾天气般闷热难耐。在实践课中，我经常因为学生在挖取蘑菇或根系的过程中没有听取我的建议（也许是我说得不够明确）而大发雷霆："你们必须把它们始终放在水里，否则它们会很快干缩，进而枯萎变软，甚至到无法观察的程度！"正是突如其来的缺水导致了快速蔫萎，但这并不意味着蘑菇或根系无法在干燥的环境中存活。在干燥的环境中，土壤生物会快速进入休眠状态，并时刻做好应对缺水的准备。不过，大部分真菌在枯水期都无法存活。我在上一章中谈到的缓步动物，一旦处于缺水状态就会将身体蜷缩成球体：身体逐渐变得干燥，耐心等待外部环境的好转。此外，蘑菇菌丝也会干缩。只有当土壤重新被浸润时，生机才能恢复：缓步动物逐渐苏醒，幸存的真菌恢复生长并修复菌丝体。但是万物复苏的时候，有些生物却会陷入永世长眠。通常情况下，土壤始终保持湿润状态，土壤孔隙间蓄满了水蒸气——把手伸进泥土，是不是总是湿乎乎的？

我们如果继续深入土壤，另一种气体的浓度便会明显增加，这种气体就是二氧化碳。是的，土壤生物会通过呼吸作用产生大量的二氧化碳。不仅如此，在地表附近，大气中的二氧化碳浓度同样很高。与之相反的是，氧气的浓度会随着深入土壤而不断降低：尽管氧气从地表源源不断地渗入土层，但土壤中的氧气总是供不应求。深土层生物的生命活动需要消耗大量的氧气，因此，可以说是土壤生物的**新陈代谢（métabolisme）**改变了土壤中的气体成分。

值得注意的是，大气中的氮气来自表土层。虽然氮气不易被消耗，但部分细菌（我将在第6章详细介绍）会利用氮气经营"蛋白质工厂"，从而在土壤中储存足够的含氮资源。因此，氮气的存在不容小觑！概括来说，虽然土壤中的空气来自大气，但是成分在渗透过程中发生了变化，并最终通过土壤生物的新陈代谢参与大气循环。可以说，土壤生物是导致土壤中气体成分发生变化的"始作俑者"。接下来，我将逐一介绍土壤中不同气体对气候变化的影响，但是在此之前，让我们先来了解一下土壤空气的主要特性，这对土壤生物至关重要。

土壤，绝缘体

土壤中的空气在孔隙性的影响下难以自由流动：当然，它在不断流通，只是非常缓慢。如果各位允许我使用一种令人不适的比喻，那我要说，这无异于活埋。土壤中的生物呼吸困难，因为土壤孔隙较小且连接不畅，空气流通缓慢导致土壤具有特殊的绝缘特性：地表温度难以向深层传递。

热传递（或冷传递）主要存在两种基本形式：第一种形式是通过静态介质传播热能，即传导。例如，平底锅的金属手柄即使不与火焰直接接触，也会因为热传导而灼烫无比。第二种形式是通过流动介质传播热能，即对流。对流通常发生在具有延展性的流体中（液体或气体）。例如，在同一个平底锅中，沸水在温度高的锅底和温度低的表水层之间循环流动。我们不妨仔细观察一下在浓汤中翻滚的香料：底部温度升高导致气流上升，与冷空气接触后再次下降。事实上，对流更利于散热！这也是为什么转动勺子并吹气能够快速冷却热汤，因为液体和周围的空气形成了对流。没错！你就像茹尔丹先生[①]一样，对餐桌上的暗流涌动一无所知。

土壤之所以具有良好的绝热性能，其因有三：首先，土壤中的空气流通困难，因此不会产生对流。其次，空气的导热性较差，因此土壤的热导率低。这便是毛皮御寒的原理，毛发阻碍导热性较差的空气流通，从而减少热对流的产生。不仅如此，毛皮还可以隔绝外部温度，就像膨胀的聚苯乙烯一样，硬质独立的气泡结构具有良好的绝热性能！土壤的作用与毛皮异曲同工。最后，含水量增加了土壤的热惯性：潮湿土壤中的热量传递更加困难，因为相较于空气或矿物质，加热液体需要消耗更多的能量（例如我们在厨房加热平底锅时，锅内食材往往比周围的空气受热更慢）。由此可见，土壤中的热量传递不仅缓慢，而且需要消耗大量能量，因此土壤是名副其实的热绝缘体。

研究人员在美国炎热的加利福尼亚平原跟踪监测了土壤的（地表土和地下 20 厘米处的土壤）温度变化。6 点钟，地面温度为 16℃，地下温度为 18℃，尚未从前一天的高温中完全冷却下来；10 点钟，地面温度为 22℃，但地下温度仍然是 18℃；14 点，炎炎烈日，地面温度达到 28℃，但地下温度只有 20℃，升温缓慢；到了 22 点，夜幕降临，

---

① 莫里哀戏剧《贵人迷》中的人物，一心想挤进贵族行列，过上流社会的生活。——译注

地面仅有 22℃，而地下温度终于升至 23℃！正如我们所见，无论是在热浪滚滚的白天，还是在凉爽宜人的夜晚，深层土的温度变化总是十分缓慢。而距地表 50 厘米深的土层温度几乎稳定在 19℃左右，这也是白天地表的平均温度。

　　季节变化对土壤温度的影响同样会随着深度的增加而逐渐减弱。法国所在的地区夏热冬冷，因而土壤温度常在年平均温度上下浮动……距地表 1.25 米深的土壤会在 2 个月的时间差内分别产生最高温和最低温，并且热强度随之降低了三分之一！然而在更深处，即地下 10~15 米的土壤，温度不再发生变化，这就是终年不变的年平均温度。值得注意的是，深土层的平均温度还得益于循环流动的泉水（常见于母质层）。土壤学家常将土壤称为底土的"覆盖物"，而我们更愿意将其称为"地球的皮肤"。

土壤，动植物的庇护所

　　土壤具有良好的保温性能，因此部分生物总会在寒冬匆匆忙忙地躲进土壤——尽管我们在很大程度上是看不见它们的。先来说说多年生植物，它们具有与众不同的习性：很多植物在地表上没有分枝，即便有几片叶子，也会将大部分的嫩芽隐藏在地下。有的植物拥有一个鳞茎，这是一种很短的地下茎，比如郁金香；有的植物被鳞片状的叶子包裹，比如洋葱；还有的植物拥有一个匍匐茎，这是一种根状茎，比如鸢尾；其他的植物则演化出预备根，例如甜菜和胡萝卜。总之，所有的植物都会通过土壤来保护自己免受严寒的侵袭，尤其是霜冻的伤害。

　　除了植物，种子也会在土壤中避寒并形成所谓的种子库，简而言之，就是所有以种子形式在土壤中进入休眠期的物种。很多物种的种子可以在生命放缓的状态下，在不同的时间段内休眠。美国植物学家威廉·比尔（William Beal）于 1879 年发起了一项激动人心的实验（目前仍未结束）：监测 21 种植物种子的发芽能力。这些种子被放置在装有沙子的瓶子里，并被埋在美国密歇根州的土壤中，之后每 20 年出土一瓶。40 年后，人们发现，12 个物种的种子仍在生根发芽；2000 年有 3 个；2020 年有 2 个；142 年后，在我写下这些文字的时候，生命的种子依旧生生不息。毋庸置疑的是，即便到了 2100 年，这款 1879 年的"陈年窖藏"仍然会历久弥香！

　　20 年前，一种极其稀有的物种在法兰西岛消失了，即 *Sisymbrium supinum*（大蒜芥属的一种），目前人们在其最后一个已知栖息地的土壤中发现了种子，其中一部分种子已经成功发芽。众所周知，耕作有利于种子进入土壤，如果种子被埋于土中并得以幸存，就会进入漫长的休眠期，并在土壤全方位的庇护下，等待着犁具或穴居动物将它们重新带回地面。这就解释了为什么有些地方会突然出现罂粟花，因为它们的种子在地下苦苦等待了 10 年甚至 80 年之久，才被带到距离地表仅 2 厘米的表土层，通过光合作用生根发芽。

　　外界环境不利于生存时，动物也会挖掘洞穴寻求庇护，例如昆虫的幼虫、蜥蜴、两栖动物、海龟或小型哺乳动物。部分生物能够在土壤中安然无恙地生活，比如以根为食的甲虫幼虫总是在秋季深入地下，这样可以在翻耕季节存活下来。另一部分生物会在土壤中进入冬眠状态，在自己的巢穴或为过冬准备的洞穴中减缓生命活动，比如蜥蜴和两栖动物（也被称为冷血动物）的洞穴总是深不可测，因此不会受到霜冻的侵害。不仅如此，很多动物还会在土壤中产卵，例如蜥蜴或各种不同的昆虫。由此可见，土壤是一个巨大的等候休息室，庇护着万千生灵，它们在土壤中以不同的形态静候春暖花开。

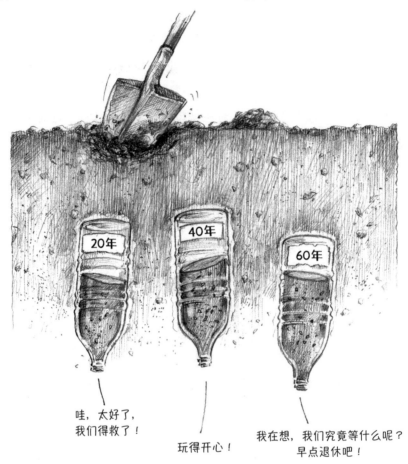

在炎热的旱季，大部分生物都会在不同的时间段躲入土壤，通过
自我掩埋避开酷暑，至少可以起到降温的作用。此外，土壤能够在枯
水期储存极为稀缺的水分。这就是在愉快的暑假期间，地中海盆地干
燥的生态系统中屡见不鲜的现象。不仅如此，土壤还具有良好的绝热
性能。在火灾频发的地区，如澳大利亚南部或地中海地区，一个扩张
的地下结构（植物根茎交会处）应运而生。多年生植物已经完全适应
了这一结构，肿胀的根茎或木块茎［lignotuber，源自拉丁语 lignum
（意为"木头"）和 tuber（意为"凸起"）］含水量丰富。一旦发生火灾，

完好无损的地下根茎便会生根发芽，以旧换新！例如，地中海的野草莓树，以及澳大利亚的拔克西木和金合欢树都拥有类似的替生结构。

最后，让我们来聊一聊人类的匠心独运。深至母岩层的地窖冬暖夏凉，在冰箱出现之前，地窖是储存食物的绝佳粮仓，内部的恒定温度对葡萄酒的储存至关重要！与此同时，生态屋顶在城市中日渐流行，一是因为有利于屋顶植物的生长；二是因为土壤具有良好的绝热性能，可使建筑物内四季如春，这是土壤抗压性能和稳定性能的又一个表现。概括来说，土壤是为世间万物遮风挡雨的温暖庇护所。

土壤的呼吸

土壤中的生命活动会影响气候变化，让我先从土壤的呼吸说起吧。在充分通气的情况下，土壤居民通过呼吸作用产生生命能量。然而，只有土壤孔隙率达到 40% 以上（孔隙和固体颗粒的比例为 2 : 3），才能够保障土壤中的氧气供应。这种情况下，即便是耗氧量最大的根须和蠕虫，氧气也能够完全满足它们的需求。其实，孔隙连通性同样会影响土壤中的氧气含量：如果连通性较差，氧气在土壤中仍会寸步难行。我在前几章中谈到了影响土壤通气性的几个主要因素：卵石和砂石形成的较大孔隙便于空气流通；黏土 - 腐殖质复合物有利于形成块状结构，从而提升孔隙率；当然，善于掘穴的土壤生物同样功不可没，例如蚯蚓打造的地下隧道可是土壤中不可或缺的"通风管道"。

事实上，土壤的呼吸和人类的呼吸并无二致，都是消耗氧气并产生水和二氧化碳。如果你试过堆肥，就能很好地理解这个机制：通气良好的堆肥有利于微生物和蠕虫的呼吸，水和二氧化碳的释放又是堆肥体积和重量损耗的主要原因。1 平方米普通的温带土壤每小时会产生 0.1~0.5 克的二氧化碳；热带土壤由于热量和湿度更大，释放的二氧化碳是前者的 2~10 倍。如果你知道人类每小时会呼出 100~200 克的二氧化碳，便会觉得土壤释放的二氧化碳不值一提，但是别忘了，这只是单位面积土壤的释放量。我稍后将重点介绍全球规模下的土壤呼吸。眼下，让我们继续简单对比一下土壤呼吸和人类呼吸：地球每平方千米约有 50 个人类，所以 1 平方米内的人类每小时大约会呼出 0.005~0.01 克二氧化碳。再想一想土壤的呼吸，不禁让人仰天长叹。

说到土壤中的呼吸，植物根系的呼吸作用占据优势：当深层土壤的氧气含量较少时，植物根系与地上部的连接系统就会像潜水员的呼吸器一样发挥关键作用。这是因为，植物的叶片表面布满气孔，既可以排出水分，也可以吸收二氧化碳用于光合作用并释放氧气（事实上，植物是在夜间呼吸的）。至于不进行光合作用但是必须保持呼吸的植物根茎，通常拥有微小皮孔，细胞间隙产生的作用力有利于水分的吸附储存。如果根茎非常细小，我们是看不见皮孔的（呼吸作用通过表皮完成），但是枝干表面通常会有裂缝状的突起，你不妨仔细观察一下榛树、樱桃树或栗树的嫩枝表面。当然，又老又厚的树皮上的皮孔也是看不清的，可以在树干的横截面中看到，它们通常呈细小管状。贯穿葡萄酒瓶塞的黑色长线状斑点，实际上就是栓皮栎的皮孔。气孔和皮孔都是气体进出的门户，气体通过这些细胞裂隙进入叶片或根茎。一旦根系缺氧，通气组织就会迅速扩张，让地上部器官的裂隙与根部的裂隙相互串联。简单地说，通气组织以细胞死亡的方式来增加间隙率，从而搭建一条更加通畅的换气管道。

这种含有大量细胞间隙的薄壁组织被称为通气组织［aerenchyme，源自希腊语 aèr（意为"空气"）和 khuma（意为"流动"）］。要想看到通气组织，不妨拔出一棵水生植物，此类植物的根茎呼吸非常依赖通

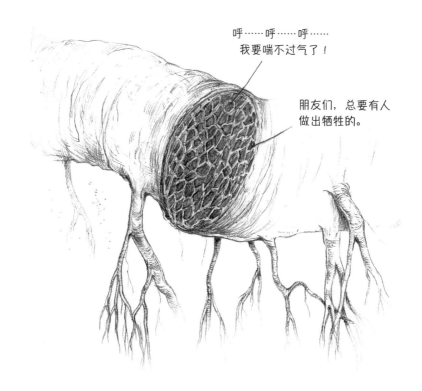

气组织。我们用放大镜观察一下水生植物根系切面：天哪，这简直是如假包换的多孔格鲁耶尔①！我们如果轻轻地按压根系表面，它不仅会变得松软，还会冒出少许泡沫。在缺氧的土壤中，根部的通气组织非常发达。众所周知，植物汁液通过疏导组织在体内运输，但我们常常忽略气体在植物体内的循环流动！根部氧气的流通得益于一种名为"热扩散"的物理现象，即使是物理学家也对此知之甚少。简单地说，就是气体总是在热量的推动下向低温处凝聚扩散。在植物生长旺季，底层土壤仍然延续着冬季的凉爽，植物的根系温度较低，因此可以通过热扩散从地表获取更多的氧气。

---

① 一种法国奶酪。——译注

机体组织的缺氧状态又称为缺氧症。部分具有通气组织的植物能够适应永久性缺氧，那么其他植物又将如何在短暂的缺氧状态下幸存呢？比如长期降雨导致的土壤缺氧（所有气孔充满水分）。事实上，植物并不会坐以待毙，它们会启动紧急预案来维持根细胞的能量供应：用发酵代替呼吸。酿酒桶中的酵母耗尽氧气时便会采取这个自救手段。细胞发酵的产物多种多样，比如乳酸或乙醇，但是一旦浓度过高，就具有一定的毒性，因此这只是一个暂时的应急方案。如果氧气供应及时，根系细胞便可以通过呼吸作用清除有毒废物；反之，如果氧气来不及回流，那么酒精不仅会残杀植物，还会损害土壤！

潮湿土壤的异常呼吸

我接下来介绍的重点，是能够适应低氧环境的土壤生物。土壤缺氧的原因主要有二：一是这类土壤孔隙度较小，二是土壤长期处于浸润状态。但值得注意的是，并不是所有潮湿的土壤都会缺氧。如果土壤水循环流动，水分与土壤的混合可以带来氧气；反之，如果土壤水保持静止，氧气就会不断地流失。以水田为例，水田中的气体随水流动；气体溶于水中的流速与纯气体状态相比大幅减缓。氧气在水中的流速是在空气中流速的万分之一！

我们来简单回顾一下呼吸的原理：细胞利用有机分子（比如糖类）与氧气发生反应。这也是柴火能够在有氧环境中燃烧的原理。但是细胞严格限制氧化反应的扩散，释放的能量主要用于细胞工作，避免转换为光能和热能。氧气就好比风度翩翩的白马王子（科学家称之为氧化剂），以炽热之吻释放有机物中的能量，并在此过程中孕育水和二氧化碳。

　　没有白马王子，便只能自力更生，比如植物根部利用发酵适应缺氧。但是，正如上文所说，发酵产物的积累聚集会产生一定的毒性。不仅如此，有机物发酵释放的能量也相对较少，这是因为，发酵反应产生的垃圾（乳酸或乙醇）同样来自有机物。当然，土壤生物还可以寻找并利用"白马王子的替代品"，哪怕这些替代品不够迷人——相较于氧气，它们显然逊色一筹。

　　在缺氧环境中，其他化合物也可以充当氧化剂。这些化合物释放的能量远不如有氧呼吸（这就是它们不够迷人的原因），因此它们从来不会在有氧环境中大显身手。此外，除了极个别情况（少数真菌），只有细菌懂得如何驾驭它们。这些平平无奇的替代品是低效氧化剂，只有在缺氧环境下才会得到部分细菌的青睐。

　　无氧呼吸的产物同样值得关注，正如有氧呼吸生成的水和二氧化碳。一些氧化剂（二氧化碳、硝酸盐、磷酸盐）会产生无味的垃圾。一部分细菌利用二氧化碳取代氧气，并在呼吸过程中产生甲烷，因为这种产生甲烷的无氧呼吸是两种生物共生的结果——真细菌和被称作"产烷生物"[①]的古细菌。二者不遗余力地分解有机物却无利可图，但这往往是它们的唯一选择。这也是为什么缺氧的土壤总是会释放甲烷，比如含氧量较低的湖底泥土，包括我在章首提到的著名的大布里耶尔沼泽！另一部分细菌将硝酸盐作为氧化剂，并在呼吸过程中产生一氧化氮（NO）、一氧化二氮（N_2O）、二氧化氮（NO_2）、氮气等，我们将其统称为氮氧化物（NOx），其中 X 表示氮元素和氧元素在这些分子中的比例（介于 0~2）。这种呼吸方式能够有效分解土壤中的硝酸盐，因此也被称为**硝化作用（dénitrification）**。还有一部分细菌将磷

————————

① 这种惊人的共生关系我在《永不孤单》中有详细说明。

酸盐作为氧化剂，并在呼吸过程中生成磷氢化合物，例如磷化氢和联磷（P_2H_4）。二者在有氧环境中极不稳定，一旦与空气接触，便自发地发生氧化反应，释放巨大的能量，这便是"鬼火"频现的真正原因。

其他氧化剂（硫酸盐、铁元素）还会生成气味浓烈的物质。例如，以硫酸盐为氧化剂的细菌在呼吸过程中产生的硫化氢通常呈臭鸡蛋味。这种呼吸常见于潮湿的淤泥，在常规土壤中较为罕见。一部分细菌利用 3 价铁作为氧化剂。3 价铁通常呈红褐色，例如铁锈。这类细菌的呼吸将 3 价铁转化为 2 价铁。2 价铁可溶于水，一般呈蓝绿色，通过与氢氧根离子反应或其他方式的结合保留在土壤中。土壤也因 2 价铁的存在散发金属气味（3 价铁几乎没有气味），还记得我在第 1 章中谈到的绿锈吗？这其实是一种蓝绿色矿物，在含水量丰富的土壤中层出不穷，它的形成与上述细菌产生的 2 价铁息息相关。

我们熟知的有氧呼吸只是细胞"燃烧"有机物并从中获取能量的方式之一：动物、真菌和植物都会进行有氧呼吸。因此，我们理所当然地认为任何呼吸都需要氧气。对人类来说的确如此，但事实上，细菌的呼吸方式多种多样，即使在缺氧条件下，细菌也无所畏惧！由此可见，生命活动因微生物的多样性而丰富多彩。成千上万的菌类生物通过千奇百怪的方式进行无氧呼吸，不仅如此，特定的菌种总是能够因地制宜，根据生存环境选用最合适的呼吸方式。

从土壤呼吸到温室效应

大部分土壤生物呼吸所产生的废料会重新返回大气层。氧化反应生成的 2 价铁残留在地下水中形成矿物盐；而无氧呼吸则会产生众多气体，如甲烷、氮氧化物、磷化氢或硫化氢。气体一旦生成，便会通过孔隙从土壤溢出进入大气。众所周知，气体具有挥发性，因此空气中时常弥漫着臭鸡蛋味（低浓度硫化氢）。甲烷和磷化氢能够快速扩散，与空气中的二氧化碳结合，形成聚合气体。

这些气体也会与来自高氧环境的二氧化碳结合。土壤排放地下居民的呼吸废气，而大气层对接收功能细胞所产生的废气早已得心应手：在地表生存的生物，比如人类，通过呼吸作用产生二氧化碳；而植物则通过光合作用吸收二氧化碳，产生氧气。其实，除了氮气、氩气和稀有气体，大部分气体都来源于土壤生物。这些气体不仅是土壤生物新陈代谢产生的废料，也是部分有机体不可或缺的营养来源。

二氧化碳、甲烷、氮氧化物、磷化氢及硫化氢进入大气层后，它们的未来危机四伏。二氧化碳会在平均一个世纪后被植物的光合作用一网打尽。其他气体则与氧气发生化学反应消失殆尽，或在不同的时间内被高海拔区域的太阳辐射尽数捕杀：一般来说，甲烷需要 12 年（通常会转变成二氧化碳），氮氧化物则需要 120 年（通常会变成硝酸盐）。值得注意的是，部分气体会在短暂的生命里兴风作浪，影响气候变化，它们是全球变暖的“幕后真凶”，比如二氧化碳、甲烷和氮氧化物。我们将重点关注一氧化二氮，因为它是造成温室效应的“主谋”。一氧化二氮也被称为笑气，只有充分减少大气中的一氧化二氮含量，我们才能对气候问题释然一笑。

让我言简意赅地介绍下温室效应吧：未被大气拦截的太阳短波辐射抵达地面，地表受热后释放大量的长波热辐射线，部分辐射被“温室气体”拦截吸收，并将其转化为热能。被吸收的热能再次产生红外辐射，一部分成功逃逸进入大气层，另一部分则被温室气体再次捕获，重新形成热能……在“你追我逃”的游戏中，地球虽然迟早会将获得的太阳能量以长波辐射的形式原路返还，但辐射波在空气中的长期滞留会导致气温的升高。简单地说，温室气体就像一层厚厚的玻璃，将地球变成一个巨大的暖房：太阳能量在空中短暂停留并最终导致温度上升。温室气体的浓度越高，升温的效果越明显，因为它们增加了拦截长波辐射的成功率！

事实上，温室效应本身并不"坏"，甚至对人类来说是必不可少的。气候宜人的生存环境恰恰得益于温室效应，否则地球将被冰雪覆盖，地表温度会降至 $-18℃$，甚至更低，又因为冰面反射紫外线，无法像土壤或植物那样捕获吸收阳光，进而导致地球温度下降至 $-50℃$。因此，万事万物没有绝对的好坏，只是万物皆有度，万事皆有量，盛极而衰，物极必反。

那么，究竟哪些气体会导致温室效应呢？其实，要数水气（气态水）贡献最大（60%），但蒸发和降水能够调节水蒸气含量，其对人类活动的影响较小，对当前气候变化的影响也可忽略不计，因此我不会展开介绍。温室气体虽然浓度较低，但对气候变化的影响不容小觑，比如 26% 的温室效应来自二氧化碳。甲烷与一氧化二氮也是主要的温室气体，与二氧化碳并驾齐驱，二者共同引发了 6% 的温室效应。由于这两种气体在大气中停留时间较长，因此分子活性分别是二氧化碳的20 倍和 200 倍。

概括来说，土壤主要释放 3 种温室气体：二氧化碳、甲烷和一氧化二氮。当然，土壤不是唯一的温室气体来源，其他缺氧的生态系统（深湖、深海、地下岩石、动物的消化道等）也会产生甲烷和一氧化二氮。除此以外，人类的生产活动同样会增加温室气体的排放，例如化石燃料的燃烧会产生二氧化碳，堆卸废物的垃圾场和牲畜群消化道会释放甲烷和一氧化二氮。如果化石燃料是二氧化碳排放的主要来源，那么包括畜牧业在内的农业活动则排放了一半的甲烷和三分之二的一氧化二氮。显而易见，这些农业活动的排放在很大程度上与我们的土壤管理密切相关。那么，土壤究竟是如何调节气候的呢？

温室效应中的土壤管理：二氧化碳

土壤是温室效应的驱动因素之一，也是人类目前引发全球变暖的手段之一。土壤温室气体排放量的增加取决于两种完全不同的机制，它们在不同的环境中各自发挥作用，即过氧环境（产生二氧化碳）和缺氧环境（产生甲烷和一氧化二氮）。让我们先从过氧环境说起吧。

耕作和所有为土壤充气的做法都有助于氧气向深土层扩散。然而，氧气的供应通常会抑制地下生物的呼吸，它们被迫在地下等待，直至循环缓慢的空气得以更新。翻耕、锄地或挖掘都利于氧气在土壤中的渗透流通。虽然过量的氧气保障了好氧微生物的呼吸，但对其他厌氧微生物来说往往是致命的，因为后者更依赖无氧环境。氧气的渗透迫使表层微生物（因为呼吸频繁而需要氧气）向更深处迁移。因此，耕作后的土壤往往会释放更多的二氧化碳，并流失更多的有机质。由此可见，过量的氧气反而有可能导致土壤功能的减退。

我在第 3 章中谈到，在施加有机质（如粪肥）后翻耕，有利于有机质渗入底土层（与空气隔绝），从而更好地发挥肥效。但是随着时间的流逝，翻耕的效果会大打折扣。填埋之所以能够有效避免有机质的流失，是因为深土层的氧气含量较低。然而，翻耕后的土壤有机质降解速率更快，因此氧气含量会大幅减少。由此可见，通过耕作填埋有机肥的效果在短期内立竿见影，但从长远来看，效果不值一提。

总体来说，相较于翻耕土壤，邻近的草地或森林土壤中的有机质含量是前者的 1.5~10 倍，因此耕地的地表颜色也更加苍白。其实，农作物的收割在一定程度上会造成有机质的流失，从而导致土壤肥力下降。纸上得来终觉浅，绝知此事要躬行，请你在徒步旅行时亲自去比较观察土壤的颜色吧！与之相反的是，减少或停止耕作能够有效消除土壤中高达 50% 的二氧化碳排放量。因此，耕种的作物可以说是土壤释放二氧化碳的"帮凶"。

温室效应中的土壤管理：甲烷和一氧化二氮

过氧环境释放二氧化碳，而缺氧环境同样会产生温室气体。被灌溉或淹没的土壤有利于甲烷和一氧化二氮的排放。"淹没式"水稻种植指的是在覆盖有最少 10 厘米，最多 25~50 厘米水层的稻田里种植水稻。这种种植方式比旱地水稻种植的产量更高，也更容易产生甲烷，1 千克"淹没式"水稻产生的甲烷高达 120 克。在非水稻种植期及时排水等方法可以降低甲烷排放量。但迄今为止，水稻种植排放的甲烷量约占人类甲烷排放总量的 5%~20%！

潮湿、富含硝酸盐的土壤会排放大量的一氧化二氮：来自土壤本身（因为耕地土壤最是肥沃）或来自人工施加的矿物氮肥。灌溉会导致土壤缺氧，从而增加一氧化二氮的排放量。农业区土壤是一氧化二氮的主要排放源，如巴黎、阿基坦盆地、阿尔萨斯、索恩河和罗讷河平原等。看到这里，你肯定一头雾水吧？因为我在第 2 章中谈到，为了让根部更好地呼吸，合理的灌溉并不会填满土壤的所有孔隙。然而，除了操作不当的灌溉，四处流动的水流总是会建立起大大小小的缺氧区，引发硝化作用。因此，施肥和灌溉都会增加温室气体的排放量。法国的农业土壤很少产生甲烷，但会排放大量的一氧化二氮：占法国全国生产活动排放总量的 80%（其余的来自矿物燃料的使用）。沉积在土壤中的氮肥大多转化为一氧化二氮，并最终引发温室效应：购买有机肥料的人们不知不觉地支付了高昂的"地球取暖费"。在法国，由于甲烷和一氧化二氮的排放，土壤占农业部门对温室效应贡献的 50%。

与此同时，施肥和灌溉的综合影响也削弱了生物燃料对温室效应的减缓效果。生物燃料是矿物燃料的完美替代品，后者往往会产生大量本不存在的二氧化碳。而使用生物乙醇等植物材料作为燃料释放的二氧化碳，是植物在生长过程中从大气中吸收的。这种"归还"可以有效避免二氧化碳的过量排放。生物燃料的种植依赖肥沃的土壤，因此，这些植物通常产自施加了硝酸盐肥料和灌溉得当的农业土壤，尤其是肥沃潮湿的热带土壤——一氧化二氮等温室气体的主要排放源。

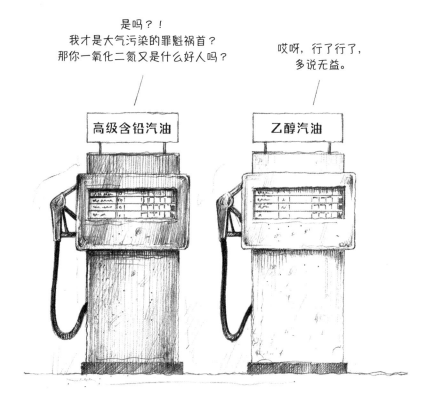

如果二氧化碳的排放得以平衡，并且温室效应（包括所有气体）得到充分缓解，那么农业区的收益便会大大减少甚至无利可图。显而易见，尽管合理使用生物燃料确实能够降低土壤对气候的影响，但对人类来说，问题的关键并不在于选择"正确"的燃料，而是应该在未来减少消费。

土壤对气候的正反馈效应

其实，温室气体的排放源多种多样，全球变暖是一个较为复杂的问题。这种复杂性主要来自两个方面的正反馈效应：第一个是全球变暖以恶性循环的方式日益严重，而土壤在其中发挥的作用不容忽视。例如，夏季水分的流失提升了土壤的透气性，并通过促进呼吸作用释放更多的二氧化碳。更为严重的是，在北方地区，没有任何生命、也不产生任何气体的冻土，在夏季逐渐融化并排放甲烷。这些永久冻土［或永冻层（pergélisols）］覆盖了地球 20% 的陆地面积，常见于加拿大或俄罗斯。

永久冻土融化造成的后果也是多种多样的：在植被茂密的地区，浅埋于表土层的根系在夏季解冻，而其他根系仍然深扎于寒冰中，一旦深土层开始融化，森林就会像九柱戏①一样轰然坍塌。与此同时，冰冻层中汞的有毒衍生物会随之泄漏，污染大陆水域，继而污染邻近海域。至于对气候的影响，融化的冻土会释放大量甲烷，它们主要来自两个方面。首先，存活已久的远古细菌和躲藏在地面几十米以下、依

---

① 九柱戏是现代保龄球运动的前身，主要流行于欧洲。九柱戏的玩家需要将一个一般没有指孔的球滚下球道，以击倒球道尽头的 9 只木制球瓶。——译注

赖地热存活的细菌，都会在其生命活动的过程中释放甲烷。这些气体经过几个世纪的积累汇聚，随着土层的溶解逐渐进入大气层。其次，永久冻土中有机质的碳含量是大气中二氧化碳含量的 2 倍之多：泥浆中的有机质会在无氧条件下吸附水分并重新产生甲烷。有毒气体通常会以扩散的方式逸出土壤，但也可能被地表吸附拦截。不断聚集的气泡顶起表土并形成占地数十平方米的圆顶。这些圆顶最终会崩裂，形成大小不一的土坑。北方冻原地区的土壤大多呈丑陋的疱疹形态，而这正是甲烷的杰作。

第二个正反馈效应与泥炭沼泽的形成息息相关，这些位于北欧和美洲的潮湿土壤的面积占地球表面积的 3%，凉爽而潮湿的土层中储存着全球土壤中四分之一的有机碳。泥炭沼泽的开采主要用于制作燃料或土壤改良剂：苏格兰 80% 以上的**泥炭土（tourbe）**已经被开发利用并逐渐退化。但更值得关注的是，在北极部分地区，如西伯利亚，这些土壤正因气候变暖而逐渐干化，它们总是猝不及防地自燃并缓慢燃烧，这对常年积水的土壤来说是极为罕见的。这些火被称为"僵尸火"，在寒冷的季节默默潜伏，隐藏在深不见底的冰层中，随着夏季水分的流失，从灰烬中逐渐苏醒。2019 年，"僵尸火"的碳排放量相当于比利时二氧化碳的排放总量！2020 年的"僵尸火"暴发得更早，数量相较于之前也增加了三分之一。被烧毁的森林可以在几个世纪内重新生长复苏，而泥炭沼泽的形成往往需要上千年的时间。因此，"僵尸火"的碳排放是无法弥补的。

随着全球气温的升高，富含有机质的土壤释放二氧化碳或甲烷，并加剧温室效应，这种恶性循环让人惴惴不安。冻土的完全融化会导致温室气体的浓度增加 3 倍，换句话说，会导致全球气温升高 2℃ ~12℃！我们宁愿这些永冻层永不消融……

农业土壤何时开始导致气候变暖

　　出生于 1943 年的美国气候专家威廉·拉迪曼（William Ruddiman）在退休时提出了一个惊人的假设[①]：农业在很久以前就改变了气候。他比较分析了过去 1 万年与更为遥远的远古气候。200 万年来，在天文决定论的影响下，地球反复经历冰期，即米兰科维奇假说[②]，该假说可以调节地球在太阳辐射中的暴露程度。每一次冰期的开始都伴随着大气中二氧化碳含量和甲烷含量的下降，冰川作用减缓了温室效应，且加快了气温下降。我不会在此详细解释排放减少的原因，但这至少是由两个变化引起的：一方面，由于季风降雨的分布不同，排放二氧化碳和甲烷的潮湿土壤分布也不同；另一方面涉及土壤中铁元素的生成，我将在第 9 章进一步介绍。

　　根据天文决定论的推断，我们应该在几千年前就进入了冰期。根据拉迪曼的说法，我们可以从历次的冰期规律中推断出，二氧化碳和甲烷的含量已经低于预期值：如果二者的含量高于阈值，便会阻碍冰期的回归。与预期含量的下降相比，8000~10 000 年前的二氧化碳含量较为稳定，拉迪曼将其归因于农业的兴起，人们焚林而田，农耕土壤排放了大量二氧化碳。甲烷含量的下降可以追溯至 5000 年前：水稻种植初期的甲烷浓度较高！当然，其他的农业活动也会引发温室效应，

[①] William Ruddiman, *La Charrue, la Peste et le Climat*（《犁、瘟疫与石油：人类如何控制气候》）, traduction française d'Anne Pietrasik, Randall, 2009.

[②] 塞尔维亚天文学家米卢廷·米兰科维奇（Milutin Milanković）在 20 世纪初提出地球围绕太阳运行时的 3 个轨迹几何参数会影响地球冰期的始末兴衰，这 3 个参数分别是地球环绕太阳公转轨迹的形状、地球自转轴心的倾斜角度、地球自转轴心的摇摆。——译者

例如在牛的养殖过程中，牛消化道中的细菌会分解有机质并产生甲烷。由此可见，早期的人类活动（工业革命前）就已经排放了大量的温室气体。这些气体在排放初期会使气候趋于稳定，不易被察觉，而后才会加速气候变暖。

农业活动真的能够阻止冰期的到来吗？拉迪曼通过解释小冰期的来临，也就是 14—19 世纪的寒冷时期，以及分析 6 世纪和 14 世纪大瘟疫的流行，向我们提供了更具说服力的证据：这两种情况都会导致农业的衰退，并且从那个时候开始，气候系统的惯性造成了温度变化的延迟，全球气温又重新降低了。这就是拉迪曼的著作《犁、瘟疫与石油：人类如何控制气候》标题的由来：翻耕既影响了气候，又间接造成了鼠疫的肆虐。然而，拉迪曼的这部著作遭到了批评者的口诛笔伐，他们认为，并不是整个地球都经历了小冰期，只有局部地区受其影响。反对者提供了二氧化碳和甲烷浓度的其他测量数据，甚至对冰期回归的暂停给出了其他解释。迄今为止，拉迪曼假说仍然争议不断，但是这一观点的提出令人振奋不已。

虽然尖锐的批评不堪入耳，但更令人担忧的是，很多人仍然对土壤的力量一无所知，我对此深信不疑，因为这个问题的关键，在于我们如何在相当稳定的气候条件下（过去 1 万年）评估人类的土壤管理对气候造成的切实影响。因为即使气候发生变化，这些变化也是缓慢而微弱的。甚至有人认为，如果全球气候瞬息万变，农业和现代文明都不可能应运而生，因为正在被驯化的物种很快就会发现自己"水土不服"。事实上，人类文明的孕育离不开多变的气候，而在这些争论的背后，隐藏着农业和土壤对气候不容忽视的影响。

千分之四

即使有一天威廉·拉迪曼的假说被证明是错误的，后续的历史也会充分证明，土壤的确具有气候调节功能。如今，正如我们所见，人类农业模式的扩张加剧了温室效应，二氧化碳、甲烷和一氧化二氮的排放也主要来自土壤。在不远的将来，提升土壤中的有机质含量可能会成为人类应对气候变化的重要举措。让我们先来了解一下名为"千分之四"的倡议，它的名字来源于两种争论不休的观点。

一方面，人类每年以二氧化碳的形式向大气排放 45 亿吨碳，这些碳排量主要来自化石燃料的燃烧和森林的焚毁。尽管二氧化碳分子的活性不如甲烷和一氧化二氮，但二氧化碳的浓度使其成为全球变暖的主力。另一方面，土壤富含有机质。我们很难准确测算土壤中的含碳总量，但应该介于 500 亿~30 000 亿吨之间（我们只计算有机碳，没有计算石灰石中的无机碳）。经过合理的估算，土壤含碳量大约是 1.1 万亿吨。

让我们将这两个数字相除：$4.5 \div 1100 = 0.004$。这意味着，每年二氧化碳的排放量相当于土壤含碳总量的 0.4%，也可以写成 4‰（千分之四）。事实上，千分之四倡议就是致力于平均每年将土壤中的有机质含量提升 4‰，这些有机质有利于吸收人类活动产生的二氧化碳。按照这个速度，250 年后，土壤的含碳量才会增加 1 倍，而且即便如此，也不能完全消除大气中的二氧化碳！当然，这些有机质会被土壤生物吸入体内，但土壤中的碳元素可以储存 100 余年。4‰只是一个期望值[1]：值得

---

[1] 2015 年，法国在第 21 届联合国气候变化大会期间，发起的同名国际倡议的目标是使土壤中的有机质储量增加 4‰。"千分之四"这个概念要归功于法国国家农业食品与环境研究院（INRAE）的研究人员。

强调的是，我们无法保证世界各地都能实现这一目标。那么究竟在哪里及如何实现这一目标呢？

首先，我们注意到，在某些碳含量非常丰富的土壤中，很难再增加碳储量，因此保护土壤尤为重要！对于我在前文谈到的永久冻土和泥炭沼泽，以及热带山地的安第斯山脉土壤（第 2 章）来说：实现千分之四倡议的关键，在于避免排尽土壤中的水分或提取土壤有机质作为燃料。此外，有些地区的土壤是人类触不可及的，例如地势险峻的山区——我们无法向土壤中添加任何东西！

其次，正如我们所说，农业土壤缺乏有机质。因此提升碳储量是可行的也是可取的方法，以此让土壤中的有机质能够充分发挥性能。我在前几章中谈到，有机质能够黏合土壤物质，形成稳定的土壤结构；利于储存水分和矿物盐，为微生物提供生长所需的养分。简而言之，有机质是土壤保持肥力的关键。由此可见，生态学不仅可以制造和发现问题，还能为改良土壤提供切实可行的解决方案！为了抑制土壤生物的呼吸作用，减少耕作刻不容缓。除此之外，我们还可以采取"间作套种技术"，也就是按一定行数的比例间隔种植两种以上的作物，并尽可能多地将植物残骸留在土壤中，这样可以有效提高有机质含量。当然，我们也可以考虑添加来自农田或城市、花园甚至邻近工业区的堆肥或者更好的新鲜有机物。（前提是有效避免重金属污染，这点我将在第 14 章进一步介绍）。虽然有些人认为，在法国的农业土壤中平均每年增加 2‰ 的有机质都是一种奢望，但那也是人类社会向前迈进的一大步！据估计，提升土壤中的有机质含量，能够有效减少法国 10% 的二氧化碳排放量。法国需要至少在我写下这些文字时实现这一目标，对世界强国的针砭时弊才更能令人信服。

希望与担忧

可悲的是，这个名为千分之四倡议的前景仍然鲜为人知。根据《巴黎协定》的要求，法国必须在 2050 年实现温室气体零排放。植树造林是降低碳排放量的首选措施。这是因为，繁密茂盛的森林能吸附和固定光合作用所产生的碳，从而降低大气中的含碳量。不仅如此，植物残骸在地表不断堆积，无人打理的枯枝败叶逐渐生成腐殖质，有利于土壤碳储量的增加。

坊间流传着这样一个关于因势而谋的有趣故事。美国的玛雅胡桃树或非洲的绿柄桑等热带树木因环境的变化衍生出独一无二的共有特性：它们通过草酸钙晶体（草酸钙是一种含有 2 个碳原子的分子）在细胞中储存多余的钙。其他植物的这一特性并不明显，但它们的叶片通常含有高达 80% 的草酸钙！"草酸树"因此得名：光合作用捕获的二氧化碳可以生成草酸盐。当枯叶凋零落地，土壤中的细菌将草酸盐转化为碳酸盐：草酸钙变成了碳酸钙，也就是石灰石，碳元素被永久储存于土壤中。然而，这个故事并未表明，钙化的土壤能否始终保持肥沃并适合当地植物的生长。毫无疑问，石灰石并不有利于所有植物的生长，我将在第 12 章中对此做出详细的解释。虽然钙化的土壤被视作死气沉沉的"坟地"，但是种种迹象表明，它们仍然充满活力！

事实上，无论种下的是草酸树还是其他与众不同的植物，植树造林都不是一蹴而就的。森林的养护依赖几代人的共同努力，只有禁止焚林造田，才能有效保障土壤的碳储量。为了下一代的美好生活，我们理应做出郑重承诺：绝不因为产粮需求在此耕种或放牧。孕育森林才是这片土壤的唯一归宿！

合理添加有机质能够提升土壤肥力，满足人们的耕作需求。千分之四倡议并不能完全缓解温室效应，也不是福泽后代的最佳选择。其实，我们脚下的土壤才是消除温室效应的关键。可悲的是，我们总是对大有可为的土壤置若罔闻。常言道：先人留下浓荫树，后辈儿孙好乘凉。对植树造林的盲目推崇让我们忽视了孕育万物的土壤。脱离土壤谈论森林对气候的调节作用是荒谬可笑的，是一种世代相承的利己主义，而这并不是技术层面的无知造成的。增绿降碳？当然可以，但是我们的第一要务是管理好土壤。

目前来看，人类干预较少的土壤往往含碳量更高。事实上，大气中二氧化碳含量的增加，以及温室效应导致的气候变暖都间接促进了植物的光合作用：根繁叶茂的植物茁壮成长，枯枝败叶零落成泥。因此，森林土壤中的碳储量十分可观。法国森林土壤的碳含量每年平均增加 1‰ ~3‰，在一定程度上减少了大气中的二氧化碳含量。

然而，土壤会在碳储存方面故弄玄虚。通过比较研究不同的土壤，我们发现了一个令人担忧的事实：土壤对碳的吸附能力总是昙花一现。气温上升会加快土壤生物的生命进程，具有体温调节系统的生物（比如人类）受温度变化的影响较小，但是蜥蜴或苍蝇等生物在高温环境中异常活跃，而在低温环境中较为疲弱。气候变暖促进植物的光合作用，从而增加土壤中的有机质含量，同时有利于土壤生物的呼吸。土壤之所以具备短暂的碳储存能力，是因为相较于光合作用的生产速率，呼吸作用的消耗速率要慢得多。温度的升高会加快土壤生物的呼吸，使其高于光合作用的速率，随着全球气温的持续上升，总有一天，呼吸作用造成的碳流失会高于碳吸收，土壤的碳储量也会随之减少。土壤中的碳循环就好比一把达摩克利斯之剑。

虽然有机质的固碳能力能够在短期内减少碳排量，但当务之急是推动实现长期的低碳发展：我们必须减少能源，尤其是矿物燃料的过度消费。

结　语

毫无疑问，土壤中存在空气，这些空气一部分来自大气，另一部分来自土壤生物的呼吸。在氧气含量丰富的土壤中，数以万计的生物通过有氧呼吸，吸收氧气并释放二氧化碳；反之，在缺氧的土壤中或通气性较差的板结土中，种类各异的细菌进行着非比寻常的无氧呼吸。大千世界无奇不有，细菌生活方式的多样性令人瞠目结舌，它们的呼吸过程会产生多种气体，这便是土壤的"呼吸"。

至于气体与温度的关系，已是老生常谈。首先，空气被大小不一的孔隙吸附储存，因此无法在土壤中快速流通。因为空气的导热性较差，所以土壤往往具有良好的绝热性能，这便是动物皮毛御寒的原理。植物的根系或掘穴动物利用这一特性来躲避严寒或酷暑。其次，土壤产生的部分气体是导致温室效应的罪魁祸首，尤其是甲烷和一氧化二氮，而只有温室气体浓度适当时，我们的星球才能温暖如春。土壤释放的温室气体是地球宜居因素之一，否则，地球的平均温度将低至 −18℃。

但是世间万物没有绝对的好坏之分，亏缺万事有度。老话说得好：月盈则亏，水满则溢。备受关注的温室效应便是如此，想控制温室效应，人类对土壤的规划利用至关重要。土壤碳排量较高的原因主要有二：一是翻耕扩大了土壤孔隙，有利于空气流通，从而促进了土壤生物的呼吸；二是过度灌溉导致土壤长期处于浸润状态，有机质的降解产生了甲烷和一氧化二氮，这些气体都会导致气候变暖。添加含氮矿物肥料同样会加剧温室效应，因为硝酸盐会促进细菌呼吸，从而产生大量的一氧化二氮！人类活动导致的温室效应自然不容小觑，其中四分之一温室效应来自农业生产。2019 年 8 月，联合国政府间气候变化专门委员会（Intergovernmental Panel on Climate Change，IPCC）发布

与好碳对峙清算中

了一份关于土壤状况及其开发对气候影响的报告，充分证明了土壤在气候变化中发挥重要作用。

土壤中的有机质可以吸附储存碳元素，而大气中的二氧化碳含量减少，温室效应就会得到缓解。有机质的缺乏则会引发其他问题（侵蚀、水和矿物盐的流失、土壤寿命减少等），因此，在土壤中添加适量的有机质是缓解温室效应的有效措施。总而言之，土壤是人类主宰世界的制胜法宝，千百万年来，土壤一如既往地默默奉献，而我们却总是理所当然地忽视土壤的无私馈赠。

在这一章中，我们第一次看到了土壤本身之外的重要特性。土壤改变了大气的成分，虽然影响微乎其微，但是对气候的调节作用不容小觑！我们很快就会在海洋中再次见识到土壤的无穷魅力。

1~5章重点介绍了土壤的组成成分：固相物质、矿物质或有机质、生机勃勃的土壤生物、液相物质及气相物质。简单地说，土壤就像是一杯由生物群落、地质成分和多种空气共同构成的混合鸡尾酒。为了品尝这杯醇香的美酒，我们在酒杯边缘徘徊，就像马提尼杯①里的橄榄一样。要知道，相较于深不可测的地下世界，人类不过是沧海一粟。我们看到，土壤具有抗压性能（机械升力、内聚力）、缓冲性能（矿物盐负荷等）及良好的绝热性能。但鲜为人知的是，这些特性一旦达到阈值，土壤便会不堪一击，土崩瓦解。其实，土壤才是陆地生态系统的核心。我们总是对近在咫尺的土壤视而不见，对它的一知半解不过是九牛一毛罢了。

现在，演员已经就位，好戏即将开场：是的，正戏还未上演，我们对主角尚且一无所知。在第二部分中，孕育万物的土壤将向我们展示蓬勃的生命力。走吧，我们先去小酌一杯，或者吃点零食，毕竟我们还有很长的一段路要走。赶快放松伸展一下我们的双腿吧。

然后，让我们一起开启新篇章：活性物质与惰性物质相互依存，土壤焕发出勃勃生机。

---

① 马提尼杯是一种倒锥形（V形）的带柄玻璃杯，是用来盛装"鸡尾酒之王"马提尼的一种典型杯子。——译注

土壤的活力：生命塑造惰性物质

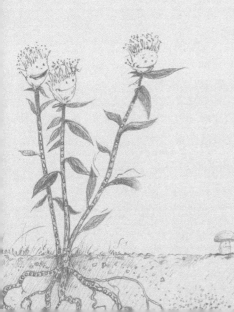

第6章
从摇篮到成熟：
成土作用

在这里，我们扪心自问，为何要在波尔多流连忘返；在这里，薄薄的黏土层揭示着土壤的前世今生；在这里，土壤和植物唇齿相依，相辅相成；在这里，大相径庭的成土母质最终都会变成成熟的土壤；在这里，土壤的最终形态揭示原始土壤在历史长河中的演变过程；在这里，大气发挥着至关重要的作用；在这里，我们通过挖掘发现泾渭分明的土壤分层；在这里，我们观察土壤剖面，土壤结构尽收眼底；在这里，我们终将归于尘土，但是黑暗尽头的一束光亮将我们重新带回厨房实验室。

现在，我们正站在波尔多河河畔。此行的目的不是品尝红酒，而是纯粹的参观闲逛。我们沿着久负盛名的古城墙漫步，尽情地欣赏浅色的石灰岩。接下来，让我们去交易所广场看看吧。这是一座标志性建筑，外围的石墙带有金色的色调，但它的色调并非一成不变。20世纪90年代初，我到波尔多工作了几天，迫不及待地参观了这座城市的建筑。毕竟，这是大西洋沿岸少有的幸免于二战炮火的主要港口城市之一。那时的波尔多是一座藏污纳垢的老城。交易所广场前车水马龙，一如往昔，夜幕中的城市灯火通明，然而美丽之余却华丽不足，因为广场的外墙仍然斑驳陆离。古铜色的城墙格外与众不同，波尔多也因此被称为加龙河畔的"睡美人"，这一美誉经久流传。20世纪90年代，波尔多开展了大规模的市容改造，整座城市焕然一新。在此之前，历经百年的尘埃在城墙上逐年堆积，掩盖了石头的纹理和真实颜色。波尔多之旅不虚此行，但是，令我魂牵梦萦的一直是那灰蒙蒙的城市底色。

如此独一无二的城市色调是因为污染吗？多少有这方面的原因吧，因为当时的碳排放量尚未降至最低标准，城墙上落满了尾气烟尘，但原因远不止如此。现在，虽然城市的空气质量已经有所好转，但即便是郊区的建筑物，外立面仍然斑驳。例如，人们在1995年全面翻新修复的卢浮宫廊柱，现如今早已污迹斑斑。我们再来看看布列塔尼的民宅山墙[1]，虽然不像古城墙那般宏伟，但也饱经大西洋海风30年的洗礼，直至重新粉刷才发现，这些山墙原本的颜色要浅得多。在自然界中，悬崖表面也闪烁着类似的灰色光泽：石头破裂或山体坍塌时，我们会看到岩石内部与外表的颜色大不相同。

我们为什么要造访这些或宏伟或粗鄙的建筑呢？因为这些建筑物的表面藏有土壤发育初期的痕迹。普天之下，岂有裸岩？无论是否受到城市污染的影响，建筑物的表面都会逐渐生成土壤，并因此变得斑驳。虽然山体滑坡或墙面的修复会阻碍较厚土壤的形成，但是无法抹去的岁月痕迹依然揭示了土壤在此安营扎寨的企图。在土壤发育的初期阶段，我们通常认为岩石表面没有土壤，并理所当然地将其称为裸岩。但实际上，岩石表面早已覆盖着一层即将可见的浅薄土层。

---

[1] 建筑物两端的横向外墙一般称为山墙，主要作用是与邻居的住宅隔开和防火。——译注

在本章中，我们重点关注**成土作用**［**pédogenèse**，源自希腊语 pedon（意为"土壤"）和 genesis（意为"诞生"）］，简单地说，就是在没有人类干预、山体滑坡的情况下，土壤如何生成发育。我们将追踪土壤的发育成熟过程，探究在特定的气候条件下，不同的成土母质如何形成成熟土壤，以及大气中的特殊元素——氮素如何影响成土过程。我们估算土壤年龄及成土时间，并由此得出结论：部分历经千年的土壤在成土过程中千变万化。最后，土壤的年龄将引发我们思考土壤如何记录历史变迁的痕迹。

土壤的诞生

让我们重新回到悬崖，或者更确切地说，是回到石灰岩悬崖。因为在那里，我们更容易查看岩石表面，与之相比，名胜古迹或民宅都不利于观察。让我们仔细地看看这种典型的石灰岩，它们通常呈蓝灰色，有时颜色渐变，出现深色甚至黑色的褶皱。我们如果仔细观察降雨时的水流情况，会发现在颜色较深的岩石表面会形成径流，而颜色较浅的岩石表面则仅被雨水浸润，没有水流流动。造成这种差异的主要原因有两个：一是水分对某种化学反应来说不可或缺，二是水分对某种生物的生长发育至关重要。值得注意的是，这种颜色的差异仅存在于岩石表面，如果我们用地质锤敲开表层岩石（小心碎片），就会看到刚刚形成的断裂面颜色更浅，大多呈赭色而非灰色。研究者对此众说纷纭，有些人认为氧气是导致颜色变化的主要原因。然而氧气与岩石中的铁元素发生反应，通常会导致岩石呈橙红色！这种颜色常见于缺少水分的悬崖底部，是氧化还原反应所产生的特殊色泽。与之相比，蓝灰色的变化更加鲜活！

让我们凑近一些，仔细看一看这种特殊色泽。形态各异的地衣俯拾皆是。地衣是藻类与真菌共生的复合体，通过菌丝长期紧密地结合在一起。有的地衣扁平成壳状，以菌丝牢固地紧贴在基质上；有的形似叶片，以假根较疏松地固着在基质上。在狭小的平地或裂缝中，苔藓随处可见，还能看到一两株生命力顽强的植物破土而出。我们用刀片刮擦并用力按压蓝灰色岩面，刮痕中会有一抹亮绿色跃入眼帘，这正是我们熟知的叶绿素！我们由此可以断定，这里至少存在能够进行光合作用的小生物，比如藻类和蓝细菌等。这些小生物大多栖息在潮湿的环境中，比如石灰岩酸化形成的微型洞穴中，或者我们用刀片拨开的原生洞穴[①]中。

这里生成的薄土层永远不会进一步发育，因为垂直的岩壁无法提供支撑，但能够为我们揭秘土壤诞生的完整过程。当山体滑坡或冰川消退时（末次冰期[②]），坚硬的裸露母岩便闪烁着蓝灰色光泽。微生物是第一批定居者，大多是单细胞微生物。对这些微生物而言，扩散繁衍易如反掌（随风四处飘散）！由于食物匮乏，最先在母岩安营扎寨的往往是光合微生物，如藻类和蓝细菌，它们能充分利用得天独厚的生存优势。得益于光和微生物的前期积累，营养充足的母岩能够吸引其他微生物前来，这些后来者通常寄生在第一批定居者体内或以死细胞为食：尽管无人指引，但是这些非光合细菌和真菌很快便会慕名而来。这个多样性异常丰富的生物群落常常生活在岩石表面的薄膜中，甚至在岩石褶皱或缝隙中繁衍生息，也就是我们常说的菌膜或**生物膜（biofilm）**。

---

① 与周围岩体同时形成的地下空间。——编注

② 末次冰期是于第四纪的更新世内发生的最近一次冰期。开始于约 7 万年前，1.15 万年前结束。——译注

　　微生物常见于物种含量丰富的生物膜中，比如我们的牙齿（这就是我们必须用力刷牙的原因）及水槽和浴缸（所以我们要认真刷洗来消除细菌）等都容易滋生微生物。它们通过分泌黏液彼此交织，形影不离，相互依存或自相残杀，无论生死都形成了无坚不摧的战斗堡垒，具有极高的耐磨性、耐旱性及抗毒性。有机质的作用在生物膜中展露无遗：有机质保留水分、侵蚀岩石（我将在第 9 章详细介绍土壤的酸化）、吸附储存有机残体和矿物碎片。事实上，生物膜是一层纤薄的表皮土壤，富含多种微生物，而"裸岩"一词却妄图抹杀这层薄土的存在！或者，更准确地说，这层薄土应该被称为**石质土**（**lithosol**，源自希腊语 lithos，意为"石头"）。

　　生物膜不断增厚，一旦坡度过大，便会有脱落的风险。当岩石再次裸露，成土过程便会重新开始。相反的是，如果坡度较小，第一批聚集的地衣可以牢牢附着在岩石表面的生物膜上，保留较多的有机残体和微生物。值得注意的是，初始地衣的数量微乎其微。随着生物膜不断增厚，片状地衣逐渐通过零星的附着点在岩石表面占据一席之地（这时的地衣仍然只有 0.1 毫米厚哦）。接下来，苔藓便开始在岩石表面着生，这些生物往往能够保留更多的幼年土壤。让我们去看一看矮墙上的土壤吧：根据坡度推测，这里的土壤发育已经进入成熟阶段。如果地势平坦，初始土壤与表土生物会不断发生物质和能量交换，成土作用便由此开始。

土壤的生成

岩石表面附着的土壤量虽然仍很少，但随着土壤的不断聚积，很快就有能力保护和滋养植物根系，尤其是在碎屑更容易堆积的岩石裂缝中。首先出现的是一些瘦小的一年生植物，被称为先驱植物，因为它们是我们能看到的第一批植物和第一批大型生物。然而，真正的先驱者仍然是构建生物膜的微生物，此外，在后续的成土过程中，先驱植物会逐渐失去自己的一亩三分地。新的进程也由此开始，在此过程中，有机生物接二连三地定居，改变土壤生存环境，然后默默地消失，造福后续来此定居的有机生物，这种"前人栽树后人乘凉"的机制被称为助生。而这种生态机制通常在原处更迭，位置在几十年里都不会发生变化。值得注意的是，我们只能看到暴露在空气中的成土过程，但地下成土过程实际上是同时发生的。在我们这些"浅薄"（我的意思是位于地表）的观众看来，先驱植物的数量会随着时间的推移不断增加。起初，这些植物都很小，它们在自身成长上的投入（intrants）要远小于种子的生产，因为其中一些种子会在偶然的契机下"殖民"其他土壤。以鼠耳芥这样的先驱植物为例，它们的植株顶部只有 10 克重，却可以产生 1000 颗种子。若根据植物的重量推断，一棵橡树每年可以生产 10 亿颗种子！然而，橡树并不是先驱植物，它在自身成长上的投入更多，每年只会生产 1 万颗橡子，而且只有年份好的时候才能达到这个数量。

随着时间的流逝，更多样化的植物出现了，大部分是多年生植物，例如小草，它们的植株发育得更大、更持久，因此种子也更少。相应地，这些植物的根系往往更发达，这得益于石质土的发育。首先，枯枝败叶的凋零及微生物的着生增加了土壤中的有机质含量；其次，随着地下母岩层被侵蚀，退化的岩土层不断增厚；最后，累积形成的土壤保留了更多的水分。这种石质土有几厘米厚，足以支撑植物在更深处生根发芽，也有利于植株更丰满、对土壤要求更高的植物安家落户。

很快，土壤就拥有足够的厚度来迎接第一批灌木的生长，后者可以为草本植物提供庇荫并从中获益。灌木的根系十分发达，有助于有机质的增加，从而产生更厚的土壤。这种增厚的土壤总是黑漆漆的，因为土壤中的钙元素形成了丰富的黏土 – 腐殖质复合物（我在第 3 章谈过黏土与腐殖酸之间的结合）。土壤中的有机质也因此受到保护，不易被微生物降解。石灰岩上的石质土让位于最多只有几十厘米厚的贫瘠土壤，植物学家将其称为腐殖质碳酸盐土（rendzine，取自波兰语的 rędzina，这个词语准确定义了这种土壤）。

植物的演替还在继续。其他更密集的灌木慕名而来，形成灌木丛，我们将这些 1~3 米的灌木丛称为灌木群落（fruticée，源自拉丁语 frutex，意为"灌木"）。在这个阶段，大部分灌木、小乔木及藤本植物都会结出肉质丰富、色彩鲜艳的果实，例如荆棘、山楂、黑刺李、樱桃或欧白英等。这些植物主要依靠鸟类，甚至哺乳动物来传播种子。事实上，鸟类在这个仍然开放的环境中来去自如，大量筑巢并高效地传播种子——它们总是不请自来，并在灌木群落中定居。因此，植物的更迭也会影响动物的生存！地下的演变如出一辙，地下生物群落随着土壤的增厚更加多样化，例如第一批蠕虫已经在此成家立业。

　　土层继续变厚，达到 1 米多。此时的土壤会变成棕色，靠近地表的部分尤为明显，这是因为由于雨水的不断冲刷，钙元素从地表流失。与此同时，岩石的侵蚀过程会释放大量的 3 价铁离子。3 价铁的溶解度较低，因此常常停留在土层的上半部分，并取代黏土 - 腐殖质复合物中的钙元素。铁元素之所以能够改变土壤颜色，不仅是因为铁元素本身呈橙红色，还因为它不利于有机质的储存，因此土壤的颜色较浅：铁元素取代钙元素的过程被称为褐变。经历褐变的土壤从金褐色转化成美丽的棕色，我们称其为"棕色土"或"棕壤"。

土壤成熟的特征

　　一晃几十年过去，参天大树拔地而起，映入眼帘的是葱郁茂密的森林：土壤不断发育成熟，土层厚度足以满足植物的生长需求，植物在 1 米多深的土壤中扎稳根系。植物群落的演替至此落下帷幕：高大植物在灌木群落的荫庇下生根发芽，并从灌木丛中脱颖而出，利用其遮阴叶面将灌木丛一举消灭。忘恩负义的高大植物在这场阳光争夺战中大获全胜，能够在树荫下存活的草本植物寥寥无几。龙卷风或山体滑坡等罕见灾害才能重启植物群落的演替，否则这种状态将保持一成不变。

　　那么，接下来会发生什么呢？此时土壤的颜色比以往任何时候都要深，这是因为钙元素加速流失，土层也变得越来越厚。更多的生物群落在土壤中定居，生物多样性已经达到峰值。然而，土壤因母岩被

侵蚀而累积增厚的速度逐渐减缓，此时的母质层深不见底。在母质层的沉降过程中，土壤对母岩的保护作用随着土层的增厚逐渐增加。此时土壤的发育与岩层的侵蚀并驾齐驱，土层的厚度不再发生改变。与此同时，有机质的供应速率与降解速率持平，因此有机质含量也保持稳定。在土壤中，植物群落的演替通常让位于土壤的自我生成。以下两个现象的出现标志着土壤的成熟：**淋溶作用（lixiviation）**和**淋移作用（lessivage）**相互影响。

　　数十年间落下的雨水早已渗入地下，即使黏土和黏土－腐殖质复合物拼尽全力与其对抗，水流仍然会带走土壤中的矿物盐。在靠近地表的浅土层，矿物盐不断流失并难以得到及时补充，因为产生矿物盐的母岩遥不可及。携带负电荷的矿物离子总是率先流失，因为它们在电力相斥的作用下难以保留。以石灰石为例，母岩中的碳酸盐使土壤在发育初始阶段呈中性，但矿物离子的快速流失最终会导致土壤酸化。

与之相反，阳离子的流失速率相对较慢，但钙离子的大量流失最终会导致土壤发生褐变，其他阳离子也无一幸免！土壤物质在渗漏水的作用下发生溶解迁移的过程被称为淋溶作用。

首先，矿物离子由土壤上部向下部迁移。由于缺乏阳离子（如果你忘记了胶体的特性，可以回顾第 3 章的内容），矿物盐在电荷力的作用下四处移动。然而，随着水流向深土层渗透，矿物盐的含量反而会不断增加，其来源主要有二：一是来自附近的母岩，二是来自地表。新生成的矿物盐有利于黏土再次发生深度絮凝，从而在沉降过程中保留更多的矿物盐。大气降水在渗入地下的过程中，不仅会把地表附近细小的黏土颗粒带至土壤底部，还会顺势溶解周围岩石中的易溶成分，这一过程称为淋移作用。

残留在原地的松散物质称为残积层。由于水流的不断渗入，淋溶作用和淋移作用这两种常见的现象会相继发生，后者取决于前者。值得注意的是，虽然两种现象都会导致土壤物质的迁移流失，但并不会造成土壤的贫瘠。经过淋移作用的棕壤（或称高活性淋溶土）就是最好的证明。我们在挖掘土壤时可以清楚地看到淋移作用的影响：黏土仅存在于深土层。

毫无疑问，土壤学家必须挖掘土壤才能更好地观察其生成过程，而挖出的这个硕大无比的土坑被尊称为"土体"。从至少 1 米的深度上来说，这是一个名副其实的巨坑。土体揭示了经过淋移作用的棕壤在成熟阶段的异变程度：首先，棕壤存在于母岩和大气之间，质地均匀。然后在成土作用下生成层次分明的土层，它们的外观、成分及结构各不相同。在土壤垂直的切面中，土层（可包括母岩）序列的总和称为**土壤剖面（profil pédologique）**；而表现出水平层状构造的土层称为土壤发生层，它们在水平方向泾渭分明。

下面，让我来逐一介绍这些土壤发生层吧！（简化的）土壤剖面从上到下层次分明，分别用字母标识。首先是 O 层，即只含有有机质的表土层，我在下文中将其简称为**腐殖土（humine）**。紧接着是 A 层，这一层土壤同时含有有机质与矿物质：这里是一个出口码头，深层土壤中的部分物质（矿物盐、黏土）可能会被带到这里。如果是这种情况，与经过淋移作用的棕壤一样，还有更深的土层接收这些迁移物，即我们所称的 B 层。最后是母质层（C 层），这层土壤几乎全部由矿物质组成。穿过母质层就可进入母岩，严格来说，到达这一层意味着已离开土壤。稍后我们还会遇到其他的土壤发生层，我将在第 8 章对有机层进一步细分。这些土层因土壤的差异而各不相同。一位土壤学家朋友在看完这部分介绍后告诉我，他和他的同事更喜欢自下而上介绍土壤的分层，这样一来，母岩形成成熟土壤的成土过程清晰可见。然而，生物学家却更喜欢从地表开始介绍，因为地表更便于观察有机物的演化。我们对土壤的介绍需要结合这两种观察视角！

植物群落的演替是肉眼可见的，植物 – 土壤系统随着时间的流逝日趋复杂。表土层中的植被演替为土壤带来了数量和高度依次增加的覆盖物，如生物膜、苔藓、杂草、灌木和树木等；而下层土中的植物群落则是土壤发生层形成的最大功臣，它们往往深藏于地下，因此相较于地表植物，这些是肉眼无法看到的。复杂多样的地表覆盖物掩饰了地下生物的多样性，随着表土层的不断演化，地下剖面的厚度逐渐增加。值得注意的是，地表的成土状态并不是一成不变的：以法国的棕壤为例，植物群落演替达到顶峰时，在年复一年的淋移作用下，参天大树拔地而起，葱郁茂盛的森林应运而生。

土壤和植被的演替顶级

让我们先从石灰质土壤说起。如果母岩以花岗岩、片岩、砂石或者黏土为主，那么它在成土过程中会发生什么呢？其实，从长远来看，成土过程并无二致！首先，我们观察到，来自母岩碎屑层及着生植物的有机质不断在此聚集，土层越厚，有机质含量就越丰富；其次，草木、灌木及灌木群落依次在土层中定居，棕壤的颜色也随之加深，土壤在淋溶作用和淋移作用下孕育生成繁茂的森林。

显而易见，不同土壤的成土过程多少会存在细微的差别，例如石灰岩含量较少的土壤（碳酸盐使土壤呈中性）极易酸化，黏质土具有良好的抗蚀性能，而砂质土则会在淋移作用下逐年退化。

在母岩的影响下，初育土的成分有所不同。这些花岗岩上的腐殖质碳酸盐土有着独一无二的名字，我们通常称其为"薄层土"（ranker，源自德语 rank，意为"瘦弱"，因为它薄如蝉翼。毫不夸张地说，这一章是如假包换的语言课程）。随着时间的推移，母岩不断深埋沉降，对成土的影响也随之受限。虽然我们稍后会看到极少数的特例，但是在法国，相同类型的土壤更为常见，它们大部分是经过淋移作用的棕壤，呈微酸性。

事实上，植物更替导致的最终成土状态具有一个共性：地表土壤成分相似，并孕育生成繁茂的森林。例如，法国境内的平原生长着一片以橡树和山毛榉为主的森林。这种最终状态被称为**演替顶级**（**climax**，源自希腊语 klimax，意为"阶梯"）。这种现象不仅涉及植被的更替，也常见于土壤的生成过程。演替顶级容易受到外界环境的干扰：暴风雨或森林火灾致使树木轰然倒塌，然而草木的生命力较为旺盛，野火烧不尽，春风吹又生。灌木丛也陆续在此迎风生长。当然，自然现象同样会改变地表的成分，但这种变化只是暂时的，最终都会达到演替顶级状态。值得一提的是，演替顶级常常伴随生态演化，但是进程十分缓慢，因此从某种程度来说，演替顶级标志着人类演化过程的稳定。

事实上，历史上的演替顶级不尽相同（我稍后会详细介绍），这是因为这种现象与气候息息相关。一旦气候发生变化，演替顶级也会随之改变。让我们登高望远或者一路向北，前往斯堪的纳维亚半岛看一看吧，我们会发现不同的演替顶级。例如，**灰化土（podzol）** 常见于针叶林（我将在第 8 章中详细介绍这种类型的土壤），而铁元素含量丰富的热带土壤通常呈砖红色。此外，我们不需要走得太远，就能发现因气候变暖而颜色更深的红土：在地中海盆地周围及法国的南部，红色土壤常见于圣栎树、栓皮栎或柔毛栎底部。总而言之，演替顶级因气候的差别各不相同。我将在第 9 章中介绍气候温暖地区的土壤生成过程。演替顶级这一概念的出现要归功于俄罗斯土壤学奠基人之一、地理学家瓦西里·多库恰耶夫（Vassili Dokuchaev）。他在 1883 年发表了一篇关于俄国土壤类型研究的文章，猜测这些不同种类的土壤呈条带状分布并与纬线平行。俄国辽阔的土地和多样的气候条件促进了人们对不同演替顶级存在的认识——尽管当时的多库恰耶夫还没有正式使用这个词。

我们会惊讶地发现，母岩层乏善可陈。事实上，母岩的特性若是非比寻常，也会生成一些特殊的土壤。盐渍土壤（富含氯化钠）和涝渍土壤在不同纬度下表现出相似的演变：富含未分解有机质的热带土壤，通常覆盖着红树林；而法国境内则间歇生长着一些特殊植物、玻璃草和线草种群。这些植物常见于海边的盐渍土，比如圣米歇尔山。若母岩含盐量丰富，这些植物则通常生长在内陆，比如洛林大区。我将在第 8 章中重点介绍由世界各地火山熔岩形成的土壤，即黑色的火山灰土。

　　这些土壤似乎摆脱了当地演替顶级的规律，与同一母岩在不同气候条件下发育生成的土壤相似，气候对成土过程的影响不值一提。这些土壤的化学性质通常取决于母岩，一是因为土层的厚度几乎保持不变，二是因为母岩对生物体（植物、动物和土壤中的微生物）的影响大于气候，例如，母岩对土壤含盐量的影响不容小觑。我之所以谈论非地带性土壤，是因为它们不受气候带的影响，依然十分罕见且只在局部地区存在。

　　一般来说，母岩影响初育土的生成，这种影响随着时间的推移和土层的增厚而不断减弱。这也是为什么，由不同母岩生成的土壤总是极为相似：母岩之间的差异微乎其微，在演替顶级的土壤中，我们可以通过化学分析手段加以辨别。总而言之，气候决定了土壤的演变，既通过水分和热量的供应直接影响成土过程，也通过植物的生长间接影响土壤的发育。

土壤的固氮作用

　　让我们来看看这位尚未出示车票的乘客：我们都不知道这位不速之客在哪里上的车！事实上，它是母岩中并不存在的一种化学元素，但常见于演替顶级的土壤中，是植物生长不可或缺的营养元素，并通过植物的新陈代谢返回土壤。氮元素在微生物的降解作用下可再次被植物吸收利用。氮元素与来自母岩的磷元素或钾元素一样重要！只要土壤被植物覆盖，氮元素就像乒乓球一样，被植物和微生物推来送去。土壤中的氮是植物制造有机质的主要原料，有机质在微生物的分解过程中释放植物生长所需的铵和硝酸盐（我将在第 7 章中详细介绍）。那么，这些氮元素主要从何而来呢？首先，它们肯定不是主要来自母岩，因为母岩只提供成矿物质；其次，它们显然也不是主要来自光合作用，因为植物的呼吸只能捕获大气中的碳元素。

让我们先来看看少量来自母岩的氮元素。其实，含氮母岩极为罕见，只有极少数的岩石，特别是沉积岩，含有少量矿物或有机形式的氮：每千克岩石含大约 0.1 克的氮，在极特殊的情况下氮含量能够达到 1 克。根据推算，热带地区的母岩释放的氮只占土壤含氮总量的百分之几，但在温度较低的生态系统（如呈酸性的北极森林）中，这一比例可高达 20%。既然如此，土壤中氮元素的主要来源是什么呢？

大气对土壤的影响不容忽视。一方面，来自邻近生态系统的扬尘含有少量的氮。在欧洲，每公顷土壤中的平均含氮量高达几千克，并且在人类活动的影响下，部分地区的土壤含氮量是平均水平的 10 倍。从长远来看，这有助于土壤氮储量的提高，但并不能完全解释土壤中氮元素的存在。那么，氮元素是如何出现在土壤和有机质中的呢？别忘了，大气中的氮是氮元素的初始来源。事实上，土壤中的部分细菌利用气态氮制造含氮化合物，例如蛋白质或 DNA。我在第 4 章中谈到，**固氮（fixation d'azote）**是土壤细菌的特性之一。那么是哪些细菌在经营制氮工厂呢？

我们在石灰石表面的生物膜中发现（并用刀尖划过）了其中一种细菌：蓝细菌。它们利用氮气和二氧化碳进行光合作用，常见于岩石表面，也存在于厚实老化的表土层中。蓝细菌是单细胞原核生物，只有借助显微镜才能观察清楚。一部分蓝细菌的菌体外面包有一层可起到保护作用的胶质衣，蓝细菌通过细胞分裂繁衍生殖，菌体外层胶质融合在一起，并最终形成几厘米的可见团块。以念珠藻为例，这是唯一一种拥有法语名字的细菌，拉丁语原名为 Nostoc。念珠藻在干燥的土壤表面通常呈黑褐色的碎壳状，因此鲜少被人们发现；但是一旦被雨水或晨露（更为常见）浸湿，它们便会大肆疯长并形成黏稠的橄榄色凝胶。其实，念珠藻十分常见，如果我们仔细观察路边或停车场附近的砾石，就会发现它们的身影。虽然这些地方不太可能有土壤形成，但是好好地找一下吧，它们真的随处可见！我们在显微镜下可以看到，念珠藻形成的凝胶中分散着多条绿色的微小细胞链，有色细胞能够分裂并进行光合作用。而体积较大的透明细胞则拥有厚实的细胞壁，这些细胞较为特殊，它们不再进行光合作用，而是利用相邻细胞的光合资源为整个丝状体储存氮元素。细胞壁会阻碍氧气的进入，因为后者会破坏酶的固氮性能。因此，所有具有固氮能力的蓝细菌都与光合作用产生的氧气联系紧密：部分蓝细菌在空间上被缺乏光合作用的特化细胞分散隔离；其他的单细胞蓝细菌则会在不同的时间段分工合作。蓝细菌通常在夜间发挥固氮作用，此时的蓝细菌会暂停光合作用，并通过呼吸作用消耗氧气。

　　值得注意的是，并非所有的固氮细菌都能进行光合作用。在土壤发育的后期，厚实的土层内部没有任何光线，固氮细菌通过呼吸作用生产能量，而这恰恰会降低局部土壤中的氧气浓度！这些隐身在暗处的固氮细菌有着动听的名字：克雷伯氏菌（*Klebsiella*）、固氮菌（*Azotobacter*）、固氮弧菌（*Azoarcus*）或固氮螺菌（*Azospirillum*）。如果土壤中的氧气浓度较低，部分厌氧细菌便会利用储存的氮元素发育生长，比如梭菌（*Clostridium*）或柠檬酸杆菌（*Citrobacter*）。

　　不仅如此，部分固氮细菌还操持着代加工生意。它们和通过光合作用释放氧气的植物合作，用自产的氮元素交换根系生产的养分。这是一种互惠互利的共生关系［symbiose，源自希腊语 sun（意为"和"）和 bios（意为"生命"）］，这些细菌与植物的关系就像念珠藻的固氮细胞与其绿色同类的关系。根际细菌的氮交换量微乎其微，例如固氮菌或固氮螺菌。然而，定植于根系内部的细菌却具有较高的氮交换量，因为同伴间的合作更加默契：这样的根内共生关系在植物演化过程中至少出现了 8 次！奇怪的是，这种关系总是常见于蔷薇类植物。例如，法国的桤木或热带地区的木麻黄都与弗兰克菌属的放线菌建立了共生关系；至于其他的植物，如紫花苜蓿、三叶草等豆科植物，则通常与统称为根瘤菌的单细胞细菌互利共生，这些细菌在植物根系细胞中定植，我将在第 13 章中详细介绍这些共生关系。各位读者大可不必对这些植物往往是先驱植物感到惊讶，因为它们的生长并不需要土壤中的氮元素，比如河流沙洲上的桤木、稀薄土壤中的紫花苜蓿及热带火山熔岩流中的木麻黄……

游离或共生的细菌在土壤中夜以继日地做着氮储备工作，并在死后释放大量的含氮化合物，因此成土过程中的氮含量会不断增加。雨水中含有少量硝酸盐，是大气中的氮气和氧气在闪电的作用下发生反应形成的：虽然含量较少，但这也进一步证实了大气同样是土壤中氮元素的来源之一。

土壤的发育达到演替顶级时，氮储量会停止增长，因为氮吸收与氮流失并驾齐驱，相互抵消。在缺氧的厚实土层中，部分细菌开始吸收硝酸盐，我在前一章中谈到过这种反硝化作用，这是活性氮以氮气形式返回大气的主要生物过程。此外，随着水流的不断循环，土壤中的硝酸盐含量逐渐增加，但是由于它们携带负电荷，因而难以在土壤中保留，因此，演替顶级也标志着土壤的氮储量达到平衡。

成土作用的表征参数

成土年龄和土层厚度都是重要的成土因素。我先从土层厚度说起。母岩的持续沉降不利于土壤的生成。在地质学家看来，完整的母岩只能在大约 10 米深或者更深的地方被找到，母岩的上方便是土壤群落。而根据生物学家给出的定义，母岩通常不包括风化母岩，因为后者的生物量微乎其微。然而，风化母岩却是土壤学家喜闻乐见的，尽管这一划分并未得到其他研究者的认可。简单地说，土壤的厚度以长度单位计量。这一表征参数足以说明当地土壤在历史进程中演变的动态过程。在炎热潮湿的热带地区，土壤的厚度变化明显，成熟土壤的厚度是原始土壤的 10 余倍！

那么土壤的发育成熟需要多长时间呢？描述这一过程只需短短的几十分钟，但是如果我们知道树木成长所需的时间，便可以推算出，完整的成土过程往往长达几个世纪！气候通过改变湿度和温度影响成土的发育速度：水分对矿物质的溶解及生物的生长发育至关重要；温度影响生物体内的化学反应，也就是我们常说的新陈代谢。因此，气温越高，湿度越大，成土作用的速度就越快。

以上 2 个参数都表明，成土作用是循序渐进的。让我们看看已经推算出成土年龄的土壤：在距离大海不远的土壤里堆积着大量的钙质贝壳，这些是以海鲜为食的远古人类留下的生活痕迹。据我所知，塞内加尔和法国旺代的土堆揭示了一种年轻土壤的发育过程，这是一种腐殖质碳酸盐土，每次发育成熟都需要上千年的时间！毫无疑问，成土过程并不是一蹴而就的！值得一提的是，法国土壤的发育成熟也至少需要 1000 年。事实上，成土时间因地而异：普遍认为，法国境内的土壤每发育成熟 1 厘米，需要 100~1000 年的时间。这种说法并非无稽之谈，只不过不同类型土壤的成土时间确实千差万别。在潮湿的热带地区，虽然成土速度较快，但也至少需要上百年的时间。

因此，成土作用是历史演化的结果，人类无法干预。我将在第 14 章中解释保护土壤（不可再生资源）的必要性。我们总是人为地"制

造"耕地，例如从其他地方挪取土壤，并将其安置在城市屋顶，如果
这些是自然剥落的土壤，那么对人类是大有裨益的，但无论如何，这
仍然是拆东墙补西墙的做法。我们无法想象人类有朝一日能够掌握生
产土壤的方法，因为成土时间和成土过程都是人类生活经验无法比
拟的。

土壤的年龄

达到演替顶级所需的时间并不完全等同于土壤的年龄：土壤发育
成熟时，土壤中的群落演替尚未达到最终阶段。土壤的实际年龄始终是
个棘手的问题，因为新鲜的植物体总是源源不断地涌入上层土壤。不
仅如此，土壤中的气体和液体更新循环的速度非常快！因此，位置越
深，土壤的发育程度越高，而新老腐殖质的混合使表土更年轻化。事实
上，土壤的实际年龄极难判定，但我们可以采用"同位素测年法"来确
定土壤的绝对年龄，也就是某一地区的土壤从开始发育算起，直至形成
目前该类型土壤所经历的时间长度。部分矿物元素，如铍 –10 或铝 –27
等同位素只能在宇宙射线粒子的轰击下发生核裂变产生。因此，它们的
数量会随着地表暴露的时间增加而增加。这些同位素在非耕土壤中是独
一无二的计时器。通过这一方法，我们可以测算出法国土壤的年龄约有
千年，而最近的冰川作用总会破坏最古老的土壤。但在气候变化不大的
热带地区，土壤年龄长达几万年，甚至几百万年。例如，巴西的坎波斯
鲁佩斯特（Campos Rupestres）保护区、澳大利亚石灰岩平原及南非大
平原的土壤年龄已达数百万年。然而，漫长的成土过程会造成土壤的极
度贫瘠：长达几个世纪的降水与径流不断侵蚀土壤，导致矿物盐流失严
重，例如澳大利亚西南部的部分土壤几乎不含磷元素。

此外，我们还可以根据死亡生物体内残余的碳–14来推断它们的年龄。宇宙射线能够在大气中产生碳–14，后者是碳元素的一种具有放射性的同位素，大气中的含量极少。有机生物通过光合作用持续不断地吸收碳–14，因此有机体内的碳–14含量反映了大气中的二氧化碳浓度。有机生物死亡后会停止呼吸，此时体内的碳–14开始减少。我们采用碳–14年代测定法可以推算出，法国土壤的年龄为10~500年不等，有的甚至长达1000年。如上文所说，位置越深，土壤的成土时间越久，这是因为深土层中的氧气浓度较低、生命活动较少，因此土壤被破坏的可能性较小。然而，这个年龄纪录被黑钙土（chernozem，来自俄语tchernaïa zemlia，意为"黑土"）打破了：这些温带大陆性气候条件下的土壤（罗马尼亚到欧亚草原及中国北部，还有北美洲都有这类土壤）含有3%~20%的有机物，因呈黑色而得名。有机质由于植物根系的蔓延生长，常存于1~5米深的底土层或啮齿动物的洞穴中，与空气隔绝，并被黏土–腐殖质复合物吸附储存。黑钙土的平均年龄在1000~10 000年，其高肥力得益于有机质的稳定储存。

这些土壤成分的年龄通常比土壤本身年轻。每一种成分的年龄都在向我们不厌其烦地讲述同一个道理：土壤的寿命必须以世代时间[①]为计算单位。

土壤的史前记忆

部分土壤的成土过程十分漫长，这意味着它们饱经世故，甚至见证了很多史前事件！但是，我们只能在历史遗留的痕迹中管窥一二，

---

① 世代时间亦称发生时间，指某世代起到下一世代止平均所需的时间。——译注

让我们来看以下几个例子。

气候反复无常，特别是高纬度地区。曾经的地球冰冷彻骨，尤其是在大约 1 万年前结束的最后一次冰期，当然，在过去 200 万年间的多个冰冻期也是如此。即便在比当下更温暖的时期，地球上也覆满了冰川。最古老的土壤饱经风霜，值得注意的是，当时土壤的演替顶级与现在大相径庭，它们经历了连续且不同的成土过程！我们将在远古气候条件下经历过多次成土过程的土壤称为多环土壤。事实上，所有的远古土壤都是多环的，我们能够或多或少地找到一些蛛丝马迹。比如受侵蚀影响较小的平原土壤仍然保留了大量的历史痕迹，但是只有专业人士才能解读一二。与此同时，很多土壤在最近的一次冰期面临着"归零"风险——地表物质在风蚀作用和冰蚀作用下脱离流失，不再属于多环土壤！

多环土壤随处可见，例如地中海地区常见的厚实且呈红色的土壤（源自意大利语 terra rossa，意为"红土"）。虽然红土的黏性较强，但是具有良好的排水性和较高的肥力。土壤的颜色归功于含量丰富的铁元素，这些铁元素通常以赤铁矿或针铁矿的形式重新结晶。此外，红土缺少碳酸盐和钙质，因此即使是由石灰质母岩发育而成的土壤，也往往呈弱酸性。红土包含多种类型的土壤，尽管它们的起源存在争议，但现如今的气候环境是无法生成红土的：干旱天气不利于铁元素的释放。因此，我们认为红土的发育与其他气候相关。温暖潮湿的气候更利于铁离子的溶解释放。我们在法国的汝拉山地区也能经常看到红色的土壤，毫无疑问，它们来自不同气候条件下的成土作用。我将在第 9 章中再次回顾热带地区的红色土壤，那里温暖潮湿的气候环境能促进大量铁离子的溶解释放。

概括来说，土壤遗留物总是良莠混杂，难以阐释土壤发育的各个阶段。因此，单独提取的土壤成分，往往只能揭示某一个成土阶段。历史悠久的红土及**植硅体**［**phytolithe**，源自希腊语 phytos（意为"植物"）和 lithos（意为"石头"）］便是这样的情况。

土壤的历史记忆

亚马孙黑土（源自葡萄牙语 terra preta，意为"黑土"）是亚马孙地区特有的肥沃而厚实的土壤，含量丰富的木炭造就了黑色的土壤，占土壤物质总量的 10%。除此之外，我们还能在亚马孙黑土里找到动物残骸、鱼骨、陶器碎片、矿物质及揭示土壤物质来源的线索。亚马孙黑土总会让人联想到黑钙土，这两种土壤在肥力、微生物多样性、碳含量、稳定性与开采、出口和销售等方面极为相似。但是，有机质是人类在四五千年间持续活动的产物，随着欧洲人的到来，前哥伦布时期的文明轰然倒塌，有机质的生产戛然而止。亚马孙黑土十分肥沃且极具代表性，占地几十公顷甚至几百公顷。类似的黑土也常见于非洲。这种土壤一般出现在古老的村庄周围，当地居民习惯把垃圾和木炭倒进土里，人们对这种行为争论不休，支持者认为居民的自发行为无可厚非，反对者则因土壤污染予以强烈谴责。

低温的家用壁炉燃烧缓慢并释放稳定的碳化产物，这种含碳有机物无法满足微生物的觅食需求，因此不易被分解。但是这些有机碳具有较强的阳离子交换能力，很容易被植物吸收。混色土（源自葡萄牙语 Terra mulata，指不明亮的颜色）是一种颜色较浅的土壤变体，含有较少的动物残骸和陶器碎片，但是木炭含量丰富。虽然相较于红土，混色土的肥力较低，但仍然比周围的土壤更有价值。如果控制燃烧或添加碳化物，混色土也可以在远离村庄的地区孕育而成。混色土具体的成土过程尚未可知，不过它的出现充分表明，虽然人类无法创造土壤，但是可以通过积极持久的方式影响土壤的发育，因为人类参与的痕迹将被土壤永久保存！

即使人类没有干预成土过程，土壤也会大量保留被大火烧焦的植物残骸。植物炭屑分析［又称古炭学，paléoanthracologie，源自希腊语 paleos（意为"古老的"）、anthrax（意为"煤炭"）和 logos（意为"研究"）］可以揭示土壤的前世今生：植物的内部结构在显微镜下展露无遗，我们可以轻而易举地鉴别物种属性，然后通过碳 -14 测年法追根溯源。以法属圭亚那的努拉格（Nouragues）自然保护区为例，这里曾是印第安人的常驻地区，如今早已绿树成荫，芳草遍地。森林土壤同时保留了 500 年前和 1000 年前的成土痕迹，研究人员在这里发现了喜好开阔环境和农耕土壤的物种遗骸，它们记录了适生植物的筛选与种植过程。这一发现表明，法属圭亚那森林和亚马孙森林并不是原始森林，而是在远古人类活动的影响下应运而生的。

植硅体主要由植物的遗骸构成，它的实际年龄难以判定，但是识别度极高：这些小于 1 毫米的硅石引起了英国博物学家查尔斯·达尔文（Charles Darwin）的注意。植硅体由许多植物细胞沉积而成，在显微镜下，它们的形状因物种差异而各不相同。植硅体会导致纤维僵化，不适合小型**食草动物（herbivore）**食用。植硅体在土壤中保存完好，见证了众多已不复存在的远古植物的繁衍生息，向我们展示了古代农业活动和当时盛产的植物品种。关于植硅体中有机碎片的起源，一直以来颇具争议：究竟是植物残骸的产物，还是来自后期的污染呢？其实，这个问题的答案取决于植物残体中的碳 -14 含量。让我们去亚马孙南部和古老的人类领地看一看吧，来自玻利维亚遗址的植物岩证明，

早在 10 300 年前，人类就在那里种植过木薯和南瓜，这比此前预想的
驯化时间要早得多。

我们的世界终将归于尘土

土壤的化学特性和微生物的多样性揭露了一段令人匪夷所思的历
史——接下来的旅程会让我们大开眼界。首先，让我们从热带地区回
到法国，一起去位于南锡西部高原的艾（Haye）森林看一看吧。在这
片看上去有着数百年历史的森林里，部分土壤将为我们讲述罗马时代
的农业历史。这里的土壤与弱酸性土塘（耕作加速石灰质母岩的侵蚀）
和氮、磷、镁含量丰富（得益于有机肥料的广泛使用）的土壤完全不
同。大气检测结果和考古获得的信息完全一致：在较为温暖的罗马时
代，这里是一片沼泽，传播疟疾的蚊子在此结群而居。古罗马人曾定
居在高原上，因为那里的环境更适合居住！改朝换代后，森林复苏，
那个古老的时代逐渐被人们遗忘。但是，土壤里的微生物却仍然保留
着历史痕迹：土壤的化学特性影响真菌的生存，这些真菌在古代开垦
的土壤中展现出丰富的多样性！

因此，土壤记录了历史。法国在建设 A19 高速公路时，卢瓦尔地
区的研究人员在阿尔特奈和库特奈之间的 100 多千米范围内开展了大
量的预防性考古工作，2005—2007 年，当地政府动员了 200 多名考古
学家，勘测了诞生于新石器时代至罗马及中世纪的 30 个土壤带。在有
限的视线范围内，勘测的主要路线是穿过田野和树林。查探土壤是考
古学家习以为常的工作，在法国，平均每平方千米便隐藏着一个他们
喜闻乐见的遗址！这些隐藏在森林和田野下的遗址也可以通过测量高
度和绘制鸟瞰图来识别，有时还可以借助雷达或激光来考察。因为土

壤残留物会上浮至表土层，在植物的生长过程中留下痕迹：土壤沟壑或被土粒填平的洞穴能够储存更多水分，促进植物的生长，提高叶绿素含量；露出地面的土堆则会导致土层变薄，阻碍植物的生长；破旧的垃圾场反而可以提升土壤肥力，有利于植物群落的更替。简而言之，土壤的发育也会在植物的生长过程中留下痕迹，我们可以通过大气监测获取相关数据。

在一本关于世界起源的书中谈论文明世界的终结是自相矛盾的，但我们必须承认，一座建筑物、一座城市被废弃或一个文明消失后，土壤会以迅雷不及掩耳之势消除人类活动的痕迹。一般来说，一个世纪的时间足以让人类生活过的地方变得面目全非。土壤和植被卷土重来的速度着实令人震惊，我们不妨再用成土速度对比一下，后者比前者慢了 10 倍。事实上，新鲜的土壤会接二连三地出现，并覆盖早已存在的土壤：它们重新开启野生化过程并且和陈旧的土壤融为一体。此外，人类活动通常会导致氮和磷的大量残留。草木、灌木、树木三者此消彼长，以极快的速度进行着所谓的"二级"演替，由于土壤是演替的起源，土壤肥力也因此逐渐增加。经过上述观察，我们可以得出这样一个结论：土壤演替速度过快是百害而无一利的，虽然土壤能够在短时间内重新恢复活力，但是它的生成速度却极为缓慢！

由此可见，我们的文明终将归于尘土。其实，在许多国家的丧葬文化中，死者也总是要入土为安的。法国在 A19 公路沿线开展的考古工作中，发现了来自几个不同时代和不同宗教的墓地遗址！简单地说，人类最终会以有机质的形式结束一生，或者在火化后以矿物灰烬的形式回归大地。我在引言中谈到，即便青山处处埋尸骨，人们对土壤也依然不以为意。

通过热释光推算土壤年龄

　　最后，让我们用一束耀眼夺目的荧光来结束这一章吧。这一小节我将带领大家重新回到厨房。我们来做这样一个实验。首先，在月黑风高的晚上，趁着夜色出去挖回一锅沙子（当然，我们也可以在白天收集沙子，只不过缺少点氛围，而且实验的后续步骤也只能在晚上完成）。然后，把沙子放在火上加热，并关掉所有的灯：如果你的大锅足以挡住火苗，并且身处伸手不见五指的黑暗环境中，你很快就会看到沙粒在莹莹发光。（记住，一定要等锅完全冷却以后才能清洗！）这是一种冷发光现象，是部分晶体（矿物质）受热时，电离辐射以光子的形式释放产生的。地球的放射性辐射虽然十分微弱，但仍会破坏晶体的结构，换句话说，这种辐射的能量最终以蚀变 ① 的形式储存在晶体中。吸收并储存在晶体中的电磁辐射在受热过程中以光子的形式释放出来：这就是热释光。

　　热释光同样是一种有效的土壤测年手段：从最近一次加热时间算起，受热的时间越长，积累的能量就越多，释放的热释光也就越多。我们通常用这种方法测定陶器或火山熔岩的年份，通常在几十年至 25 万年不等，有的甚至更久。这种方法与碳 –14 测年法互为补充，后者的测算上限是 5 万年。除此之外，热释光还能帮助我们确定文物的埋葬日期：一方面，日光足以释放储存在晶体中的能量，所以地表物体的表观年龄会被永久归零。另一方面，一旦物体被掩埋，能量就被吸收储存在晶体中，因此热释光的出现能揭示物体的掩埋日期。其实，热

① 岩石、矿物受到热液作用，产生新的物理化学条件，使原岩的结构、构造及成分相应地发生改变，生成新的矿物组合的过程。——编注

释光还存在一种变体，被称为光释光，简单地说，就是利用强光（而不是热量）释放晶体中的能量并测算它们的掩埋时间。

　　现在，让我们走出厨房——别忘了冲洗已经冷却的平底锅！让我们前往非洲，一起去喀麦隆北部看一看吧！当地的一项土壤研究巧妙地结合了各种测年方法，研究人员致力于解读在不同的气候条件下，来自不同年代的土壤历史。研究人员主要通过光释光测算土壤成分的年限，当地的土壤是 1.2 万年前至 1.8 万年前产生的风积物。当时的喀麦隆处于干旱期，附近的土壤寸草不生，土壤在风蚀作用下迁移，并最终在研究区域聚积沉降。我们看到，土层的演变因深度差异而各不相同：首先，最深的土层也是最古老的土层证明，只有极端干旱的气候才能产生大量的沉积物；其次，中间土层的沉积速率较慢，这是因为土壤在气候作用下变得更加潮湿，部分植被逐渐恢复生长；最后，干旱天气卷土重来，导致表土层的沉积速率再次加快。土壤最终在 1.2 万年前停止沉积。

　　这种土壤还含有少量的石灰石沉积物，是后期在土壤内部形成的。水流中的凝结物则会吸附储存包括有机质在内的其他物质。我们根据有机质中的碳 –14 含量，推算出石灰石沉积物的年龄在 8000~11 000 年，这一结果表明，当时的湿润气候有利于植物的生长发育，从而促进了石灰石在土壤中的沉积。让我们继续采用碳 –14 测年法来推算一下钙质结核的生成年龄，结果为 5000~7000 年。极度干旱的天气导致土壤中的水分大量蒸发，碳酸盐和钙盐形成了结核状自生沉积物。钙质结核中同样含有丰富的有机质。我在第 2 章中谈到，这种沉积其实是土壤盐渍化的过程。事实上，我们通过以上测年法确定了当地的气候变化，而这与其他指标显示的结果完全一致：喀麦隆的远古气候在干旱期和湿润期之间切换。毋庸置疑，这些测年结果是对当地建立气候变化年表的有效补充。

结　语

我们为成土过程添加了另一个观察维度：时间。耗时数百年甚至数千年的土壤演化过程，向人类展示了两个事实：第一，人类无法制造土壤，因为成土作用极为漫长——土壤是宝贵的不可再生资源，我们必须合理规划使用才能保障土壤的可持续发育。第二，土壤具有稳定性和良好的抵抗性能。我们看不到土壤的演变过程，但我们不能理所当然地认为土壤是坚不可摧的。正如我在前文所说，土壤在发育过程中奋力抵抗外界变化，但是这种抵抗性能有限。我们会在稍后看到，各种自然因素或者人类的活动都会对土壤造成损害。

我们通过成土作用看到植被和土壤相互依存，共同演化。土壤诞生于一块看似裸露的岩石，但其实岩石表面早已被细菌生物膜覆盖！土壤发育成熟时，植物群落会达到演替顶级。成土过程随着岩石的侵蚀和光合作用产生的有机质不断积累开始，大气在成土过程中发挥重要作用。含量丰富的固氮菌吸附储存氮元素；当土壤进入成熟阶段，母岩对土壤生成的影响微乎其微，气候在这个阶段发挥关键作用。与此同时，植物群落达到演替顶级，土壤中的生物量也因此达到平衡（氮的固定和流失，供给有机质的光合作用和消耗有机质的呼吸作用，土层增厚和风力侵蚀等）。

法国境内的平原土壤（棕壤）达到演替顶级时，橡树林和山毛榉树林应运而生。此时的土壤已经发生褐变（在黏土－腐殖质复合物中，钙被 3 价铁取代）并经历了淋移作用（表面黏土向底土层移动）。与初期相比，到达演替顶级的土壤结构更为复杂，自上而下形成了层次分明的土壤剖面。演替顶级的表现因气候差异而各不相同。不仅如此，最古老的土壤通常见证了历史变迁，比如历经几千年甚至几千万年的成熟土壤。多样化的成土过程既能反映气候变化，又能揭示远古时期演替顶级的不同表现。

历尽沧桑的土壤不仅保留了历史遗留痕迹，还能反映早期人类的生产活动。对部分土壤来说，人类活动在土壤发育过程中留下了不可磨灭的历史印记，例如亚马孙黑土。早在哥伦布到来之前，印第安人就在土壤中遗留了木炭，提升了土壤肥力。这一结果令人深感欣慰，因为这不仅说明人类活动可以对土壤的发育产生积极影响，还证实了土壤具有较强的碳储存能力。

亚马孙黑土和其他类型的土壤一样，其中残存的历史痕迹能够帮助我们推演并重塑远古的生态环境。土壤年龄的测定方式五花八门，比如碳 –14 测年法和热释光测年法。在这一章中，我们对非洲、地中海和俄罗斯境内土壤展开了观察研究，这些观察结果充分展示了土壤的多样性及多彩丰富的成土历史。

这幅展现土壤演变的动态画卷五彩斑斓，历史悠久，向我们讲述着数十年甚至上百年的成土历史，浓墨重彩的笔触值得我们反复观摩。我们跟随季节的变换，纵览土壤的前世今生，观赏土壤生物的生命活动。第二部分接下来的章节将更加详细具体：第 7 章和第 8 章重点关注有机质的存在形式，剩余章节则致力于探索矿物质的生成。

第7章
巨大的废料堆积场:
分解与矿化

在这里,有机质与微生物相互依存;在这里,褐变的叶片令人反胃,微生物对其避之不及;在这里,微生物攻击有机质,真菌与自由基斗智斗勇;在这里,植物吸收利用微生物的代谢废料;在这里,我们通过咀嚼口蘑发现肥美菌盖的本质;在这里,充当分解者的土壤动物各司其职,动物粪便在澳大利亚随处可见;在这里,自养菌蠢蠢欲动,分解释放矿质养料;在这里,土壤物质循环不止,涅槃重生的生命生生不息。

养护高尔夫球场的草坪并非易事:宽广无垠的草坪必须保持规整,定期修剪至关重要。绿意盎然且繁茂殷实的草坪阻力均匀,有利于预测高尔夫球的运动轨迹。为了保持恒定的湿度,草坪下方的"土壤"通常由沙子和泥炭混合而成。我们必须及时给草坪排水以防积水,并且定期施加肥料促进草坪的生长。然而不幸的是,营养丰富的草坪往往是叶真菌等寄生真菌的繁衍温床;蠕虫或鼹鼠乐于在这片松软的土地上安营扎寨,草坪因大小不一的洞穴凹凸不平;有时,鸟类也会在草坪上挖洞捕食。简而言之,这是一项耗资巨大且吃力不讨好的持续性工作。与之相反,无论天气如何,人工合成的草皮都能为我们提供舒适的比赛环境，保证高尔夫球的匀速滚动。不仅如此，仿真草坪更容易维护保养……

那么，仿真草坪有哪些缺点呢？首先，合成草皮在夏天的降温效果较差（是的，没有植物的生长，也就没有蒸腾作用）；其次，如果不慎滑倒，塑料材质可能会灼伤我们的皮肤，触感远不及真正的草坪那样柔软。最重要的是，仿真草坪上的垃圾无法降解，路人留下的碎屑（头发和皮肤碎屑等）、鸟类粪便或随风而来的垃圾都会污染草坪。因此，仿真草坪的定期消毒和清理必不可少，换句话说，我们只是通过选择仿真草坪简化维护工作，仅此而已。

我们如果仔细观察就会发现，体积较小的垃圾碎屑通常不用清理就会消失。虽然我们会定期打扫公路和人行道，但是没有人会专门去捡拾树叶或清扫土路、田野及森林！田野或森林产生的垃圾数量可观，例如温带森林每年每公顷会产生 2~4 吨的植物残骸，而热带森林的有机垃圾高达 10 吨！那它们都去了哪里呢？

这和土壤另一个独一无二的特性息息相关。土壤消失在合成草皮、柏油路还有鹅卵石铺成的街道下时，我们才意识到，其实土壤在不断吞噬消化这些残骸中的有机质……它究竟是如何做的呢？

在本章中，我们将重点关注土壤表面有机残骸的特性（主要是植物），以及微生物的演替过程：我将其细化为两个阶段，微生物的**分解（décomposition）**过程和**矿化（minéralisation）**过程，这两个过程能够降解有机质并重新制造矿物质。我们会发现一种奇特细菌的生活方式，它们有利于氮和硫的矿化。我们还会看到，有机质在土壤中被缓慢侵蚀并形成稳定的腐殖质。最后，我将介绍土壤中的物质循环，这一过程涵盖了土壤生物积极参与的主要物质转换。

进入土壤的有机质：碳元素

动物爱好者们，请尽早放弃在动物死后追寻其踪迹的幻想。土壤可以吸收 95% 甚至 99% 来自植物的有机质，但却很少吸收来自动物的有机残体，因此我不讨论动物死后的痕迹。对此大失所望的读者，如果你喜欢虫子，不妨去森林里看一看吧，说不定可以在一堆落叶和残枯的树枝下面找到几具虫子尸体！

物种之间的弱肉强食离不开永恒的物质转换原则：首先，一部分物质是不可食用或无法消化的，例如残渣和粪便！其次，呼吸过程会消耗一部分消化后的营养物质。最后，只有一小部分物质被完全吸收。这也是为什么，即便我们每天大快朵颐也不容易变胖，而且我们的餐盘里始终会有残余！食草动物每吃 10 千克的草，最多只能长出 1 千克的肉，比如兔子或奶牛。再比如 B 捕食 A 时，A 只有 10% 的物质能够被 B 完全消化吸收。因此，在生态系统中，我们最多可以吸收 10% 的动物生物量。食肉动物捕食草食动物，后者 90% 的生物量会在此过程中流失……简而言之，在陆地生态系统中，动物生物量占物质总量的不到 5%。表土层中的有机质主要来自植物残骸，这便是为什么我们会重点关注土壤表面的植物残骸，让我们先来看看它们的成分吧。

绿叶在秋天枯黄飘零，凋落成泥。[①] 我们在了解植物残体的成分之前，先来仔细看看它们的细胞吧。植物细胞的外围有一层坚硬的厚壁，而动物细胞是没有细胞壁的。这也是为什么动物的肉质通常较为柔软，

---

① 我在《世间的滋味与色彩》（ *Les Goûts et les Couleurs du monde* ）一书中详细介绍了一片绿叶在秋天的详细经历：变黄、变红再变成褐色。也详细介绍了木质素和单宁酸的位置和性质，此处我只简单介绍。

当 B 吃掉 A 时会发生什么

所有被吞食、吸收及呼吸
消耗的物质最终都会转变
为垃圾：二氧化碳、含氮 } 矿化
和磷废物（尿液）

物种 A 的生物量

被吞食的物质经过
消化吸收成为物种
B 的生物量（通常 } 重组
只有 10%）

既没有被吞食也没有被消化
的物质（粪便） } 交由其他生物处理

而植物表面更为结实。细胞壁占据了植物残骸中 50%~90% 的干性物质！在部分柔韧的细胞组织中，细胞壁由"多糖"类物质组成，最为常见的是纤维素（例如我们熟知的果胶，常用于制作果酱和果冻）。多糖是由多个单糖分子缩合、失水而成，它们编织在一起形成了细胞壁。纤维素是由葡萄糖分子相互连接组成的大分子多糖，我们其实对它并不陌生，因为植物纤维是诸位正在翻阅的纸张的主要原料。如果你阅读的是电子版，那也没有关系，拿出一张面巾纸看看吧，它同样是由纤维素构成的！植物细胞壁可保护细胞免受外界的牵引力与压力，并具有较高的弹性。

　　叶片的其他部分通常较硬，例如叶柄和叶脉。植物茎根的木质部①具有极高的硬度，而其硬度主要来源于一种复杂的有机聚合物：**木质素（lignine）**。这个名字的背后隐藏着一个常见的物理现象：木椅所用的坚硬木材主要由死细胞组成，细胞壁中的木质素含量超过50%，其他主要成分是纤维素、果胶及少量的结构蛋白。纤维素的分子结构较为简单，而木质素却是一类结构复杂的生物大分子物质，属于一个完全不同的家族：单宁酸。

　　单宁酸细胞是分泌细胞之一，通常形成一个连续的系统，也可以与维管束②相联系：分泌物质充满细胞时，细胞壁高度木质化而成为死细胞。植物细胞壁多糖与木质素通过化学键连接形成复合体，我们将其称为"单宁酸大杂烩"。正是含量丰富的木质素使木材呈现各种颜色。

　　木质素和纤维素占地表植物总量的近90%。值得一提的是，这两种天然有机质的含碳量较高。我们没有在细胞壁中发现氮、磷、硫等其他元素，但是在土壤中发现了第三大有机质：死亡细胞残骸约占有机质总量的10%。

土壤中的有机质也含有少量的氮和磷

　　因为叶片中木质素的含量远低于根茎，所以枯叶的颜色并非来自木质素，而是主要来自颜色更深的化合物：常见于死亡细胞的残骸，位于细胞壁的中心。在了解这种褐变之前，让我先来简单介绍一下细

---

① 维管植物（包括蕨类植物、裸子植物和被子植物）中主要担负运输水分和无机盐的组织。——编注

② 维管束是指维管植物的维管组织，由木质部和韧皮部（担负运输同化物的主要组织）成束状排列形成的结构。——译注

胞的构成：细胞主要由水、蛋白质、DNA、氨基酸等组成。这些分子通常含有氮、硫和磷，但是这些元素在细胞壁中极为少见。细胞死亡时，部分小分子仍然处于游离状态（糖、氨基酸等），但是大部分有机大分子会与名副其实的"定时炸弹"发生反应：细胞中的单宁酸会导致枯叶褐变。

单宁酸到底是何方神圣？其实，除了木质素，细胞核也含有少量的小分子单宁酸。单宁酸（一种天然的多酚类化合物）一般存在于细胞间隙和**液泡（vacuole）**中，可以和大分子络合并破坏它们的结构和功能。例如，单宁酸因能与蛋白质发生沉淀反应而具有防御性能：一旦细胞受到微生物的侵蚀或者食草动物的攻击，就会释放单宁酸，然后与攻击者的蛋白质结合并抑制它们的作用，尤其是酶，这是一种具有高效催化作用的蛋白质。微生物和动物通常利用蛋白酶消化食物，也就是将蛋白质分解成小分子（蛋白胨等），以便肠道进一步消化吸收。因此，富含单宁酸的植物能够抑制消化，这就是为什么吃太多的绿色水果容易腹泻，喝了大量的高丹宁葡萄酒会消化不良！根据植物的引种驯化原理，我们现在往往会选择单宁酸含量较低的品种……

单宁酸通常与植物细胞的其余成分相互隔离，否则细胞中的蛋白质及其功能都会受到损害。但是，细胞死亡时，细胞结构被破坏，单宁酸的隔离状态被解除，并通过与蛋白质的混合反应对细胞发动攻击。在有氧情况下，单宁酸与蛋白质发生剧烈反应并生成一种名为**血褐素（pigments bruns）**的单宁酸 – 蛋白质复合物。我们切开苹果或香蕉会看到暴露在空气中的切面变成棕色，这就是人为制造的血褐素！

血褐素通过与其他大分子的化学反应结合细胞中的残余物，并具有以下 3 个特性：首先，除了碳，血褐素还含有来自蛋白质的硫和氮，以及被植物吸收的磷酸盐。其次，它们体积较大，并且极难溶于水，因此不易随水流失，而是储存在植物的死亡细胞中。这一特性至关重要：褐变的叶片凋零入土时，它会为土壤牢牢地守住所有的营养元素。最后，血褐素和木质素一样，会在多个细胞组织中发生反应：单宁酸－蛋白质复合物的复杂性随着时间的推移而不断增加，新反应链层出不穷。我们仔细观察就会发现，时间越久，褐变的程度越高，叶片颜色从烟草棕色逐渐变成深棕色，细胞残留物的溶水性也越来越差，因此受水流侵蚀的影响也越来越小。

周而复始的演替

腐烂的植物主要为土壤补给三类物质。第一类是细胞残骸中的小分子物质，例如小分子糖类、氨基酸等；第二类是具有简单结构的大分子物质，例如纤维素、果胶、DNA 和蛋白质；第三类是具有复杂结构的有机化合物，例如我们戏称的"单宁酸大杂烩"，主要是木材硬质细胞壁中含有的木质素，以及枯叶中的血褐素。剩下的物质则成了土壤生物的囊中之物。

自告奋勇的分解者也不在少数！首先是微生物。我们不妨回顾一下第 4 章的内容，虽然有些动物以植物残骸为食，但是大部分的枯枝败叶都被无处不在的微生物消化分解。微生物的细胞很小，因此只能吸收微小分子，但是正如我们所见，并非所有腐败物质都足够细小。

枯黄的树叶凋落时，第一批分解者蜂拥而至，狼吞虎咽地享用着小分子物质。事实上，这些小分子物质就算能够幸免于微生物的魔爪，也会在降雨的侵蚀作用下大量流失！有益分子的争夺战正式在土壤中打响。对葡萄糖或甘氨酸等氨基酸而言，一半以上的有机质在短短 5 分钟之内就会被微生物吃干抹净！它们是细菌和部分真菌的主要食物来源，体积较大的微生物不断发育成长，并最终变得肉眼可见。我们能在同一年砍伐的阔叶树的树干上发现两种奇特的真菌，它们是懂得投机取巧的先驱者，能够在短短几个月内完成携带孢子的生殖发育：胶陀螺菌在树皮上形成了 1~2 厘米扁平、黑色、果冻状的嫩芽；肉质囊盾菌在树干的切割处生成了柔软的粉紫色肿包。然而奇怪的是，1 年过后，我们却再也看不到它们的身影，这是因为它们赖以生存的营养物质是有限的不可再生资源。

那么大分子物质又将何去何从呢？接踵而来的微生物会将它们分解成便于吸收的小分子。我们会在稍后看到详细的分解过程。受到攻击的大分子逐渐消失时，其他的有机大分子变得唾手可得，从而吸引了新一批微生物。在络绎不绝的分解者影响下，有机质会根据受到的攻击及已被吸收的物质类型改变自身的特性。随着时间的推移，先遣小分队竭尽所能榨干了植物残体的可利用价值，并向后续的分解主力军拱手奉上战利品，这就是所谓的前人栽树后人乘凉吧。

例如，口蘑又叫作白蘑，是从一种野生蘑菇驯化而来的，通常生长在田野中，以土壤中的有机质为食。马粪或家禽粪便是口蘑的生长温床，但事实上，如果没有分解粪便的微生物，口蘑就无法在上面生长。蘑菇种植者会准备由四分之三粪便和四分之一稻草混合而成的肥料，促进微生物的降解。经过整整 3 周的浇水堆肥，微生物开始大展身手。首先，微生物在无氧环境中繁衍增殖，小分子物质为它们奉上饕餮盛宴，土壤温度在降解过程中升至 70℃。然后，我们将获得的混合肥料放置在较薄的土堆中，另一种微生物在有氧环境中孕育而生，土壤温度在未来 6 天内始终保持在 45℃左右。针对大分子物质的新一轮攻击拉开帷幕，此时便是口蘑闪亮登场的最佳时机：它们紧随细菌和真菌的步伐，坐享其成。这些先驱者早已通过夜以继日的分解工作为口蘑准备好了食物。

我们在这里发现了一种演替现象，这和成土过程中的植物演替（见第6章）如出一辙：先驱物种在短暂的出现后消失，取而代之的是它们已经为之奠定基础的后生物种。但值得注意的是，这里没有演替顶级：接二连三的降解消耗小分子并分解大分子，或多或少会导致有机质碎屑的彻底消失。无处不在的微生物具有强大的分解能力，是大自然的清洁工，在没有混凝土、碎石或其他合成草皮覆盖的情况下，土壤会缓慢吞噬鱼贯而入的有机质！

分解主力军：蛋白酶

大分子究竟是如何被分解的呢？让我们先从地面上的落叶说起吧。首先，土壤动物的代谢活动将枯叶粉碎成屑，这为微生物的定植创造了有利条件。其次，随风而来或随水而来的细菌在有机质上定居繁殖，并在短时间内形成一层薄如蝉翼的生物膜。然后，丝状真菌闻讯赶来，它们的菌丝在地表生出分枝，继而向深处蔓延。如第4章所讲，细菌和真菌会通过外部消化攻击大分子有机质，它们在培养基中释放消化酶，破坏细胞结构并将大分子切割成足以渗透细胞壁的小分子。

动物在消化过程中也会分解大分子有机质，但效率相对较低：蛋白酶只能分解消化道里的食物。然而，体外的微生物会潜入食物资源深处，充分分解有机质，从而便于主体的吸收。我在前文谈到能量转化：B吃掉A时，B只能吸收A的10%生物量。实际上这个法则同样适用于动物，后者无法吸收难于吞咽或难以消化的有机质。对微生物来说，外部消化效率更高：微生物B吃掉微生物A时，其有效吸收量高达60%！

具有重复结构的大分子有机质最易被攻击，合适的蛋白酶能够轻而易举地将它们切割成小分子。单一的消化酶只能切断一种化学键。例如，纤维素是由葡萄糖组成的大分子多糖，纤维素酶则是一种复合酶，可以将纤维素分解成寡糖或单糖。简而言之，就是将纤维素切割成利于细胞吸收的葡萄糖小分子。

同样地，蛋白质是以完全相同的方式连接而成的氨基酸序列。蛋白酶可从中间切断大分子量的多肽链，并将其水解生成氨基酸。一具富含蛋白质的动物尸体是土壤微生物喜闻乐见的饕餮大餐：短短几周内，动物尸体就会因微生物的蚕食只剩骨头，这个速度可比枯枝败叶的腐蚀速度要快得多。事实上，植物组织含有单宁酸、木质素和血褐素的复合物，其中单宁酸会聚合具有重复结构的大分子有机质并形成多肽分子链，消化酶对此无计可施，任何活性酶都无法切断这数百种的分子链。

我希望这片枯萎的叶子能给
我们留下一点口粮。

这家伙似乎在细胞中
偷偷藏了很多分子！

分解：……与自由基

　　植物中的有机质主要存在于单宁酸复合物中，其中大部分植物残体能够逃离消化酶的掌控并因此分解，至少在短期内是这样。让我们去找一找山毛榉树下的落叶或松树下的针叶吧，我们如果向深处挖掘，会发现白色柔软的叶片或针叶碎片——枯败的叶片只剩下纤维素！无独有偶，我们在陈年朽木上也会看到同样的现象，即枯死的枝干只剩下轻薄纤维状、白色柔韧的纯纤维素结构。我们称其为"白腐病"。

　　那么血褐素和木质素去哪儿了呢？让我们仔细闻一闻手中的样本：如果是潮湿状态，它会释放出强烈的 1- 辛烯 -3- 醇气味，这是蘑菇特有的气味。自由基不遗余力地攻击单宁酸功能团：它们利用活性酶，极易与小分子物质发生反应。自由基是万病之源，它们攻击人类胶原系统，造成人体皮肤松弛、老化，助长皱纹；或者攻击健康的人体细胞，导致DNA发生突变，有时会导致癌变！由于自由基的体积非常小，比产生它们的活性酶小得多，因此自由基能够轻易渗入单宁酸复合物

别担心，它搞得定。

的空隙中。自由基会在参与的各种化学反应中切断分子链，就像它们破坏胶原蛋白或 DNA 一样，最终分解释放出反哺真菌的小分子有机质。植物组织中残留的纤维素、蛋白质和其他重复分子很快便会被分解清除，这对于简单的酶① 来说得心应手！枯白的叶片或者轻薄的纤维木块几乎由纯纤维素构成，只能任由纤维素酶摆布，攻击单宁酸的真菌或其他慕名而来的微生物将游刃有余地完成分解工作。

　　能对单宁酸功能团发起攻击，并引发白腐病的菌类寥寥无几。因此，植物有机质的降解速度要比动物有机质的降解速度慢得多。当然，氧气会与其他物质结合生成自由基也是影响降解速度的原因。在无氧环境中，自由基不会攻击单宁酸功能团或其他大分子有机质。例如，在非常潮湿的土壤或湖底土中，木质结构虽然对空气和时间的侵蚀极为敏感，但往往可以永久保存。这便是有机碳素的主要来源：大量的植物残体（通常在潮湿的热带气候中）在离湖泊或海岸不远的地方堆积并与空气隔绝。这是永久保存木制品的有效方式，例如在巴黎贝尔西体育馆施工期间发现的史前独木舟，它在塞纳河的潮湿沉积物中苦苦等待了 6000 余年。较少的水量就足以大幅度降低氧气浓度。1999 年 12 月，洛萨风暴摧毁了法国森林，人们通过注水储存了被风暴连根拔起的树木。我们当时无法在不降低价格的情况下快速销售木材，因此只好通过简单的浸水法将空气排出，等待木材价格的回升。

　　每年，白腐真菌在全球可以回收 4000 亿吨木质素，以及数量未知（对这种现象的研究很少）的血褐素，并在这一过程中释放出丰富的氮素和磷素。

　　即使对于真菌来说，破解单宁酸功能团也并非易事。一方面，细胞

---

① 仅由蛋白质组成的酶被称为简单的酶。——译注

　　我们仔细观察，可以看到木材表面白色腐烂处有很多直径为几毫米的细胞，由局部逐渐蔓延至整体！这种非常活跃的真菌以极快的速度腐蚀木质素和纤维素，毫不松懈地在枯木中雕刻"蜂窝"。这种被称为蜂窝状腐朽且发病迅速的白腐病揭露了一个事实：攻击木质素的真菌也会分解纤维素。蜂窝状腐朽在潮湿环境和热带雨林中十分常见，因为潮湿高温的环境有利于真菌的繁衍生息。

　　一些真菌以间接和不完全的方式管理着木材中的单宁酸功能团。如果你喜欢在森林里漫步，不妨去找一找正在腐烂的木块。你可能会发现一些碎成正方体，呈棕色甚至红色的木块，这样的木块并不是很多。这是由其他真菌导致的"褐腐病"。在这种情况下，自由基的产生同样需要氧气，但是它们只攻击纤维素，并对木质素进行粗略的改造。为了避免与白腐病的纤维状外观混为一谈，我们也将其称为立方腐烂：木头根据其结构的不连续性逐渐腐烂，木质素网更加脆弱且更易断裂。虽然纤维素被分解吞噬，但是残留的木质素不会因为自由基的不完全攻击而变为红褐色，蜂拥而至的其他物种会以此为食。

血褐素的分解通常需要 1~10 年，具体的分解时间取决于土壤类型。另一方面，木质素结构的形成需要更多时间。首先，木材中的氮、磷含量较低，需要通过其他方式积累资源；其次，木块的体积越大，木质素结构的形成越慢，因为氧气无法渗入木材内部，只能从表面开始分解。枝繁叶茂的森林意味着更为漫长的分解时间。为了保护与腐烂的巨树密切相关的昆虫和真菌的多样性，法国国家森林管理局不得不保存一些寿命较长的古树——只砍伐那些百年古树，避免它们的树干在 500~1000 岁时腐烂中空。在未经人类开发的自然保护区内，例如枫丹白露或波兰的比亚沃维耶扎保护区，部分古老的参天大树已有数千年的历史，需要 50~200 年才能完全分解。无论如何，单宁酸功能团并非无懈可击，但是缓慢的分解速度让我们自然而然地联想到漫长的成土过程。

高分子化合物的大分子被先驱微生物分解成较小分子的过程称为分解。简单地说，分解作用会导致有机化合物中分子量的降低（纤维素、果胶、蛋白质、木质素等）。真菌在攻击单宁酸功能团、木质素和血褐素的过程中发挥重要作用。细菌不会在具有重复结构的大分子面前吃亏，真菌也不会坐以待毙。土壤动物的消化过程同样促进有机质的分解，但就像细菌一样，它们仍然对单宁酸功能团避之不及，而单宁酸是植物残骸的主要组成部分。

然而，有机质的分解只是大自然自我净化的第一步。接下来让我们来看看，进入微生物细胞的物质又会发生怎样的变化。

重组和矿化

在秋季，蘑菇会施展"魔法"，为原野、草坪和牧场编织大小不一的仙女环（即蘑菇圈），我在第 4 章中介绍了它们出现的原因。如果你们记住了蘑菇圈的生长位置，那么秋去春来时，你们会发现这些地方总是绿草如茵。为什么蘑菇菌丝生长过的地方草木更加茂盛呢？这是因为蘑菇会消耗土壤里的有机质，蘑菇圈和植物的生长没有直接联系，而是与土壤中的有机质息息相关。

事实上，进入微生物细胞的有机分子面临两种截然不同的命运。一部分有机质内化形成细胞并保证自身的生长，细胞随后在分裂过程中产生大分子有机质，比如蛋白质——循环往复是生命的必然宿命。我们将这一过程称为重组：有机残体在微生物的作用下重新合成特殊的有机化合物，和罗马建筑重复利用中世纪教堂的石材异曲同工。事实上，我们在秋天食用的蘑菇或口蘑主要是由重组有机质构成的！

另一部分被吸收的有机质主要用于能量生产，激活细胞功能并促进大分子有机质的生成。这些能量对微生物和土壤动物的代谢活动来说必不可少。这部分有机质有利于土壤生物的呼吸：它们与氧气发生反应，除了细微的差别，和燃料的燃烧并无二致。细胞将氧化过程产生的能量一网打尽，因此有机质的氧化反应既不发光也不发热。细胞呼吸是指有机质在细胞内经过一系列的氧化分解，释放出能量并生成有机废物的过程，例如二氧化碳、水及碎屑，后者以矿质残留物为主，通常以可溶性硫酸盐、铵盐及磷酸盐的形式释放出来，并逐渐渗入地下！我们将这一过程称为矿化。矿化作用在自然界的碳、氮、磷和硫等元素的生物循环中十分重要，矿物盐是促进植物生长的天然肥料。春暖花开之际，地下的菌丝便蠢蠢欲动，促进蘑菇圈内的草木苗壮成长！

矿质元素通常以无机复合态存在于土壤中。著名的法国浓味干酪便是矿化作用的产物，散发着氨气（NH_3）的味道：表皮真菌的呼吸将酪蛋白分解成氨基酸，随着时间的推移，铵离子浓度不断升高，从而导致氨气的释放——我们通过嗅觉证实了矿化的存在！

其实，人类的呼吸同样是一种生物矿化：细胞呼吸产生的废物被释放到血液中，一方面在肺部生成二氧化碳，另一方面在肾脏产生氮（以尿素的形式）和磷酸盐！我们的尿液并非一无是处，它是很好的有机肥料。我在前文介绍过焚土肥田和火耕：燃烧引发的矿化过程较为激烈，虽然能够快速释放氮和磷，但是生成的矿物盐含量远远超过了土壤或植被的承受范围。简单地说，无论是呼吸作用还是火耕，它们的矿化原理都是相同的：含碳有机质在生物作用下分解为简单的无机化合物。由此可见，有机质的重组和矿化都离不开微生物的分解。下面，让我们来看看有机质的矿化产物，它们是植物生长所需的主要营养来源。

动物的贡献

土壤动物在分解和矿化过程中发挥的作用有二：一是为微生物提供有机碎片；二是促进土壤的氮矿化进程。二者都源于动物的生理特性：忙碌的生命活动。

我在前文谈到，土壤动物的掘穴运动会破坏有机质并为微生物打开觅食通道。以蠕虫为例，蚯蚓在枯落的有机残体表面排泄，为细菌提供繁衍温床，暴露在空气中的有机质对微生物来说是天赐盛宴！与此同时，蚯蚓以富含微生物的有机质为食，有机质又经过微生物的分解更易消化（说起来有点恶心，这些有机质被掩埋在蠕虫的粪便下面）。部分蠕虫将残枝败叶强行拖入洞穴中，通过分泌润滑物加速微生物定植：丰盛的美食让蠕虫大快朵颐，有点类似于我们吃覆草 ① 上长出的东西……

---

① 农民有时会在农作物上覆盖一层覆草（包括杂草、树叶、作物秸梗等），以改良土壤理化性状，防旱保水、增加微生物活动，更好地协调土壤中的水、肥、气、热。——译注

　　土壤动物通过为微生物供应有机质来促进后者的分解，再将其一举消灭。例如，蜣螂将湿漉漉的牛粪滚成小球，并把粪球推向垃圾填埋场，然后在其中产卵；孵化的幼虫主要以粪便中的植物纤维为食，但同样会捕食在潮湿土壤中繁殖的微生物。不仅如此，蜣螂幼虫有时甚至会捕杀其他昆虫的幼虫，例如为了能享用微生物大餐而在牛粪中产卵的蝇虫。然而其他的甲壳虫，比如好吃懒做的粪金龟，通常就地填埋粪球：表土层中适宜的湿度和温度有利于微生物的生命活动。

　　事实上，昆虫的新陈代谢至关重要，因为它们排出的粪便会猛烈撞击土壤，并在干燥后变硬，形成致密、厚重的外壳，微生物难以渗入。以澳大利亚为例，袋鼠和其他有袋动物仅产生少量干燥的粪便。殖民者在19世纪引入牛群后，数量庞大的排泄物让当地的甲虫措手不及……牛粪泛滥成灾，民众苦不堪言。一头牛每年大约产生2吨多的粪便，平均占地150平方米。由于蜣螂的数量严重不足，澳大利亚的牲群每天产生的3亿多吨粪便，在3~5年内都无法完全分解，从而污染了近10万平方千米的土地！这些粪便阻碍草木的生长并"驱赶"成群的奶牛，因为奶牛与蚯蚓不同，对粪便避之不及。此外，粪便为吸血苍蝇的幼虫提供了良好的生长环境，这些蝇虫通常在尚未分解的粪便中繁衍生殖，幼虫一旦发育成熟便会大肆攻击牲畜。为了有效解决虫灾，澳大利亚政府在1967年从非洲引进了体长达6厘米的大型蜣螂。这种蜣螂的幼虫通常以重达6千克的大象粪便为食，具有超强的分解能力：一对迈达斯巨蜣螂可以在一夜之间分解消灭一整块牛粪！在澳大利亚，填埋粪便的土壤总是草木旺盛，绿树成荫，这是因为有机质的矿化提升了土壤肥力。简而言之，矿化作用能够化腐朽为神奇，我将在下一章中为大家讲述另一个关于堆粪的故事。

　　土壤动物不仅为微生物的分解提供有利条件，还在矿化过程中发

挥次要作用，这与它们的频繁活动息息相关。由于土壤动物的活动范围较大，因此它们新陈代谢所需的能量远远大于细菌及真菌生长所需的能量。我在前文中曾将细胞呼吸比作熊熊燃烧的火苗，如果说微生物的呼吸是点燃稻草的火焰，那么动物所需的能量就好比火炉！动物的呼吸消耗大量的有机质，其中包括部分富含氮或磷的化合物，相较于微生物的分解，动物的呼吸过程会释放更多的矿物盐，就像我们的尿液中通常含有多种微量元素。与植物摄入的生物量相比，强烈的呼吸作用也会削弱动物的有效摄入量，动物最多能够吸收 10% 的生物量。和土壤动物相比，微生物的移动范围较小，它们的呼吸过程只消耗含碳有机质，并（但不完全）促进含氮和含磷化合物的重组：微生物对这两种元素的矿化作用相对较小。

在法国的森林土壤中，土壤动物产生的二氧化碳占二氧化碳总量的 1%~15%，微生物的呼吸作用占主导地位。不仅如此，土壤动物还会释放 50% 的矿化氮，因为它们每个细胞的呼吸作用都远强于微生物的呼吸！体积较小的掠食者，比如我在第 4 章中谈到的单细胞生物、变形虫和纤毛虫等，在捕猎过程中身手敏捷并且消耗较多的能量，因此相较于惰性微生物，能够矿化释放更多的氮和磷。

氮和硫的循环终点

在植物或动物的细胞组织中，部分元素通常以矿物盐的形式存在，例如钾、钙、镁（Mg^{2+}）或铁等，不与细胞中的碳素结合。因此，细胞或生物体死亡时，它们会很快渗入土壤。而其他的元素通常以复合态储存于有机质中，如磷、氮、硫，尤其是碳，它们只能在微生物的分解与矿化作用下释放到土壤中。磷、氮和硫在矿化过程中分别形成磷酸根离子、铵离子及硫化物。

几乎所有矿物盐都有利于植物的生长，以及某些微生物的繁衍。我们将各种化学元素或物质在生物体与非生物环境之间的循环运转过程称为物质循环。土壤中的有机质沿特定的途径从环境到生物体，再从生物体到环境，并再次被生物体吸收利用，这是名副其实的能量循环。值得注意的是，其中两种元素的循环方式较为特殊：常见的氮化物（硝酸盐）和硫化物（硫酸盐）并不是矿化产物，它们是在硝化作用和硫化作用下产生的还原态氮化物与还原态硫化物。让我们从硝化作用说起。

两位法国化学家，让－雅克·施洛辛（Jean-Jacques Schloesing）和阿希尔·明茨（Achille Müntz）在 1878 年注意到，污水流经花园土壤时，土壤中的铵被转化形成了硝酸盐。然而，我们用氯仿蒸气对花园土壤进行消毒时，土壤中的铵却完好无损。二人将这种转化过程称为硝化，是一种向有机化合物分子中引入硝基的化学反应。之后，他们又耗费了数十年的时间来探究具体的硝化规律及细菌在此过程中发挥的作用。

　　铵与氧气发生反应产生硝酸盐，细菌又通过铵的氧化反应获取能量……其实，我们对细菌参与的大部分过程并不陌生：它们以二氧化碳为原材料，苦心经营着糖类工厂，并在那里生产大量的有机质！这与蓝细菌、植物及藻类的光合过程如出一辙，只不过用于生产糖类的能量并非来自光能（土壤中暗无天日），而是来自氧气和铵的化学反应！还原态硫化物，例如硫化氢，同样在有氧条件下发生化学反应并释放能量，细菌利用这些能量自产自销有机质。我们分别将这两种反应称为硝化作用和硫化作用。

　　以矿物质为食是细菌独特的生存方式之一，我在第 4 章中详细介绍过。值得注意的是，植物并不是唯一的有机质"制造商"，也不是光合作用的唯一载体。正如我之前所言：土壤微生物的生命多样性超乎

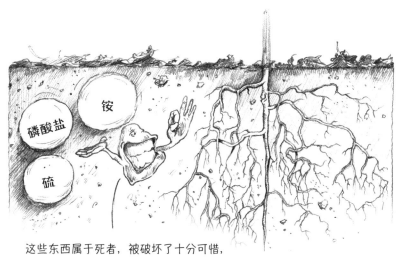

这些东西属于死者，被破坏了十分可惜，
所以我要回收它们，让它们改头换面，跟上潮流。
我把它们借给您……但以后得还给我。

想象！除了进行呼吸作用和光合作用的微生物，还有另外一种与众不同但近在咫尺的微生物（就在我们的脚下）——化能自养菌！这是一类不依赖任何有机营养物便可正常生长、繁殖的微生物。它们不从日光获取能量，而是通过氧化简单的无机化合物（硫化氢）获取化学能。

例如，在硫杆菌属细菌的作用下，有机质的硫酸化仅需一步即可完成。至于有机质的硝化作用，虽然在细菌的参与下易如反掌，但是通常涉及两个阶段，这两个阶段都会消耗大量的氧气：首先，将铵转化为亚硝酸盐并激活亚硝化单胞菌、亚硝化球菌或硝化菌等细菌；然后，将亚硝酸盐转化为硝酸盐，并为上述细菌的代谢活动提供能量。

参与以上两个硝化过程的细菌被迫结对共生，因为亚硝酸盐有剧毒！你对此深表怀疑？别忘了，仅含有 0.6% 亚硝酸盐的食用盐通常作为防腐剂被添加到熟肉食中，这是因为它的毒性可阻碍细菌滋生，而且这些熟肉食容易致癌。因此，消灭生产亚硝酸盐的细菌刻不容缓，而以此为食的细菌同样需要永久供应商！这类细菌在土壤中和谐共生，相辅相成。

有机质的硝化作用和硫化作用需要满足以下四个条件：第一，良好的透气性，因为这两种化学反应都需要消耗大量的氧气；第二，土壤呈弱酸性或含有中和酸度的碳酸盐，因为有害细菌难以在新陈代谢导致的酸性环境中生存；第三，土壤中的有机质含量较低，因为以有机质为食的细菌总能在资源（铵、磷酸盐或铁）争夺战中大获全胜；第四，潮湿温暖的土壤环境，因为湿度和温度是影响化学反应的关键因素。

为了更好地了解硝化作用与硫化作用，我们来对比观察以下两种土壤。首先是位于大西洋沿岸，沐浴在夏日阳光中的美丽沙丘：它的主要成分是富含贝壳碎片的海滩沙，通气性良好，有机质含量较低，

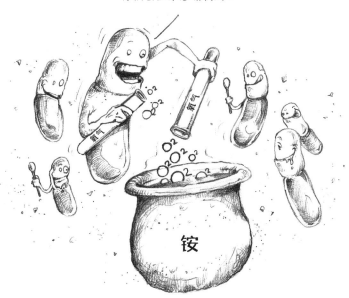

钙质贝壳具有抗酸作用。这里对细菌来说简直是度假天堂！如果不是因为沙丘太过干燥，硝化细菌和硫化细菌就要迫不及待地大展拳脚了。接下来让我们继续前往位于法国孚日山顶的泥炭沼泽看一看吧。高海拔地区气候凉爽，这里的土壤因富含有机质而呈酸性，由大量的苔藓残骸构成，泥炭藓因土壤水中的氧气含量较低而难以分解。在这里，我们没有发现硝化作用和硫化作用，不仅如此，微生物的分解和矿化也并不活跃。

我们很快就会对微生物的生命活动有个大致的了解，但在此之前，让我们再来看看最后一种与氮有关的微生物"游戏"。人们在大约 20 年前才发现了这种现象。细菌在缺氧环境中也会发生硝化作用，而这要归功于一种特殊的化学作用：土壤中的铵和亚硝酸盐相互反应。二者通过生物化学反应，将污水中含有的氨氮转化为气态氮加以去除。这类特异细菌被称为厌氧氨氧化菌（anammoxe，全称为 anaerobic ammonium oxidation）。因此，厌氧氨氧化菌也能进行硝化作用，并释放氮气。

至此，土壤中的物质循环形成完美闭环：植物生长所需的营养物质，无论是气体（二氧化碳）还是溶于土壤溶液的矿物盐（硝酸盐、磷酸盐和硫酸盐），都在微生物的作用下实现了循环再生。有机废物通过分解和矿化参与土壤中的物质循环，化能自养菌也通过独一无二的方式参与循环。

腐殖化

然而，并非所有的有机质都会经历分解和矿化，也有可能在土壤中长期留存。我在前几章说过，有机质的积累有利于提升土壤肥力。我在第 1 章中提及了腐殖质、腐殖酸和黄腐酸，这些难以辨别的小分子有机质具有不同的亲水性能，我们将它们统称为稳定腐殖质 ①。现在让我们一起追根溯源吧！这些土壤成分主要来自表土层的动植物残留物，进入土壤的新鲜有机质在微生物的作用下转化为稳定腐殖质的过程称为腐殖化。

腐殖质的形成机理主要有三类，分别用 H1—H3 指代：首先，体积较大的植物残留物难以分解，例如含有复杂单宁酸功能团的植物残体；缺氧的土壤环境也不利于微生物的分解。因此，大型植物残体的腐殖化

---

① 腐殖质（humus，来自拉丁语 humus，意为"土"）含义广泛，它可以表示土壤中的所有有机质；或者指此处所指代的意思，为了区分，我将其称为稳定腐殖质；或者指（这是本书中使用的定义）土壤上方的纯有机层，也称为 O 层，我将在下一章详细介绍。

程度较低，专家将其称为 H1。其次，部分来自微生物的大分子残留物也不易被分解，例如微生物的细胞壁含有抗性成分。我们将微生物残体的轻微腐殖化称为 H3。那么 H2 又是哪种腐殖化呢？这种腐殖化是两种生化反应共同作用的结果：一种是小分子有机质自发进行生化反应；另一种是微生物释放的酶促进有机质的分解。单宁酸类物质在微生物的作用下缩合形成腐殖质单体。在不同条件下，这些单体又进一步缩合形成高分子化合物，因此 H2 又被称为聚合反应。

　　这些腐殖化进程仍然鲜为人知，甚至备受质疑。[1]"稳定腐殖质"本身就具有一定的误导性，事实上，这些有机分子并不是永恒存在的，只是分解速度缓慢。我在上一章中谈到，这些化合物通常拥有数百年，甚至数千年的寿命。因此，稳定腐殖质在土壤中的留存时间更长。然而，微生物最终会大肆进攻底土层。我们对这些微生物的作用知之甚少，某些细菌会在有氧条件下攻击复杂的大分子有机质，例如腐殖酸。含有锰元素的自由基附着在细胞壁表面（值得注意的是，不是在细胞内部），它们通过接触破坏稳定腐殖质的分子结构……自由基发育很慢，因为它们只能缓慢消化普通食物。

　　因此，即使被称为稳定腐殖质，它们也并不是永恒不变的。相反，作为微生物的主要营养来源，腐殖质以每年 1%~3% 的速度逐渐分解：正如新鲜有机质的分解者，它们在残余物的二次合成过程中发育增殖，

---

[1] 我在第 1 章中便指出，目前对有机质的描述存在争议。现代的粒径测定方法将尺寸较大的有机质碎片（沙子和淤泥）与具有黏土尺寸（在粒径意义上）的有机碎片相比较。前者主要是支离破碎的植物和真菌残渣，碳氮比（C/N）通常大于 20，这会减慢它们的分解速度，其存活期约为 10 年。后者则主要是细菌残骸与土壤矿物质（特别是在黏土 - 腐殖质复合物中）；尽管碳氮比较低，但通过与矿物质的相互作用至少能够在几十年间保持稳定。此外，有机质在温带土壤中的留存时间远远高于热带土壤。

同时在二次矿化过程中释放留存的氮或磷。有机质的二次矿化不容忽视。让我们来简单计算一下，每公顷土地承载的 4000 吨土壤中（地下 25~30 厘米）含有 2% 的稳定腐殖质，其中每年有 2% 的腐殖质参与物质循环。在每公顷土壤中，大约有 1.5 吨稳定腐殖质遭受微生物的攻击；如果这种稳定腐殖质含有 5% 的氮，那么它可以释放超过 50 千克的氮！作为参考，每公顷土壤产出 8000 千克的现代小麦，在其生长过程中需要 150~200 千克的氮。因此，二次矿化有利于提升氮的可利用性。

简单地说，进入土壤的有机质都会经历分解和矿化，但是速率各不相同，这个过程可能历经上百年，甚至几千年。我们能够辨别快速分解和矿化的有机成分，以及难以分解的稳定腐殖质，后者往往需要经历更为复杂的化学演化。不可否认的是，我们对腐殖化进程知之甚少，即使在今天，一些英国土壤学家仍然质疑这两种腐殖质的存在。总而言之，土壤在某些方面仍然是一个亟待破解的黑匣子——这里的黑指的是黑色有机质。

物质循环：碳循环

快速矿化或者二次矿化，以及化能自养生物的代谢活动有利于植物生长所需的土壤物质循环再生。植物、动物和微生物都是有机质再生过程中不可或缺的参与者：新一轮转化会不断取代前一轮的转化成果，并循环往复。有机质的再生会引发矿质元素的交互融合，有朝一日，氮、磷、碳或硫会与 1 年前、10 年前、100 年前、1000 年前甚至 10 000 年前的同类分子相结合。这些元素以不同的速度经历循环，而土壤是一个巨大的交通枢纽。

　　让我们穿越回 1715 年 8 月 26 日，见证一个碳原子惊心动魄的重生之旅：路易十四死于坏疽，而碳原子正是来自他腿上的糖分子。某种细菌在发酵过程中释放糖分子，紧锣密鼓地策划着在下周谋杀"太阳王"：糖分子中的碳原子以二氧化碳的形式释放到垂死之人周围的空气中，而此时毫不知情的路易十四正在和他的王位继承人，也就是他的曾孙，侃侃而谈他的好战情结。1765 年的春天，橡树的光合作用吸收二氧化碳，并通过木质素吸附储存：碳原子转化形成了有机质！1852 年，我们砍伐橡树并将其制成木箱，碳原子随之不停移动，直至木箱破损并最终被遗弃在锡兰的一个花园深处。随着时间的推移，木箱患上了白腐病，碳原子与木质素同病相怜，逐渐被真菌攻击腐蚀并生成蛋白质。不久之后，一种细菌分解了该真菌残体并蚕食吸收了蛋白质。1902 年，这个碳原子再次形成二氧化碳。1934 年，它在云南的稻田里徘徊游离时，不幸被一种产甲烷菌捕获。1962 年，这个碳原子以气态甲烷的形式重新返回大气。至今为止，它依然生龙活虎地活着，就在我写下这几行字的当下，它正忙着制造温室效应呢！简而言之，这个命途多舛的碳原子，通过转化、重组和矿化历经百态（有机质或二氧化碳），循环往复，生生不息。

　　除了这个碳原子的奇幻旅程，碳和氮的循环同样精彩纷呈。让我先从碳循环说起。碳通常以二氧化碳和甲烷的形式存在于自然界中。有机质（活的或死的）和石灰石中的含碳量较高。

　　土壤中的光能无机自养生物以二氧化碳为碳源合成有机质，尤其是（99.999%）进行光合作用的生物，如蓝细菌、藻类或植物。其他生物则吸收有机质并通过呼吸作用再次释放二氧化碳，比如以植物为食的动物、寄生在植物或动物身上的微生物。当然，有机质进入土壤时，分解者已经在此恭候多时。一部分有机质在微生物的作用下快速分解和矿化；另一部分不易分解的有机质则暂时留存在土壤中，历经漫长的矿化期。所有过程都会释放二氧化碳。在缺氧环境中，有些微生物通过分解有机质释放甲烷。作为主要的温室气体之一，甲烷的命运有二：要么在有氧环境中被其他微生物消耗吸收（例如地表）；要么被大气中的宇宙辐射解构破坏并再生形成二氧化碳。除此之外，矿物质在碳循环中的作用同样不容忽视：溶解的二氧化碳与钙发生反应形成石灰岩，后者一旦受到侵蚀便会生成碳酸根离子，并重新释放二氧化碳。我将在下一章里介绍矿物质的循环，土壤会在此过程中发挥重要作用。

物质循环：氮循环

现在让我们来看看更为复杂的氮循环。氮通常以气态的形式存在。我在前一章里说过，土壤中具有固氮性能的细菌会将氮储存在有机质中，这是氮参与生态循环的主要途径。事实上，有机质中的含氮生物主要通过两种方式释放氮：微生物分解有机残体，通过矿化作用将有机质转化为无机化合物。含氮有机质在微生物的矿化作用下释出的氮主要以铵离子的形式存在。简单地说，陆生动物的尿液中含有少量的铵，但是富含便于排出体外的含氮分子，例如人类尿液中的尿素或昆虫尿液中的尿酸。土壤中的细菌将尿素或尿酸快速地转化为铵，其他的细菌则将铵转化为硝酸盐，通过硝化作用获取能量。

相较于铵，植物更喜欢促进生长的硝酸盐。植物和部分微生物将矿物态氮、硝酸盐及铵转化为氨基酸，再将其分解为有机分子。但是硝态氮并不总是以有机质的形式存在，当细菌因缺氧而利用硝酸盐呼吸时，硝态氮会以气态形式回到大气中。硝化作用将硝酸盐还原成氮气或一氧化二氮等氮氧化物。这些导致温室效应的氮氧化物最终被宇宙辐射氧化，形成的硝酸盐随雨水降落，重新渗入土壤或汇入海洋。

　　土壤中的物质循环还包含硫、磷、铁等矿质元素，只不过它们的循环过程不值一提。值得注意的是，虽然这些矿质元素也参与大气及海洋水域的物质循环，但是土壤中的物质循环占据主导地位。然而，物质循环总是或多或少的存在损耗，水气的流通导致一部分土壤物质流失，这些物质继续参与另一个生态系统的循环，当然，它们也为土壤带来全新物质。总而言之，土壤是一个开放的系统，多种多样的物质以四处分散的方式在全球范围内实现循环。

　　土壤中的物质循环向我们揭示了两点。首先，世界上的一切事物都不是孤立存在的，而是和周围其他事物相互关联，第 5 章中土壤对全球气候的影响证明了这一点。其次，部分生命体的代谢废物却是其他生物赖以生存的营养资源。我们应该意识到，自然界中的所有有机废物都具有巨大的应用价值，这是大自然给我们的深刻启示。我将在第 14 章重点关注人类生活垃圾对土壤发育的作用。

结　语

　　我们为什么需要定期清洁、维护合成草皮和人行横道呢？因为这些地方缺少生机勃勃的土壤，从而无法回收处理废物。土壤是高效的天然净化师，我们理所当然地接受土壤对人类的一切馈赠，因此对土壤与生俱来的自洁能力视而不见！虽然我们缴纳地方税用以开展城市清洁工作，虽然我们不厌其烦地清扫花园小径，但是却对至关重要的土壤性能知之甚少。

　　土壤有机质是嗷嗷待哺的微生物和土壤动物的营养来源：土壤生物利用蛋白酶分解有机大分子的过程称为分解；吸收有机质并将其内

化形成细胞的过程称为重组。呼吸作用是一种消耗有机质的代谢活动，细胞会在呼吸过程中释放能量并产生各种代谢废物，例如二氧化碳、硝酸盐、磷酸盐和硫酸盐等。土壤有机质的矿质化过程释放矿质养料，因此对植物的生长至关重要。

植物有机体中的木质素和血褐素是混合了单宁酸与细胞残留物的有机聚合物，具有良好的抗分解性。部分聚合物能被真菌腐蚀分解。进入土壤的新鲜有机质在微生物的作用下通过生化反应转化为腐殖质的过程称为腐殖化。其中，腐殖质、腐殖酸和黄腐酸是腐殖化的主要产物，我们通常将它们称为稳定腐殖质。在土壤中长时间留存的稳定腐殖质最终也会像其他物质一样在微生物的作用下逐渐分解，只不过分解过程历时漫长。

土壤是巨大的废物堆积池，但是带来的积极影响令其赏心悦目。垃圾、粪便和动植物残体不仅消失殆尽，而且在分解过程中释放出滋养植物的矿物盐，让土壤生命焕发光彩。化学家和微生物学家路易·巴斯德（Louis Pasteur）因发现微生物的作用而欣喜若狂，他备感欣慰地说道："这些小生命在经济社会发挥重要作用……是促进地表生命发酵、腐烂和瓦解（也可以说分解）的重要媒介。它们扮演的角色是伟大的、美妙的、动人的……没有它们，生命将停滞不前，生物死后的轮回也将毫无意义。"事实上，缺乏循环过程的死亡一文不值，而且众所周知，虽然微生物作用下的物质循环常见于土壤，但是这种循环其实无处不在。

首先，这种循环存在于我们体内。我们通过消化食物参与分解，我们通过呼吸参与矿化。没错，人类的呼吸也是一种矿化，因为我们在呼吸过程中释放二氧化碳。此外，人类在进食过程中无法吸收部分营养物质中的氮或磷，它们通常以尿素和磷酸盐的形式通过尿液被排出体外。和土壤动物一样，我们也是矿化的参与者，并在此过程中吸收重组有机质。

　　其次，堆肥（含有或缺少蚯蚓）在我们的身边随处可见。堆肥的效用原理与土壤中的物质循环极为相似。我们制作堆肥时，通常将废料切成小块（正如土壤动物粉碎有机质）并保持适当的湿度（提高通气性，保障土壤生物的呼吸）。随着时间的推移，我们会发现，成堆的植物废料逐渐减少，这不仅是因为水分的蒸发，还因为土壤生物的呼吸导致碳以二氧化碳的形式大量流失……土壤中聚积的大量黑色残留物是一种稳定腐殖质，含有矿化产生的硝酸盐和磷酸盐。不仅如此，渗透流出的深色液肥称为堆肥茶，同样富含矿物盐和有益微生物，是简单高效的天然肥料，将其稀释后浇灌有利于植物根系的健康成长。

　　最后，本章揭示了不同凡响的微生物功能多样性，我在第 4 章介绍的生物多样性和物种多样性已经反映了这一点。少数异化真菌可以分解难以吸收的物质，比如木质素和血褐素。此外，土壤是万能的大自然净化师，因为我们发现了分解塑料的特殊真菌：小孢拟盘多毛孢（*Pestalotiopsis microspora*）以聚氨酯为食。作为一种绝缘泡沫塑料，聚氨酯是氨纶的主要成分，其年产量高达 1000 万吨！另外，细菌不仅具有固氮性能，还拥有超乎想象的特异功能：化能自养菌通过氧化简单的无机化合物获取化学能。总而言之，微生物将土壤物质玩弄于股掌之间，然而，这些神奇多样的生命活动往往被平平无奇的土壤性能掩盖。

　　不可否认的是，虽然有机质的矿化是土壤肥力的关键，但是有机质的持久留存同样发挥着重要作用。那么有机质的分解和储存如何达到平衡呢？我们又如何确定有机质的流失速度呢？让我们来继续关注土壤有机质的转化动态。

第8章
活性腐殖质与惰性腐殖质:
分解的动态

在这里,我们发现墓地供不应求;在这里,微生物精挑细选有机质;在这里,土壤酸度在微生物斗争中充当公平的裁判,但实际上仍然偏向真菌;在这里,我们探寻 BRF(碎木土壤改良法)中 R 的含义;在这里,土壤乐此不疲地接纳凋落的枯叶,这些不速之客将在土壤中长期留存;在这里,我们向牛奶里吐口水;在这里,植物和真菌拥有属于自己的一亩三分地;在这里,土壤腐殖质决定了风景的秀丽和肉质的鲜美。

德国和法国的墓地时常面临同样的问题:这些地方完好保存着关于亲人的回忆,以及……入土为安的亲属遗体!一般来说,墓地的使用期限约为 50 年,尸体在 50 年后早已腐烂,人们对亲人离世的悲痛情绪也逐渐淡化,因此,墓地工作人员通常会将"身体复位",也就是将遗骸收集在一个体积更小的骨盒中。人们甚至会通过颇有诗意的操作令"尸骨团聚":将几个亲属的遗骸放在同一个骨盒中,从而实现家人团聚。这种做法还能大大提升墓穴的容量。但是近几十年来,我们发现了一些历经 30 余年还未腐烂的尸体!这些被风干的尸体成了木乃伊,这意味着土壤微生物的玩忽职守……

虽然尸骨不腐的真正原因尚未可知，但可以肯定的是，这是由多种因素共同造成的结果。首先，遗体存放在密封性极好的棺材中，并安葬在未与土壤接触的地下墓穴中。棺材通常由经过处理的木材（油漆、清漆）制成，这对微生物来说是难以跨越的障碍。出于这个原因，德国一些地区鼓励人们将遗体装在布袋中，或直接埋于土中。部分殡葬服务公司甚至提供由真菌纤维制成的裹尸布，以便加快遗体的分解速度！但历史经验表明，棺材并不能阻碍细菌发挥作用：有些研究者认为，人体的组成成分可在某种程度上解释遗体难以分解的原因。我们日常生活中使用的防腐剂和治疗药物，尤其是生命垂危的患者使用的抗菌药物（抗生素、镇痛剂、与化疗相关的产品等）也是遗体难以分解的原因之一。简而言之，土壤微生物并非战无不胜，在某些条件下，人体中的有机质能够抵抗分解。

家畜食品中的药物成分能够在动物粪便中长久留存，这同样会影响微生物的分解。比如牛粪坚硬的外壳不仅阻碍草木的生长，还会让成群结队的奶牛不愿在草场停留。任何减缓牛粪分解速度的因素都会大大降低牧场的产量。我在上一章中谈到，在引入具有超强分解能力的蜣螂之前，澳大利亚的动物粪便泛滥成灾，当地牧民深受其扰。然而不幸的是，粪灾在 20 世纪 90 年代卷土重来，澳大利亚只得与其他国家一起重新面对棘手的分解难题。伊维菌素等家畜驱虫剂的普及是粪便难以分解的主要原因，这种驱虫剂对昆虫，尤其是蜣螂具有超强毒性，目前部分国家已经对该类药品实行管制。虽然缓释片可以有效抑制寄生虫，但在粪便中的残留长达数月，因此也被禁止使用；此外，接受药物治疗的动物在治疗后几天内不得进入牧场。

由此可见，有机质的组成会影响土壤物质的循环，从而减缓分解和矿化速度。我在上一章的末尾提出了一个问题：有机质的分解和持久留存是如何达到平衡的呢？通过上述的案例，答案呼之欲出。那么，除了以上这些特殊情况，还有哪些因素会影响有机质的分解和矿化呢？

在本章中，我们会看到有机残体的组成影响分解速率。我会探讨钙、铝、温度、氧气浓度及土壤酸度如何阻碍有机质的分解和矿化。我们发现，残落的枯叶在微生物的作用下会导致土壤酸化，并反向促进植物的生长发育。我们将重点关注 3 种主要的土壤腐殖质，它们是植物景观的决定性因素，并在植物生长、动物发育过程中发挥重要作用。最后，我会进一步介绍植物对土壤肥力的杰出贡献。

有机质富含营养吗

影响有机质的分解与矿化的一个因素是有机质的营养元素含量。土壤生物和人类并无二致，它们也有不同的饮食需求：土壤生物吸收食物中的蛋白质，以及生长发育所需的氨基酸和维生素。根据有机质的组成，土壤生物的分解速度各不相同，主要取决于有机质的消化率，例如木质素与血褐素之间的单宁酸功能团就会阻碍有机质的消化。简而言之，有机质的成分对分解速率的影响不容小觑。

土壤生物，如动物、细菌和真菌等从食物中吸取构成其生物量的营养元素，尤其是生长发育不可或缺的氮和磷（在条件适宜的环境中，土壤中有丰富的养分供微生物享用，即便如此，部分微生物在矿化有机质的过程中，仍会释放出矿质养分）。热带土壤往往缺乏磷，而温带地区最稀缺的元素是氮。我们将重点关注土壤中的氮，因为它是令众多生物垂涎三尺的有机元素。进入土壤的有机态氮通常需要 1~10 年才能被微生物矿化（而有机碳早已在土壤中留存数百年甚至数千年）。

草原上的牧草或者菜园里的杂草通常含有丰富的氮，一旦枯败凋落就会快速消失，因为它们对微生物来说是营养均衡的天然美食。山毛榉叶或松针的含氮量较低，因此在土壤中的留存时间较长。事实上，有机质的分解速率取决于一个重要参数：**碳氮比（C/N）**。"碳氮比"是指有机基质中碳和氮的相对比值，一般用"C/N"表示。由于有机质中的含碳量总是高于含氮量，因此二者的相对比值总是大于 1（碳氮比较大的有机物难以分解矿化）。

如果碳氮比低于 10 或 20，则表明有机物富含氮，简单地说，就是每个氮原子对应 10~20 个碳原子，例如牧场的矮草、枫树或白杨的叶片。碳氮比低于 20 的土壤有利于微生物在分解过程中释放养分：微生物和土壤动物大饱口福，吸收生长发育所需的营养元素，而有机物则在微生物的重组和矿化作用下消失殆尽。这就是为什么含氮丰富的动物残体总是能够被快速分解。低碳氮比主要有利于细菌的发酵分解，细菌自身的碳氮比通常介于 5~10：细菌通过快速繁殖，与真菌展开激烈的资源竞争，从而快速消耗土壤中的氮储量。

如果有机质的碳氮比较高，介于 20~100，则几乎不含氮。简单地说，就是每个氮原子对应 20~100 个碳原子，例如山毛榉或石南花叶，以及枯朽的木头。微生物分解有机物时，同化 5 份碳约需要同化 1 份氮来构成自身的细胞体，因此碳氮比越高，微生物的分解作用越慢。营养不良的有机质会阻碍土壤生物的快速发育，从而削弱微生物的重组和矿化作用，土壤的腐殖化程度也就相对更高。高碳氮比主要利于真菌的生长繁殖，因为它们自身的碳氮比通常为 10 或高于 20，因此对氮的需求低于细菌。但值得注意的是，氮含量低同样影响真菌的生长，从而减缓分解和矿化速率。

如果在土壤中施用含氮量较少的有机肥（例如，碳氮比高达 100 的稻草），我们会发现，作物的叶片会迅速枯萎发黄并在相当长的一段时间里停止生长。植物处于"氮饥饿"状态的主要原因，在于微生物分解多余碳的同时会大量吸收土壤中的氮为自身提供养分。因此，微生物遭遇氮饥饿时，它们会通过摄取矿物态氮来补充营养，从而出现与植物争氮的现象！如果我们停止施加低氮有机肥，植物的暂时性"氮饥饿"只会持续数月，这是因为快速死亡的微生物将自身体内的氮素重新返还给了土壤。因此，补充含氮多的肥料用以调节碳氮比至关重要：碳氮比为 25 的有机肥，是既能避免氮饥饿又能减缓分解的最佳选择。

这恰好为我们解释了"碎木土壤改良法"（Bois Raméal Fragmenté，BRF）中字母 R 的真实含义！你也许从未听说过碎木土壤改良法，但一定对它的首字母缩写耳熟能详：BRF 是指收集枝叶的碎屑［raméal 是 rameau（"小树枝"）的衍生词］，并将它们覆盖在土壤上。首先，我在第 2 章中说过，孔隙粗大的碎木屑切断了土壤中的毛细管，有利于保留土壤中的水分；其次，碎木屑增加了土壤疏松度，提升通气性，从而促进微生物的生命活动；最后，碎木屑能够有效抑制杂草的生长，因为这些喜光的种子通常需要光照才能生根发芽。我们时常将碎木屑埋在土壤表层（2~20 厘米），因为在有机质贫乏的表土层，碎木屑有助于微生物的发育及稳定腐殖质的生成。然而，两种碎木屑会导致土壤缺氮：首先，由针叶树或森林中的粗壮大树制成的碎木屑具有较高的碳氮比，因此我们更倾向于使用碳氮比较低的园林灌木和阔叶树木；其次，如果我们粉碎粗大的树枝、树干及树皮并将其混合制成碎木屑，它们的碳氮比仍然高于细小树枝。因此选择合适的碎木枝叶至关重要！

事实上，树枝大多是由只留有细胞壁的死细胞构成的，细胞壁的主要组成成分是纤维素。树皮富含木栓质，是一种疏水性的次生代谢产物；木材则因为木质素的积聚而变得坚硬牢固。纤维素、木栓质及木质素均不含氮，植物的细胞壁也几乎不含蛋白质，因此植物的碳氮比要远高于 100。在树皮和木质之间有一层细胞，我们称其为"形成层"：这层细胞整整齐齐围成一个圈，不断分裂出新的细胞，年复一年，树木便会越长越粗壮。形成层细胞停止代谢时，树木的中心向一侧偏移，而树皮向另一侧膨胀，随着时间的流逝，树皮便会从表面剥落。形成层的活细胞中富含蛋白质，因此具有较低的碳氮比。粗壮的树枝含有大量的树皮和木质组织，具有较高的碳氮比，因此极易造成缺氮现象；与之相反的是，细小树枝中含有大量的形成层细胞，以及含氮量丰富的枝芽甚至叶片，因此细小树枝的碳氮比介于 20~30，几乎不会导致"氮饥饿"。除了在土壤本身含氮丰富的极少数情况下，使用细小树枝制作碎木屑是避免氮饥饿的关键！

有机质含有致命毒素吗

有机质含有少量对土壤微生物和动物有致命威胁的有机分子，即我在本章开头谈到的抗生素、驱虫剂和其他阻碍分解矿化的药物成分。这样的有毒化合物在植物体内比比皆是，植物通过释放毒性物质保护自己，有毒化合物在植物死亡后渗入土壤并焕发出蓬勃的生命力。

植物因根系的束缚在土壤中动弹不得，时常遭受微生物（我将在第 12 章再次回顾土壤中的微生物）的攻击和食草动物（昆虫、哺乳动物等）的啃食。难道这些既不会跑也不会叫的植物就只能坐以待毙吗？事实上，数百万年来，植物始终利用锋利的荆棘、厚重的树皮等物理武器及致命的化学武器进行自我防御。如果我们不幸在野外迷路，几乎可以放心食用任何动物，即使它们的肉质不够鲜嫩且味道怪异。值得一提的是，热带雨林中一种色彩鲜艳的树蛙具有极强的毒性，但这只是极为罕见的特例。植物的毒性与动物截然相反，如果我们生吃野生植物果腹，那十有八九会让我们留下上吐下泻直至奄奄一息的惨痛记忆。每个植物细胞都拥有一个称为液泡的泡状结构，用以隔离储存毒性物质，从而保护自身的细胞结构免受侵害。因此，微生物或动物啃食植物细胞无异于玩火自焚、自掘坟墓：植物会通过释放毒性物质施展绝地反杀！

我们之所以忽视了植物的毒性，是因为人类选择驯化的物种都是可食用的。我们不仅将植物的毒性抛之脑后，甚至再次掀起了食用野生植物的潮流，没有任何人发出警告，告诉公众对这种猎奇的做法必须慎之又慎。食用野生植物极易损害肾脏或肝脏，因为这两个器官的主要功能是清除血液中的毒素，野生植物应该更多地作为调味品，而不是作为食物。野生植物通常拥有庞大的防御家族，如硫化物（如大蒜科、芥末及山葵科）、氰化物（如新鲜的木薯和樱桃核）、生物碱（如罂粟、铁杉或颠茄）。**萜烯（terpène）**和单宁酸是植物中更为常见的两大毒素，分布也极为广泛。含有少量芳香族化合物（比如硫化物）的植物通常被用作香料，一旦剂量过大便具有超强的毒性。而植物枯败凋落时，所有毒素都将归于尘土。

萜烯和单宁酸

萜烯常见于薄荷（包括牛至和鼠尾草）、天竺葵、桉树、雏菊或柑橘类水果中，尤其是针叶树中，是树脂的主要成分。植物的香气主要来自萜烯，但我们只有揉搓植物才能闻到这种独特的气味。植物未遭受攻击时，隐藏于植物体内的萜烯无色无害；一旦植物受到侵害，浓烈的气味便从伤口溢出。部分植物中的萜烯具有刺激性气味，例如大戟科植物；其他的植物则会释放神经性毒素，例如大麻及迷幻鼠尾草等兼具吸引力和危险性的植物。

单宁酸是木质素外含量最丰富的一类植物酚类化合物，这些化合物与蛋白质，特别是酶相互作用，从而影响它们的分解功能。细胞死亡时，蛋白质及其他细胞化合物与单宁酸缩聚结合，形成我在上一章谈到的血褐素。然而，植物中的单宁酸含量较高时，一部分单宁酸会始终保持游离状态并玩起抢椅子游戏：一旦细胞死亡（音乐戛然而止），单宁酸必须快速抢占数量有限的蛋白质，占位失败的单宁酸只能无功而返。

渗入土壤的毒性物质仍然处于游离状态，尤其是部分难以分解的单宁酸！我在前文谈到，土壤具有净化功能，每种毒性物质终会在土壤中遇见专属的分解者，从而无法发挥毒性。与此同时，一旦植物毒素在土壤中大量积聚，便会严重危害土壤生命。土壤微生物乐此不疲地接纳着地面植被残落物，而植物残体中的部分物质则通过络合反应抑制酶的分解作用，例如单宁酸。加拿大魁北克省的一个研究团队通过在土壤中添加富含单宁酸的加拿大杜鹃花科植物狭叶山月桂（*Kalmia angustifolia*），证实了单宁酸对透明质酸酶有显著的抑制效果。加拿大北部沼泽地中的分解酶活性较弱，也是因为狭叶山月桂在当地随处可见。为什么单宁酸含量丰富的山毛榉、石南花或圣栎叶难以分解呢？这是因为一旦数量有限的蛋白质被眼疾手快的单宁酸悉数占用，其余的单宁酸则会保持游离状态，从而阻碍微生物的分解。这也是针叶树的松针和树皮分解缓慢的主要原因，含量丰富的单宁酸和萜烯对微生物有较强的抑制作用。

因此，对于堆肥爱好者来说，我们不建议将以下植物用于堆肥。首先是果香四溢的柑橘类植物，此类植物通常含有高浓度的萜烯，会严重阻碍土壤生物的生长；其次是富含单宁酸的常春藤或森林植物；最后，是含有大量萜烯和单宁酸的树脂植物。

为了简化植物的分解进程，我们常常忽略单宁酸植物释放的毒素。一方面，它们是土壤中最为活跃的毒性物质；另一方面，几乎所有植物都含有此类毒素，即使植物有时还有额外的防御措施。值得注意的是，毒素的浓度因植物而异，尤其取决于单宁酸的含量。一年生植物通常会留下种子并在 1 年后消失殆尽，而多年生植物则为了生存释放大量的单宁酸。

因此，土壤中的每种生物都能逐渐适应地表植被释放的毒素，但是并不能完全适应其他土壤中的毒性物质。时常有人问我这样一个问题：我们可以通过添加枯枝落叶或森林植物的碎屑来提升菜地的有机质含量吗？答案当然是否定的。因为多年生植物含有的毒素也会渗入土壤，而它们对菜园土壤来说是完全陌生的不速之客。例如，树荫下的草坪总会逐渐枯萎，这是因为一方面森林有机质的单宁酸含量更高，难以被微生物分解消化，因此在土壤中极为稳定；另一方面，单宁酸所释放的有毒化合物危害土壤生物的生长发育。然而，添加少量的枯枝落叶又无法有效提升土壤的有机质含量。值得一提的是，此类堆肥一般需要预处理，微生物在此阶段能够攻击破坏部分植物毒素。无论如何，从长远来看，这种做法存在较高的风险，因为菜园土壤中的生物无法吸收利用森林残落物。由此可见，拆东墙补西墙是治标不治本的做法，并非长久之计！

让我们一起来看看森林残落物损害花园土壤的具体案例：改良土壤的碎木屑中通常含有一种特殊的真菌，此类真菌对氮的需求较低且对单宁酸具有较高的耐受性，例如营养价值极高的绿色或红色的球盖菇（常见于森林树桩），以及美味可口的早生田头菇（通常寄生在杨树上）。事实上，我们只有仔细监测土壤状态才能清楚地阐释这一问题，而问题的关键，在于我们如何通过碎木屑对土壤的改良作用，精确推算出森林凋落物的消耗量。虽然森林残落物本身是无害的，但是对特定土壤而言，只有剂量合适才是大有裨益的。

钙离子和铝离子对土壤的改良作用

不仅有机物的碳氮比及植物毒素影响有机质的消化率，土壤自身的成分同样在分解过程中发挥重要作用。过量的有毒离子具有显著的抑制作用，例如损害微生物和植物生长的铝离子和钙离子，二者具有相同的毒性机理，我将在第 12 章进一步介绍。其实，能够适应有毒离子并侥幸存活的土壤生物寥寥无几，但对微生物来说，除了危害生长发育的强毒性，有毒离子还有利于提升有机质的抗解性能。

由石灰岩和玄武岩发育而成的土壤含有丰富的钙离子：因为腐殖质含量丰富，土壤通常呈深黑色，土层稀薄的土壤仍然深受母岩的影响。首先，含量丰富的石灰石在有机质周围沉积结晶，形成阻碍微生物入侵的防御薄膜；其次，正如我在第 3 章中所说，钙离子是黏土 – 腐殖质复合物中的有效结合剂：腐殖酸与黏土在钙离子的作用下形成稳定络合物，从而抵御微生物的分解。然而，棕壤的生成却得益于截然相反的离子反应。我在第 6 章说过，当铁离子替代黏土 – 腐殖质复合物中的钙离子时，有机质的抗解性能会随之降低，黑色土壤也因腐殖质的流失而逐渐变浅。因此，石灰岩表面通常含有一层新鲜而稀薄的土壤（例如，旧采石场中的腐殖质碳酸盐土）。让我们尽情地观赏这神秘而美丽的黑色吧。钙离子不仅抑制有机质的分解、促进土壤腐殖化，还有利于土壤肥力的提升，因为腐殖质及黏土 – 腐殖质复合物中含有大量的阳离子。

铝离子在酸性土壤中呈现毒性。事实上，在中性或碱性土壤中，铝离子会与含量丰富的氢氧根离子结合，形成难以溶解的铝化物，因为生物可利用性较低，因此不会对土壤生物造成伤害。然而，酸性环境中的铝离子具有极强的毒性，例如在由熔岩和火山灰发育而成的酸性土壤中，过量的铝离子肆无忌惮地攻击微生物并侵害植物生长。由于冷却速度过快，这类岩石通常只能析出细小晶体，甚至无法结晶沉淀：熔解的岩石经过迅速冷却形成的固态无定形体便是我们熟知的玻璃。含有细小晶体或玻璃态的岩石更易溶于水，并在溶解过程快速释放大量的矿物盐，例如钙盐和铝盐！火山灰发育而成的土壤覆盖了地球表面积的近 2%，这种含有大量未分解有机质并呈现深黑色的土壤被称为火山灰土（andosol）。很多人误以为这个名字来自拥有众多火山的安第斯山脉，然而它实际上来自日本（属于多火山国家），并且因土壤的颜色而得名。火山灰土深不见底，具有轻盈柔韧的土壤结构，触感细腻软滑，成分与黏土极为相似，由铝硅酸盐矿物构成，但水铝英石的化学结构仍然鲜为人知。一方面，铝离子与负电荷的中和作用保护有机质免受侵害；另一方面，水铝英石通过阴离子和配位基交换反应形成稳定的有机–矿物复合体，从而对有机质形成物理保护。水铝英石在外观上呈海绵状团聚体，有许多细孔（万分之一毫米）和巨大的表面积，细小的微孔在庇护有机质的同时，会将细菌拒之门外，正如用铝纸包裹的巧克力，微生物无法轻而易举地享用美食！火山灰土的颜色来源于具有保护性能的有机质。在第 2 章里，我们发现了火山灰土的罕见变种：热带山地生态系统特有的高山冻原土富含有机质，具有良好的保肥蓄水性能。

矿物盐的大量释放促进阳离子与水分子的相互作用，因此火山灰土是高天然肥力的土壤之一。虽然磷酸盐的生物可利用性较低，但是铝离子与负电荷的中和作用有利于有机质的吸附储存。黑色的火山灰土常见于世界各地的火山附近，生长茂盛的植物在火山灰土中屡见不鲜。让我们前往欧洲的埃特纳火山和维苏威火山看看吧，那里的农业和葡萄种植活动异常丰富。法国的火山较为陡峭，虽然中央高原火山灰土的开发率并不高，但是繁茂的森林此起彼伏。

我们在花岗岩风化形成的土壤中发现了结构类似的含铝化合物：富含铝离子的花岗岩母质因含有较大的晶体而难以溶解，例如法国布列塔尼地区或孚日山区的土壤。虽然铝离子不利于植物的生长发育，但对微生物具有显著的抑制作用，可以促进有机物的腐殖化进程，从而增强土壤肥效。

钙离子和铝离子在不完全阻碍有机质分解的情况下减缓消化速率，促进生成稳定的腐殖质和腐殖质化合物，通过增加腐殖质含量提升土壤肥力。有机质与黏土络合形成的腐殖质具有良好的保肥蓄水性能，是形成水稳性团聚体结构[1]不可缺少的胶结物质，有利于调节土壤的水气比例。"万物皆有毒，关键在剂量"的道理放之四海皆准。简而言之，适当的抑制大有裨益，而过度的抑制百害而无一利。那么，哪些因素会严重抑制有机质的矿化呢？

湿度、温度与酸度：不容小觑的抑制因素

氧气在两个连续的阶段中发挥重要作用。首先，真菌利用氧自由基肆无忌惮地攻击单宁酸聚合体，将缩合单宁酸分解为相对分子质量

---

[1] 抗水力分散的土壤团聚体。——编注

较小的单宁酸低聚体或单体。其次，有机态化合物在好氧微生物的作用下转化为无机态化合物。因此，低氧环境具有强力抑制作用。

　　过度潮湿的土壤不利于氧气的流通。正如我在第 7 章中所说，水分含量越高，土壤的保肥性能越强（有利于单宁酸聚合体的留存）。从这个角度来看，泥炭沼泽无疑是极具特色的生态系统：水分子填满土壤孔隙，并被随处可见且富含单宁酸的泥炭藓吸附储存。土壤中的有机质含量会不断循环增加：一方面，有机质具有良好的保水性能；另一方面，水分子通过排除氧气减缓分解作用，从而提升土壤保肥性能。而在缺氧环境中，微生物即便利用硝酸盐或硫酸盐进行无氧呼吸也无济于事：首先，无氧呼吸的效率较低，因为硝酸盐和硫酸盐在土壤中含量稀少且具有较弱的氧化性；其次，屈指可数的硝酸盐和硫酸盐很快就会被如狼似虎的微生物消耗殆尽。我不再进一步阐述，为什么有机质能够在这些处于饱和含水状态，且或多或少缺氧的土壤中保存完好。让我们在出门散步的间隙，前往河岸或潮湿的洼地看一看吧。我们会发现这些潮湿的土壤大多呈黑色，因为缓慢的分解矿化速率有利于有机质的腐殖化。在缺氧条件下，有机质的矿化率较低，有利于土壤有机质的积累和保存，但有机质质量较差，而水分和有机质含量是土壤肥力的关键。毫无疑问，氧气的作用不容忽视，它是促进分解矿化的重要因素。

　　温度也是抑制有机质矿化的不可或缺的因素，低温环境阻碍微生物的生长。冬季的斯堪的纳维亚半岛、俄罗斯和法国山区严寒难耐，微生物会在长达数月的霜冻期停止生命活动。这些地区的土壤因富含有机质而呈现较深的颜色：土壤的腐殖化程度较高。此外，泥炭沼泽常见于高海拔或高纬度地区，因为凉爽的气候有利于有机质的吸附储存。永冻土是有机质过度腐殖化的结果，含有大量未分解的植物凋落

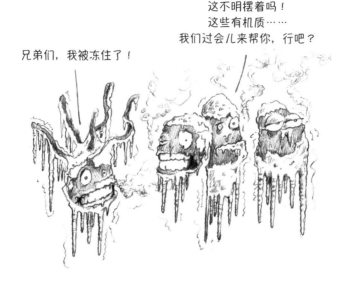

物。与之相反的是，热带土壤中的有机质在高温条件下快速分解矿化，腐殖化程度较低。

　　土壤酸度同样是抑制有机质矿化不容忽视的因素。其实，我们在日常生活中经常利用酸性物质的抗菌作用来储存食物[①]：微生物的发酵（酸菜、酸面包）、添加陈醋（泡菜、腌泡汁）或柠檬汁（制作糖浆）。我们也会使用家用白醋替代大部分清洁产品，因为白醋中的活性物质具有一定的杀菌作用。这里有一个微生物世界的不二法则：细菌对不利于生长的酸性土壤避之不及；而真菌具有耐酸性，并通过代谢活动释放酸性物质。事实上，真菌能够在酸性环境中生存，但是生长速率较慢。这意味着，细菌会在弱酸性土壤的资源争夺战中大获全胜，并大举消灭自养真菌。然而，一旦土壤呈强酸性，那么真菌就会反败为

① 我在《永不孤单》中介绍了微生物的发酵机制及其在食品保鲜中的作用。

胜，并以削弱其竞争优势的方式释放酸性物质，例如富里酸。因此，虽然酸性物质不利于自身的生长发育，但是真菌会义无反顾地通过酸化土壤来自保。当然，无论土壤酸度如何，总有一部分真菌和细菌能够侥幸存活。微生物的代谢活动是土壤主力军更迭的关键因素，生物量较高和多样性丰富的生物群体在土壤中占主导地位。

母岩对土壤酸度的影响各不相同：石灰岩中的碳酸盐有助于缓和土壤酸碱变化，因此石灰岩表面的薄土层很少呈酸性，随着土层变厚，母岩对酸度的影响随之减弱；花岗岩（布列塔尼、孚日山区的土壤）或砂土（枫丹白露和朗德森林中的土壤）无法调节土壤酸度，因此表面的土壤大多呈酸性。

接下来，让我们前往英国胡斯菲尔德（英国洛桑附近）的试验田一探究竟。19世纪中叶，在富含酸性土壤（pH=4）的地区，土壤在数量庞大的白垩（一种微细的碳酸钙的沉积物）的调节下呈弱碱性（pH=8.3）：氢离子含量降低至万分之一以下！让我们穿过弱碱性区域前往普遍呈酸性的地区，在200米外的土壤中，我们发现了相同的微生物生物量，真菌的基因组数量表明，这里的微生物几乎不受土壤酸度的影响。土壤酸度增加时，细菌（通过它们的基因组数量估计）接二连三地消失，物种数量和多样性随之减半！不仅如此，相较于弱碱性土壤，弱酸性土壤的呼吸（二氧化碳的排放）速率也下降了30%，这是因为真菌的代谢速率逐渐降低。有趣的是，在这条长达 200 米的通道两端，微生物的物种差异与北美洲土壤和欧洲土壤之间的差异如出一辙。因此，土壤的酸碱性不仅取决于地理差异，还在土壤微生物的斗争中充当公平的裁判。

竞争策略：破坏土壤环境

让我们从植物凋落物说起吧。这种难以分解的植物残体容易造成土壤酸化。你一定认为，土壤的酸性来自植物本身，因为落叶或枯针大多呈酸性，事实并非如此。如果我们测量落叶的酸碱性就会发现，无论何种植物，无论凋落物是否酸化，它们都具有相同的酸度！但是石南花和杜鹃花、松树和冷杉等是造成土壤酸化的罪魁祸首，它们是如何做到的呢？

其实，真正的始作俑者是微生物，更准确地说是真菌。上述植物富含单宁酸，树脂植物则富含萜烯。重要的是，植物凋落物中的碳氮比较高，容易造成氮的流失，因此蛋白质含量相对较低。大量的单宁酸和少量的蛋白质缩合反应，剩余的单宁酸在血褐素形成后始终保持游离状态！这些孑然一身的单宁酸伺机而动，大肆攻击土壤中的微生物。细菌对食物的选择十分挑剔，对质量较差的有机质总是不屑一顾，然而细菌只有充分吸收营养并快速发育才能一举消灭真菌。正如我们所见，营养不良的细菌瞬间败下阵来，土壤的酸度因真菌的着生不断增加。显而易见，真菌才是土壤酸化的真正原因，而非枯枝落叶本身。与此同时，我们在酸性土壤中发现了一种被称为绿肥的植物，仅仅依靠寄生在其根部的细菌发挥固氮作用：植物的酸化性能取决于微生物的分解作用。这是植物和微生物相互作用的结果，然而我们总是理所当然地将这个功劳归于植物！

让我们再来看看真菌与单宁酸的协作：二者都在资源争夺战中占据绝对优势。事实上，酸性环境导致细菌溃不成军，而过量的单宁酸也会令竞争对手知难而退，后者的植物活性通常能够在资源竞争中拔得头筹，但它们对矿物盐的筛选极其严格。含量丰富的单宁酸本身具有较高的碳氮比，它们通过减缓矿化速率，将最为挑剔的地表植物"连根拔起"。物竞天择，适者生存，富含单宁酸的植物能够快速适应贫瘠的土壤，并借助寄生在根部的真菌彻底铲除竞争者（我将在第11章详细介绍）。虽然单宁酸不利于植物自身的生长，却是清扫竞争者的制胜法宝。真菌与细菌的斗争也是如此：虽然酸性环境抑制真菌的繁衍发育，却能给细菌造成致命一击。

因此，这种环境退化的好处在于给竞争物种制造更多的阻碍。20世纪90年代中期，一则牛奶广告十分流行：一个少年准备打开优诺牛奶的瓶盖时，企图抢夺牛奶的盗窃团伙悄无声息地靠近。男孩灵机一动，声称自己在牛奶里吐了口水。毕竟喝自己的口水都十分恶心，更何况是喝别人的口水呢！单宁酸正是植物的"口水"，而呈酸性的氢离子则是真菌的"口水"。

在这里，我们看到了真菌和植物协同合作，采用相似的制胜策略逼退众多竞争对手：过量的氢离子与单宁酸利用土壤中的高碳氮比破坏生存环境，从而将营养资源占为己有。事实上，破坏生存环境并不是最理想的竞争手段，但这似乎是物竞天择的必然结果，真菌和单宁酸因其与生俱来的特性在物种斗争中得胜而归。世间万物并无善恶之分，物种之间的竞争激烈又残酷：并非只有人类才会破坏生态系统的平衡，真菌同样能够打破生态平衡。

腐殖质的类型

上述带有哲学色彩的片面结论偏离了本书的主题，现在让我们言归正传。我们在前文中看到，单宁酸、碳氮比、土壤酸度和真菌（或细菌）相互作用达到了分解和腐殖化的平衡。那么土壤腐殖化又会造成怎样的影响呢？由于涉及的参数不计其数，你一定期待看到丰富多样的腐殖化现象。然而，土壤的腐殖化进程并无二致，腐殖化的产物也并非眼花缭乱（简单起见，本书不会涉及极度潮湿土壤的腐殖化）。

作为土壤有机质的主要成分，腐殖质主要有 3 种类型。我在第 6 章中说过，O 层是指含有大量新鲜或未分解有机质的土层。土壤中的腐殖质通常具有 3 种不同的形态，每种形态都反映了有机质的不同命运，代表了 3 种不同的腐殖化程度。我将其按照腐殖化程度降序排列如下：细腐殖质、半腐殖质和粗腐殖质！

细腐殖质：循环、交融和高生产力

让我们在下雨天前往公园草坪或农田看一看吧。正如本书引言提到的，我们的鞋子很快就会沾上黑色、黏稠的污垢……这些由腐殖质和黏粒构成的复合体在地表发挥怎样的作用呢？其实，植物凋落物沉淀的新鲜有机质并不会弄脏我们的鞋子。以森林土壤为例，森林中的地表覆盖着厚厚的落叶层，但我们的鞋子并不会沾满污泥。草坪或农田究竟发生了什么，腐殖质又藏在哪里，落叶量会更少吗？不，恰恰相反，我们会看到这些土壤总是拥有最大生物量，这也是我们要将植物种在这里的原因！

在草坪或农田，土壤表面的有机质会快速消失，其因有二。首先，有机质的分解速率较快，并在土壤中快速沉降。让我们仔细看看，鞋面上的污泥到底是什么：是蚯蚓的粪便！如果拨开草丛仔细观察，我们会发现土壤表面几乎没有枯叶，最多只有一两片刚刚落下的新鲜叶片，叶片的下半截已经被埋在塔形蚯蚓粪下面了！这些光秃秃的土壤表面覆盖着不连续的有机层（O层），由零星的新鲜叶片构成。有机矿物层（A层）暴露在土壤表面，蚯蚓（链胃蚓和蚯蚓，包括常见的普通蚯蚓）在这里昼伏夜出。我在第4章中提及的无毛虫喜欢在地表排便，因为开阔的空间更利于排泄活动。与其他动物粪便相比，蚯蚓粪便虽然很小，但如果有其他土壤居民笨拙地将地洞建在蚯蚓的活动区域，"蚯蚓委员会"将会封锁洞穴通道。

蠕虫的代谢活动促进黏土-腐殖质复合物的生成，因为它们摄入的黏土可以固定和灭活有毒分子，包括单宁酸。我在第3章提到，蠕虫吸食黏土用以保护消化道，这和人类服用蒙脱石散异曲同工。蠕虫摄取大量的矿物质和有机质，但只能消化吸收一小部分物质，如蚯蚓每天要食用自身体重10~30倍的营养物质，未被消化的腐殖酸和黏土络合形成黏土-腐殖质复合物。法国的草原，每年每公顷土壤能沉积30吨动物粪便，以及表土层残留的200吨蠕虫粪便。当土壤中有蠕虫出没时，这些土壤每3~5年就会在它们的消化道走一遭。在热带地区，每年每公顷土壤产生的塔形蚯蚓粪总量高达500吨，而尼罗河河岸的肥沃土壤中的塔形蚯蚓粪甚至可以达到2500吨！土壤表面因蠕虫的运动凹凸不平，而这正是塔形蚯蚓粪堆积的结果！蠕虫是名不虚传的土壤工程师，它们利用蚯蚓粪、大小不一的孔隙及长达9000多千米的地洞构建了土壤结构！值得补充的是，鼹鼠丘（打洞时扒出的泥土堆成的小土堆）也是土壤结构中不可或缺的一部分。所谓螳螂捕蝉，黄雀在后，鼹鼠以蚯蚓为食。

　　动物的代谢活动取决于微生物的分解规律。蚯蚓主要以腐烂有机质中的微生物为食，尤其偏爱各类细菌。如果微生物释放的消化酶提前分解了有机质，那么蚯蚓便可轻而易举地吸收营养元素。如果土壤中的蠕虫数量足以让鼹鼠大饱口福，那说明土壤中的细菌含量不可计数。让我们凑近土壤闻一闻，细菌和土臭素的独特气味扑鼻而来。此时的土壤大多呈弱酸性（pH 值在 5.5~8），有利于细菌的生长。含量丰富的各类细菌促进有机质的矿化、化能反应（包括硝化作用）及土壤物质的循环再生，黏土－腐殖质复合物则吸附储存矿物盐，提升土壤肥力。

　　那么以快速分解的有机质为食的植物又能为土壤带来什么呢？植物能为土壤供应氮和磷，因为植物残体含有丰富的矿物元素，并且碳氮比较低（通常介于 10~25）。植物残体在微生物的作用下释放大量的氮和磷，这是一个良性的物质循环！植物残体通常含有少量的单宁酸和木质素，遭受寄生虫和食草动物的攻击时，易于种植的植物通常采取耐受策略：它们并未耗费心力构建无坚不摧的防御机制，而是利用可用的营养资源促进叶片的再生。一旦植物组织死亡脱落，少量的单宁酸便与血褐素缩合沉淀，从而提高土壤的保肥性能。这种有机络合物通常呈弱毒性，在土壤中的留存时间较短。

　　单宁酸含量较低及碳氮比较低的植物残体有利于细菌的矿化，而细菌则在矿物盐的释放过程中反向受益——吸收营养元素从而快速发育生长。较为理想的农业土壤由此诞生，虽然这里起初是一片繁茂的森林，但早已被人们砍伐殆尽。我们有时会保留一部分植物，例如枫树林、杨树林或桤木林，因为它们具有较高的林地生产力。含量丰富

细腐殖质，永不沉睡的土壤

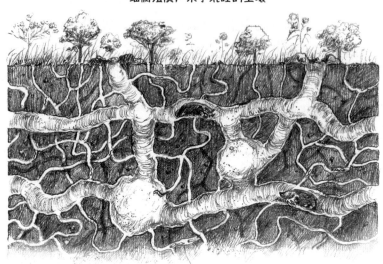

这儿的生命太奇怪了，
我想时不时地花点儿时间休息一下，
看看天空！

的氮和磷快速循环再生，土壤中的植物生物量不可估量。细菌的大量
繁殖会促进植物和微生物的协同作用。蚯蚓和鼹鼠夜以继日地"翻耕"
土壤，提升土壤通气性。

　　土壤凋落物层由近期枯落的树叶、树枝、树皮等几乎完全未分解
的植物遗体堆积而成（称为 OL 层）。表土层富含腐殖质，我们将这种
腐殖质称为**细腐殖质**（**mull**，源自丹麦语 muld，指土壤，被德国土壤
科学家改写为"mull"，可能源自一个极为相近的日耳曼语 Müll，意为
"垃圾"）。作为功不可没的生态系统工程师，蠕虫通过代谢运动塑造土
壤结构，改善土壤物理特性，因此被鼎鼎大名的查尔斯·达尔文称为
"地球上最有价值的生物"！

半腐殖质：循环、交融与有限的生产力

现在，让我们前往山毛榉森林看一看吧：即使在雨后漫步，我们的鞋子也会因为厚厚的落叶层而一尘不染。我们可以清楚地看到，地表覆盖着由几乎没有损坏的棕色叶子形成的凋落物层（近期凋落的植物残体，即 OL 层）。下方是由处于半分解状态的植物凋落物构成的半腐层，在这里，原来的植物组织尚可识别，我们称之为 OF 层。它向我们充分展示了腐殖质的厚度并非取决于土壤的腐殖化速度，而是在于缓慢的物质循环。堆积了数年的落叶既未被土壤微生物分解，也没有经历矿化，而是随着时间的推移，逐渐形成了有机碎片。在这片山毛榉林中，我们可以通过季节的更迭区分不同时期的落叶：嫩芽上的细长鳞叶是春天留下的足迹，往往夹杂在秋天枯败的落叶中。虽然我们无法分辨所有的残枝败叶，但通常可以用这种方法辨认出近 2~4 年的落叶。

有机质大量堆积在土壤表面主要有 2 个原因：一是有机质几乎未被分解，二是有机质很少被填埋。当然，腐殖质中还含有大量体积微小的蠕虫残体。我们仔细观察叶片中部，就会看到极易弄脏手指的黑色斑点状有机质；如果我们用手指轻轻捻搓，就能发现少量的微小矿物颗粒，这就是细小的蠕虫粪便，例如蚯蚓或最为常见的白蠕虫，后者是一种小于 1 厘米的微型白色蠕虫，它们时常在雨后出没，为了觅食倾巢而出，在叶片间往返穿梭。这些蠕虫体积微小，对食物的要求并不高，主要以叶子上的少量微生物为食。白蠕虫会同时吞食用以研磨食物的矿物晶体，并通过代谢作用将其与粪便中的有机残留物一起排出体外，宽阔的叶片往往是它们首选的排泄场所。土壤群落的分布极不均匀，在腐殖质和有机 – 矿物层之间呈现连续的过渡分层。土壤动物的活动逐年减少，但枯败沉积的落叶依然有迹可循。没错，土壤

中缺乏黏土－腐殖质复合物。

　　和细腐殖质一样，半腐殖质的生成同样遵循微生物世界的不二法则：我们仔细地闻一闻，浓烈的 1- 辛烯 -3- 醇气味表明，数以万计的细菌在此安营扎寨。白蠕虫以真菌为食并发育缓慢，微型蠕虫因此在腐殖质中占据主导地位。相较于大型蠕虫，微型蠕虫对食物的要求不高，因此终年在此觅食。此外，真菌的分解过程会释放大量有机酸（如富里酸），土壤因此呈弱酸性（pH 值在 4~5.5）。矿化、无机化能自养（包括硝化）及物质的循环再生速率十分缓慢。相较于细腐殖质，半腐殖质的保肥性能较差，阳离子的交换量相差 2 倍之多。

还剩不少有机质呢，　　　妈呀，还行……我们还有时间，
我们快搞不完了！　　　别急，省着点力气，孩子！

那么以分解缓慢且质量较差的有机质为食的植物又能为土壤带来什么呢？植物本身含有较少的矿物元素，并且碳氮比较高（15~30）。因此植物残体的分解会释放少量的氮和磷，这并不是一个良性的物质循环！这类植物通常含有大量的单宁酸和木质素，面对寄生虫和食草动物的攻击时，通常采取抵抗策略：单宁酸和坚硬的木质组织构成了牢固的防御系统，从而保护植物细胞免受分解者的侵害，因此植物很难再生新叶片。一旦植物组织死亡，大量的单宁酸与植物血褐素络合沉淀，多余的单宁酸继续保持游离状态并危害微生物的生长发育。相较于细腐殖质，有机化合物在土壤中的留存时间更久。

较高的单宁酸含量和碳氮比使植物残体阻碍真菌的矿化进程，真菌自身的繁衍生长也随之减缓。我们通常会保留橡树林、山毛榉或松树林，这是增强林地生产力的有效方式。植物和微生物各司其职，通过酸度和单宁酸这两种抑制因素相互制约，从而抑制动物的生长和土壤群落的交融。

有机 – 矿物层通常隐藏于 OF 层和 OL 层之间，并呈现连续的过渡分层。我们将这种腐殖质称为**半腐殖质（moder）**，但是名字的由来尚未可知，"modder"一词在丹麦语中指代花瓶。这里的土壤是名副其实的"动植物天堂"，因为土壤含有丰富的植物凋落物（堆积的落叶）和动物残体（轻微混合）。氮和磷在土壤中的循环速率缓慢，因此土壤中的植物生物量较低。

粗腐殖质：循环、交融和低生产力

现在，让我们前往孚日山脉和中央高原，开启最后一段旅程。在那里，森林稀疏散生，牧场荒凉贫瘠，荆棘丛生的**荒原（lande）**随处可见。如果仔细观察这里的腐殖质，尤其石南科灌木丛形成的土壤腐殖质，我们会发现它由 3 种腐殖质组型构成。一是稀薄的凋落物层（OL 层），由几乎未被分解的落叶组成；二是半腐层（OF 层），由被轻微分解的枯枝败叶构成；最后是粗腐殖质层，由黑色无结构的腐殖质构成，土层厚度达几十厘米，是由进一步分解变质的植物遗体构成的土层，原来的植物组织已不能识别，我们称为 OH 层，也可通俗地称为 H 层。我的学生总是乐此不疲地听我谈论 H 层，其实，对土壤科学家来说，土壤 H 层具有比 "H 药"[1] 更为有效的镇静功能。我们很容易将 H 层与有机 - 矿物层（A 层）混为一谈，但 H 层的物质密度较低，且不含任何矿物质、黏土或砂石，简而言之，H 层是由纯有机质构成的。如果我们继续向下挖掘，便会在一个由矿物质构成的土层中发现断裂的分层现象，这是因为 H 层的有机质在径流的作用下不断向下沉积，从而形成灰色的淋溶层：有机质在重力作用下与矿物质深度融合，然而底土层中的矿物质始终无法向上迁移。

堆积形成 H 层的植物残骸几乎可以在土壤中永久留存。由于 H 层缺乏矿物质，因此土壤有机质只会轻微融合，并随着时间的推移逐渐分解！H 层土壤也被称为灌木叶腐蚀土，是一种用于园艺种植的材料，具有良好的蓄水性能，人们将其与另外一种营养不良的酸性土壤混合使用。那么影响 H 层分解速率的因素有哪些，为什么这层土壤有机质的融合度较低呢？

首先，H 层含有少量的微生物，虽然微弱的 1- 辛烯 -3- 醇气味表明有真菌存在，但它们既不丰富也不活跃。因此，土壤动物总是食不果腹：没有微生物的携手相伴，蠕虫对有机质不屑一顾，请务必牢记这一点！进而有机质的融合也将不复存在。此外，土壤通常呈弱酸性

---

[1] PD-1 斯鲁利单抗，被称为 H 药，用于治疗小细胞肺癌。——译注

（pH 值在 3~5），这是因为真菌会在分解过程中释放富里酸，而富里酸主要来自植物单宁酸。土壤有机质在径流的作用下汇入附近河流，土壤中的富里酸将河水映染成黄褐色。我们若在附近的湖泊中沐浴后擦拭皮肤，毛巾上就会留下赭石色的印迹。

这种土壤几乎不含腐殖酸，因此也不含黏土－腐殖质复合物，我将在下一章中重点介绍土壤酸性对黏土的损害。这种土壤的矿化、无机化能自养（包括硝化）和物质的循环再生速率也大幅减缓；保肥性能较差，相较于细腐殖质，阳离子交换能力相差 5~10 倍。这个数字背后隐藏着潜在的危险：富里酸通常与阳离子结合形成非常稳定且难以分解的复合物，以致植物再也无法利用土壤中的阳离子！

最后，这些以难以分解且不可循环有机质为食的植物又将给土壤带来什么呢？这些植物残体中的氮、磷含量微不足道，因此土壤植物会通过诱捕动物来补充缺乏的营养元素。虽然食肉植物在这里称霸一方，但是捕食猎物难于登天！酸性土壤不利于任何共生性固氮细菌的生存。因此，这些植物通常含有极少的氮和磷，但是碳氮比很高（25~100）。有机质以极其缓慢的速度分解矿化，并释放微乎其微的氮和磷——土壤物质的恶性循环在这里占据上风！植物体内积聚大量的单宁酸和木质素，因为它们必须不惜一切代价躲避寄生虫和食草动物的攻击，但事实上，由于缺乏可用资源，植物细胞难以受到侵害。一旦植物组织死亡脱落，含量丰富的单宁酸保持游离状态，并对土壤微生物展开猛烈攻击。这也是有机化合物能够在土壤中长久留存的主要原因。

单宁酸含量丰富且具有较高碳氮比的植物难以矿化，生长也极其缓慢。我们无法在这种土壤上种植作物，至于这种土壤有什么样的用途，我将在下文展开讨论。氮和磷以缓慢的速率再生循环，因此土壤中含有少量的植物生物量。显而易见，植物和微生物相互制约，抑制彼此的生

长发育：有机酸和植物单宁酸是阻碍土壤有机质混合的关键因素。

　　我们将这种腐殖质称为**粗腐殖质**（**mor**，源自丹麦语，意为"泥炭"；虽然泥炭是一种潮湿的腐殖质，但二者的情况并不相同）。粗腐殖质由枯败凋落的植物残骸构成，是一种含有少量微生物的"植物土"。

对比鲜明的腐殖质

　　细腐殖质（mull）、半腐殖质（moder）和粗腐殖质（mor）的名字为什么都源自丹麦语呢？这要归功于彼得·米勒（Peter Müller），作为丹麦土壤学的奠基人，他在1879—1884年间首次使用这些词汇来命名腐殖质。他是第一位发现腐殖质存在不同状态的土壤学家，这3个名称随后被德国研究者采用、修改并推广。讲盎格鲁–撒克逊语系的人对这些词汇并不陌生，但是讲拉丁语系的人可能会一头雾水。

　　毫无疑问，在这 3 种不同的状态之间还存在其他的过渡态，但是我不再细分，也不会展开介绍自然界中较为罕见的"浸水腐殖质"，毕竟术业有专攻，遗留的专业问题还是期待专家们的解答吧。细腐殖质、半腐殖质和粗腐殖质呈现出不同的分解矿化速率，而这完全取决于土壤生物的代谢活动、植物生物量，以及微生物的分解作用。依次递减的分解速率在土壤有机层中有迹可循。三者形成的腐殖质厚度和复杂性依次增加，然而土壤中的植物生物量却逐渐减少，这难道不荒谬吗？这是因为，相较于有机质的积累速率，有机质的分解速率要慢得多：细腐殖质的留存时间最短，而粗腐殖质几乎能够在土壤中永久留存。与此同时，三者对土壤生命活动的影响也各不相同，半腐殖质和粗腐殖质往往具有独一无二的外观特点。

　　我们外出郊游时，只要仔细观察就会发现，这 3 种腐殖质随处可见。我们只需轻轻一拨，就能在土壤有机层中发现土壤生命的足迹。让我用更为简单的语言来重新聊一聊腐殖质吧：

我们在土壤表面是否看到很多落叶？

　　如果落叶的数量微乎其微，那我们一定能在土壤表面发现蚯蚓粪便！毫无疑问，这肯定是细腐殖质（主要由 OL 层构成，含有少量的 OF 层）。

　　如果地表覆盖着厚厚的落叶，那么我们需要拨开落叶层并仔细观察。

矿物质出现在哪里？

继续向下挖掘，我们会发现越来越碎的叶片与矿质颗粒混在一起，并呈现连续的土壤分层，那么这就是半腐殖质了（主要由 OL 层和 OF 层构成，含有少量的 OH 层）。

最后在不经意间，我们发现土壤中存在大量的黑色粉末，并且在矿物层之间形成断裂的淋溶层，这里就是粗腐殖质了（由 OL 层、OF 层、OH 层 3 种腐殖质组型构成）。

为了更好地了解腐殖质的不同状态，我们需要比较总结细腐殖质和粗腐殖质的巨大差别（表 8-1），关注土壤和植物之间的协同作用。

舞台入口

我们如何获得特定类型的腐殖质呢？为什么植物和细菌相互作用生成肥沃的细腐殖质，而植物和真菌的协同合作却生成贫瘠的半腐殖质和粗腐殖质呢？其实，土壤的物理化学特性在腐殖化前期便发挥着决定性作用，尽管生态系统具有自我修复的能力。

母岩的作用不容小觑。在石灰岩或泥灰岩（混合黏土和石灰岩）土壤中，碳酸盐是中性环境的守护者，因此土壤的酸碱达到平衡；然而，当土层发育变厚并遭受淋溶作用时，土壤大多呈酸性。石灰岩或泥灰岩母质土通常有利于细菌和植物和谐共生，有机质的分解和储存

表 8-1　细腐殖质和粗腐殖质的区别

细腐殖质	粗腐殖质
凋落物含有相对较少的木质素和单宁酸，碳氮比较低。	凋落物富含木质素和单宁酸，碳氮比较高。
细菌快速攻击营养丰富的凋落物并迅速繁殖生长：表土层中的有机质难以聚积。	嗜酸真菌缓慢攻击营养不良的凋落物，发育生长缓慢：有机质在地表大量积聚。
闻起来有细菌的土臭味，土壤呈微酸性。	闻起来有真菌的 1- 辛烯 -3- 醇味道，土壤呈酸性。
蚯蚓以植物残骸和微生物为食，鼹鼠以蚯蚓为食。	由于缺乏微生物，食不果腹的土壤动物会暂停生长。
有机质融合并分解，在蠕虫的作用下形成腐殖酸，并与黏土结合生成黏土 - 腐殖质复合物。	有机质既不融合也不分解，在真菌的作用下形成富里酸，破坏黏土结构，没有黏土 – 腐殖质复合物生成。
混合了矿物质和有机质的土壤呈灰色，是动物性土壤。	土壤由纯有机质构成，呈黑色，是植物性土壤。
黏土 – 腐殖质复合物以可逆的方式释放和储存矿物资源，土壤肥沃！	黄腐酸以不可逆的方式储存矿物资源，土壤中的矿物资源较少，土壤贫瘠！
植物在这种肥沃的土壤上生长得又快又好，而且富含氮和磷。	在这片贫瘠的土壤上，植物生长发育缓慢，氮和磷含量较低。
植物直面食草动物的攻击，被啃食的叶片会重新生长，单宁酸含量少，木质素含量少。	植物通过积累单宁酸和富含木质素的防御组织来躲避食草动物的啃食。
植物残骸具有低碳氮比，以及相对较少的木质素和单宁酸。	植物的残骸具有高碳氮比和大量的木质素和单宁酸。
肥沃的耕地，林地产量高。	贫瘠的沼泽土壤，通常用于放牧或尚待开发。

能达到动态平衡。相反的是，正如我在前文谈到的，花岗岩土壤（布列塔尼和孚日山区）或砂石土壤（枫丹白露森林或沼泽地）缺乏缓冲性能：真菌和营养不良的植物更容易在那里安营扎寨。

　　气候也在土壤的腐殖化进程中发挥重要作用。在多雨地区，淋移作用更强，随着时间的推移，丰富的矿物质随着水循环渗入底土或汇入邻近的大陆水域，促进真菌和植物的生长发育。布列塔尼或苏格兰沼泽地中，半腐殖质与粗腐殖质的生成与气候条件息息相关——来自大西洋的湿润水汽形成丰富的降水。低温环境阻碍有机质的矿化，甚至影响岩石的蚀变（我将在下一章介绍），这样一来，肥力只能有限释放，并在腐殖化作用下生成粗腐殖质或半腐殖质。这两种腐殖质常见于山区和北欧地区，而在地中海地区则十分罕见。

　　地形也是不容忽视的影响因素：水分子既有利于提升土壤的保肥性能，也会导致土壤肥力的流失。山地土壤极易因水土流失贫瘠化；而平

坦白地说，炫耀肥力
有一点不体面！

下面这些有钱的混蛋！

原土壤则具有较高的肥力，因为来自上游的水流为土壤带来丰富的营养资源。真菌和营养不良的植物经常在高海拔地区或高耸的山丘上携手互助；细菌和营养丰富的植物则在平原土壤中协同合作，互利共生。

但万事万物总有特例，让我们来看看以下两种极端现象：位于凉爽且多雨地区的花岗岩山脉通常含有数量可观的半腐殖质和粗腐殖质，比如花岗岩含量丰富的孚日山脉或塞文山脉。而在平原和山谷的大部分地区，石灰岩母岩常见于气候温暖的南方，因此有利于细腐殖质的生成：阿基坦盆地、莱茵河或罗讷河谷地区具有高生产力的农业土壤，通常由细腐殖质构成。因此，气候环境可以催化另一种状态的腐殖质生成。

人类活动同样影响土壤腐殖化进程。我们通过施加肥料干预细腐殖质的生成。现在，让我们一起前往孚日山脉的休蒙森林，去看一看备受关注的氮磷添加实验吧：我们在土壤中施加有机肥，覆盖着厚实落叶的半腐殖质正在发生翻天覆地的变化，细腐殖质以星火燎原之势快速发育生长。我们无论走到哪里，鞋面总是会黏附大量的污泥，这是因为土壤表面遍布数以万计的蚯蚓粪便！我将在第 14 章重点介绍人类活动排放的氮和磷对土壤肥力的影响，以及对土壤腐殖化的促进作用。

然而，其他地方的土壤却因人类活动而变得荒凉贫瘠，这些活动不利于半腐殖质和细腐殖质的生成，但却有利于惰性腐殖质生成。以酸雨为例，它是造成工厂附近土壤酸化的罪魁祸首，因为有机胶体会吸附储存酸雨中含量丰富的氢离子，而氢离子通过替换土壤中富含营养的矿物阳离子（钾、铵等）降低土壤肥力。因此，酸雨严重影响细腐殖质和半腐殖质的保肥性能。

无独有偶，动物的觅食行为也会降低土壤肥力。部分排泄物、尿液和粪便残留在牲畜棚中，如果我们不将这些农肥"物归原主"，放牧会大量损耗土壤中的有机质，从而导致氮和磷的流失。一旦有机质得不到及时补充（有机肥或矿物肥），牧场便会随着时间的推移逐渐贫瘠枯竭。富含木质素但含氮量较低的植物成群结队来此定居，它们对牧场毫无价值，例如甘草或飞廉属植物。孚日山脉或中央高原的牧场就经历过类似的情况，冬季严寒难耐的气候环境不利于放牧，动物无法在牧场上排泄，土壤中流失的有机质得不到及时供应，土壤肥力便会逐渐流失。而在气候温和的地区，动物可以原地过冬，因此诺曼底或普瓦图的牧场面临的风险要小得多。除此之外，中世纪牧民在森林中放牛养猪（砍下低矮的树枝喂牛喂猪），同样会导致森林土壤贫瘠化。由于土壤中的有机质得不到及时补充，土壤在微生物的作用下以缓慢的速率腐殖化，并形成不同状态的腐殖质。我们对于这一过程早已了然于心。

从腐殖质到景观和农业

如果气候和地质决定了腐殖质的类型，那么腐殖质则是塑造植物景观的决定性因素。植物与腐殖质携手相伴，共同选择安家之所。不仅如此，腐殖质也是当地开展农业活动或选择耕种形式的重要参数。细腐殖质常见于野牛和原牛（牛的祖先，已灭绝）生活的牧场，以及枫树、白蜡树或椴树等丰产森林中。现如今，这些地方大多已经被人类开垦，因为肥沃的土壤有利于种植农作物。尽管我们目前在细腐殖质土壤上仍然可以看到零星的杨树或稀疏美丽的丰产森林，但是农田才是细腐殖质最丰富的地方，农民们不遗余力地通过天然或人工施肥的方式促进细腐殖质的生成。

我们在半腐殖质土壤的周围也总是能够看到茂盛的森林，这种形态的腐殖质通常具有中等的土壤肥力。这在巴黎周边非常明显，例如枫丹白露砂岩或磨石黏土组成的山丘，以及有利于半腐殖质甚至粗腐殖质生成的硅岩，所以这些地方总是绿树成荫，而周围的石灰岩或泥灰岩平原则孕育生长着大量的一年生作物。百闻不如一见，有机会请亲自前往巴黎的周边，去看一看腐殖质的差异吧！你会发现，农业肥料的使用进一步扩大了这种差异！

最后一种植物景观通常含有较少的植物生物量。如果我们前往布列塔尼的山丘（阿雷山）或孚日山脉的峰顶，以及北欧地区或加拿大，映入眼帘的大多是稀疏的森林或荒凉的荒原。荒原上随处可见石南属低矮灌木丛，比如富含单宁酸的帚石南、蓝莓和杜鹃花等。我们偶尔也能看到一小片森林，但是植物的枝干总是瘦弱嶙峋。在这些地区，除了少量的蓝莓和蔓越莓，我们看不到任何其他作物：低密度、粗放型的农业种植是最行之有效的农业生产方式。

正如我们所见，腐殖质决定了植物景观，并在人类的生产活动中有迹可循。我们也终于发现了人类农业生产中的基础矛盾：动物性土壤滋养植物，因为细腐殖质有利于农作物生长；而植物性土壤则更适合饲养动物，因为粗腐殖质是粗放型养殖的理想场所。事实上，我们必须定期施肥、犁地，并利用石灰岩中和土壤酸性，才能让粗腐殖质更适应农作物的生长，而这通常会以破坏生物多样性为代价。无论是经济和能源开发成本，还是产生二氧化碳的环境成本，都令人望而却步。因此，与其寄希望于农作物的种植，不如在富含半腐殖质和粗腐殖质的地区开展粗放型畜牧业！

从土壤腐殖质到盘中佳肴，植物和肉的距离

让我先来谈一谈近来备受诟病的肉类生产问题，我们将从另一个角度重新审视这个问题。从下面看，也就是从土壤层面来看（毕竟这里是

畜牧养殖的地方），我们必须明确的一点是：人类是杂食动物[1]，但是萝卜青菜各有所爱，每个人都有权利选择自己想吃的东西，只要我们赋予他人同样的自由，只要他人的选择不会损害我们共同生活的环境。

然而，西方国家目前的肉类消费面临着 3 个关键问题。首先，操作不当或有意的规避法规会让动物遭受难以承受的痛苦，而这个问题完全有法可依。其次，虽然人类是杂食动物，但是我们消耗了太多肉制品：普通成年人每年消耗 25 千克肉制品才是合理的，而法国人（86 千克）或美国人（115 千克）的消耗量远远超过了这一指标。食肉过量对我们的健康来说也是个过重的负担，会导致体重超标及一系列的心血管疾病，还会有患癌的风险。最后，这对环境来说同样是个负担，因为一部分的农作物生产被用于饲养牲畜。众所周知，植物体内只有 10% 的生物量能够被动物有效利用，因此我们在食用肉制品时损耗了大量营养物质。根据估算，生产 1 卡路里肉类所需的农业用地是等量植物所需的 4~10 倍，这是因为动物以植物为食。

既然肉类的生产占用大量的农业用地，那我们是否应该禁止吃肉呢？可能不行。首先，耕地的增加速率可能低于这一比例（4~10 倍），因为我们对植物的消化速率远低于肉类。如果我们是素食主义者，将不得不摄入更多的食物来维持生长所需的基础营养量，因此实际增加的耕地面积可能要远远小于估算……值得注意的是，部分土壤只适合肉类生产而不适合其他生产活动，如我前文谈到的半腐殖质和粗腐殖质、难以耕种的斜坡土壤及极度潮湿的土壤——适当的排水对农作物的生长至关重要。例如，法国欧布拉克和莫尔旺地区的牛、英国苏格

---

[1] 弗雷德里克·德内（Frédéric Denhez）在《素食主义的由来》（*La Cause végane*, Buchet-Chastel, 2019）一书中探讨了素食问题。我在此书的后记中详细介绍了这一生物学观察。

兰和法国布列塔尼荒原的羊或西班牙中西部德埃萨斯的猪，只要我们在这些地方开展粗放型的畜牧养殖，就不会造成任何生态破坏。如果我们在饮食中减少不必要的肉类消费，那么这些地区生产的肉质产品绰绰有余。因此，我从不主张以燃烧大量化石能源、从大西洋彼岸进口饲料为代价的密集型畜牧养殖，我认为实施粗放型养殖并为动物营造适宜的生活环境才是对土壤的最大合理化使用。

其次，我们可以通过合理施肥减少对生态环境的破坏：圈肥（混合着粪便的秸秆）和粪肥（含有尿液的粪水）含有已被矿化的有机废料及未被矿化的无机废料。正如我在第 3 章中所说，动物利用它们的排泄物、粪便和尿液来增加土壤肥力。圈肥和粪肥是高效的天然肥料，它们既可以保持土壤的肥力质量，又能及时补充损失的氮和磷。但值得注意的是，播撒粪肥也会给部分地区带来不良影响，我将在下一章中讨论粪肥的危害。毫无疑问，过高的播撒密度会造成一系列的问题，这是因为密集型养殖往往使用的是非当地产的饲料：人们施加肥料的目的并不是合理增加土壤肥力，而是清理土壤中的多余肥料。只要我们对动物排泄物管理得当，动物就能以温和的方式为农作物施肥，这也是让动物参与农业活动和人类消费活动的主要原因！

土壤有机质决定生存环境

现在，让我来简单概括植物对土壤的贡献。简单地说，如果没有植物，土壤就无法发育，也无法实现群落演化。首先，我们需要客观公正地看待植物根系，它是土壤抵御侵蚀的强有力支撑。但它并不是土壤中唯一的壁垒：高大植物的直立特性和矮小植物的延展性同样能够抵御风力的侵蚀。无论发达的根系还是最终枯败凋落的叶片，植物始终是土壤有机质的主要来源，地上部植物和土壤中的植物对土壤的贡献不分伯仲。尤其是枯落的叶片，含量丰富的死细胞是氮和磷的主要来源。我们总是对植物与生俱来的特性视而不见，氮和磷有利于植物的光合作用，并促进水分的蒸发。

植物对土壤的贡献是互利互惠的，因为渗入土壤的有机质有利于土壤物质的良性循环。细腐殖质、半腐殖质或粗腐殖质都在尽其所能地构建适宜植物生长的土壤环境，例如嗜酸真菌在分解过程中释放有机酸并生成抗生素，它们重新构建了适合真菌生存的土壤环境。物竞天择，适者生存，这是自然选择和生物演化的必然结果。万事万物都有两面性，一方面，当外部环境恶化时（例如严冬或酷夏），微生物无法及时逃离侵害或寻求临时庇护所；但另一方面，微生物规避了移动成本，迫使自己适应极端环境从而发展出独一无二的特性。然而，这对于昼伏夜出的土壤动物来说则具有较高的挑战性，比如啮齿动物在洞穴中繁衍生息，一旦离开洞穴便会四面楚歌，如临大敌。因此，无法移动的土壤生物更倾向于"生态位（niche écologique）建设"，简单地说，就是有效利用自然资源，改造土壤环境，使其利于自身的生长发育。数以万计的土壤生物各司其职，共同维护赖以生存的美好家园。

我们将会看到土壤如何通过与微生物的相互作用（第11章至第13章）及矿化产生的毒素（第12章）影响植物的生长。事实上，腐殖质已经向我们展示了土壤和植物之间互惠互利的共生关系。

结　语

在这一章中，分解和矿化不仅决定土壤性能与植物景观，还是人类开展农业活动、开发利用资源的重要参数。土壤再次超越了视觉维度，在生态系统中发挥重要作用，例如对气候的卓越贡献。但值得注意的是，这还只是冰山一角，神秘莫测的地下世界亟待更多的探索。

当然，反过来说，植物是土壤生成的决定性因素，例如伴随着植物演替的成土作用。我在第 6 章中说过，植物与土壤相互依存，相互所用。土壤和植物始终保持动态平衡，正如鸡和蛋的对立统一关系。在物质循环过程中，植物凋落物中的有机质渗入土壤，这些有机质或多或少地含有氮（促进或限制微生物）和单宁酸等物质，它们的作用乍一看是植物为了保护自己免受食草动物和寄生虫的侵害，但实际上却反向影响着土壤微生物的生命活动。植物影响土壤的构成，当植物含有少量单宁酸时，植物凋落物会快速分解矿化，释放矿物盐；植物单宁酸与血褐素络合沉积，保留土壤肥力。腐殖质会在微生物的作用下释放腐殖酸，并与黏土络合形成稳定性较高的黏土 – 腐殖质复合物。相反，当植物富含单宁酸或其他毒素时，植物凋落物分解矿化缓慢，抑制微生物与植物的生长发育，提高土壤腐殖质的含量。植物与腐殖质相互作用，构建了有利于自身生存的土壤环境，在资源争夺战中大获全胜，与此同时，这也促进了植物在分解矿化过程中释放单宁酸与毒素。我们只关注了这些植物有机质对地表植物的保护作用，却忽视了它们在地下同样发挥着重要作用。我们再一次忽视了土壤……

首先，在惰性腐殖质中，土壤物质以极其缓慢的速率循环再生。因为难以被微生物吸收利用的有机质分解缓慢，它们又以生长缓慢的真菌为食，并通过酸化土壤抑制有机质的矿化，从而生成不同形态的腐殖质：大多是半腐殖质或粗腐殖质。其次，在活性腐殖质中，丰富的植物原料有利于细菌的分解，从而促进土壤物质的循环再生。细腐殖质与有机质充分混合，含量丰富的微生物有利于蠕虫和鼹鼠的生存。换句话说，细腐殖质对食物的选择极为挑剔，通常以高质量且活性的植物或细菌为食；而粗腐殖质则通常以质量较差且惰性的植物和真菌为食。植物和真菌分别通过释放单宁酸和有机酸在土壤中占据优势。

地形、气候及人类活动都是影响有机质分解矿化的关键因素。土壤既能以较快的速率腐殖化从而产生细腐殖质，也会以极其缓慢的速度分解矿化，生成半腐殖质和粗腐殖质。事实上，有机质的分解和储存达到动态平衡是土壤肥力的关键。适度的分解有利于矿物盐的循环，但有机质的过度矿化会造成矿物阳离子的损耗，从而导致土壤肥力的流失。虽然火耕有利于矿物盐的迅速释放，但随着时间的流逝，土壤有机质无法得到及时补充，矿物盐会随水迁移并最终导致土壤肥力流失。

铝离子或钙离子会影响有机质的分解矿化。一部分有机质被消耗和矿化，而另一部分有机质通过腐殖化生成一种富含腐殖酸的稳定化合物，既具有良好的保肥蓄水性能，又利于形成良好的团粒结构。万事万物没有善恶之分，剂量适当至关重要。同样地，对于肉制品的消费，也应该量力而行，食之有度。这也让我们回到了土壤特性是开展农业活动的重要参数上：细腐殖质有利于植物的生长发育，而粗腐殖质则更适合饲养动物。

微生物的代谢活动始终遵循一个规律：细菌对酸性环境避之不及，难以在酸性土壤中生存；真菌具有耐酸性，并通过提高土壤酸度驱赶细菌。无论是土壤生物的代谢活动，还是人类的日常活动都遵循这个规律，比如我们利用微生物的发酵制作酸性食物或利用白醋的杀菌作用清洁卫生！细菌在土壤中占据主导地位时，有利于细腐殖质的生成；真菌在土壤中占据优势时，有利于粗腐殖质的生成。总而言之，土壤腐殖质是植物和微生物博弈的结果。

我用整整两章的篇幅详细介绍了土壤中的有机质。在这段时间里，矿物质始终沉默不语，行事低调。现在，我们终于要揭开矿物质的神秘面纱了。它会像有机质一样，在微生物的作用下消失殆尽吗？你们听，丧钟已经为它敲响，土壤矿物质正面临消失的风险。接下来，让我们去一探究竟吧！

第 9 章
融化石头的心：
岩石的风化

在这里，土壤是镍；在这里，微生物是矿工大队主力军；在这里，斯特拉斯堡大教堂拔地而起，红色墙壁引人注目；在这里，我们赞叹湿滑的山谷里来自远古时代的红色"盔甲"，然而这些教徒口中的圣人石像只不过是海市蜃楼；在这里，我们发现可恶的赤泥；在这里，大自然的作品仿佛一本天然的旅游手册；在这里，我们发现俄罗斯的土壤是灰色的，而有些地方的土壤却被戏称为"黄土娃娃"；在这里，我们跨越几亿年见证土壤的诞生；在这里，我们终于走进土壤这个巨大的等候室。

让我们来到位于地球另一端的新喀里多尼亚。这里被誉为旅游胜地，拥有丰富的植物种类，堪称植物学家的天堂；经济繁荣，增长速度在法国海外属地中遥遥领先——得益于它丰富的镍矿资源。据估计，这片土地拥有全球已知镍储量的 20%~40%，镍产量占全球产量的 9%，是全球五大镍生产国之一。镍是制造不锈钢、合金钢的金属原料，被广泛应用于现代航空、国防领域，因此全球对这种金属的需求始终保持稳定。镍同时还被用于贵重物品的镀层、硬币及电子零件的制造。

1864 年，一位名叫朱尔·加尼耶（Jules Garnier）的法国工程师在新喀里多尼亚发现了镍矿，其中一种镍矿石（即含有镍的岩石）在当地被称作"硅镁镍矿石"。19 世纪，在加尼耶的推动下，镍矿开采工作启动，目标矿石中镍含量高达 15% 甚至 20%，而目前人们开采的镍矿石中还含有丰富的铬、钴、铁、铜、铅及锰元素，镍含量仅有 2.5%~3%。

让我们仔细看看这些矿石，若忽略其带来的环境污染问题，矿物开采过程出乎意料地简单（下文再做详述）。矿石位于土壤与母岩之间，而此时母岩正在逐步转化成土壤。这里所说的母岩即橄榄岩，是洋底岩石家族的一分子，岛屿便是从这里升起。橄榄岩中只含有 0.2%~0.3% 的镍及少许钴，但是与土壤接触后，岩石矿物结构发生改变，镍含量可达 1%~20%，钴含量可达 0.2% 及以上。这种改变与土壤息息相关，矿石正是在土壤与岩石的相互作用下形成的。

在本章中，我们将一起观察母岩如何被土壤侵蚀，以及生物（包括微生物及生物死亡后遗留在土壤中的有机残体）在这一过程中所扮演的特殊角色；一起探索在整个成土过程中，热带地区（如新喀里多尼亚）及温带地区（或较寒冷地区）不同的岩石风化方式，其中腐殖质在温带地区的成土作用中占据主导地位。同时，我们会发现土壤也能生成矿物，沉淀在土壤中的铁会经历不同的演变。最后，结合地质时期的土壤起源，我们将对比现代土壤与"现代土壤之前"的成土过程。

对岩石的攻击

岩石被土壤覆盖，也在慢慢被土壤吞噬：位于土壤底部的母岩和散落在土壤剖面中的岩石碎片都在缓慢演变。我在第 2 章中说过，岩石在水中溶解形成土壤溶液中的矿物盐，也就是构成岩石的晶体溶解于土壤溶液中。当然，这个过程非常缓慢，把一块岩石碎片放入水中，你不会看到任何变化！然而实际上，每时每刻岩石中都有部分物质溶解在水中。假设把直径 1 毫米的矿物晶体放在 20℃的弱酸性（pH = 5）水中浸泡数月，通过计算晶体的流失量，则可推算出在同等条件下，这些晶体完全消失所需的时间：钙长石（一种钙铝硅酸盐晶体，一些花岗岩的组成成分）需要 100 年，白云母需要 100 万年，石英需要 1 亿年。然而，这些晶体在土壤中的溶解速度要快 10~100 倍。因为土壤里有生物，还有生物死亡后遗留下来的有机残体，这再次改变了一切！

　　岩石的溶解过程发生在表面：大块岩石分解成小碎块，增加其裸露在外的表面积。霜冻可使岩石崩解，但对土壤影响甚微，正如我们在第 5 章里发现的那样，土壤具备良好的绝热性能。然而土壤中的生物却可以做到破坏岩石。这与动物活动关系不大，它们对矿物质并不感兴趣，植物生长才是更活跃的因素：岩石溶解能够提供植物生长所需的矿物养分，如钾、磷酸盐，甚至是铁，因此生长在岩石溶解发生区域及水分富足区域的植物根部发展迅速。根须伸展到岩石裂缝中不断加粗，要不了多久，裂缝内的空间便捉襟见肘了。根部生长虽不能抬高山体，却能将石块顶高，你一定见过水泥地面被树根破坏变形，由钢筋混凝土铸成的地基被根贯穿。无花果树就是典型的例子，这种植物的生长需要大量水分，因此不建议种植在离房屋或水井太近的地方。一根长 1 米、直径 10 厘米的根可以产生 10 吨的推力！甚至在更小范围内，细根也能起到类似的作用，这个过程通常发生在土壤深处：根就像采石工一样，把母岩劈成小碎片，分散到土壤中。随着水分的渗透，两者间开始了一系列漫长且不可避免的化学反应。

　　微生物是整个过程中另一个活跃因素，还记得上面提到的岩石溶解实验吗？让我们重复一遍这个实验，不过这一次，往水里再添加一些从土壤中提取的微生物。我们会发现，这一次晶体溶解的速度明显要快得多。在显微镜下，我们可以观察到，晶体上出现了密密麻麻的微小孔洞，与此同时，晶体上的裂缝也在迅速扩大。我们再把焦距拉近点，可以看到大量微生物聚集附着在这些孔洞与裂缝中，形成一种膜状物，这就是我在前文提到的"生物膜"。

岩石中的"矿工"——微生物

这些生活在岩石中的微生物整天都在干什么呢？当然是忙着进食了！食物来源有二。第一个食物来源与树根一样，大部分微生物从岩石中吸收所需的矿物盐养分，如钾、磷酸盐、钙、铁等。因为并非所有微生物都能从有机质中获取足够的养分，或者说它们是从岩石中获取额外的养分。它们想享受"果实"，自然会加快岩石溶解的进程。最后，分散在土壤中的岩石碎片表面会让人不禁联想到饮水点，从昆虫到大象等大大小小的动物都会跑去那里喝水，在土壤中也一样，从微生物到植物根部，大家聚在一起啃石头。岩壁上的生物膜就像小小"矿工"一样，不辞辛劳地从岩石中汲取它们所需的矿物质。

微生物的第二个食物来源是岩石中的成分。微生物从岩石中汲取对其有用的矿物盐，除此之外，它们还会捕获其他矿物离子。这些矿物离子可以与氧气发生反应，较少情况下，甚至可以与硝酸盐、硫酸盐发生反应。上述微生物都是我们已经认识的化能自养菌，它们利用岩石中蕴含的亚铁离子、锰及其他金属元素（如铬）。金属矿物离子与氧气发生化学反应，生成金属氧化物，从而释放微生物生存所需的能量。通常情况下，这些次生矿物可溶性极低。以铁为例，生成的正 3 价铁离子留在原处，形成质地较硬的橙色氧化复合物（下文详述）；再

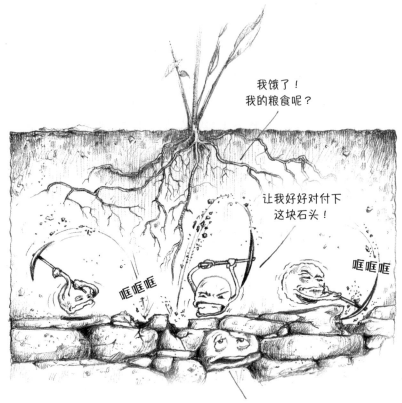

我觉得我给土壤的够多了！

来看看锰元素，锰离子氧化后呈黑色，不溶于水，易与有机物混淆，唯一的区别在于前者多形成于地下深处。

那么，生物膜是如何加快岩石溶解的呢？从前文对石质土的描述中，我们已经可以窥之一二了。微生物在岩石表面"安营扎寨"后，引发岩表蚀变并逐步发育成初育土，即石质土。同样的事情也发生在岩石溶解过程中（除了这里并不涉及光合微生物）。让我们一起来看看这些小小"矿工"都使用了什么工具来"凿开"石头吧！

首先，附着在岩石上的各种体型的有机物，无论死的还是活的，都能够保持水分，这是有机物的普遍特征之一！更具体地说，为了避免在两次降雨之间干得太快，微生物表面通常会形成一层黏液壁，将自己包裹在里面，这样可以更好地保持水分。同时黏液也能像普通凝胶一样，让生物膜更好地胶黏在一起，进一步增强持水效果。一旦有了有机物的介入，矿物表面则会变得更加湿润，溶解的持续时间也相应增加。

其次，有机物（含生物与死亡残体）呈酸性。它们释放的氢离子使水的腐蚀性增强，溶解反应就会更迅速，可以说，有机物是矿物溶解的催化剂。此外，部分微生物与植物根部会主动释放氢离子，局部增加了其自身与岩石接触面的酸度。总之，与植物根部一样，生物膜会使周边物质的酸度升高，从而加速矿物的溶解进程。

最后，微生物还能通过不断吸收溶解后的矿物质加快整个溶解进程。随着水中的矿物盐增多，溶解速度减缓。这时，微生物就能"一展拳脚"了。正如我在前文谈到的，部分溶解的矿物盐会被微生物细胞吸收，土壤水分中所含的矿物盐自然就减少了。水中矿物盐浓度降低，岩石溶解就得以继续。技术层面来说，微生物的参与打破了整个矿物溶解过程原有的平衡。一方面，微生物通过吸附矿物盐到细胞内参与作用；另一方面，微生物在细胞外与有毒矿物离子结合形成不可溶解的、不能被生物体利用的无害复合物，并重新沉淀到土壤中。许多真菌都会分泌一种小分子草酸盐，它能够捕获多余的有害钙离子，生成不溶于水的草酸钙晶体。土壤水分中原有的钙离子流失，岩石矿物会加速溶解，释放出新的钙离子。与西西弗斯一样，这些真菌也在不断重复着这项工作，仿佛一场无休止的斗争，但在此过程中，其他有用的矿物盐被释放，与钙共存于正在溶解的晶体中，这样大家都能饱餐一顿了。

地球化学转化

水、热条件均得到满足时，岩石溶解反应就会很强烈。而说到这两个条件，热带地区可谓得天独厚。我们把热带地区母岩向土壤的转化称为地球化学转化，因为人们曾一度单纯地将那里母岩的风化归因于地理、化学环境的改变。也就是说，在之前的认知里，水与热的作用足以加快化学反应，如岩石的溶解。事实的确如此，然而，现在我们已经知道，整个过程主要是通过微生物完成的：一方面，水对微生物的生长至关重要；另一方面，热量可以加快微生物的细胞反应，进而加速它们对岩石的作用！气温越高，生物膜对岩石溶解的催化效果就越明显。举个例子，我们把食物放进冰箱，不仅减缓了纯粹的化学反应（食物及维生素的氧化），也减缓了微生物的生长，而这两种机制共同作用，防止了食物变质。在热带环境中，情况正好相反：母岩发生的地球化学转化是自发物理化学现象与生物繁殖引发的溶解过程综合作用的结果。我们稍后会看到在其他气候带，取而代之的则是“生物化学转化”。

在地球化学转化过程中，岩石在与弱酸性或中性土壤接触后开始逐步转化，其速度取决于水量与气温。说到中性土壤，估计有些读者要奇怪了，因为我说过生物膜与植物根部会造成环境酸化。但注意不要弄错范围：酸化只在活细胞周边局部范围内发生，土壤本身在整个物理化学转化过程中仍保持弱酸性或中性。在这种转化模式下，时间越久，岩石消失得越多，因为世间万物无一可以抵御时光的侵蚀。

所有矿物中，要数石英坚持的时间最久，且极难溶于水。只有在极其炎热的气候下，石英的耐溶性会下降并逐步崩解，最终暂时沉积在土壤中，但整个过程非常缓慢。一些古老土壤中含有大量石英砂粒，我在前文提到过这些古老土壤，它们形成于距今几千万年前的非洲和澳大利亚的大片平原上，并在很长的地质时期内保持稳定。在水流的长期冲刷下，土壤中的矿物成分被溶解或被带走，肥力也会下降，因此澳大利亚西南部的土壤是全球极度贫瘠的土壤之一。留在土壤中的石英依然以缓慢的速度在溶解：这些土壤中的砂粒含量高。热带气候下发育的土壤就像一个工厂，不断将母岩中的石英颗粒释放出来。这些砂粒如果在溶解前被搬运到湖泊或海洋，便会就地沉积，这便是枫丹白露砂岩与孚日山区红砂岩建筑的发源地。假如你去过斯特拉斯堡①，一定知道孚日山区的红砂岩，那里大部分的建筑，包括斯特拉斯堡大教堂，都是用红砂岩建造的。在距今 2.6 亿年前至 2.4 亿年前，成土作用释放的砂粒被搬运到河口和巴黎盆地东部的海岸，不断沉积，最终再次硬结成岩。人们正是在这片高达 300 米的砂岩层上开起了采石场，用开采出的岩石建房子，这就是后来的斯特拉斯堡了！这些砂岩呈红色要归功于石英的"小伙伴"3 价铁，这种矿物元素在古老土壤中的存在时间比石英还要久远。

事实上，时间越久，土壤中沉淀的矿物盐就越多，这些被从岩石中释放出的矿物盐在水中不易溶解，因此也不会被水冲刷带走。它们留在土壤中，一部分重新结晶再次形成新的晶体，另一部分形成结晶较差的黏糊状沉积物，只有当土壤在外力侵蚀下以颗粒的形态被带走，这些矿物盐才会消失。它们由金属元素构成，其中铝、铁含量最高，前者呈白色，后者经化能自养菌氧化后变成红色的 3 价铁。两者均以块状氧化物或氢氧化物的形态淀积在土壤中。铁将土壤染红，这个过程被称为**红土化作用**［**rubéfaction**，源自拉丁文 ruber（意为"红色"）

––––––––––––

① 法国东北部城市。——译注

和 facere（意为"做"）]。我在第 6 章中谈到了地中海地区的红色土壤，而在热带地区，情况要明显得多。热带地区的土壤呈橙红色甚至暗红色，且颜色还会随着时间的推移加深。这类移动性差但含量较少的元素还包括其他金属，如铬、锰、镍等，它们经化能自养菌分解后与空气发生反应，转化成难溶的氧化物（下文详述）。现在让我们先来看看地球化学转化的结果，在潮湿的热带地区，它比生物化学转化更占优势。

热带红土，地球化学转化的产物

在热带湿热地区，大量土壤发育转化为红土。这些土壤覆盖了30% 的陆地表面，完美展现了地球化学转化的各阶段（其他地球化学转化形成的热带土壤不纳入考虑范围）。概括来说，沿着土壤剖面，越往深处，岩石的转化就越少。当然，水循环会使物体的位置发生些许变化，但是土壤仍然展示了从表土层到母岩整个土壤剖面的转化过程，最接近地表的土壤层（horizon）在更早之前就已完成转化。从剖面底部到顶部依次观察，仿佛翻阅一本历史编年表，我们可以细细看、慢慢看，因为这些土壤的深度从 10~100 米不等！让我们从最底层的转化讲起，沿着土壤剖面逐层往上。

土壤最深处是母岩层，简单地说，就是花岗岩。这种岩石很常见，主要由石英、长石与云母组成。再往上，我们可以看到随着转化的推进，岩石上的裂缝不断扩大，布满了已经转化完成的岩石；继续往上，很快就可以看到在大片已完成转化的岩石中，只剩下寥寥几片区域的岩石还在负隅顽抗。这些基本完成转化的岩石形成 C 层，或被称作母质层 [saprolite，源自希腊语 sapro（意为"分解的"）和 lithos（意为

"石头"）]。母质层是形成土壤的物质基础，有时纵深可达数十米，有机物含量极少：只有下渗水带来的极少量物质、稀少的植物根部及零星几种微生物，其中包括前文提到的使铁氧化的化能自养菌。但我们必须承认，这里可是化学反应发生的主场地。花岗岩三大主要成分中，石英晶体被释放后以极慢的速度溶解，而长石与云母则迅速转化为 2∶1 型黏土矿物，其中硅含量是铝含量的 2 倍。云母及花岗岩中其他微量元素的蚀变会释放铁，导致土壤有些许变红，红土化作用仿若一位初学者，羞答答地上场了。

　　再往上走几米，就几乎看不到花岗岩的痕迹了，取而代之的是大量黏土，尤其是一种白色黏土，即高岭土。这是一种 1∶1 型黏土，硅含量与铝含量相当，由 2∶1 型黏土演变而来，在演变过程中铝得以保留下来，但流失了一部分硅元素。此外，石英颗粒也在溶解，体积变得更小，甚至完全消失。越来越多的铁被释放，让更靠近上层区域的黏土出现了些许红色斑块，这些都是由愈发明显的岩石风化释放出的不溶性金属。这些金属氧化后生成各式各样的氧化物并沉积在这一层，如氧化铁（红色）、氧化锰（黑色）和氧化铝（白色）。红土化作用增强。

　　再继续往上，就到了浅红色区域，这里已经很接近表土层了。这层的土壤成分与上面提到的红色斑块相近，富含铁、铝的氢氧化物（质地较黏）与氧化物（氧化铁常包括针铁矿与赤铁矿）。红土化作用在此达到最甚。黏土矿物含量变得非常少，不再有石英——石英及 1∶1 型黏土中所含的硅已经完全溶解或者被水流冲走。至此，直接来源于母岩的原生矿物中只剩下未被水分淋溶的矿物仍保留在土壤中。在某些条件下，这一层的金属矿物质地变硬，形成所谓的铁磐层。植物根部无法穿透这层胶结层，只能吸收地表有机物被分解后回收的营养元素。铁磐层形成后发育的土壤肥力低。

以上基本概括了成土作用中矿物演化的所有阶段。处于顶部的土壤层（即表土层）富含有机质、氢氧化物及氧化物。该层中形成了一些团粒结构的铁矿，由于外形颇似豆子，被称为豆石或豆状铁矿（pisolithes，pisum 源自拉丁语，意为"豆子"，lithos 源自希腊语，意为"石头"）。细菌在豆石形成过程中发挥的作用尚无定论，但据估计，某些化能自养菌可能是通过生成 3 价铁促进豆石的生成。在整个成土过程中，黏土矿物先从 2:1 型转化为 1:1 型，之后随着硅的流失逐步消失；阳离子交换能力下降，只能依靠地表有机物吸附阳离子。正如我在第 3 章谈到的，反复采用火耕对热带生态系统是有害的。火耕会将植被储存的营养元素释放出来作为土壤的肥料，然而失去了有机质的供给，土壤保肥性能变差！

到了旱季或者地下水位太低时，红土中的氢氧化物与氧化物干燥脱水后变硬，这个过程可逆且独立于铁磐层的形成。得益于这一特性，红土被广泛应用于建筑领域，正如我在第 1 章所说，潮湿红土松软易于处理，脱水后又能变成坚硬的砾石。

法国的红土

法国如今在奥弗涅大区①与普罗旺斯大区②仍有被保存下来的红土景观（下文再做论述）。这些红土属于化石土壤，可以追溯到距今几千万年前，那时的法国尚属于潮湿的热带气候。奥弗涅大区的红土地位于伊苏瓦尔东南部，在布代小城一家风景秀丽的小型葡萄庄园附

---

① 位于法国中部的大区。——译注
② 位于法国东南部的大区。——译注

近，景色奇绝，绝对令人流连忘返！土壤在铁的渲染下呈红色，但随着铬及其他金属含量的增加，再加之高岭土与氧化铝的影响，颜色逐步过渡到淡紫色或暗绿色。在外力侵蚀作用下，这里形成了纵深的峡谷，法国人的基督教祖先自称在红色山峰中认出了祈祷中的圣徒石像，并称这个小科罗拉多峡谷为"圣人谷"。我的学生并不热衷于圣徒传记，在一片近似肤色的峦山中放眼望去，只能看到光秃秃的小圆丘，仿若女人的乳房与臀部。由于侵蚀和贫瘠的土壤，这里的植被是间断分布的。

这些古老的红土由当地花岗岩发育而成，在强烈的侵蚀作用下，被大量搬运到湖泊或河流三角洲，才得以免遭进一步的侵蚀，最终保留至今。它们被搬运后，土层倒置，各土壤层重新按照由浅至深的顺序依次沉积：富含氧化铁与氢氧化铁的表土层反而沉积在最下层，分散在各处，我们甚至在质地柔软的脉石中都能发现豆石。这一层土壤抗风化能力弱，易受到侵蚀从而形成峡谷。再往上依次是稍迟被搬运过来的腐殖质层，以及富含石英、长石颗粒的土壤层，这些矿物颗粒再次沉积，最终固结成为坚硬的砂岩，保护底下的土壤层免受侵蚀，形成了此起彼伏的小圆丘，让人联想到正在祈祷的圣徒。

还有呢！距离奥弗涅大区红土地几千米外的地方，有一小块红土地被奇迹般地保存了下来：在马德里亚镇与欧尼亚镇之间，D35 与 D35b 省道交叉处，有一处低洼带，土壤质地坚硬且呈红色，这就是红土化作用形成的铁磐层。天气好的时候，你会在那里看到我和我的学生们。要是没见到，就再认真看看那片土地，在红色铁质胶结层中会找到零星的石英颗粒，还能时不时看到一些小小的黑色锰块——锰也是不可溶的。其实土壤里面还有铝，但它是白色的，肉眼看不到。如果你还想看看它们的母岩——花岗岩——长什么样，继续沿着 D35 省道往昂萨克方向行驶，在一个绰号叫"狼巢"（l'Usteau du Loup）的石棚停下野餐，就能看到花岗岩风化后残留的石英、长石（这里呈淡粉色）与黑色的云母。

花一天的时间来这里看看吧，绝对不虚此行，如果你觉得奥弗涅大区太远了，那就再等等。在下一章里，我们再一起去下一个旅游目的地，那是个更为人熟知的地方，人流量也更大。如果把狼巢与圣人谷里的那些圣徒石像放在一起比较，你就会明白历代的宗教教派有多么虚荣，可能也会更懂得欣赏奥弗涅大区红土风光的魅力与地球化学转化的鬼斧神工。后者可是将花岗岩变成了富含铁和铝的红土，铁、铝作为"后卫部队"的一员，面对成土作用的持续攻击，始终咬紧牙关，坚守阵地。

其他地区的红土：回到矿场

红土化作用下发育形成的红土部分被铁磐层包裹，是在地球化学转化占主导的潮湿热带环境中形成的演替顶级。我们已经了解了花岗岩的转化过程，但其实除了细节上的些许差异，各种母岩的转化过程都是大同小异的。

让我们回到新喀里多尼亚！那里的红土已经发育完成，但它们的母岩是橄榄岩，这种岩石常见于洋底岩石圈。其他矿物盐在土壤溶液的威胁下缴械投降时，一些金属矿物组成的"后卫部队"始终恪尽职守，坚守阵地，其中新喀里多尼亚的镍矿、铬矿都榜上有名！与世界其他地方的大部分镍矿床一样，在红土发育过程中，镍会在母岩中重新聚集，而母岩所能容纳的矿物量有限，随着其他矿物成分不断淋失，那些保留下来的矿物浓度相应地就增加了，这简直是成土作用送给人类的一份大礼！但从环境保护的角度来看则不尽然，矿产开采带来的后果是沉重的。

首先，在开采过程中，需要清理表层的土壤。金属含量高的土壤上长出的森林植被本就稀疏，这些植被一旦遭到破坏，需要花上 500 年才能重新生长，前提是还有剩余的土壤，因此需要小心地将表层的土壤保存下来。其次，还需要将厚厚的中间土层剥离，这层土体肥力差，且因为含铁量高而有一定毒性，残留下来的赤色泥土会被雨水搬运到河流，造成河水污染，泥浆顺着水流在潟湖沉积，再次污染珊瑚的生存环境。最后，我们发现镍矿富集的区域与腐泥土接触后，这种有毒金属被释放并进入水体与大气飘尘中。当地植物只适合在这种微量镍富集的表层土壤中生长，这使得之后的植被恢复工作十分棘手，因为即使将原有的表土层恢复，当植物根系伸展到土壤深处时，仍会被那里富集的有害金属破坏。

然而，土壤就是这样创造矿物资源的！新喀里多尼亚并非个例，让我们来到法国普罗旺斯大区，靠近阿尔皮耶山脉与鲁西永小城一带。鲁西永盛产红赭石，故而得名。[①] 人们常从红赭石里提取颜料，用于绘画、砌筑和陶瓷制造，这就是赫赫闻名的普罗旺斯赭石。如果你要来法国度假，来普罗旺斯吧，绝对不虚此行，从美丽的村庄鲁西永出发，前往布鲁乌赭石矿场或者普罗旺斯科罗拉多——法国南部的一处圣人谷，相较于奥弗涅大区，这里的圣人形象显得不够亲切。赭石由化石红土转化而来，岩石颜色因所含的氧化铁与氢氧化铁的品种不同也会有所差异，如赤铁矿（常见于红赭石中）、褐铁矿（常见于褐赭石中）和针铁矿（黄赭石的主要成分）。

---

① 在法语中，鲁西永（Roussillon）与红褐色（roux）读音相近。——译注

这些红土中除了铁，还含有大量的铝，因此遍布此处的岩土层都很适合铝矿开采。富含铝矿（Al_2O_3）的岩石被称作博克西特（铝土矿），因在普罗旺斯莱博镇附近被发现而得名。[①] 然而直到 1860 年，人们才在其隔壁大区的加尔省首次开采铝土矿，随后扩散到世界各地。不过你可别被忽悠了，其实铝土矿只是一种富含铝的红土罢了！距今 1.25 亿年前到 1.13 亿年前，部分砂岩富含一种含有丰富的铁及海绿石的黏土，在热带气候的作用下，这些砂岩上的土壤不断发育，形成红土。这些红土颜色深浅各异，且大多富含铝，未受到进一步的侵蚀，得以被保留下来。这主要是通过以下两种途径实现的。在某些地区，由于环境变化，其他岩石沉积在上层，底下被覆盖的红土则被完好地保存下来，我们甚至可以在一些地方辨认出红土特有的土壤分层剖面！而在其他地区，红土被搬运到低洼地带，被保留下来的原理类似圣人谷的形成方式。

世界各地的铝土矿均来源于古老的红土，因而普遍存在一个问题：矿石中铝和铁混合在一起，与新喀里多尼亚的镍矿开采一样，要从这种铁铝矿中提炼出铝，会产生高污染的赤泥。这种泥浆的毒性当然来自铁，即使铁含量很低，但当浓度过高时，产生的毒性也是不容小觑的。当然，红土形成过程中那些被保存在土壤中不可溶的"后卫部队"也会释放一定的毒性：它们都是危险的金属元素，如砷、汞、铬、钛。这些微小的金属颗粒并未溶于水中，而是被水流带走，因此得名"赤泥"。如何处理这些赤泥呢？我们可以择地将其贮存，但要提防发生泄漏：因密封不足导致赤泥涌出，摧毁了巴西的部分山谷，造成数十人

---

① 博克西特（铝土矿）的法语是 bauxite，普罗旺斯莱博镇的法语是 Baux-de-Provence。——译注

伤亡，当地生态环境也被严重破坏，这就是 2015 年 11 月发生在班托罗德里格斯的事故。另一种更肮脏的处理方式则是将赤泥倾倒到海里，这就要说回法国普罗旺斯的铝土矿，事情发生在卡西斯附近，让我们看看位于加尔达纳的氧化铝厂是如何处理赤泥的。这些赤泥经改造与过滤后，被倾入蔚蓝海岸国家公园的地中海水域中……政府一再对该厂破例，因此这场丑闻迟迟未画上句号。

古老红土生成的矿产，其采矿作业均会产出赤泥，这是这类矿产开发的典型特征。同时，铁会在红土化作用下不断聚集，然而这些铁却不具备任何开采价值。这一事实有力地向我们证明：土壤是矿物质的创造者，如今的土壤演替顶级是经过演变才形成的，与过去的演替顶级完全不同。

生物化学转化

回到现在的欧洲。如今，这里的岩石转化不再像曾经热带气候时那么强烈，因为湿度，尤其是气温都相对温和，物理化学反应及微生物活动因此减缓。在温带及北方地区，硅在岩石风化过程中不会被溶解，因为母岩经受的攻击更温和，转化强度减弱，释放出的铁减少。然而，在酸性物质的作用下，转化会加快。不难猜到，在整个转化过程中，腐殖质的类型扮演着指挥者的角色。这种强烈依赖腐殖质的酸度发生的转化被称作"生物化学转化"，因为它是土壤有机物化学反应的产物。

在细腐殖质或酸度较低的半腐殖质下，酸性对岩石风化的加速效应不明显。岩石以缓慢的速度不断转化，形成 2∶1 型黏土。这些类型的腐殖质大多会生成腐殖酸，与黏土结合生成黏土 – 腐殖质复合物。

红土化作用并未发生，褐化作用取而代之，释放出来的铁与黏土 – 腐殖质复合物发生反应，土壤被染成浅褐色，我在第 3 章中提过这种现象。在生物化学转化过程中，生成的黏土与黏土 – 腐殖质复合物具备良好的阳离子交换能力，最终发育成棕色土。我在第 6 章说过，目前在西欧地区，土壤演替的最高级就是这种棕色土。

在酸度较高的半腐殖质或粗腐殖质（pH 值低于 4）下，酸性对岩石风化的加速效应明显。真菌中释放的有机酸，尤其是黄腐酸，能够分解岩石中所有的矿物成分：随着时间流逝，岩石中石英之外的其他矿物均被分解，最终形成砂土。甚至原有的黏土也被破坏，因为这些类型的腐殖质产生的腐殖酸量很小，也不会生成任何黏土 – 腐殖质复合物，阳离子交换能力大幅降低。但是黄腐酸恰好可以弥补这一损失！它与某些阳离子紧密结合形成不可逆的复合物，通过这种方式将阳离子保留在土壤中。因此，土壤中的矿物盐既不能为植物提供有效养分，也不能为黏土的形成提供任何帮助。因过量黄腐酸的低产作用，发育的土壤肥力差、砂粒含量高。在这种情况下，形成的不是棕色土，而是一种灰化土，这种土壤看上去十分美丽，实则缺乏肥力。

美丽正是因为缺乏肥力，灰化土的土壤剖面色彩对比强烈。我们可以在厚厚的半腐殖质或暗黑色粗腐殖质下看到一层灰白色的土壤层，由白色砂粒组成，这是母岩唯一的残留物。一些有机物随着下渗水沉积在这层之上，使其呈灰色。灰色土层在腐殖质下很显眼，故而得名灰化土 [podzol，源自俄语 pod（意为"之下"）和 zola（意为"灰烬"）]。在灰化土底部，土壤又恢复了色彩：释放出的铁随着水流下淋，形成鲜红色的铁质层，无色的铝也沉积在这一层。这里释放出的铁含量远高于棕色土达到的水平，然而，此时母岩只有表层完成了转化，因此红土化作用并不会像红土发育时那么明显。在红褐色的沉积层之上，灰化层砂粒中的有机物下淋至富含铁和铝的区域，与后者结合形成复合物，并停止下淋，堆积形成黑色土壤层，仿佛有人拿着眼线笔画了一道黑线，将红褐色淀积层与灰化层隔开。这些被证实都是非常古老的有机物，有着几千年历史！水流的搬运作用（或淋溶作用）占主导地位，并直接影响有机物（尤其是黄腐酸）、铁与铝，使它们沉积在最底层，即母岩上方。

　　灰化土在法国不算常见，多分布于较冷的北部地区，如斯堪的纳维亚半岛、加拿大或俄罗斯，这些地区的气温不利于有机物的矿化，却能促进粗腐殖质的形成。这也解释了为什么灰化土的名字来源于俄语，毕竟在俄罗斯，灰化土可是不容忽视的存在！在法国，灰化土的发育形成需要特殊的条件，母岩的类型或人类活动都会对其产生影响。砂岩中的矿物盐含量本就不高，也不含黏土，极易发育成灰化土，枫丹白露和朗德森林的灰化土便是如此。在本身酸度较大的花岗岩上种植针叶林，因其凋落物也呈酸性，土壤会逐渐灰化，利穆赞大区①就属于这种情况。事实上，棕色土与灰化土之间存在一定的连续性，专家们曾在一些表面呈棕色的土壤中发现灰化趋势，这种现象被称作"隐灰化"（crytopodalization，cypto 源自希腊语，意为"隐藏的"）。此类土壤在孚日山脉和奥弗涅大区牧场均有分布，在没有人工施肥与其他形式的肥料输入下，半腐殖质或粗腐殖质不断积累，堆积在土壤表层，从而使棕色土壤逐步灰化。

　　与热带地区相比，温带与北方地区的物理化学环境与微生物的活跃程度都稍有逊色，"削弱"了岩石转化强度，但腐殖质弥补了这一缺失，并决定了整个转化进程：腐殖质酸性程度的高低直接影响岩石转

━━━━━━━━━━━━━

① 位于法国中部的大区。——译注

化的速度与强度。腐殖质的类型（即植物凋落物与栖息在其中的微生物）也发挥着关键性作用。无论是土壤肥力的保持还是破坏，母岩转化的强度都与腐殖质息息相关：通过母岩的转化，腐殖质对土壤肥力的作用也随之增强。但无论如何，与热带地区相比，在相同的时间内，温带与北方地区的母岩被攻击的面积更小，由此发育而成的土壤厚度只有 1 米，最多只有几米厚。

土壤，矿物制造机

虽然在成土过程中，母岩中的矿物质被分解、破坏，但土壤也能通过某种方式创造新的矿物质。其中部分矿物是由母岩中的原生矿物转化形成，短暂存在于土壤中：许多黏土就是由母岩中的硅酸盐矿物（如高岭石或蒙脱石）转化生成的，它们之后还是会被分解。除了这些次生矿物，土壤中的其他矿物质均来自母岩被攻击后残留下来的矿物，这些矿物稳定性高，主要包括我在前文谈到的铁或铝的氧化物、氢氧化物，以及砂粒的主要成分石英颗粒。

通常，从母岩中释放的矿物质虽然并不会永久保存在土壤中，但终归比母岩本身更耐风化。石灰岩遭到土壤侵蚀时，主要是其中的碳酸钙被溶解，且整个进程速度非常快。但这种石灰岩大多蕴含丰富的黏土矿物，这些矿物不易被转化，因此，随着底下的母岩不断"溶化"，土壤中的黏土矿物也会逐渐富集。虽然石灰岩岩体布满裂隙，像漏勺一样无法保持水分，但黏土是不透水的。让我们来到喀斯地区①，以拉尔扎克高原为例：考虑到石灰岩持水性极差，结果正如我们所料，

---

① 位于法国中部和南部的石灰岩高原。——译注

这些石灰岩高原干燥、植被稀少。然而，在这里，尤其是村庄周边区域，一些凹陷不太明显的洼地相对更加湿润，都被开垦成了田地，它们到了冬天甚至还会被淹没！岩石风化后被破坏，释放出黏土矿物，使土壤的透水性降低。这些洼地被称作"石灰坑"，源自斯拉夫语中的"山谷"一词 ①，因为这种类型的地势起伏在中欧的石灰岩地形区很常见，大的石灰坑被称作"波立谷"（poljé，源自塞尔维亚语和克罗地亚语 polje，意为"平原"）。当然，土壤中的黏土矿物也在被侵蚀，只是侵蚀速度要低于它们随着底层石灰岩的溶解而积聚的速度。

　　土壤中部分矿物质是新生成的：土壤是溶解发生的场所，与此同时，新的矿物晶体也会在这里形成。我们已经发现了一种在土壤中形成的矿物——绿锈。这是一种淡蓝色的铁矿物，形成于水分充足但氧气不足的土壤中。有些时候，石灰岩沉积在土壤中，而富含溶解的碳酸钙的地下水被输送到土壤表层并蒸发，这正是土壤内部盐渍化的一种形式，在这个过程中，正如我在第 2 章与第 6 章描述的发生在喀麦隆北部的情况一样，土壤中的钙质结核将其他成分封锁在土壤中。再比如在巴黎盆地，一些土壤发育自一种叫作"黄土"的砂质黏土，它可以追溯到末次冰期，是在风力搬运作用下形成的沉积物，这些细小颗粒有时被钙质沉积物聚集在一起，形成直径 1 厘米左右的块状物，轮廓与人形相仿。这些人们口中的"黄土娃娃"也只能暂时存在，之后仍会被转化。

　　土壤最精致也是最意料之外的作品依然是有机物与矿物质奇妙结合的产物，例如灰化土中黄腐酸与阳离子结合形成的络合物，在第 3 章里提到的黏土 – 腐殖质复合物……土壤就是如这般在惰性物质的碎

① 石灰坑法语为 doline，而 dolina 在斯拉夫语中表示"山谷"。——译注

片上编织生命的产物，创造出全新的、独一无二的、不可替代的化学形式。

土壤中铁的转化

土壤中的铁长期藏在地表下，有助于形成岩石或坚硬的土壤层。让我们仔细看看铁在细菌的作用下会发生什么反应，从而冲破地下牢笼的禁锢。请记住，铁以两种形态存在于土壤中：2 价铁（Fe^{2+}），蓝绿色，可溶于水；3 价铁（即铁锈，Fe^{3+}），橙色，不溶于水。然而，生物正是利用了这两种形式的相互转化发挥作用。

我在前文中提到，在富含氧气的土壤中，化能自养菌使 2 价铁与氧发生反应，从中获取能量：大多土壤中所有的铁都会转化为 2 价铁。相反，土壤中缺氧时，细菌则借助其他物质代替氧气进行呼吸，如硝酸盐、硫酸盐及包括 3 价铁在内的金属。在缺氧土壤中，细菌通过呼吸将 3 价铁转化为 2 价铁！在田野周边的沟渠里，或者在土壤水分充足的森林中存在一种底部呈波浪状、类似棉絮状的橙色物质，不知你是否见过这种东西？田地土壤中，由于氧气不足，细菌将 3 价铁转化为 2 价铁，2 价铁溶于水，随之进入沟渠，与空气接触后，丝状的化能自养菌利用空气中的氧气再次将 2 价铁转化为不溶于水的 3 价铁，进而附着在其表面。橙色的棉絮状物质就是这些细菌！这两种形态的铁不断相互转化，形成、分解，循环往复，却始终存在。

如果土壤氧化程度会随着天气变化而改变，事情就更有意思了。某些土壤在冬春两季被海水浸泡，而在夏季，空气流通性大，氧化程度更高。在细菌的作用下，雨季土壤中的铁被溶解为 2 价铁，等到了旱季，又转化为 3 价铁沉淀在土壤中。即使在没有水的时候，这种短

暂的海侵现象也很容易被土壤学家发现：旱季，在化能自养菌群居的
地方会出现暗红色与黑色的小颗粒——暗红色的 3 价铁与黑色的锰混
杂在一起。锰与铁一样，在其他化能自养菌的作用下，也经历了类似
的循环转化，最终沉积在土壤中。土壤学家诗意地将这些小斑块比作
大理石上的花纹，将这种土壤称为大理石化土壤（marmorisé，源自拉
丁语 marmor，意为"大理石"），尽管这个比喻可能有些许夸张。这些
暗红色与黑色的斑块并不会出现在土表，而是像血管一样分散在土壤
中，并真实地反映了其他季节的土壤湿度。

　　其他地方的土壤氧化程度则需要更长的时间才会发生改变，例如
在法国朗德地区，人们通过种植松树及人工排水改造了当地的沼泽土
壤。地下水水位下降，空气得以进入土壤。昔日缺乏氧气时，土壤是
2 价铁的天下；如今，位于土壤深处的海水渗透区与氧气侵入区的交
界处给化能自养菌带来了一笔"意外之财"。与红土中铁磐层的形成方

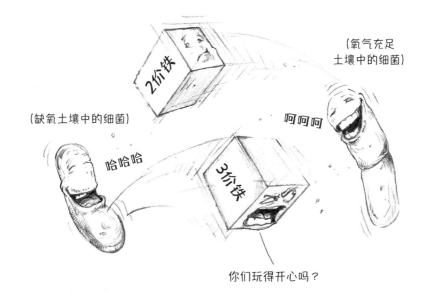

式一样，铁在此处沉积，并与土壤中的其他元素一起形成坚硬的一层，该层时而被掩埋，时而露出地面，称为砂岩层：这层如果很厚，将妨碍植物根系汲取水分与矿物营养。地下水水位下降能够提高土壤肥力，然而，这一优势有时会被砂岩层限制。

土壤初现时

在结束本章之前，让我们踏上最后一段旅程吧。这次花的时间可能会稍长，因为目的地是一个没有土壤的时代，或者说，那时的土壤只不过是一层薄薄的石质土层，别无他物。没有植物，就没有厚实的土壤，而植物在 4.7 亿年前才出现。那么在植物出现之前，岩石风化是如何进行的呢？

彼时的岩石风化跟我们在上文看到的完全不同，主要依赖生物膜进行，却始终无法跨过石质土阶段，因为当土壤厚度超过几毫米时，微生物便无法保留住土壤。现如今，土壤能够蓄存降雨的水分，但那个时候，由于缺乏土壤，降水形成的径流又急又猛，直接席卷过厚的生物膜。河流水量不稳定，降雨过后，河水泛滥，且携带大量昔日河流冲积物，形成的冲积平原景观让人想起退潮时的海滩，水流交织，顺着不同且不断变化的方向流动。或者更确切地说，应该是干谷景观——两次降水之间的土壤水分不足，河流只在大雨过后有水。由于资源匮乏、植被稀薄，只有少数小型多足纲动物、蛛形纲动物和以啃食生物膜为生的昆虫栖居，没有大型动物。最重要的是，由于缺乏厚土，岩石风化强度较弱。

如果生活在海洋中的生物膜里的小藻类与菌类攻击了那里的岩石，为何大型藻类没有继续攻击陆地上的岩石呢？这是因为蕴含矿物盐、二

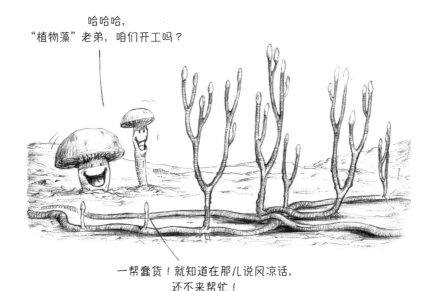

哈哈哈，
"植物藻"老弟，咱们开工吗？

一帮蠢货！就知道在那儿说风凉话，
还不来帮忙！

氧化碳、氧气、光照和水的环境足以满足藻类生存的所有需求，在干燥的大地上生活反而给它们带来了巨大的压力，尤其为了维持大型植物生长"机器"的正常运转，"空中零件"（二氧化碳、氧气、光照）与"地下零件"（矿物盐、水）都是必不可少的。生物膜恰好就附着在空气与矿物层的交界处，一侧在岩石上，另一侧裸露在空气中，这足以满足其薄弱的需求，暴露在空气中更多的那一侧则需要往更深的地方探索以汲取更多的营养物质。但是，藻类并没有根。陆生植物和土壤的出现，不得不等待这些植物演化到能够适应地下矿床的汲取。适应过程太过复杂，光凭藻类的力量是无法完成的，它实现于一次相遇中。

　　最早的陆地生态系统形成于 4 亿年前，来自那个时期的化石至今依然保存完好。在苏格兰赖尼镇遗址[①]，热液泉形成了一种古老的黄石，

---

① Rhynie, 位于苏格兰北部。——译注

温泉中富集了大量矿物盐。有时，泉水冷却后的泛滥会迅速沉积大量矿物质，眨眼间就包裹住 10~25 厘米高的植被并将其变成化石。这些植被的解剖结构也因此被迅速且完好地保存下来，到了今天，我们只需要对形成的化石做简单的切割就能开展研究了。这些化石有些是匍匐茎，有些是直立茎，生长在土壤上，却没有叶子，也没有根，与我们预料的原始藻类后代一样！这些植被是如何汲取矿物质的呢？让我们将其放在显微镜下好生观察一番——它们真的被保存得很好。

　　某些植物的匍匐茎（莱尼蕨与羊角厥）细胞与细胞间缠绕着真菌的菌丝。这些真菌生长于周边贫瘠的土壤中，负责为植物培育土壤；作为回报，植物为真菌提供糖分。因为没有根，这些植物还不算真正地被"种"在土壤里，要演化成真正的植物，还需要藻类和真菌的结合！这便是陆生植物的起源，我们将在第 11 章中再次看到，如今的植物根部在探索土壤时仍会与真菌结合。赖尼镇遗址的一些植物（如星木）有地下茎，即真正的根茎，根茎内也有真菌。大约 8000 万年后，几个植物种群将发育形成真正的根，但这只是为更多的真菌提供容身之处，真菌与根部的这种关联一直持续至今，我将在第 11 章中再次论述。

　　这些植物的地下根茎与被滋养的真菌交错生长，共同探索土壤，且能够保存更厚的土壤。矿藏更丰富的土壤就此形成，随之而来的是岩石风化的加剧，因为与母岩接触后，演化出了更复杂的微生物体。这也有利于保持水分，河流在两次降雨之间能够很好地将降水引流或及时补充水分，形成了河床与更稳定的水流；植被更稠密，很快就会发展成森林。在刚刚诞生的土壤上，现代景观正在逐步显现。

动物离开水，气候转冷

此时，动物界可谓发生了翻天覆地的改变。首先，就是在这个时候，我们的祖先，也就是第一批陆生脊椎动物，离开水来到陆地生活，这里有足够的食物。植物的生长吸引了各种鱼类来陆地觅食，这些鱼经过几千万年的演化变成陆生动物。被吸引来进食的还有土壤动物！

在地下动物中，部分种群先是离开水到地表生活，后来又适应了在地下生活：某些昆虫（例如甲虫和双翅目，其中有些种类的幼虫生活在地下）和千足虫（蜈蚣）就是这种情况。其他动物则是从水中直接迁徙到厚土中生活，它们跨过了地表过渡阶段，直接在地下找了个压力小得多的环境定居下来。因此，这些动物没有纯粹的地表"亲戚"，与它们亲缘关系最近的是水生动物，甚至是穴居动物。显然，这些动物鲜为人知，因为我们几乎不会注意到这些地方。这其中包括蚯蚓，当然还有原尾目及双尾目（类似昆虫的小动物，六条腿，但没有翅膀）、综合纲及少足纲（属于多足亚门，包括蜈蚣）和须脚目（蛛形纲）。许多微生物都看上了这条捷径，尤其是各类变形虫。

不仅陆地景观和生物多样性朝着当前状态迈进了一大步，气候也变冷了。第一批土壤的形成通过双重机制使大气中的二氧化碳含量下降。首先，活着的植物中的生物量要高于生物膜中的生物量，土壤中有机残体积累的碳与大气中减少的碳数量相当。其次，岩石风化加速了石灰岩的沉积，因为即使土壤被很好地保存下来，其中仍有越来越多的矿物质被溶解、流失。土壤、依赖植物滋养的微生物和植物地下根茎三者共同作用，加快了岩石风化的速度。石灰岩、花岗岩和火山岩中释放的钙和镁随之增加。这些矿物离子能够吸附二氧化碳，随着径流汇入海洋，以石灰岩（有时是氧化镁）的形态与碳酸盐一起沉积并被固定在海底。这些碳酸盐是大气中的二氧化碳在水中溶解后生成的。简言之，岩石风化加剧，将二氧化碳先后以碳酸盐及石灰岩的形态"泵送"到海底。美国亚利桑那州大峡谷崖壁上的沉积物就是经过了 17 亿年的不断积累，被河流下切侵蚀，从而形成了纵深 1.5 千米的河谷地貌。如果你去过那儿，应该能注意到高原上以石灰岩为主，但当你不断往下走，到了峡谷底部，就几乎看不见石灰岩的踪影了——石灰岩所占的比例又回到了陆生植物出现前的水平。

厚土出现之后，大气中的二氧化碳浓度降至此前的二十分之一。大约 3.6 亿年前（第一片森林出现之时），二氧化碳浓度是现在的 3 倍；到了石炭纪末期，也就是距今 3 亿年前，二氧化碳浓度已与现在的二氧化碳浓度相当。由此引发的温室效应减弱，加之天体运动及火山活动的影响，地球进入冰期，给生物造成了巨大的影响，甚至导致物种大规模灭绝。泥盆纪末期的冰期（3.8 亿年前）消灭了地球表面 75% 的物种；到了石炭纪末期的冰期（2.8 亿年前），冰盖地区延伸到北纬 30 度，即开罗或的黎波里的纬度，离热带不远了！随后，特别是在过去 260 万年中，在长久冷却的地球上，冰期时不时再次出现。

因此，土壤对气候的冷却效应在很久以前就开始了：在岩石风化的作用下，气候变冷将是长期趋势，与我在第 5 章中谈到的人类开发土壤使温室气体排放量增加的情况正好相反。这两种对立效应之间的平衡有助于控制全球温度。目前，人们计划利用岩石风化将二氧化碳泵送到海里，以对抗温室效应，一些人考虑在农业土壤上播撒玄武岩碎块，这不仅可以释放能提高土壤肥力的矿物盐（钾、磷），还会释放钙和镁，后者会被输送到海洋，从而捕获更多的二氧化碳。土壤对气候的作用是双面的，即使它的出现让陆地气候大幅度变冷，有时也会生成一定的温室气体来弥补。

结　语

毫无疑问，任何东西都不能从土壤中全身而退，即使是石头的心！土壤所有的组成成分都只是短暂地逗留，然后根据土壤类型与其本身的性质以不同的速度被破坏。大多数情况下，有机物被分解、矿化，岩石崩解、风化，其中的矿物质被溶解……一切都在缓慢地进行着。世界的荣耀终将逝去，在下一章里，我们将看到所有这些分解物、风化物被水流冲刷带走。土壤仿若一个巨大消化池中的等候室，在那里，有些物质矿化，有些则转化形成新的物质，而气体只能等待被呼吸或释放到大气中！等候室里的有机物与矿物质都在慢慢演变，奔赴不可避免的结局，有时在等待途中，两者会经历不可思议的结合，地质作用的产物与生物作用的产物结合在一起，就像黏土－腐殖质复合物一样。

如果说雨水对岩石的溶解是一种自发的化学现象，那么生物的参与，尤其是起着主导作用的微生物的参与则加剧了整个进程。伴随着现代土壤的出现，这种现象大约开始于距今 4 亿年前。植物和厚土逐渐取代了薄薄的生物膜，生物孕育了这些土壤，并利用自身细胞和排泄物决定了化学反应的速度。如果把土壤比作生物覆盖在母岩上的外套，那么生物这么做的实质目的却是为了更好地脱掉母岩的衣服！事实上，生物细胞及有机物残体周围产生的酸性物质、留在土壤中的水与残骸、有机体对部分生成的矿物盐的吸收都加剧了岩石风化。

在风化过程中会出现一些暂时存在的矿物质，例如本身就不稳定的黏土矿物。最后，耐风化的矿物质聚集在一起，形成砂粒：气候不太炎热地区的砂粒富含铁和铝的氧化物与氢氧化物，而热带地区的砂粒则富含镍或其他金属。后者随着时间的推移大量积累，其在土壤中的含量最终达到可供开采的浓度（如新喀里多尼亚的镍），或形成化石土壤（用来提取铝的铝土矿）。所有这些风化残留物都可以大量移动并聚集在其他地方，形成岩石，这就是枫丹白露和孚日山区砂岩的起源。

热带地区尽管也有微生物，但依然以地球化学转化为主，因为有了大量的水和热量，物理化学反应会加速、加剧。岩石中的所有物质都溶解了，甚至包括石英，到最后，只剩下质地较硬的铁和铝的氧化物与氢氧化物，最终形成热带红土。在几千万年前，法国还属于热带气候，因此目前一些地方仍保存了美丽的红土景观遗址：如果你来旅游，推荐你去看看奥弗涅大区的圣人谷和普罗旺斯的鹅卵石，它们都是远古热带时期形成的景观。

在湿度较低且较冷的温带地区，有机物的酸度是岩石风化的决定性因素。若酸度较低（如细腐殖质）且气候不够冷，岩石风化程度相对较弱，从而形成黏土及黏土－腐殖质复合物，棕色土就属于这种情况。若酸度较高（如粗腐殖质）且气候较冷，岩石风化则更彻底，只剩下砂粒、氧化铁与氢氧化铁，灰化土就属于这种情况。灰化土在法国分布较少，多见于欧洲北部，那里的气候更适合粗腐殖质的形成。人们可能会讶异于岩石风化并没有为土壤提供更多的肥力，但土壤要肥沃，还需要保存在其中的阳离子能够被生物吸收，而依赖黄腐酸保存阳离子的灰化土则不然。总而言之，不管是棕色土还是灰化土，母岩风化的厚度都要低于热带地区。

可以说土壤中的生物、化学活动都很活跃，但远不止于此，土壤还会动！让我们一起走进下一章，看看土壤是如何运动的！快点出发啦，不然会错过不少哟。

第 10 章
土壤运动：
从生物扰动到侵蚀

在这里，一股鱼腥味扑面而来；在这里，蚯蚓的到来并不总是好消息（尤其在北美洲），它会模糊土壤层的界限；在这里，我们重新认识园丁达尔文；在这里，科西嘉岛的熟食制品不仅对游客来说价格高昂，对土壤来说也是如此；在这里，耕作意味着伤害与杀戮；在这里，1914—1918 年，蓝白红三色国旗①在战场上"绽放"，竟为杀戮平添了一抹诗意；在这里，人们用一种叫 thou 的排水闸将水排干，真该死；在这里，鱼儿从土壤里"跑"出来；在这里，一整段文字都是臭气熏天的；在这里，土壤治愈海洋的"贫血症"，增加海洋的咸度；在这里，习习海风中夹杂着潮汐的气味，那是对土壤的承诺。

法国小说家皮埃尔·洛蒂（Pierre Loti）在其 1886 年出版的《冰岛渔夫》（*Pêcheur d'Islande*）一书中描述了生活在冰岛布列塔尼的鳕鱼渔民的残酷命运，在极其艰苦的生活、气候和技术条件下，人们的结局大多都是悲惨的。这份职业给船主带来了财富，却给布列塔尼海岸

---

① 法国国旗从左至右分别为蓝色、白色、红色，因此也被称为三色旗。——译注

的居民送去了死亡的哀痛，那里随处可见孤儿与寡妇。富人的财富是用群众的鲜血换来的，我们似乎对此司空见惯，这也是这个故事能在世界范围内传播的原因。然而，我们不禁要问：为什么非要跑到大西洋彼岸的纽芬兰去捕鱼呢？

　　鳕鱼是一种营养丰富、美味可口的鱼类，在北大西洋两岸都有分布，将其晒干就能很好地保存。食用鳕鱼迅速风靡全欧，尤其是在中世纪，教会规定每年的斋戒期（不吃陆生动物的肉）必须达到166天。从16世纪中叶开始，鳕鱼占欧洲鱼类市场份额的60%。起初，在欧洲沿海就可以捕捞鳕鱼，但是过度捕捞和日益增长的需求促使人们跑到更远的海域捕捞。这种鱼在距离斯堪的纳维亚、冰岛、格陵兰和加拿大海岸不远的寒冷水域中大量繁殖。渔民先是来到了冰岛，紧接着过度捕捞再次迫使他们跑到更远的地方去。纽芬兰的鳕鱼繁殖地于16世纪初被发现后，很快便吸引了欧洲与加拿大的渔民前来。1950年，渔获量增加到每年50万吨；随着现代渔船投入使用，到1968年，渔获量飙升至180万吨。如此惊人的大规模捕鱼，使得此后鳕鱼种群数量与渔获量锐减。鱼类出口通道开放后，我们的鳕鱼供货量捉襟见肘。尽管出台了更多的保护法规，但欧洲及纽芬兰海岸的鳕鱼种群恢复仍面临重重困难。

　　为什么跑到更远的海域还不够，为什么不得不去远离欧洲的寒冷且危险的海岸捕鱼？这个问题与近期的一则新闻异曲同工：为什么法国渔民担心英国脱欧后会导致他们集体破产？与其继续在英国水域捕鱼，他们为什么不去离海岸更远一点的大西洋水域作业？

　　我猜，你现在一定一脸怀疑地重新确认书名了，请放心，你翻开的并不是一本渔业百科全书。这是一本关于土壤的书，如果你还有疑虑，或者还没有猜到我的小伎俩，没关系，再耐心等一会儿，你就会明白为什么人们总是在海岸附近捕鱼了。你会发现这一切的根源在于土壤——因为它会动。现在，让我们看看这些环绕在土壤周围并让其"活"起来的运动。

在这一章中，我们将看到是什么让土壤动起来。垂直运动与纯粹的物理作用或生物活动相关，它将帮助我们理解耕作这一人类强加给土壤的运动带来的短期效益。从长远来看，耕作会产生一定的弊端，由此产生的侵蚀是一种水平运动，它使土壤在水流冲刷下淋失。我们将在其他土壤或水域中追踪到侵蚀的产物（我向你保证，我们之后还会谈到鳕鱼）。紧接着我会谈到风蚀，最后再来看看其他大气运动，看看海洋是如何通过这些运动为土壤送去（少许）养分的。

土壤中的物理垂直运动

土壤中的垂直运动主要是由物理作用带动的。正如我在第 5 章中所说，气体在土壤与大气之间循环：气体扩散，即气体从浓度高处向浓度低处转移。土壤一边将其生成的气体（二氧化碳、甲烷、一氧化二氮等）排出去，一边又从大气中吸收所需的气体，特别是氧气和少量氮气。

土壤中的液态水裹挟着表土层的溶质在重力作用下向低处运动。这种机制被称作"淋溶"，例如钙被淋溶从而导致土壤褐化，再比如灰化土中的黄腐酸。如果土壤中缺乏阳离子，且有黏粒，黏粒会分散进入水中并以悬浮液的形态向下流动，这种机制被称作"淋移"。除了以上两种方式，水流还可以借助重力作用搬运更大的颗粒：沉淀在灰化土底部的氧化铁及红土底部富含镍的矿物（正如我在上一章中谈到的那样）都是以颗粒形态随着径流移动到土壤底部的。溶质、胶体和颗粒向下移动后可以重新沉积在土壤底部，但它们也可以将这段旅程继续下去，随着水流往侧边更深处移动——不要着急，我下文再做详述。

水并不总是向下移动的，我在第 2 章提到，含有矿物盐的溶液可以借助毛细力从较低的孔隙上升到较高的孔隙中。待到水分蒸发时，这些矿物盐就会重新结晶，你在花盆底部表面看到的白色壳状物就是这个东西。不过土壤中的水分大多是跟随重力向下移动的，毕竟蒸发作用有限，水分下移仍占主导。

因此，土壤内部呈现两极化。顶端的表土层中，有机质比例占绝对优势。而另一端，靠近母岩的区域，被释放出的矿物盐均沉积在这一层。土壤中的营养元素和负责保持这些营养元素的物质（即黏土）随着水分下淋。这是否会不可避免地造成土壤表层的贫瘠？水分向下流动的同时，土壤中的空气却能够移动到任何地方，这就是本章唯一要探讨的问题吗？答案当然是否定的。

因为除了单纯的物理化学作用，生物也参与其中。一方面，土壤层分化明显，底层有机质稀缺，这有利于不同土壤层间的适度混合。另一方面，土壤中确实存在一些运动因素，它们使各土壤层趋向均匀分布，第一个要说的因素就是动物活动。好了，让我们开始吧！

动物产生的生物扰动

我在前文中提到，动物移动需要消耗大量能量，因此会破坏土壤成分，尤其是植物的枯枝落叶。与此同时，动物在移动时需要呼吸，会造成大量矿化。结果就是，动物搅动土壤，模糊了各土壤层的界限。

有些动物通过移动或者单纯地挖洞来搅动土壤，例如鼹鼠或其他会挖洞的动物；如果你见过狗或兔子刨洞，就能明白这些动物是如何在土壤里挖出那么深的洞，并将挖出的土抛到旁边去。虽然规模比不上其他大型的动物，蚂蚁或热带白蚁清理蚁巢也能产生同样的效果：把温带和热带土壤都算上，每年每公顷因蚂蚁挖巢被移到地表的土壤多达 1~50 吨！原本沉积在地表的有机物因此被掩埋，有的被埋在岩石碎屑下，有的在水流作用或者重力作用下被转移到蚁巢里。这就解释了为什么黑钙土（第 6 章中提到的那些分布在俄罗斯的黑色土壤）含有 1~5 米深的有机物，因为许多啮齿动物的废弃巢穴里塞满了来自土表的腐殖质。此外，在土壤中，我们还可以看到这些有机物形成的黑色斑块。在非洲、亚洲和澳大利亚的土壤中，白蚁扮演着重要角色，它们啃噬了地表近三分之一的植物，挖出隧道以运输这些养分，再用从地下运来的矿物质在地表筑起足有 1~2 米高的巢穴（为了汲取水分，一些白蚁甚至会挖到地下 50 米的深度）！

有些动物通过进食来搅动土壤。我在第 7 章提到，蜣螂会将反刍动物的粪便分散埋入土里，为喂养幼虫做准备。许多土壤无脊椎动物（包括蚯蚓）食用有机物，留下粪便（通常排在地表，以免堵塞巢穴），从而搅动土壤。它们将未消化的有机物和那些并非日常所需的矿物质存放在巢穴中，这些植物碎屑与其他矿物碎片被吸附在黏土上，使后者失去活性。有机物在蚯蚓的消化道里被不断研磨，就跟鸟依靠吃下去的石子帮助消化一个原理。

蚯蚓在土壤中的活动让查尔斯·达尔文着迷，1837 年，达尔文 28 岁，这位伟大的生物观察家在伦敦地质学会的一次演讲中，花了几分钟时间专门探讨这个话题。44 年后的 1881 年，也就是达尔文去世的前一年，他献出了一部完整的作品，也是他的最后一部作品，即《腐殖土的产生与蚯蚓的作用》（*The Formation of Vegetable Mould Through the Action of Worms*）。早在 1837 年，达尔文就指出，他"被引向了这样一个推论，即这个国家的所有土壤已经多次经过蚯蚓的消化道，并且仍将反复经过那里"。他对蚯蚓的兴趣源自他的叔叔，后者观察并证明了蚯蚓的粪便（或团粒）会掩埋地表上的东西。达尔文在1881年的著作中解释道，蚯蚓在挖巢时，会将土挤压推开，吞食泥土并排便，从而翻动土壤。他报告了他叔叔的观察结果，1842—1871年，他对自己花园的观察再次证实了这一结果：原本沉积在土壤表层的小块白垩在29年后到达了约20厘米的深度，也就是说，随着蚯蚓粪便不断堆聚在地表，这些小块每年会下移6~7毫米。以这个速度为参照，达尔文可以根据考古沉积物所处的深度估算出它们的年龄，同时我们也会发现，越向土壤剖面底部深入，土壤搅动的程度及速度都在减弱。当然，达尔文只研究了含细腐殖质的土壤（否则几乎不会有蚯蚓）：在这种情况下，土壤整体每3~5年便会经过一次蚯蚓的消化道。

这种由生物带动的土壤运动被称为**生物扰动**［**bioturbation**，结合了希腊语bios（意为"生命"）与拉丁语turbatio（意为"扰动"）］。生物扰动是动物对世界塑造做出的主要贡献。直到约5.5亿年前，动物诞生并逐渐多样化，才出现了大规模的生物扰动。通常，在没有化石留存下来的情况下，如果在古岩石沉积物中发现生物扰动迹象，便能证明动物曾在那里生活过。

生物扰动将植物种子埋进土里，最重要的是能够改善土壤通气性。从微观角度来看，细菌或者变形虫的活动、真菌的生长都可以搅动土壤成分，在土壤中留下一个个微孔，便于锁住水分。从宏观角度来看，土壤中那些最大、最多的孔隙都要归功于动物，它们使土壤的孔隙度提高了20%~100%！这是一场与重力的抗争，随着时间的推移，孔隙会塌陷，但动物可以借助分泌的黏液和粪便来保持孔隙稳固，延迟孔隙的闭合：沉积的有机物使土壤颗粒胶结在一起，增强已形成孔隙的

生物扰动可不止这些呢，
我们也能好好扰动下！

稳定性，有点类似于过去矿工装支架以稳定坑道的处理方式。简言之，土壤呼吸和相对稳定的土壤孔隙都要归功于动物带来的生物扰动作用。

最后，动物活动产生的生物扰动使土壤内部环境不断被重建，甚至被破坏。然而，这远不及人类活动对土壤产生的影响，人类对建筑工程、填平、挖掘、平整土壤、采矿及商业贸易可谓痴迷。在细腐殖质与半腐殖质之下，土壤在动物活动的带动下缓慢移动、呼吸。

植物产生的生物扰动

没有动物，土壤就不会被搅动吗？你大概忘了还存在另一种生物扰动，虽然比较隐秘，不似前一种那么强烈，但持续性并不逊色，甚至在更多的土壤中存在，那就是植物产生的生物扰动。事实上，植物运动有两种方式：首先，植物通过根部的生长将有机物注入土壤深处；然后，沉积在土壤表层的植物遗体为深处的根部提供充足的养分。现在让我们展开谈一谈。

你可能还记得，前文谈到，平均来说，根部占植物总生物量的三分之一，根的侵入式生长通过两种方式产生有机质。第一种方式是根部生长过程中的渗出物与分泌物释放出有机物（我们将在下一章研究根部周边土壤时再次谈及这一点）。第二种方式是根部死亡后，它的组织被埋到土壤深处——这不是什么值得大惊小怪的事情，每年都有30%~90%的细根死亡！总的来说，在根部死亡后每年产出的有机物数量，是掉落到土壤表层的枯枝落叶有机物产出量的1~5倍。

但是植物并不满足于埋藏有机物，它还会产生矿物质！植物树液负责将从土壤中提取的矿物盐养分输送到生长在地面上的植物组织细胞中。氮和磷与这些组织中的有机物结合，而其他矿物元素，如钾、钠、钙、镁，以及少量的铁、硼、硅等，则以原本的矿物形态直接被细胞吸收利用。植物死亡时，所有这些矿物质又重新返回到土壤表层，且数量远高于此前从土壤中提取的份额。举个例子，尽管植物中二氧化硅含量很少，但在温带森林，每年每公顷都有10~50千克的二氧化硅通过树叶返回土壤中！最后，还存在一种偶发性的植物生物扰动，只有在特定的条件下才会发生，那就是当树被风连根拔起，大量土壤被带到空气中，而这些土壤终会慢慢回落到地面上。

事实上，矿物质返回土壤有时便预示着细胞组织的死亡。不知你站在树下时是否注意过，雨水顺着树干往下滴，有时在树干底部会起一点泡沫。从植物上滴下来的水富含从植物中分离出来的物质，其中一些物质就起到发泡剂的作用。水流流经的路程越长，这种富集效应就越强烈，同时能够给生长在树干上的苔藓与地衣提供更多的养分。

下雨时，雨水或多或少会渗透到富含可溶性分子和离子的组织中：少量渗入树芽里，渗入茎部的还要更少些（得益于不透水的树皮的保护），其余大多都渗入树叶里了。或许你还记得我在第 5 章提到过，植物叶片上有气孔，这些微小开孔是水蒸气、二氧化碳和氧气交换的窗口。大雨时，雨水可以从那里流入树叶，之后再裹挟着树叶中的营养物质流出，这种现象被称为雨水淋溶，你可以把被雨水冲淋的树叶想象成泡茶用的茶包。

在多雨的气候下，山顶的针叶树或热带树木（如可室内养的橡皮树）的叶子都有一层厚厚的涂层，通常呈蜡状，有光泽，甚至亮晶晶的。覆盖在叶子上的这层涂层，即树叶表皮，厚实、不透水。同样的情况在干燥地区也会发生，例如地中海地区。在这些地方，厚实的树叶表皮主要起到防止水分过度流失的作用，而在多雨地区，则是能够阻止雨水渗入，因此自然也能避免雨水淋溶。

雨水淋溶在任何地方都存在，甚至在植物组织死亡之前，也会将植物从土壤中获取的部分物质重新带回到土壤中。在温带森林中，每年每公顷有 0.5~1 吨的有机物随着被淋溶的雨水到达土壤表层；如果是酸雨，这个数量还会攀升，但不利于植物的健康生长。在返回土壤的矿物质中，随着被淋滤过的雨水返回的镁、钙和钾占总量的 20%~50%，氮和磷（这两种元素以颗粒或可溶性有机分子的形态存在）占 10%~20%；还剩一半多的矿物质是随着落叶返回土壤的——阔叶树秋季落叶，针叶树全年落叶。虽然对潮湿热带森林中的雨水淋溶效应的研究很少，但不可否认的是，被淋溶的雨水可以将 75% 的钾、35% 的磷和 50% 的氮输送回土壤！热带不仅多雨，树叶的生命周期往往也都在一年以上，尽管全年都会有一点落叶。

差强人意的自然"挖垦"

通过将有机物埋入地下，并将从深处吸收的矿物质沉积在地表，植物缓慢而有规律地实现了动物疯狂运作的生物扰动。即使达不到动物物理混合的强度与多向性，植物对土壤元素的迁移仍起着重要作用，即使在动物生活痕迹极少的粗腐殖质上也是如此。

因此，这些动植物带来的生物扰动减少了富含有机物的上层土壤与富含矿物质的下层土壤间的分化，上升运动或多或少可以抵消土壤下渗水的向下淋溶作用，提供肥力的矿物营养元素因此被搬运到上层土壤中。与西西弗斯一样，生物孜孜不倦地将土壤中的物质往上推，每每到了第 2 天，部分物质又会由于重力作用"滚"下来。但尽管如此，生物扰动对土壤的搅动依然有限，这也解释了为什么我们仍能在土壤中观察到土壤分层。

然而，生物扰动带来的并不总是好消息。诚然，在温带环境中，特别是在欧洲，蚯蚓对土壤结构的影响主要是积极的，它们对土壤的搅动会促进黏土 - 腐殖质复合物及块状结构体（所有块状结构体都呈团粒状）的形成。但是，与人们普遍认为的相反，并非所有地方都是如此。在热带环境中，每年每公顷土地中土壤团粒的产量可能超过 500 吨，而过量是有害的。因为如果粪便大量沉积并相互附着，就会形成真正的"混凝土"。在蚯蚓大量聚集的地方，土壤结构会被压实。非洲每公顷土地有多达 20 万只非洲巨蚓（*Millsonia anomala*），相当于 250 千克的蚯蚓，它们创造了大量土壤团粒，这些团粒有时会压实土壤结构。

欧洲人常常忽视外来蚯蚓在北美洲的危害性。过去 200 万年的连续冰期似乎让蚯蚓在北美洲消失殆尽。那里的生物扰动非常有限，都是由其他动物（包括昆虫和一些稀有的当地不活跃的小型蠕虫）和植物引起的。准确来说应该是"曾经引起"，因为早在第一批殖民者到达北美洲时，就无意中将蚯蚓从欧洲带到了这里。之后类属巨蚓科的亚洲物种也加入了它们的行列。大家都很开心，因为那里是一个没有竞争对手的生存环境。然而并非皆大欢喜，这些蚯蚓与北美洲土壤相处的并不好，它们破坏了那里的土壤结构，扰乱了地下动物的生活。当地的生物多样性并不适应蚯蚓活跃的生物扰动，蚯蚓通过竞争消灭了原有的动物，使植物根部遭到破坏，阻碍了植物的生长。通过搅动土壤，蚯蚓将埋藏在底下的矿物肥力转移到更接近地表的位置，从而将半腐殖质转化为细腐殖质，并通过加强土壤通气性促进有机物的分解与矿化。蚯蚓产生的影响因地点及种群不同各有差异，但它们给土壤带来的扰动无处不在，并引发了植被变化。最近，在北极的土壤中也发现了类似的扰动，由于全球变暖，南方的蚯蚓迁徙到北方，而那里的生态系统对这些蚯蚓正在着手的工作一无所知。

蚯蚓并非过度生物扰动带来的唯一害处。冬天的时候，野猪跑到土里刨食块茎，也会破坏土壤，但只有当野猪过多时，这种影响才会变得有害。例如，如果单凭狩猎已不足以控制野猪的数量，或者它们与繁殖力更强的家猪杂交，就会导致其数量激增。了解科西嘉岛的人可能已经见识过这种破坏了，不然何来大名鼎鼎的科西嘉岛特产——美味的猪肉熟制品呢？这可真是个悲伤的故事！挖掘会毁坏植物根部，使生活在地下的动物和微生物暴露在干燥的空气中，并通过破坏土壤结构加剧水土流失。

最低限度的生物扰动有助于提升土壤肥力，过量或不足都是有害的；"量"决定一切，而量又取决于土壤的类型。事实上，土壤普遍存在生物扰动。曾经有人利用热释光法计算砂粒的平均埋藏时间，其研究结果已经证实生物扰动的普遍存在。我在第 6 章中介绍过这个方法，其相当于将达尔文的发现与科学史研究结合起来，因为这项研究得出的结果是建立在长期观察的基础上，即使研究对象是强度极低的土壤搅动。从各纬度地区土壤运动的情况来看，土壤自发生物扰动的另一个特征，即土壤搅动的强度随着深度的增加而降低，这主要是因为从表土层开始，可供动物吸收的有机物数量逐层递减，动物活动可达的深度自然就更小了。因此，从表土层逐渐过渡到母岩层，随着深度的增加，生物扰动越来越弱，直至完全消失。

从自然"挖垦"到人类耕作

人类很早就从实践中认识到了生物扰动带来的好处（至少在短期内有好处），只不过并未给这种现象命名。这种好处就是土壤耕作后，人们很快就能在上面播种与收获了。达尔文在其 1881 年的著作中将耕作与动物扰动相提并论："犁是人类最古老、最有用的发明之一，但在它出现很久之前，蚯蚓就会定期"挖垦"土壤，现在依然如此。"然而，这两种方式的"有用"之处仍有细微的差别（下文再做论述），因为即使耕作能够带来短期效益并因此赢得了农民的青睐，但从长远来看，这种方式仍然有很多隐患。

一切始于一把轻犁，这是一种有两个对称的尖头或锥形犁头的工具。在动物的牵引下，农民靠自己的体重将轻犁向下按压、推入地里，在土壤上扒出一道沟。虽然土壤只是被轻微翻转，但是最上层的土壤仍被拨到犁钩两侧，更确切地说，这只是"犁地"，而不是"耕地（耕作）"。后来，另一种自古以来就为人所知的工具逐渐被应用，即铁犁。铁犁在 11 世纪被引入欧洲，耕地也才能名副其实地实现。

铁犁是不对称的。它配有一把犁刀，就是一种铁片，安装在主犁体前方并形成一个凹槽，以固定住后面的犁铧。犁铧沿水平方向将土壤翻起、切割，并割断地下的茎和根。再后方是一个拱形的犁壁，它使犁整体呈不对称的形状，并将被切割后的土壤翻抛到旁侧，而原本在旁侧的土壤正是上一次耕作时被翻起的土壤。就这样，年复一年，浅层的土壤被推到旁侧：与犁地不同，耕作是将土壤完全翻转，入土深度更深（大约可达到 20 厘米的深度，农业机械化以来甚至更深）。即使犁铧的形状有利于其自发往深处插，但与轻犁相比，铁犁仍然需要更大的牵引力，而拖拉机的到来使增加耕层深度成为可能。

耕作的优势在于能够使那些由于重力下移到土壤底层的物质被再次搬运到上层，如矿物盐和黏土矿物。之前的作物和杂草因根茎被切断，剩下的残花败柳不再具备竞争力，而且落在地上的种子被埋到土壤深处，90% 的植物物种都无法再坚持下去，尤其是禾本科植物（剩下的 10% 则会让你大吃一惊的）。耕作还能增加土壤透气性，让土壤呼吸更好，有利于雨水渗入。如果往地表施肥，肥料会被掩埋，接触不到氧气，进而减慢它的矿化速度，从而使有机物继续保留在土壤中。最后，被耕翻的大土块破碎成小土块，到了冬季，在霜冻的作用下，继续崩解成更细的土粒，这种土壤更适合幼苗的孕育。那么，有了耕作，等待我们的总是如"采菊东篱下，悠然见南山"那般美好的田园生活吗？事实并非如此。

耕作带来的破坏

人类耕作与蚯蚓带来的简单扰动是不同的。至于证据，我在第 1 章中就有所述及，耕作持续不断地将土壤深处的石砾翻到农田地表；蚯蚓活动形成的土壤团粒则相反，随着时间的推移，土壤团粒不断堆积，将地表上的一切物质掩埋。由此可见，两者搬运大块物质的方向不同，故而对土壤产生的影响也不同，从长远来看，耕作会带来隐患，其主要表现如下。

每年农民在耕田时都将犁放于犁铧切割区域正下方的土壤上，而犁本身是很重的。年复一年，那片区域的土壤，特别是潮湿的土壤，被反复挤压后形成一层空气无法穿透的紧实土层，即"犁底层"。同时，水分在毛细作用下被保留在微孔隙中。土层密度大不仅阻碍植物根系下伸，同时限制了其与更深处土壤间的物质交换。很快，只有表层的土壤被耕翻，而母岩转化所释放的可供作物吸收的矿物盐养分无法到达表土层。由于深处缺乏生物活动，犁底层本身是不可逆的，因此从长远来看，必须要主动将其打破。

针对这一问题有两个解决方法。影响小但速度慢的方法便是休耕几年，这样植物（可能是多年生植物，即酸模属或豆科）可以趁机长出又壮又深的根。休耕时间越长，这些根穿透犁底层的效果就越好。第二个更快的方法就是进一步拓深人类扰动范围：深耕可以从下面将犁底层托起，最终将其打破。这种作业是借助一把刀片进行的，它可以在不翻土的情况下，从深处将土壤劈开，打破犁底层；刀片后面还连着一个加宽的机架，用来松土。这种处理方式虽能增加土壤的团粒结构，同时也会使土壤更易向下沉降，因为有机物或生物太少，无法维持形成的孔隙。

犁底层只是耕作带来的众多长期隐患之一，可以通过技术手段被解决。你可能会想，只要每25年开展一次深耕，一切问题就迎刃而解了！然而并非如此，时光流逝，坏消息接踵而至。

首先，可供土壤生物呼吸的氧气更多，就意味着土壤中的有机物被消耗得更快。再加之收成时作物秸秆会被带走，除非人们能确保足够的肥料供给。目前我们已了解到，土壤有机物含量下降会破坏土壤结构和土壤黏性，并导致土壤水分及阳离子保持能力下降。这与前文的论断似乎有点矛盾，即耕作通过掩埋以保护播撒的肥料。正如我在第 5 章中所说，相较于留在地表，有机物被掩埋能够得到更好的保存，但从长远来看，如果不耕作，处于同样深度的有机物存活率更高。耕作之后的每一次施肥都是对有机物的补给，但这些存量只能维持到下次播种前。机械破碎作用与有机物的缺乏破坏了土壤结构，使形成的孔隙更易被沉降的物质重新填充，并加剧侵蚀，我在下文中将再次解释这点。

成群的鸟儿扑棱翅膀，绕着垄沟飞来飞去，好不惬意，观者无不为之动容，却未意识到这其实是一场"屠杀"：土壤中的动物不仅被暴露在干燥的大气中，还暴露在捕食者的面前，比如这些正在大快朵颐的鸟儿。体型最大的动物，尤其是蚯蚓，是耕作的主要受害者。另一个受害群体是真菌，它们的丝状菌丝体被撕裂——你永远不会在耕过的田间看到状似女巫大锅的蘑菇！体型小的动物处境要好些，它们藏匿于土块中心区域，因此细菌比真菌受到的影响小。与未被耕过的土壤相比，耕过的土壤中细菌含量更高，因为与真菌的竞争减少了。当然，耕作后，土壤中的动物群落会自我重组，同时由于可供它们吸收的有机物减少，生物多样性会受到影响。对现有物种的研究表明，消失的物种有限，但更糟糕的是生物量普遍下降了：长期来看，个体数量减少会增加物种消失的风险，降低与土壤生物相关机制的强度。

某些物种已经适应了耕作，除草效果因此受限：10% 的植物物种生长在种植谷物的田间，在法语中被统称为 messicole（源自拉丁语 messio，意为"收获"）。这些植物不惧耕作，相反，它们依赖耕作进入土壤。耕作时人们会将这些一年生植物除去，因为它们的种子会在有

《大地的獠牙》

光照的环境下发芽，但如果这些种子被埋入土壤，长期处于阴暗环境中，则需要等待一些时间：在前一次耕作中被埋入土中，等待下一次耕作被挖出后才能发芽。由于除草剂的使用，这些植物已经很罕见了，但它们开出的花朵非常漂亮。蓝莓、蓝色黑种草、粉色麦仙翁、红色黑心金盏菊……经历农业生产活动的连环"轰炸"后，这些被埋进土里的种子会在来年重新回到地表，带来满园花色。第一次世界大战结束后，杀虫剂在法国北部还不常见，放眼望去，罂粟、蓝莓和白菊连成一片，蓝白红相映，让人不禁想起法国国旗，想起刚刚结束的战争，悲伤之情油然而生（法国大地用这种方式悼念在战争中逝去的人，可怜的家人啊，一抹泪，从此生死两茫茫！曾有人如是写道）。换句话说，耕作已经为作物筛选出了不需要的植物。甚至一些动物最终也适应了耕作，比如金龟甲，它们的幼虫到了秋天就钻进土里，躲在耕地下面过冬。

从长远来看，耕作会降低土壤有机质含量，破坏土壤结构，导致生物量降低，地下生物活动减少。矛盾的是，犁耕会让土壤更容易被压实，甚至它的除草效果都不确定。为了避免土壤结构被破坏及有机质流失，20 世纪 70 年代开始，耕作层的深度增加（最深可达 80 厘米），但耕作仍然是最重要的侵蚀因素。接下来就让我们来看看这种由耕作引发的土壤运动（流失）。

自然侵蚀到人类耕作侵蚀

在冬天的乡间，我们秋耕过的土壤一年中有 100 天都是光秃秃的，呈褐色。土壤结构先后被耕作、雨水或霜冻破坏，没有更多的植被覆盖，也没有根系。这里的土壤成了水流的囊中物，只能任其冲刷搬运。我们常看到沟渠与河流中的水被胶体，尤其是冲刷物搅浑，清澈不再，这便是裸土造成的结果。与只流经森林与牧场的河流相比，甚至与山里的河流相比，这里的河水要混浊得多！在全球范围内，由侵蚀造成的土壤流失中，68% 来源于农田土壤，仅有不到 1% 来自森林土壤。

然而，侵蚀并不是人类活动的专利，它是所有土壤的组成部分，甚至是至关重要的一部分。因为随着母岩被攻击，它与土壤之间的边界（通常是分散的）不停下沉。土壤会不断蚕食母岩，如果没有侵蚀，土壤将会持续增厚，从而阻碍根部进入深层汲取母岩蚀变释放的矿物养分；可以保持肥力的黏土矿物也积聚在土壤淋溶层中。根部越往深处延伸，离氧气就越远，生长环境就越差……因此，如果年龄大的土这里光秃秃的，看着太让人难受了！

壤在成土作用中厚度增加，却在发育成熟时因侵蚀作用趋于被"切断"（土壤被侵蚀的速度与其下伸接近母岩的速度一样快），不失为一件好事。两者速度要保持一致，不能有一方过快。侵蚀强度过弱会剥夺土壤肥力，过强又会导致土壤消失——这种现象同样好坏参半。考虑到特定土壤的功能，侵蚀强度才是最重要的影响因素。

一般来说，常年有植被覆盖的土壤平均每年被侵蚀 0.1~1 毫米，与其向母岩层发育的速度一致，也就是说，每年每公顷土壤流失量高达 1~10 吨！具体来说，在未被开垦的辽阔平原上，因为水动力不足，土壤侵蚀要弱得多（0.0001~0.01 毫米）；反之，山区坡地的斜坡会加快侵蚀，每年土壤要流失 0.1~10 毫米！与其原本的速度相比，耕作过的平原土壤的侵蚀速度要快 10~100 倍，即与阿尔卑斯山或比利牛斯山的土壤侵蚀速度一致，后者的山体斜坡有利于外力搬运。在一些可能不会存续很久的土壤中，耕作使土壤侵蚀加剧了 1000 倍。在非洲，一些耕作不当的土壤每公顷每年的损失高达 200 吨！美国玉米种植带三分之一的土壤失去了富含有机物的表土层，人们不得不在剩余的纯矿物土壤层中种植作物，结果就是这些产区的玉米产量下降了 6%，相当于 25 亿欧元的损失！具体来说，土壤侵蚀会因土壤类型及耕作方法的不同有些许差异，但耕作加剧土壤侵蚀是必然的。

当然，只要有一点坡度，我们就要注意耕作的方向。虽然从上至下或从下至上进行纵向作业对犁耕者来说更容易，也更稳定，但其实应该沿着坡度曲线进行横向作业。尽管横向作业方式相对来说更好，但事实上，它仍只是权宜之计，因为即使不考虑地势的影响，耕作也会使土壤在一段时间内易受侵蚀。当然，土壤在没有植被覆盖时，侵蚀会加剧，这就是冬天之前的耕作更关键的原因，然而人们忽略了这一点，大家似乎已经习惯了冬天田间被耕翻的光秃秃的褐色土壤。我在引言中提到了一段冬天漫步的经历，当读到里面关于绿油油的路边与棕褐色的田野形成强烈反差的描述时，谁真正为此感到气愤呢？然而，在乡村的自然环境中，这难道不反常吗？毕竟我们的土壤总是被植被覆盖着。

侵蚀与逝去的文明

耕作后裸露的土壤就消失在我们眼前，或者更准确地说，是在连续数代人的眼前消失了，因为以每年 1 毫米的净速率（减去它的下降速度）估算，2 米的土壤消失需要 2000 多年。土壤流失的过程逐渐过渡为不可逆，但速度极其缓慢，这正是土壤面对变化的一种抵抗表现。我们面对土壤形形色色的抵抗形式，也是一头雾水。

机械化增强了现代耕作强度，矿物肥料的使用减少或消除了休耕期，导致侵蚀加快。过去，侵蚀并没有那么明显，也不易被察觉，但从长远来看，这个过程已无法再持续下去了。事实上，你走进古老的地中海城市（如希腊的一些城市），会震惊于周边乡村的农田生产潜力之低。考古学家在法国南部的高原上发现了新石器时代村庄的遗迹，那里的岩石裸露在地表，上方只覆盖着薄薄的一层土壤。当然，新石器时代以后气候发生了变化，不似过去那般潮湿，这些地方也引进了可供食用的作物，但这些作物的到来使人们必须依赖肥沃的土地。如今，地中海地区的土壤如此贫瘠，这很大程度上是千年以来耕作的结果：返回土壤的肥料不足，过度放牧使物质输出增加，从而导致土壤裸露，这些都可能进一步加剧土壤的贫瘠度。这些古老城市存续的时间均在 500~1000 年，一些人认为，导致这一现象的因素之一就是大规模农业出现后土壤肥力的持续时间。如果说诸如文明或城市消亡这般复杂的问题不能被归结为单一原因，除了战争、流行病及气候变化，历史学家还应该多多研究下当时的土壤管理。然而，历史书从不谈论土壤。

　　耕作影响土壤侵蚀的另一项不容忽视的反向证据是替代农业①的影响，这种农业模式只有偶尔需要在不翻转土壤的前提下让它变得疏松透气时才会实际使用。较之没有农业活动时观察到的状态，替代农业情况下的土壤侵蚀强度与之相仿或略高，我将在第 14 章中介绍。正如我们所了解的，耕作能够带来短期效益，但从长期来看，这种作业方式几乎不可取。过去的人们选择耕作，从而在短期内确保了粮食供应，

---

① 指以综合化农业替代石油农业。世界上大多数国家的现代农业是以石油为主要动力的高度机械化、化学化、水利化、良种化及设施化农业。综合化农业不仅在技术上把以非石油能源为主要动力的综合机械化、自动化、水利化、良种化及设施化有机组合成综合的农业技术系统，而且把现有的农业生态系统改造、重建、提高或新建成综合的生态系统，并把现有农业的经济组织管理改革或完善成综合的经济系统管理，即将现代农业发展的所有成果集中起来加以综合化和系统化。综合化农业是比现代化农业更为先进的发展阶段，代表着现代农业发展的新方向。——编注

然而从长远来看，这个选择却受到了质疑。今天，法国至少有 20% 的土壤侵蚀速度快于其发育速度。在欧盟（包含所有土壤在内），水对土壤的平均侵蚀速度是土壤形成速度的 1.6 倍，12.7% 的土壤表层受侵蚀威胁，这导致每年的农业损失预计高达 12.5 亿欧元。热带国家的情况还要糟糕得多。到 2050 年，全球 90% 的农业土壤将因侵蚀和变薄而退化。

据估计，每年有 300 亿~400 亿吨土壤在侵蚀作用下被搬运到海洋中。我们认为，这其中有一半到四分之三与人类活动有关，而且主要与耕作有关。对过去 1.2 万年间世界各地湖泊沉积物沉积速率的分析表明，自 4000 年前早期农业兴起以来，土壤侵蚀增加了 35%。

侵蚀的利与害

侵蚀是一种横向土壤运动，部分土壤通过这种方式从土壤层中"逃"出去。侵蚀通常与水相关，水将溶解的矿物盐与有机物，甚至包括悬浮物带走：强径流可以裹挟、搬运胶体和更大的颗粒，甚至是砂粒。

风也能带来侵蚀，即"风蚀"［éolienne，以希腊风神埃俄罗斯（Éole）命名］。据估计，风蚀的强度是流水侵蚀强度的十分之一，即每年至少有 20 亿吨或 30 亿吨土壤被风力侵蚀。在没有植被的情况下，风蚀效果尤其显著，而耕作就会导致土壤裸露，特别是在干燥多风的季节。可以说，欧洲的冬天不算很干燥（也许南方除外），但在其他地方，裸露的土壤受气候影响被破坏，带来了真正的灾难，我在第 2 章中谈到美国的农业技术加上 20 世纪 30 年代的干旱，引发了巨大的沙尘暴，"黑色风暴"席卷了一些地方多达四分之三的土地，并掩埋了其他地方的农场，受影响的土地面积超过 40 万平方千米。

风蚀也会在气候变化时发生：干旱或降温会减少或破坏植被，从而使温和气候下形成的土壤裸露在外。冰期时的北欧平原是寒冷的沙漠，受到严重的风蚀，造成了如今土壤的贫瘠。当下，撒哈拉沙漠才是沙尘暴的主舞台，这里没有厚土壤；然而，这里曾有过许多湿润期，肥沃的土地上孕育了富饶的生态系统。人们将最后一次湿润期出现的动物画在岩壁上，这些动物可以追溯到距今 1 万年前到 8000 年前。每当气候干旱，所有这些土壤都被风卷走了。

土壤最终去向何方？它们有时被流水带走，有时被风带走。等待它们的是什么样的命运呢？我们将在下文中看到，这是侵蚀的另一个益处：侵蚀将被其带走的物质搬运到其他地方，世界大部分土壤的肥力都是这样来的。

侵蚀对土壤的物质输送

尼罗河谷一直是地中海地区的粮仓，尽管它只是沙漠中央一条肥沃的细长丝带。去过那里的人都知道，一旦远离河流就进入了沙漠：河流给山谷带来了一切，包括水与肥力。每年到了涨水期，冲积物沉积，化为土壤肥力。尼罗河汇聚了南部两条支流的雨水，常年不断流：白尼罗河发源于与乌干达、肯尼亚和坦桑尼亚接壤处的维多利亚湖，而青尼罗河则发源于埃塞俄比亚的塔纳湖。尼罗河的泛滥受季风的影响，季风给埃塞俄比亚高原带去了降水，增加了青尼罗河的流量。每年到了夏天，河水上涨（约 7 米），将山谷里绵延数里的绿色植被尽数淹没，同时带来了黑色淤泥沉积物，使土壤变得肥沃。上游的肥力被"连根拔起"带到下游并沉积。这些黑色淤泥含有大量有机物，特别是埃塞俄比亚玄武岩的碎屑，这也正是古埃及人将自己的国家称作"凯麦特"（Kemet，埃及语中意为"黑土地"）的原因。稍后我们将看到，如今，尼罗河洪水早已属于历史，然而，正是在它滋养的大地上建立了人类最古老的文明之一。每年，洪水带来的供给如期到来，保护了这片土地，使其免受耕作的荼毒。

同样的事情在世界其他地方也有发生：河流泛滥使土壤变得肥沃，人类便在这里发展起了农业。美索不达米亚早期农业发源于底格里斯河和幼发拉底河洪水冲积堆积而成的土地；在中国，自古以来黄河泛滥就备受重视。让我们再把时间轴拉近一点，人类已经掌握了利用汛期洪水进行灌溉的技术，甚至在低水位时期都能灌溉。例如，彼时的意大利波河平原已发展为一个由运河连接和排水的土地系统，部分工程由达·芬奇设计，为水淹稻的种植提供了条件。

即使没有洪水或邻近的河流，人们也可以利用分散的径流来提高土壤肥力：如法国栋布地区[①]使用的交替灌溉。13 世纪，人们为了在这片位于里昂北部的湿地开展农业，将其土壤水分排干，并将排出的水输送到被改造成池塘的田地里，用来养鱼。三四年后，人们再次利用当地一种叫 thou[②] 的排水闸排空池塘，并开展了一次大规模的捕鱼。池塘里的水并不是一次性排干的，人们会让排水闸开上个一年到几年，在此期间会在土壤上种植庄稼或放牧。这一时期被称作"排水期"，含义一目了然。排水期利用了池塘中水沉积的肥力，以及沉积在水底未被分解的有机物（我们已从第 8 章知悉，有机物分解需要氧气，而水限制了氧气的进入）。唉，可惜，这种略微复杂的农业作业方式已不复存在（如波河平原的灌溉系统），随之消逝的还有这些地区的农业价值。

---

① 位于法国东部。——译注

② 读音与"度"相仿。——译注

多亏了侵蚀带来的物质迁移，一处土壤吸收另一处土壤流失物质的现象时有发生。我在第 9 章里提到，上游地区的肥力被带到下游，使下游的土壤更容易发育细腐殖质，进而形成肥沃的土壤。然而，被侵蚀搬运的营养元素只有一部分被保留在其他土壤中，那么其余物质大多都跑到哪里去了呢？答案很简单：水里。

侵蚀对水生生态系统的物质输送

从土壤中剥离的矿物盐最终在水体中找到了"买家"，包括陆地水域及河流入海口周边海域。与陆生植物一样，水生植物也通过光合作用生长。这都是些生长于淡水边缘或底部的植物，大多是藻类，从悬浮在海洋或淡水中的单细胞微小浮游藻类到挂在岩石上的大型藻类（如布列塔尼海岸的墨角藻和海带）都囊括在内！矿物盐不仅能提高土壤肥力，也能增加水的肥力！

土壤中的营养元素就是这样被注入淡水与海水中的，海水中积聚的氯化钠也大多来自土壤。水生生态系统是由土壤的"泪水"建成的；土壤正为失去的肥力哭泣，水体却在为新成员的到来欢呼！可以想象，沿海水域中含有大量来自土壤中的营养元素。让我们来到退潮后的布列塔尼海岸，看看大片褐色、绿色、红色的藻类吧。它们每年产生的生物量与热带雨林树木产生的生物量一样多！没想到吧？毕竟它们没有树干，冬天又经常被风暴连根拔起，这导致产生的有机物停留在原地的时间更短。但是，是的，你没有看错：布列塔尼的海岸和潮湿的热带雨林一样肥沃，这要归功于被河流冲刷过的土壤。

相反，再往前 100 千米，来到更远的海域，这种"施肥"效应就不明显了。一方面，营养元素已经被更靠近陆地的藻类吸收；另一方面，还有一条可怕的规则，即所有死去的东西都会沉到海底，远离海面，氮、磷和其他矿物资源也随之下沉，得不到阳光的照射。海洋中没有土壤可以就地回收这些养分，一旦远离陆地，肥力下降是必然的，即使速度缓慢。而海洋中心地带的贫瘠也给我们上了一课，即土壤养分循环的好处！这里最缺铁，因为在有氧的情况下，铁以 3 价铁的形态存在，移动性很差，海洋就属于这样的情况：即使少许铁被河流搬运到海岸口，也几乎不能再前进了——我稍后再来谈谈铁匮乏这一关键的问题。

在进一步阐述之前，让我们再次回到鳕鱼的问题，以上就是为什么在资源枯竭的情况下，鳕鱼捕捞的范围要沿着欧洲海岸不断向北延伸，最终到达冰岛或格陵兰，甚至纽芬兰海岸；这也解释了为何法国渔民如此担心英国脱欧后会剥夺他们在英国沿海水域捕鱼的权利，因为这片海域靠近欧洲大陆，鱼量庞大。跑到更远的海域去是不够的，关键是要拥有土壤给海洋带来的东西。鱼主要生活在沿海地区，因为那里有许多食物：小鱼及甲壳类动物靠吃微小浮游藻类为生，大鱼靠吃小鱼及甲壳类动物为生，更大的鱼靠吃大鱼为生。在本书的引言中，我提到了一种波罗的海的熏三文鱼，该海域几乎不与外海连接，沿岸河流众多，因此海盐度低，但富含其他肥沃的矿物盐。我曾说过，一切都要归功于土壤，你现在能理解了吗？

此外，水坝工程剥夺了海洋的肥力，这是水坝对远距离环境的影响之一。因为水坝会通过减缓水流速度，使冲积物沉积，胶体可能会絮凝，矿物盐甚至在某些情况下也会重新结晶。大坝蓄水其实是一种沉降形式，从其中流出的水已经失去了肥力。相对应地，如果大坝淤塞了，则必须清理干净——这是水留下的肥力，要将其收集起来。在尼罗河谷，建于 20 世纪 60 年代的阿斯旺水坝成功阻截了大洪水，包

括破坏力极大的最严重的洪水。阿斯旺水坝为埃及全国供电，并通过在枯水期维持尼罗河的水位保证了全年的灌溉用水。但就肥力而言，没有洪水，黑色淤泥都被阻拦在大坝中，流入大大受限。含施撒矿物肥料在内的一些替代方法已经在田地被投入使用，但下游地区才是受影响最严重的地带：因为阿斯旺大坝泻入尼罗河的水流的搬运能力没有洪水强，不再能给地中海带来同样多的肥力。曾经，尼罗河三角洲地区的土壤非常肥沃，但如今肥力已经下降了。向海洋输送的磷酸盐仅为大坝修建前的 4%。在没有过度捕捞的情况下，三角洲的沙丁鱼捕捞量在 15 年内下降了 95%，虾的捕捞量锐减；1960—1975 年海上总渔获量下降了 80%。

从土壤到海滩

除了肥力，土壤中的物质还以颗粒的形态被带到海洋中：胶体形成泥滩，而沙子则形成海滩。我们去海边度假，铺开毛巾准备享受夏日阳光时，请记得被我们压在下面的沙子正是土壤从母岩中分解出来的。

还有一个方法可以让我们认清侵蚀搬运的土壤颗粒最终都会入海这一事实，那便是将从古至今所有这些被泥沙淤塞的港口铭记于心，尤其是海岸港口。它们无一不在与沉积物角力，有时输了比赛，就只能沦为历史遗迹了，例如当时为了罗马的发展需要在意大利奥斯蒂亚附近建造的波图斯——古罗马大型港口之一。毫无疑问，内陆农业开发导致的土壤侵蚀加速了这些港口的淤塞，直至其完全无法通航。19世纪下半叶，法国开展了第一次大规模山区重新造林，就在位于中央高原南部的艾瓜勒山区。农业作业，特别是集约式放牧，已经削弱了那里的土壤稳定性。在地中海沿岸一侧，灾难性洪水冲走了大量沉积物；大西洋沿岸一侧坡度更平缓，水流携带的土壤颗粒更细，从而导致当时法国第三大港口波尔多港淤塞。事实证明，重新造林以稳定土壤被证明是一种可持续的解决方案。

这种颗粒输入也受到河流开发的限制，如清除河沙、防洪措施、建造水坝和水库。同样，河流或地下水的灌溉将原本"承诺"给海洋

的东西转移到其他土壤中，正如我们在第 2 章看到的那样，这种做法
不仅有可能使接收方土壤盐渍化，同时由于矿物被转移，海洋处于饥
饿状态，海滩会变薄。罗讷河及其支流沿岸地区的开发和灌溉使每年
原本要输入地中海的物质从 20 世纪初的约 3000 万吨下降至 60 年代的
1200 万吨，再到目前的 800 万吨。因此，沙质海岸线后退和某些地区
的海滩变薄不仅是当前海平面上升的结果，也是土壤经由河流对海洋
的物质输送减少的结果，只是后者鲜被谈及。矛盾的是，侵蚀在人类
的干预下增加了，与此同时，侵蚀搬运的物质不再总能找到通往海洋
的路，它们经常堵塞我们的水坝，而我们只能疯狂地清理。

富营养化，从肥料到绿潮

我们已经看到水坝如何"饿坏了"海洋，现在再让我们看看处理
不当的土壤如何强制性"塞饱"海洋。事实上，淡水和海水中往往缺
乏水生植物生长所需的某些矿物资源，但土壤流失刚好可以弥补这一
空缺。甚至是过度补偿。

施入农田的矿物肥料正是植物缺乏的物质，有了它们，植物可以
生长地更好、更大。当这些肥料跑到水域中，便能促进那里的藻类生
长，因为藻类也缺乏这些营养元素。将这些因含量少而限制植物生长
的物质带到植物生长环境中的过程被称作"富营养化"[eutrophiser，
源自希腊语 eu（意为"好"）和 trophin（意为"滋养"）]。虽然"肥料"
一词本身并不能让人明确联想到富营养化的概念，但顾名思义，它指
的是"养肥植物"。田里长得更好的植物带来的收成也更多，但是在水
里，可没有人会跑去收割那些被输入的营养物质养肥的藻类。滋生的
藻类生物量不断积累，由于缺乏足够的氧气，最终会矿化不良。因氧

气不足，水内细菌只能依赖硫酸盐呼吸，并产生硫化氢，闻起来一股臭鸡蛋的味道，不仅气味难闻且带毒性。

你可能见过一些地方的淡水看上去绿油油的，且很浓稠，水里长满了因富营养化而大量繁殖的微小藻类。这些水域通常缺乏磷。20 世纪 80 年代，人们注意到城市污水会导致附近河流和湖泊富营养化。经分析，洗涤剂中的磷酸盐被认为是罪魁祸首，它们被添加到洗涤剂中以捕获钙，并防止水垢沉积在洗衣机中。尽管磷表面看上去无害，但因其稀有，恰恰是可以促进淡水藻类生长的元素：磷被大量释放到生活污水中，造成了可恶的富营养化。正是因为这个原因，才有了法国现行立法规定的"无磷"洗涤剂和餐具洗涤产品。

在近岸水域，人人都听说过绿潮。这类水域中，通常最缺乏氮。以布列塔尼的某些沿岸地区为例，迫于养猪场的压力，内陆农业过量使用动物粪肥作为肥料（我在第 8 章中谈到过这一点），养猪场也因此成功处理了粪便。实际上，人们将这些肥料以高浓度扩散在土壤中，更多的是为了将其处理掉，而不是因为它们的施肥价值，而且在输入的物质中，硝酸盐和磷酸盐与所有带负电荷的离子一样，几乎不会被土壤保留，而是最终汇入海洋……绿藻、石莼或海莴苣在它们的滋养下大量繁殖，尤其是有了经常性缺乏的氮的供应。我在第 3 章中提到了马尾藻的泛滥，这些褐藻的堆积使加勒比岛屿周边水域发臭且有毒，这要归咎于更早形成的富营养化问题，是由亚马孙流域的农业造成的。农业作业为藻类提供了肥料，这些藻类之后又被洋流推到了加勒比海沿岸。

因此，过度施肥后，那些多余的肥料最终会流入淡水和海洋水域中，这也证实了这些水域就是土壤的泪水，它们的肥力确实是从土壤中提取的。

土壤和水体共同谋划的这场盛宴是淡水与海水中小型单细胞藻类（即硅藻）故事的核心。如果水坑、湖泊、退潮后的盆地或饮水处的底部看上去是铜棕色，你可以用手指在上面刮一刮，跑到你的指甲缝里的东西便是硅藻的生物膜，你的指甲刚刚已经穿到它们里面去了。这些硅藻无处不在，但并不是永久存在的。它们的特殊之处在于其细胞被一层硅质保护壳包裹着，在这种环境下要生成二氧化硅并不容易，因为需要从水中提取硅离子，然而由于难溶于水，硅离子在水中的含量并不高，甚至在热带环境中，它们最终会由于高温非常缓慢地从二氧化硅中被溶解掉。然而，我在第 6 章及本章中都提到了某些植物会从土壤中提取二氧化硅并形成微小凝结物，即植物硅酸体（简称植硅体），植硅体死后可以返回土层中并被很好地保存起来，其中的二氧化硅也更容易释放硅离子。牧场上的禾本科植物也会生成大量硅离子，有助于阻止食草动物啃食。地质学家之所以能很好地辨别出水生硅藻，是因为它们的硅质壳很容易变成化石。水生硅藻出现于 1.85 亿年前，在距今 3400 万年前和大约 700 万年前更加普遍，这两个时期恰好也是禾本科植物多样化及大量繁殖生长的时期。植硅体死亡后返回土壤中，其中的二氧化硅更易被水溶解和带走：禾本科植物仿佛透过土壤给遥远的硅藻送去了一份硅质大礼，这才成就了后者的大量繁殖！

风蚀对土壤的物质输送

风跑哪儿去了？这个问题的答案的确让人好奇，不知你是否还记得，我们也委托了风处理小部分侵蚀。这次，土壤和水体将再次受益，获得肥力。风力或降雨强度的减弱使大气吸收的颗粒沉积到更远的地方。

　　风赢来的战利品首先会回落到地面上，我们就从这里讲起吧。你也许亲眼见过"血雨"或"红雨"，也叫"撒哈拉雨"。片刻降雨过后，汽车或草坪上会覆盖一层红色或黄色的粉末（实则是一种淤泥），这些都是雨水蒸发后的残留物。当这些颗粒富含铁且呈红色时，人们就夸张地将其称为"血雨"，据说一些传教士曾在其中看到了来自天堂的讯息、灾难的宣告与救赎的呼声。"撒哈拉雨"这个名字直截了当地指明了它的发源地：这种雨在欧洲南部很常见，在欧洲其他地区甚至北部也时有发生，它们源自撒哈拉沙漠的侵蚀作用，随着降雨落到我们的大地上。在科西嘉岛，沉积在土壤中的颗粒 90% 以上都是来自撒哈拉沙漠的沙尘，其年总量为每公顷 100~250 千克不等。甚至有一种理论指出，部分红土，即第 6 章中提到的来源神秘的地中海红土，都来自撒哈拉沙漠。从这个意义上说，我们不必非得跑到马略卡岛①研究矿物及其稀有金属，在哪儿都差不多。土壤剖面顶层非常欢迎这种持续的物质供应，因为这是土壤中矿物质最贫乏的地方。

　　有时，随着持续不断的物质输送，这些风蚀产物最终会沉积成厚厚的沉积层，之后又形成土壤母岩，再慢慢发育成土壤。巴黎盆地从布列塔尼延伸到莱茵河谷，这里的黄土（也称为高原淤泥）就是这种情况。这还只是整条黄土带的一部分，虽呈不连续分布，但它贯穿了整个欧洲和美洲位于北纬 30° 至北纬 60° 之间的地区，厚度从几厘米到 2 米再到 5 米（巴黎盆地）不等，在其他地方可达 40 米。在中国的一些地区，由于出现的时间要久远得多，黄土厚度甚至达到了 200 米。现有土壤正是在这种由淤泥（粒径主要在 0.03~0.05 毫米）、主要成分为石英（60%~70%）和石灰岩（20%~25%）的小砂粒及许多其他稀有

---

① 地中海上的岛屿。——译注

矿物构成的材料上发育而成的。黄土的组成成分因体积小，易被压实，因此有时非常紧实，但也非常容易转化：它们释放出巨大的肥力并形成高产的土壤，博斯[1]与布里[2]两大地区的土壤肥力就是这样来的。但为什么由同样大小成分组成的黄土会有如此大的厚度差异，且组成成分如此多样化呢？

黄土是冰期的产物，大多分布于更北部的寒冷草原和沙漠，就在当时覆盖美洲、欧洲和亚洲北方地区的冰川脚下。这些地区由于缺乏有利的气候而植被稀薄，被自冰川而来的冷风吹拂。冷风携带的细小颗粒中，有些来自那里本来就存在的土壤，另一些则是冰川在向南移动的过程中从掩埋在其下的土壤中刮取出来的。这些碎屑被搬运到更南部的地区，它们来自不同的地方，成分也因此各不相同，根据风力的差异，其沉积厚度也不同。具体来说，200万年以来，大量冰川接踵而至，每一次都会形成一个新的土壤层，覆盖上一次间冰期的土壤。专家有时会在黄土中检测到与两个连续冰期之间的古老成土作用相对应的土壤层，每一次，伴随着下一个冰川的到来，它们都会被掩埋在新的黄土碎屑下面。黄土不仅来自风带来的物质，其来源是多元的，因为它的演变是由成土作用与连续沉积交替推动的。

风蚀对水生生态系统的物质输送

大部分被大气吸收的颗粒最终都落入了覆盖全球面积71%的海洋中。对海洋来说，这是来自天空的恩赐。我们在前文谈到，由于没有

---

[1] 位于法国西北部。——译注

[2] 位于法国东北部。——译注

河流的物质供应，加之生物（单细胞生物及动物）死亡后的残骸下沉并将资源带到深处，外海缺乏肥力。

外海中要数铁最匮乏。前文中我多次提到，3 价铁因不易溶解，会以颗粒的形态被搬运到海岸，但无法再往前推进。直到最近，人们才发现了这种缺铁现象：在海洋中心存在巨大而神秘的空间，藻类密度非常低，而矛盾的是，这个空间里有氮和磷，这给孕育更多的生命带去了希望。铁是一种重要的微量元素，1993 年一项名为 IronEx-I 的实验（往大洋中部输送铁质）证实了缺铁正是外海藻类密度低的原因——实验后，藻类大量繁殖！通常情况下，海洋中少量的铁实际上都来自天空，由风蚀搬运而来。热带土壤能够释放大量的铁，是最大的铁供应源。讽刺的是，热带土壤中积累了过多的铁，有可能毒害植物根部，而其他地方的土壤则严重缺铁。3 价铁溶解度低，而铁大部分时间都是以这种形态存在，这限制了它的再分配，人类也为此吃尽了苦头。

让我们再次回到占非洲大陆面积近 30% 的撒哈拉沙漠，那里的风蚀产物每年总计超 2 亿吨！虽然这些风蚀物有时以血雨的形式来到欧洲，但它们主要是在信风的影响下向西移动，通过输送铁增加大西洋海水的肥力（当然，增幅很小），最终抵达亚马孙地区，在那里，它们带来的磷才是受欢迎的。2020 年 6 月底，我在写这本书的时候听说来自撒哈拉沙漠的风沙（实际上是淤泥和黏土）让加勒比海地区和美国南部的居民呼吸不畅，但他们也因此欣赏到了美丽的红色日落。得知这一消息，有些人一定很好奇这股从大西洋彼岸吹来的风发生了什么，难道迷路了吗？其实，它只是比平常的路线再往北走了点。由于年际变化很大，平均每年有 3000 万吨到 1 亿吨的沉积物抵达南美洲，相当于每秒数吨！虽然是沙漠，但撒哈拉沙漠在风力作用下利用其土壤的残余物滋养着地球的一部分土地。

令人震惊的是，在最近的地质时期，每当撒哈拉变成荒漠时，亚马孙雨林就会扩大；相反，每当撒哈拉绿意盎然、生机勃勃时，亚马孙雨林就会收缩：这种此消彼长的现象是由包括热带降雨分布在内的气候因素造成的，但它也与撒哈拉沙漠的沙尘有关。在撒哈拉沙漠，湿润期与干旱期在几千年的时间里不断交替，湿润期，土壤发育并滋养了当地的植物；干旱期，风蚀滋养了亚马孙雨林，途中的大西洋也顺便分得了一杯羹。其他来自阿根廷或南非的风蚀物也有助于增强亚马孙雨林的肥力。

沙漠对海洋的"施肥"也影响了气候：土壤再次和气候携手共进，只不过这次是在风力作用下"远程"携手。这解开了 20 世纪提出的一个气候谜团：冰期时大气中二氧化碳含量下降，温室效应也随之减弱。有 2000 亿吨二氧化碳暂时从大气中消失了！它们跑到哪里去了呢？30 年前，美国海洋学家约翰·马丁（John Martin）提出，造成这一现象的部分原因与来自冰川覆盖区域以南的寒冷北部沙漠的尘土有关。冰川在天文因素的推动下开始形成时，北部土壤失去植被覆盖，逐步沙漠化，为北半球的海洋提供了更多的肥力。随着铁供应量的增加，藻类和以其为食的生物激增，它们死亡后的残骸像往常一样沉入海底，但数量更庞大。在深海，氧气的缺乏限制了残骸的分解，二氧化碳也因此以水下有机物的形态被困在海底！这种机制可以解释为何冰川形成后，大气中的二氧化碳浓度至少下降了四分之一。在南部沉积的黄土，以及海洋肥力增加导致的气候转冷都要归因于间冰期形成的北方土壤的冰川风蚀。

从海洋到土壤

让我们以一场礼尚往来的方式结束地表的这场运动吧：将海洋中的少许肥力返回到土壤中。你将在下文中看到，在这一过程中，动物与空气也会发挥各自的作用。

我们不难想象出熊或鹰捕捞溯河洄游到出生地产卵的鲑鱼的画面，也不难想象海鸥粪便掉到头上后的恶臭。所有这些都是从沿海生态系统中提取的氮和磷，它们抵达陆地并最终以鸟粪或熊粪的形式进入土壤；动物再一次和西西弗斯一样重复着搬运工的工作，只不过这一次是逆着江河流动方向搬运。在"回流"过程中，溯流而上的鱼类（借助自身的死亡使陆地食物链获益）的效率比鸟类（借助粪便）高 10 倍，然而这都是昔日的情况了。如今，人类活动的影响早已波及野生动物、河流或海洋中的鱼类（特别是 110 种洄游到淡水中产卵的物种），海鸟也未能幸免（自从以海鸟蛋为食的鼠类被引入后，海鸟数量锐减）。据估计，目前，这种在一定程度上减少了侵蚀影响的养分回流只有过去的 4%！尽管如此，彼时回流的养分也是微不足道的。据估计，当时全球陆地上的磷含量为 1.5 亿吨，仅占输入海洋总量的十分之一，是矿物肥料中磷的年消耗量的千分之一！

即使没有足够数量的动物，空气依然能够帮助肥力回流到上游地区。让我们花上片刻到布列塔尼转转，来到肥沃的莱昂，这里有美丽的蔬菜作物园（布列塔尼的招牌菜蓟大多产自这里）：气候温和、毗邻大海及冰期沉积的厚黄土造就了这片沃土。但还有另一个因素。波光粼粼的海面上，风卷起浪花，海浪翻涌，四溢飞溅，水花在空中飘扬，化成小水滴落在沿岸的土地上。就这样，久缺矿物元素的表土层终于迎来了甘露。得益于西风的吹拂，法国大西洋沿岸的土地绵延数十千米，每年每公顷接收的物质多达 20 千克。这些物质因含海盐是咸的，但并没有危害，海盐很快会被雨水冲走，剩余的物质为土壤注入氮、磷和水滴携带的微小漂浮碎片与单细胞生物组成的有机物。

如果这种对陆地土壤的物质供给仅限于盛行风来自海洋的地方，那么我们还要感谢藻类带来的另一种物质供给，其影响范围更广、供给的物质品类更齐全。这类供给解释了为什么土壤含有碘、溴、氯和硫（硫酸盐），这些矿物盐是对所有生物体至关重要的微量元素。它们在土壤中的存在是很矛盾的，因极易溶于水且携带负电荷而不会被黏土或黏土 – 腐殖质复合物保留。也就是说，它们本该早就被从土壤中彻底清除了。然而事实上，在那些只有降水，却没有从上游土壤中排出的水流入的山区，碘含量是很少的。你可能听过类似"阿尔卑斯的傻瓜"或"孚日的傻瓜"这样的骂人话。在这些海拔高且远离大海的地区，居民曾因缺碘引发克汀病，这种精神与身体障碍综合征主要表现为甲状腺肿大造成的"大粗脖"——甲状腺试图通过过度发育弥补身体中碘的缺乏，但却以失败告终。随着碘化海盐被投入市场，这一切都已成为过去，虽然目前确实还存在不少克汀病患者，但这种疾病不再是高山特有的地方性疾病，也不是碘能够治愈的。需要注意的是，碘、溴和氯在山区随处可见，只是浓度较低。实际上，离大海越远，这些元素的浓度就越低，因为它们来自海洋，或者更确切地说，是从海洋返回：它们存在于土壤中，海洋将它们送回来了！

碘、溴、氯和硫酸盐的"返乡之路"始于一种藻类防御策略。藻类借助这些元素摆脱寄生虫和食草动物，前者在水中捕获元素，生成碘化、溴化、氯化或硫化的复合气体并排出。你一定知道这种气体，我们熟悉的海腥味与退潮时的气味就是这些气体发出的，暴露在空气中的藻类将它们大量释放到大气中！退潮时，藻类发动的"抵御战斗"

为气体返回上游提供了机会。这些气体逃逸到大气中，被太阳辐射和氧气破坏并释放离子，然后降雨将碘、溴、氯和硫酸盐带回地面。它们会在那里短暂逗留，然后再次被水带走，但总有一些物质仍在输送途中，在靠近大海的地区情况更甚！

　　大气循环就是通过这种机制为土壤输送物质的，至今依然如此。与过去相比，如今，大型动物在其中发挥的作用因人类的捕猎与捕鱼活动变得有限。最后，随着缓慢的地壳运动，海洋给了土壤最后一样东西，但这不在本书的讨论范围内。山脉形成时，许多在海底形成的岩石最终会被抬高到更高的海拔，变成了母岩。它们在土壤的攻击下成为土壤的原料，最终又成为邻近海洋中新岩石沉积物的一部分，这种巨大且永久而缓慢的岩石循环是一种运动，它也为土壤输送物质，但这种运动只有从地质时间尺度上才能观察到。

结　语

　　这一章在海洋中拉开序幕，也在海洋中谢幕。在本章中，我们谈到了土壤内部及外部的运动。除了纯粹的物理运动，例如水将物质搬运到土壤底部，或者借助毛细力将其往上迁移，生物体一如既往主导了整个过程：它们抵抗重力，将土壤深处的成分上移。在有动物的地方，动物活动是土壤运动最重要的影响因素。植物死亡后，其根部从深处汲取的养分都会返回表土层中，所有地方都是如此。生物也会带动向下的运动，例如植物将其光合作用的产物输送到根部。生物的所有运动构成了生物扰动。当然，生物扰动的强度随着深度的增加不断减弱，直至在母岩层完全消失。

　　尽管这些运动未能阻止土壤分层的形成，但运动强度越大，土壤层之间的界限就越模糊。人类耕作可以加快矿物质（来自底层）与有机物（来自表层）混合的过程，并在短期内提高土壤肥力。但从长远来看，耕作会破坏有机物和土壤生物，后者并不适应一年一度被暴露在露天环境中。最重要的是，耕作会加剧侵蚀。

侵蚀引发了第二种运动，即水平运动，发生在土壤内部、表层和周围，负责土壤物质的输入与输出。流水搬运即流水通过溶解、悬移、推移将土壤中的物质（含颗粒）带走；风力搬运即风把地表吹起的物质搬运到他处，植被稀少的情况下，风蚀作用尤其明显，土壤颗粒在风的吹扬下悬浮在气流中移动。一定程度的侵蚀是至关重要的，可以防止土壤变得太厚，而土壤过厚将阻碍汲取深层母岩释放的资源。但是过度侵蚀势必导致土壤死亡，许多农田难逃这种命运。在耕作的影响下，土壤侵蚀速度加快了10~100倍，这就解释了为什么目前有二分之一到四分之三的侵蚀都是人类造成的！

无论是接收其他土壤流失元素的土壤，还是淡水或海水水域，适度侵蚀都必不可少，因为侵蚀会带来肥力。这就是造就沿海地区土壤高生产力的原因——土壤给海洋输送了肥料！那些看到土壤消失就想着大不了以后吃海鲜的人可大错特错了，没有土壤对母岩的侵蚀，海洋的生产力也会下降。建有水坝或改道灌溉的河口处捕鱼量下降足以证明，有很多方法可以将侵蚀产物保留在陆地上。

相反，被过度施肥的土壤会将肥料（尤其是氮和磷）排放到淡水中，然后再进入海水中，从而促进藻类的繁殖，就像如果这些元素当时留在土壤中，也会有助于那里的植物繁殖一样。这种被称为富营养化的现象有时会导致腐化分解，滥用化肥产生的这种不良影响证明了诞生于土壤中的物质最终都会流入水中。

最后，空气会将碘、溴或硫等元素带回到陆地土壤中，特别是在沿海地区。土壤与海洋不断进行物质交换，但算起来，海洋得到的物质总量更占优势。正如第一部分结束时谈到的土壤对气候的调节功能，现在，土壤再次通过建造海洋生态系统超越了自我，迈向世界舞台！裸露的土壤被风蚀后，为海洋提供肥力并将二氧化碳困在海中，得益于此，土壤再次对冰期的气候产生了影响。

土壤代表的远不止其本身！它是一位强大的演员，塑造了我们生活的世界。

6~10章描述了土壤内部的运行机制，这些机制不断制造和破坏我们在第一部分看到的那些成分。这使得土壤代表的不仅是一张成分清单，而是一个动态过程，发生时清晰可见：矿化、分解、岩石风化及各种运动使土壤充满活力。土壤由终将死亡的生物、终将被分解的有机物、终将转化的矿物质及正在形成的气体构成——一切都在转化和运动中。我们见证了人类对这些过程的影响，但在人类之前，生物早已将土壤收入囊中。第一部分描述的物种生物多样性在第二部分转化为土壤功能的生物多样性。在我们看来，土壤与大气和水生生态系统的联系似乎更加紧密：土壤不仅存在于自身，也不仅为自身而存在，而是作为一个对世界其他地方开放的系统，帮助构建了我们周围的一切！

事实上，对人类来说，土壤首先是食物的供应者，这种供应主要通过植物生长实现。第三部分将从植物的角度展示土壤为其生长提供了哪些条件。现在请叫醒熟睡的同伴，或者跨过他，去门厅喝一杯，再吃点小吃。你应该休息一会儿，然后让我们拉开印有植物图案的窗帘——快到终点站了。让我们跟随植物，慢慢从土壤中探出脑袋，看看外面的世界。

生命共同体：植物生命的地下探索之旅

第11章
一个几乎没有营养的母亲：
植物如何获取营养

在这里，读者要比土壤更"浓缩"；在这里，我们再次回到厨房，在小红萝卜身上好好下一番功夫；在这里，根部重新长出根毛，并发明了"毛刷"冲洗土壤；在这里，松露彻底改变了植物生理学，但法国一位真菌学家从中窥见了一丝端倪；在这里，任何植物都需要比自己小的东西；在这里，我们回到4亿前的苏格兰；在这里，有些植物会回收自己的枯枝残叶，肥水不流外人田；在这里，艰苦的环境比富饶的环境更有利于建立合作关系（与地面上其他地方的任何相似之处皆属巧合）；在这里，每一餐我们都会为读者献上一小撮泥土。

独自去采花可能会有危险。神话中的珀耳塞福涅在一次采花途中远离了伙伴，就被冥王哈迪斯绑架了。哈迪斯虽然是珀耳塞福涅的叔叔，却想娶她为妻，可怜的人儿，饥肠辘辘，吞下了哈迪斯给的几粒石榴籽，却不知只要吃下冥界的食物就再也逃不出去了，多么恶毒的礼物。

不同家庭对待家人的方式是不一样的！珀尔塞福涅是宙斯和农神得墨忒耳的女儿。得墨忒耳把小麦给了人类，教会了人类播种和耕作（鉴于上一章的内容，我们有理由怀疑她是否真的想要人类好）。得墨忒耳被爱女的哭声惊醒，到处寻找，并威胁说要是找不到女儿就让大地颗粒无收，饿死整个世界。宙斯更关心世界的秩序，而非奥林匹斯诸神的两性作风，于是决定让弟弟哈迪斯与妹妹和解。是的，得墨忒耳也是宙斯的妹妹。这场错综复杂、令人痛苦的血亲家庭纠纷最终以折中落幕：珀尔塞福涅每年冬季要待在冥界，另一半的时间则回到母亲身边。

希腊神话诗意地告诉我们，宙斯与得墨忒耳达成的这份协议标志着季节循环的开始：当珀尔塞福涅回到大地看望得墨忒耳时，植物生长；当她重返冥界与哈迪斯一起统治亡灵国度时，叶子凋零，一年生植物甚至会死去。这个故事诞生于温带或地中海气候的地区，因为其他地方的植物还在持续生长，这个故事也提醒我们让植物生长的东西来自地下世界。那么，植物是如何利用这个地下世界生长的呢？

在本章中，我们将再次回归植物的营养，我们会发现这些养分在土壤中被大量稀释。我们将了解根系对环境的适应能力，即使在非常贫瘠的土壤中，根系也能汲取矿物盐。我们将看到大多数植物十分欢迎土壤中的真菌来帮助它们完成这项任务，我将详细谈谈形形色色的伙伴关系。在真菌的帮助下，根系得以适应细腐殖质、半腐殖质和粗腐殖质。再之后，我们还将明确是什么促使土壤与植物间互惠互利的物质交换机制的形成。最后，我们再来探讨是否可以食用土壤——这并不似乍看上去那样反常。

营养丰富却被稀释的土壤

我们非常清楚植物从土壤中汲取了什么，这要特别感谢德国化学家威廉·克诺普（Wilhelm Knop）的工作，他发明出一种能够单独为植物提供养分的营养液，向水培作物迈出了第一步：植物（主要是西红柿）在一种营养丰富的水中生长，并从中汲取适中的养分。只是相较于土培，水培培育出的果实味道更淡。

　　巧的是，克诺普名字中的字母刚好对应其营养液中的主要元素的化学符号：钾［K，以钾离子（K^+）形态存在］、氮（N，以硝酸盐形态存在）和磷（P，以磷酸盐形态存在）；也有更少量的（即微量元素）镁、钙、硫酸盐和铁。如若要让植物长时间生长，还需要添加其他元素，也就是"奥立多元素"（oligoélément，源自希腊语 oligo，意为"少量"），植物对这些元素的需求量要小得多但却是必需的，包括锰、锌、铜、硼和钼。为了对此有更清晰的认识，让我们以葡萄树为例，1 公顷的葡萄树每年需要 200 克硼、180 克铜、600 克铁、300 克锰、4 克钼和 250 克锌。这与葡萄树每年对氮（70 千克）、磷（8 千克）、钾（67千克）、镁和钙（各约 15 千克）的需求相比是微不足道的。

　　即使土壤含有可滋养植物的元素，数量也是有限的。这既是个定量问题，也是个定性问题。从数量上讲，这些元素被大量稀释且多位于土壤深处，即母岩所在的区域，水通过淋溶作用将它们迁移至这里；此外，这些元素要同时滋养一定范围内的所有植物。从性质上来讲，这些资源有时是固定的，因为有些元素不会移动，特别是铁和磷酸盐。正如我在第 2 章所说，磷酸盐在磷酸根离子形态下少量可溶，但有很多因素会导致其变得不可溶，例如它与酸性土壤中的氢离子相互作用，产生溶解度较低的磷酸和磷酸二氢根（$H_2PO_4^-$）。在中性土壤中，磷酸盐与土壤中的钙反应并产生结晶的磷酸钙，即 $Ca_3(PO_4)_2$，因此不溶于水（这种形态可在磷酸盐矿中被开采用作矿物肥料）。

　　土壤中总有一种元素比其他元素缺失得更多，我们将其称为限制性元素。要提高土壤肥力，就需要优先采取行动处理这种元素的缺失，这有点像修理摇晃的桌子，必须首先调整最短的桌腿。磷在近50%的生态系统中受限，尤其是热带生态系统，而氮在20%的生态系统中受限，包括温带和北方地区。虽然矿物肥料的效果有待商榷，但它们带来的短期效益清楚地证明了以下事实：将其输送到土壤中可以增加作物产量。人们可能会讶异为什么要同时供应氮、磷和钾，而在每个地方只有一种元素是有限的，而且很少缺乏钾。这就好比"面包＋葡萄酒＋奶酪"的黄金组合，用餐快结束时，三者中有一个先被吃完了：面包没有了，就再切一片；奶酪没有了，就再从冰箱里拿点儿出来；酒没有了，那就再倒点儿；如果面包又没有了，那就再切一片，如果奶酪又没有了，那就……这就是为何需要往农田里同时添加3种主要的可能缺乏的矿物质。换句话说，就是自助供应面包、葡萄酒和奶酪！

至于没有被施肥的植物，它得对抗养分的稀释及某些矿物盐的低流动性，四处寻找这些矿物盐的踪迹。因此，它需要强大的根部来探索大量土壤，这就解释了为什么植物三分之一的生物量都在地下；为什么正常逻辑下，需要减少对肥沃土壤中根系的养分投入，而在贫瘠土壤中则要增加投入；以及为什么大部分地下生物量都是由细根组成的，因为这些细根只要往周边再延伸些就能追踪到那些难溶物质了。

根部及其发育阶段

根是植物用来"开采"养分的器官，通过生长进入土壤中作业。根的生长发育有几个重要的阶段标志，我将其概括为三个阶段。

第一个阶段是根部延长，这得益于光合作用带来的糖分和大气物质输送，它们通过两种树液中的一种进入植物中，即韧皮树液或木质

树液（下文再做论述）。根部以这样的方式被滋养后，根尖的细胞分裂并积极繁殖。位于已形成根部侧面的细胞停止分裂，使得保持分裂的细胞数量维持不变，它们通过延伸开启一个生长阶段。因此，根部生长的原因有二：尖端细胞的增殖和新增根部的延伸。与此同时，生长的细胞接受了终极任务：将树液输送到根部中心，保护根部并从土壤中汲取养分以滋养最外部的部分。根部不断向前延展，其在土壤中的生长是侵入性的。部分分裂中的细胞在根尖一侧为一小群牺牲的细胞提供营养，形成一个保护帽：根冠。根与地下茎截然不同：根不会长出芽或叶，但它有一个根冠。根冠分泌黏液，即一种起润滑作用的黏性液体，根冠的细胞也最终会被土壤中的颗粒压碎，但它也因此保护了分裂中的细胞，并促进根部向前生长。根冠细胞不断受到摩擦而脱落，与此同时，不断有新的细胞生成以替代它们。如果土壤板结或被压实，该过程则会受到严重影响，因为在这种情况下，根无法向前延展。

第二个阶段是长出分支。根部伸长时，内部细胞开始局部分裂。分裂后的细胞积累形成一个新的根尖，并开始在主根侧面延展，很快其自身便又生成新的分支。根部通过这种侵入式的生长及分支牢牢抓住土壤，当你向上拉动植物时，大部分根系仍然留在原地，尤其是在这个阶段，它们仍然很幼嫩，在拉力作用下会被折断。所以当植物被拔起时，你永远见不到下面的盘根错节。

第三个阶段有两种情况。第一种情况凄凄惨惨戚戚：如果土壤中没有太多可吸收的东西，根部及其分支便会死去。这种情况下，根部无法再为植物供应任何东西，因此支撑其发育的养分投入也随之停止。这是植物在土壤中沉积碳的方式之一，因为根据具体情况，许多细根会在数周或数月内枯死。第二种情况则柳暗花明：如果土壤肥沃，尽管根部周围的土壤会迅速变得贫瘠，但根部的持续生长会继续为植物提供养分。此时，老化根率先扛起大旗，停止"开采"周边已经资源枯竭的土壤，转而专心负责将植物地上部分分泌的汁液输送给位于土壤未被开采的一侧正在形成的根。根部外侧细胞恢复分裂，形成的新细胞会增加根部直径。这些细胞在外部形成一层表皮，起到保护作用；内部则发育负责运输树液的组织结构。根部就这样成为将植物与土壤隔离开来的导管，其截面随着时间的推移而扩大。

根系的可塑性

在第三个阶段，根部的横向发育（增粗）取代了纵向发育（增长），你可以通过树枝看到这个过程。对于一年生植物来说，这个阶段只持续几个月，但对多年生植物而言，这个阶段会贯穿其整个生命周期，只在冬季暂时中断。和树枝一样，老化根在横断面上也会显示与其年龄对应的年轮，因为每年新长成的细胞间会呈现明显的不连续性。根部增粗，才能够凿穿石头和墙壁。然而，如果深处的细根无法再汲取到养分，它随时都会枯萎。根系组织是可调节的，但代价却是残酷的"肢解"。

根部对土壤的探索不仅能扩大其在土壤中的分布范围，还能优化资源的开采。首先，根向下生长有利于锚定并获取矿物资源。根尖内部某些细胞中储备的养分（即相当密集的淀粉砂）沉降的方向就是根的生长方向。我们也能根据激素在根内部的流动方向判断出根的生长方向。促使细胞生长的生长素向上输送，与淀粉砂沉降的位置相反。如果根部是垂直的，各个方向生长的侧根则是对称的，并且在生长过程中保持同样的方向向前延伸。相反，如果根部是水平或倾斜的，这种机制会将生长素集中在其上表面：这片区域的发育会造成不对称生长，从而使根尖向下调整。

此外，对深度的追求并非唯一的影响因素，根也会根据土壤中的资源分布调整生长方向。例如，如果土壤肥沃，根系会向湿润土壤的方向分支和生长，次生根产量就会增加。在国际空间站开展的实验表明，在没有重力影响的情况下，根会向磷酸盐最集中的区域生长。最后，一些种类的植物根系会向水声传来的方向生长！这种机制能够确保根部找到富含水或矿物盐的区域。

定向生长与否、分支和通过无用部分的死亡实现组织重组，这些都确保了根对土壤开展细致且优化的"勘探"，以追踪被稀释的养分。在此过程中产生的锚定效应很强，植物通过根锚定在地面上，以至于当你向上拉动茎时，大部分根会"选择"留在地下。

矿物盐的输入

植物的根部与其地上部分不仅形态不同，功能也截然不同。让我们比较一下莴苣叶和小红萝卜，后者实际上是一种膨胀根，被用作烹饪食材，说到烹饪，还真是有段时间没进厨房了！你在准备萝卜时，先在浸泡水中加入适量食盐，这样一来，叶子就会枯萎，因为它的水分会被盐分吸走；但萝卜会膨胀并发出更紧实的嘎吱声，尽管摸上去有些软。与叶子不同，萝卜能从水中吸取矿物盐，水又被矿物盐吸引并进入植物组织中，使其膨胀！由此可见，根部是懂得如何吸收矿物盐的。

吸收过程发生在根部的伸长区（细胞分裂最旺盛的区域）与成熟区之间，成熟区被树皮包裹，几乎只是一根树液导管。在吸收发生的水平面上，一部分根部的表面细胞通常会向外隆起，这部分的长度有时会很长。虽然根细胞的直径在 0.01~0.1 毫米，但这些凸起的长度可以达到 1 毫米。我们可以在一些非常干净的根上看到它们，例如湿棉花上的豆芽根，或者底部浸泡在水中的洋葱根。这些细长的细胞看起来酷似毛发，故而被称为根毛，根毛增加了根部探索的土壤体积及其与土壤接触的表面积。

植物细胞，特别是根部的细胞，被一种主要由纤维素构成的保护壁包围。根部最外层细胞的壁，包括根毛，会与土壤直接接触：水和矿物盐潜入这些细胞壁中，将其浸泡，细胞选择性地吸收所需的矿物盐。这些矿物盐从一个细胞进入另一个细胞，最终到达根部中心，并沉积在运输木质树液的导管中。水紧随其后，很快也来到导管中。我在第 2 章说过，叶子水分蒸发产生的吸力确保了被木质树液捕获的养分的运输。

　　但是如若所有的细胞壁都与土壤接触，如何避免根部养分向土壤回流呢？在根部中间，有一层细胞排列在被称为内皮层［endoderme，源自希腊语 endon（意为"内部的"）和 derma（意为"皮肤"）］的套筒中。顾名思义，内皮层是一种内层皮肤。事实上，将内皮层中的细胞隔开的细胞壁因浸渍在一种无法渗透的单宁酸中，从而建起了一条边界线，即木栓质。在根的横截面上，内皮层看起来就像一串珍珠项链，

根的内部结构

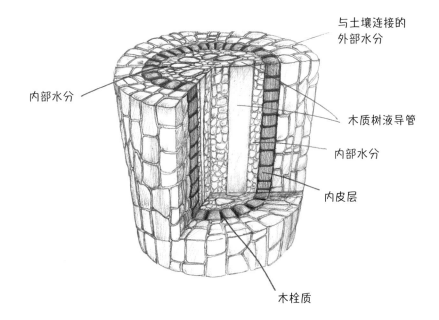

与土壤连接的外部水分

内部水分

木质树液导管

内部水分

内皮层

木栓质

细胞通过富含木栓质的分隔壁连接在一起。这隔离了木质树液传输导管所在的中心区域。也就是说，内皮层将根的细胞壁分成了两个不同的区域。外侧，细胞壁与土壤连在一起，这一侧的细胞壁就像接收台，但没有任何物质可以穿过浸渍木栓质的区域。内侧，物质只能借助内皮层细胞的力量，使其自身从接收台被转移出去，才能到达细胞壁。一旦物质被释放在细胞壁，就无法再返回土壤，因为木栓质在这里扮演着止回阀的角色。换句话说，植物真正的"皮肤"，即能够将它与土壤隔离的物质，隐藏在根中。随着根部开始增粗，表皮将阻止不必要的进出。

铁载体与毛刷状结构根

当土壤中缺乏某种或某些物质时，根也有特定的适应方法，以下是两种最常见的情况：土壤中缺乏铁和磷。

铁的移动性较低，在某些土壤中甚至达到罕见的程度。禾本科植物的根部会通过化学方法获取铁，它们释放出被称为**铁载体**［sidérophore，源自希腊语 sideros（意为"铁"）和 paine（意为"携带"）］的有机分子：这些分子与铁结合，且因其本身是可溶的，有助于铁的移动。此外，一些细菌出于同样的原因也会产生铁载体。顾名思义，铁载体指"铁的携带者"，可以使铁在土壤水中的移动性更强并可以捕获铁，铁载体这个名号名副其实，而它最终会全部被细胞回收。其余铁载体还可以帮助根部获取其他移动性较差的金属（锌、铜或锰），与这些金属结合，从而增强后者的移动性。

我在第 6 章和第 9 章提过非常贫瘠的土壤很古老，且受到的侵蚀很少，尤其缺乏磷酸盐。面对这种土壤，根部仅靠伸进土壤中觅食养

分是不够的，因此在演化过程中，几个植物种群通过独立发展出相同的根部结构适应了此类土壤。这种根部结构呈毛刷状，外表酷似用于清洁瓶子的瓶刷。远远看去，幼根的尖端就像纺锤形的小红萝卜。近距离观察，这个不算巨大的凸起组织看起来毛茸茸的：事实上，那是主根带着一团短的次生根，它们靠得很近，看起来很紧凑！这些次生根生在离主根尖端不远的地方，并在那里生长，待达到最大尺寸后，便在主根末端死亡，这使得纺锤形的根尖在两端呈衰减的形态。这些次生根完全被长长的根毛覆盖，使植物与土壤物质交换发生的表面积增大，输送到这里的养分也更多。

　　在演化过程中，这种毛刷状结构根多次在贫瘠土壤中出现，包括澳大利亚西部和非洲南部的土壤。这两个地方是两大植物科目的原产地。帝灯草科是一种形态与禾本科植物相仿的小型植物，亲缘关系也很近。山龙眼科为灌木或乔木（如帝王花），花朵娇艳迷人，被用作装饰，且因其种类繁多，被赋予了希腊神话中拥有随心所欲变形本领的普洛透斯的名字[①]。毛刷状结构根也存在于某些莎草科（纸莎草科）和羽扇豆属的豆科植物（羽扇豆与我们平常吃的豆子接近）中。这种结构的根在演化过程中间歇性出现，常见于贫瘠土壤，由此可证明这种根适应性强，隐藏在其下的是一种局部资源冲击机制。

事实上，毛刷状结构根强大的交换表面伴随着一场局部化学"烟花秀"，正是它引发了资源冲击。大量酶被分泌出来，有机物中的磷酸盐被磷酸酶分解。氢离子的释放导致局部酸化，从而溶解某些晶体，并有利于磷酸盐的循环。特别是铝、铁和钙离子常因携带正电荷附着在磷酸盐上，从而被保存在土壤中：生成的负电荷小有机分子（即羧酸盐）将这些离子捕获并释放磷酸盐。用羧酸盐交换磷酸盐，这种形式的"人质"交换使后者得以接触到根部。根部表面细胞分泌大量蛋白质，这些蛋白质会吸收释放到土壤中的磷酸盐。在这场攻击所有资源、矿物和有机物的生化爆发中，土壤中的少量磷终于被根部找到了！

菌　根

根部以上述方法汲取土壤养分本身就是个例外：我们只在15%的植物中发现了这种现象（其中毛刷状结构根的比例不到1%）。如果说在发芽时，几乎所有植物凭借第一批根上的根毛还算应付得过来，就像上面提到的豆子或洋葱一样，那是因为它们还没有找到"灵魂伴侣"。很快，植物将不再有根毛，或者说至少根毛只起到锚定作用。因

----

① 山龙眼科法语为 Protéacée，普洛透斯为 Protée，两者词根相近。——译注

为植物找到了真菌，并相约一起去土壤中"采购"！

19 世纪的政客有时会对科学抱有好奇心，并与研究人员讨论问题（这就像儿童童话，里面的动物会说话，当然，这都是过去的事了）。19 世纪的德国生物学家阿尔贝特·弗兰克（Albert Frank）受当时的普鲁士农业部长的委托，研究松露的神秘起源，可能想以此促进松露的生产。尤其需要找到它们与树木（特别是橡树或榛树）的联系，因为在这些树下总能找到松露。弗兰克发现，真菌的菌丝体（即负责产生可供食用的肉质的繁殖器官）实际上与根部相连，在根部周围形成菌丝套，菌丝（组成菌丝体的细丝）甚至能渗透到根部最外层的细胞之间。因此，一些根尖是植物细胞和真菌菌丝的嵌合体。弗兰克在他1885 年发表的文章中将这些嵌合体命名为菌根（mycorhize），这个词结合了希腊语单词 mukès（真菌）和 rhiza（根），这两位"搭档"混合构成了菌根组织解剖结构。早在 1840 年，德国农学家、林学家特奥多尔·哈尔蒂希（Theodor Hartig）就画出了一棵树的菌根，但他当时并未认识到真菌是其中的一部分：其纵横交错的形态让哈尔蒂希认为这些都是由植物细胞组成的。尽管如此，菌丝渗入根细胞之间形成的区域仍被称为哈氏网。

弗兰克在此基础上，进一步观察到真菌在菌根中始终存在，且似乎并未对树木造成任何伤害。他在 1885 年那篇文章中写下了自己的推测："根表皮细胞体积扩大且被菌丝完全包裹，产生了一种可能有利于树木吸收矿物质的排列。真菌从土壤中吸收矿物质，不仅是为了自身的营养，也是为了树木的营养，所以我们必须考虑到真菌和根结合形成的嵌合体是橡树、山毛榉等用来从土壤中吸收水和养分的唯一器官。"可惜时至今日，我们仍未掌握更多的信息！此外，弗兰克也坚持认为树能滋养真菌，他指出，除了松露，许多其他真菌也形成了菌根。

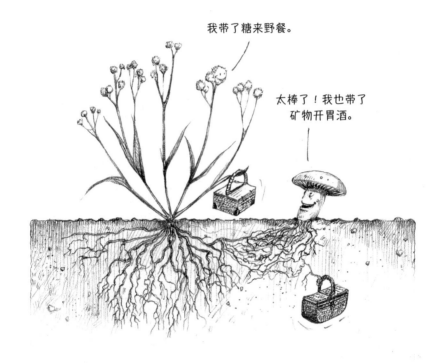

　　1894 年，弗兰克又发表了一篇文章，在其中比较了经过不同处理后生长在森林土壤上的松树，包括未经处理、灭菌，甚至灭菌后再接种形成菌根的真菌。灭菌会大大降低松树的生长速度，除非重新引入真菌，这证明了真菌对植物的益处，但随着科技的发展，菌根被遗忘了。直到 20 世纪 50 年代，人们才再次注意到了菌根，但仍然需要花上数十载去研究才能决定它们何去何从。我上学的时候（1980—1990年），菌根并未被纳入植物营养学的教学中，而是被归为真菌的一种生存方式。[①] 不能说这种论断不准确，但是如果没有菌根，90% 的植物都

---

① 有些人认为我主张将菌根引入中学课程有点偏执——关于这点，读者自有判断，但从我的角度来看，天平已经重新恢复平衡。

无法在普通土壤中获取养分。

一方面，真菌也从菌根中汲取部分营养：植物为真菌提供部分光合作用的产物。另一方面，真菌从土壤中吸收矿物盐，并从与植物共享的战利品中拿走部分氮和磷。这种互利交流的共存模式是一种共生关系，故而对合作双方至关重要。各位将在下文中看到，真菌会将菌丝延伸至细根细胞壁之间，但始终留在内皮层之外，即进行吸收的区域中。它们在那里负责输送矿物盐和水，如前所述，这些物质之后将返回根细胞中，除非它们并不是主动从周围土壤中进入细胞壁，而是被菌丝带到那里的（有时甚至跨过了一段很长的距离）！

内生菌根

菌根可分为几类，每个类型的构成不尽相同。由树木和松露组合而成的菌根既不是最常见的，也不是我们最先要谈的，应该说，一切都是从这里开始的！

另一种菌根于 1896 年左右被发现，显然，它当时被人们误解了。法国真菌学家皮埃尔 - 奥古斯丁·当雅尔（Pierre-Augustin Dangeard）受林业局委托研究普瓦捷市①附近杨树枯死的原因，后在其根部发现了一种真菌，他认为这便是造成杨树枯死的根源。20 世纪，人们在健康的根部常常能见到类似的真菌，但却将其视为小型寄生虫，直到 1970 年后，人们才意识到这些真菌可以为植物提供养分。

这些真菌很谨慎，在这种菌根中不会被注意到。现在，你可以走出家门，轻轻地连根拔起一株植物，观察下最细的几条根。你看到

———————————

① 法国西部城市。——译注

的只是根吗？事实上，它们就是菌根，五分之四的菌根都属于这种类型！真菌来自土壤，但它直接伸入根的部内，因此在表面几乎看不到。想要看到侵入根部最外层细胞之间的菌丝，需要借助一种特殊的染料和显微镜。通过显微镜可以看到，有些地方的菌丝膨胀成泡囊，这就是真菌用来储存营养的地方（大多含有大量油状物）。更好的情况是，在根部的某些细胞中，菌丝穿过细胞壁，并从这个穿透点发散出越来越细的分支，这种结构被称为丛枝，因为它们让人联想到小灌木！丛枝将包裹细胞的细胞膜推回到细胞壁内，使后者保持活性。细胞膜与分支的菌丝共用细胞壁，两者紧紧缠绕在一起，故而得名**内生菌根**（**endomycorhize**，源自希腊语 endon，意为"里面"）。真菌利用丛枝将从土壤中收集的营养资源输送到根细胞表面，当然也收取了一笔"税金"，即糖分。内生菌根耗费了植物光合作用总产量的10%~20%！

这些真菌类属球囊菌门，该种群体形微小，无法在没有根的情况下进食，因此只能在植物根部上生长。这些真菌非常依赖为其供应糖和脂肪酸（它们无法自行分泌的几种油状物）的植物，作为回报，它们在土壤中为宿主搜集矿物资源。在自然环境中，根在生长过程中很快就会遇到这些真菌的菌丝或孢子，因为它们会在土壤中形成直径0.1~0.4毫米的大孢子，一旦根出现，这些孢子就可以发芽。

内生菌根：土壤，尤其是细腐殖质的大门

球囊菌（**gloméromycètes**）带来的养分似乎可以满足植物的各项需求，其中有关氮和磷的研究是最多的。早在威廉·克诺普之前，球囊菌就已"发明"了其营养液的配方，也就是它们为植物提供的养分。

这种互惠关系成功的密钥在于分包模式，该模式降低了植物的土壤"勘探"成本。直径 0.01 毫米的菌丝的发育成本，比根系生物量的发育成本低得多，因为即便是最细的根，直径也至少有 0.1 毫米。同等长度下，菌丝的生物量是根的百分之一！与真菌合作可以让根部以更低的成本获取被稀释且移动性较低的资源。密密麻麻的菌丝网盘绕在土壤中：在草原上，每米根对应 1~10 千米的真菌菌根菌丝，每立方厘米的土壤中含有 0.1~10 千米的菌丝，菌丝表面扮演着中间商的角色，促成了植物与土壤的间接接触。

这种结合是一个古老的成功案例，与植物一样古老，因为在第 9 章中帮助藻类"开采"岩石并使藻类成为植物的真菌正是球囊菌的祖先！在苏格兰赖尼镇遗址发现了 4 亿年前的茎化石，研究人员将其中保存完好的组织放在显微镜下观察分析，从中看到了泡囊和丛枝，这种结构与我们目前认识的结合结构类似，曾一度征服了苏格兰的这片土地，但如今早已灭绝。自那以后，植物几乎只发育出了根，为球囊菌提供了一个更宽敞的"货运码头"。

这就解释了为什么 71% 的植物有内生菌根：与球囊菌结合是它们从数百万年前的祖先那儿继承来的！对它们来说，根毛是第一批根在其延伸范围内寻找真菌的过程中发育形成的一个有效组织。与真菌相遇后形成的根不再具有根毛，或者仅出于锚定或吸引真菌的功能才将根毛保留下来，真菌通常通过根毛进入根部组织中。遗憾的是，教师在课堂上只会带领学生仔细观察在没有真菌的环境中培育出的种子或球茎的根，而这些实例放大了根毛的重要性，并让学生普遍产生了一种误解，即植物可以单独"开采"土壤。

因此，球囊菌在更大体积的土壤中、以更低的成本实现了植物自身能够做到的事情："开采"矿物盐。[①] 当然，前提是必须要有矿物盐。第 8 章中介绍的细腐殖质与酸性不太强的半腐殖质非常适合球囊菌，因为这两者可以生产出丰富的矿物资源：这些腐殖质是内生菌根的王国，在其他地方的菌根就是其他类型了。细腐殖质与半腐殖质中的真菌主要弥补了矿物资源的稀释。

那么，剩余 29% 的植物如何生存呢？其中 15% 的植物已经完全丧失了菌根共生关系，只依靠根及其根毛生存，这些根毛退而求其次，能够自主吸收养分，即使在成熟状态下依然如此。在哪里可以找到这些植物呢？首先，一些植物生长在非常肥沃的环境中，不需要真菌的养分供应，甚至它们获取养分的成本很低：根部周围有足够的资源供植物生长。其次，一些植物别无他选，热衷于开拓新环境，例如新开通的公路边、堤岸或所有仍然没有真菌的新生石质土——这些地方没有菌根！但是，球囊菌一旦出现，便会促发菌根的形成，这些植物也会随之消失，因为它们无力与菌根物种抗衡。再次，极端贫瘠的环境适合没有菌根的植物，因为真菌无法在其中获取任何营养物质：食肉植物就是这种情况，它们所需的氮和磷来源于其捕获的猎物（动物），还有前文描述的毛刷状结构根植物。最后，植物根、茎上的寄生植物没有菌根，例如槲寄生或列当。然而，寄生植物的"受害者"，即宿主，大多都有菌根。因此可以说，寄生植物也间接被菌根化了。

习惯在极度肥沃或贫瘠的环境中，抑或新的环境中生长的非菌根

[①] 20 世纪末，研究人员发现了一种似乎能改变土壤的物质，即球囊霉素：它被认为是由球囊菌产生的，能够改善土壤结构和肥力。唉，一如既往，流言尽管被否认了，人们却始终对最初流传的版本深信不疑，球囊霉素依然是各大演讲的热门主题。其实，球囊霉素只是一种人造产物，是研究人员在分析过程中根据提取公式基于土壤有机质制造出来的，与球囊菌没有任何特殊关联。因此我不做详述。

植物有哪些呢？它们分属少数几个科，例如有毛刷状结构根的山龙眼科与帚灯草科，芥菜和小红萝卜（十字花科），以及某些品种的菠菜和藜麦（藜科）。还有岩石和墙壁上的苔藓，它们大多都喜欢新环境。这些生物体互不相关，表明菌根的丧失在植物演化过程中多次发生。

另外 14% 没有内生菌根的植物要怎么办呢？它们并未放弃菌根，而是根据不同的生态环境（我们将一一看到）使用其他真菌调整菌根。

反复出现的外生菌根

让我们再次回到森林和松露：这种情况下，真菌数量更多，但对根的侵入更少。弗兰克轻而易举发现了真菌的存在并对它加以描述，这是因为大量菌丝在根部周围蔓延，形成了一个真正的菌丝套，从外部看，这些菌丝是有颜色的，而且其棉絮状的形态在放大镜下根本无法被忽视。从内部看，真菌将最外层的细胞轻轻拨开，并在这些细胞间形成一张密集的网络以伸入植物根部，这就是（之后）大名鼎鼎的哈氏网，可惜特奥多尔·哈尔蒂希只在其中看到了植物。

但真菌永远不会穿过细胞壁。它将根部和细胞包裹起来却不深入，因此形成了所谓的**外生菌根**（**ectomycorhize**，源自希腊语 ectos，意为"外部"）。根常在有真菌的环境中分支，主要是因为后者会释放生长素，这种植物激素会促进次生根的形成：这种相互作用既增加了真菌与根这一对"黄金搭档"的接触，也扩大了两者的接触面。

外生菌根就像一个交易俱乐部，植物与真菌在演化过程中多次在这里碰头，每次来都能与那些已经相互攀上关系的伙伴联系上。外生菌根真菌与球囊菌类属不同的种群，一些属于子囊菌纲，如松露；大多属于担子菌纲，如牛肝菌（含食用牛肝菌）、鸡油菌、号称"死亡号角"的红菇与乳菇、羊蹄菌、鹅膏菌、口蘑等，也就是我们能在温带森林树下找到的大多数外生菌根真菌。真菌在演化过程中，外生菌根真菌物种累计出现了 80 余次。植物也是如此，在其演化过程中，外生菌根植物物种至少出现了 30 余次。外生菌根就像一群合作伙伴共同组建的重组家庭！

外生菌根植物主要是森林中的乔木和灌木，如山毛榉、松树、鹅耳枥、椴树、橡树和栗树，它们分属不同的科。长期以来，人们一直认为外生菌根是温带地区物种的特权，但其实到处都能找到有外生菌根的热带树木，例如亚洲热带地区的龙脑香科，还有一些非洲或美洲的豆科树木。总的来说，即使森林被这些不同科的外生菌根植物大面积覆盖，或者说这些植物主宰着森林，但它们也只占陆地植物物种的 2%。

外生菌根：半腐殖质与粗腐殖质的大门

从生态角度看，大多数外生菌根植物偏好贫瘠的土壤环境，这些土壤多以半腐殖质或粗腐殖质为主，有机物循环缓慢且肥力低。外生菌根的确多次出现，但事实上几乎每次出现都是根部为了适应环境才有的产物。要理解这一点，你可以想想外生菌根真菌的祖先，它们并未发育出菌根，而是以腐生菌的形态在土壤中自力更生，通过分解有机物，甚至转化岩石中的矿物质维持自身的正常生活，因此半腐殖质和粗腐殖质根本吓不倒它们。

如今，外生菌根真菌的后代虽然有了树木带来的糖分，但大多仍保留了祖先的特质。有些物种依然能够攻击有机物，但这不足以完全满足其营养需求，因为它们已经丧失了完全消化有机物的能力。但它们的酶可以释放氮和磷酸盐分子，这是很好的膳食补充剂，可供它们与植物一同享用。其他物种则保留了强大的矿物质转化能力。我们注意到，在土壤中，这些真菌的菌丝溶解晶体后，再通过移动晶体开辟出一条"道路"，成为钾、磷酸盐或微量元素的来源。换句话说，外生菌根真菌不仅扩大了根部在土壤中的探索范围，还为植物找到了稀有资源以弥补土壤的贫瘠！

现在，请先找到一棵生长在酸性土壤中的山毛榉或云杉，然后开挖。通常，你可以在腐殖质的枯叶间找到美丽的外生菌根。这是最容易找到它们的地方，因为位于较低区域的有机物更加破碎，黏土附着在外生菌根上，把它们藏在下面。你再睁大眼睛或者干脆拿个放大镜仔细观察，可是很有希望看到菌根的！你可能会讶异于找到的根部只有有机物，没有矿物质，而且这些菌根摸上去大多非常光滑，真菌着生在根部表面。奇怪的是，你会发现它们并未借助菌丝"探索"周边环境。这些外生菌根通过释放出酶对有机物加以利用，酶在循环过程中同时释放出含氮或磷的有机小分子，这些小分子又被邻近的菌根真菌吸收。是的，一些植物专门请了一位代理人帮它们从装枯叶的垃圾箱里取走仍被封锁在那儿的东西，以此中断自身的矿化进程。

外生菌根是植物和真菌多次相互作用的产物，植物和真菌放弃了原有的内生菌根，转而建立更适合半腐殖质与粗腐殖质的共生关系。这是一项相当"年轻"的创新之举，可能是与松树一同诞生的（1.4 亿年前）。目前已知最古老的外生菌根化石和外生菌根植物物种最丰富的时期可追溯到距今 5000 万年前到 3000 万年前，温带气候正是在那个时候形成的，在此之前，即使高纬度地区也是热带气候。然而，温带气候由于温度较低不利于矿化，因此发育形成了半腐殖质与粗腐殖质。

但外生菌根真菌也并非十全十美。首先，它们的成本更高，且需吸收 20%~40% 的植物光合作用产物（我之前谈到内生菌根消耗量仅为

10%~20%）。外生菌根真菌的"贪婪"还表现在：在不活跃的腐殖质中，40%的土壤呼吸都是由外生菌根真菌实现的。此外，这些真菌形成的大量菌丝体可以有效地捕获氮，但在其死亡后，分解速度却非常缓慢。北方森林中，50%~70%的有机物是由外生菌根和外生菌根真菌（无论是死的还是活的）组成的：即每公顷土地含有1~3吨真菌，每克土壤含有16千米长的菌丝体！因此，正如我们在第8章中看到的，这帮年轻"小伙子"有助于减缓循环，特别是氮的循环，这可是真菌的专属福利。外生菌根真菌引发的物质短缺加强了自身对植物的重要性，这种策略再次证明了某些物种会通过降低环境质量以凸显自身的重要性，我在第8章里谈到酸度时提到的单宁酸正是如此。

团状内生菌根与粗腐殖质

有两大植物科也放弃了球囊菌内生菌根，转而发展其他菌根真菌：兰科植物（占植物总数的10%，包含很多物种）和杜鹃花科（欧石南、杜鹃花、蓝莓等，占植物总数的2%）。在这两种情况下，真菌几乎不附着在根部表面，而是侵入更内侧的细胞壁。在那里，菌丝不再发育丛枝，而是通过向后推细胞膜继续生长，但由于空间不足，它们只能卷曲着绕圈生长，最终形成菌丝圈，近看就像一团意大利面条！这就是我即将介绍的团状内生菌根，物质交换就是在这里进行的。

团状内生菌根涉及的真菌分属两大科目的不同种群。与外生菌根一样，团状内生菌根在演化过程中出现过多次，都是其祖先——自力更生的腐生菌——衍生出来的。对这些真菌基因组的研究表明，在兰花科中（杜鹃花科更甚），部分真菌保留了大量能够攻击有机物的酶，在某些情况下，它们中的一部分甚至以有机物为食！不管怎么说，它们从这些资源中汲取的氮和磷能够帮助其适应矿化度非常低的土壤：与兰花科（此处不做详述）相比，杜鹃花科的生态特征主要是由其菌根真菌塑造的。

让我们前往孚日山脉或中央高原的山顶，再或者到布列塔尼的沼泽观察，这些地方生长着大量这种植物。如果你还不相信，就去翻翻那里的土壤，它们的腐殖质都属于粗腐殖质，没有什么养分可供回收。但土壤中真的空空如也吗？毕竟还是可以找到植物的。这些地方是杜鹃花科的王国，它们的白色细根比比皆是。多种多样的欧石南、蓝莓、帚石南，甚至在一些山里还能找到杜鹃花和熊果——杜鹃花科有很多代表性植物。不像真菌，这些植物的菌根真菌受酸度的影响更小，正是得益于此，它们才能适应矿化极其缓慢的环境，因为它们仍然可以在有机物中找到氮和磷。

由此可见，植物依赖菌根以适应矿化不良的腐殖质，为此不惜更换合作伙伴。菌根的解剖结构也同时受到了影响。也许在演化过程中，第一批产生不易矿化且富含单宁酸的凋落物的植物，正是那些与需要从其凋落物中汲取资源的真菌结合的植物。这种模式的优点，在于其他没有内生菌根的植物无法接触到内生菌根植物的残骸。这样，那些产生酸化且不易分解的腐殖质的植物的生存方式就一目了然了：与真菌建立共生关系，后者也能从中获益。

乔木与灌木在菌根真菌的影响下中断矿化，这样的生态系统并不少见，不仅法国的山峰如此，所有被外生菌根乔木、灌木和杜鹃花科覆盖的加拿大或欧洲的北部地区如此，温带地区的低地森林也大抵如此。由此可见，植物根部只是一个接收台，在演化过程中，它使植物与不同的菌丝体结合。这里所说的真菌主要指那些通过弥补资源短缺以帮助植物适应并探索土壤的真菌，同时，植物自身通常会加剧这种资源短缺。不管怎样，它们才是在地下"商场"消费的主力军。

有条件的共生关系

　　从真菌对光合作用产物的消耗量看，菌根算得上高成本，植物因此需进行两次适应以避免不必要的成本支出：只有当合作伙伴与环境条件能带来养分时，相互作用才能发生。任何无用的花销都将从种子的产出中扣除，因此也得从植物后代的数量中扣除。演化的顺利进行需要足够的后代数量保障，基于此，我们怀疑这是一种反向选择。

　　首先，并非所有的合作伙伴都是好的。让我们在实验室做个实验，将同一种真菌注入不同物种的多株植物中，并将这些植物与那些在没有任何菌根伙伴的无菌土壤中发育的植物的生长情况加以比较。对于其中三分之二的受试物种来说，真菌可以促进它们的生长，生物量会从少量过渡到 50% 以上。但对另外三分之一的物种来说，效果却是负面的，甚至在某些情况下，生物量损失高达 45%！那么菌根如何在土壤中获得青睐呢？在现实环境中，一切都是基于测试后的择优选择，就像在一个熙熙攘攘的集市上，进展不好的交易会被终止，时间久了，卖家会避开那些不清账的买家，而买家也会避开那些卖劣质产品的卖家。在草本植物的根部可以找到几十种不同的真菌，每种真菌着生在不同的根部。树木的根系发达，着生的真菌物种甚至数以百计！现实环境与做实验不同，摆在植物面前的选择很多，然而，即使合作伙伴已经开始相互作用，也只有在有利可图的情况下，进程才会维持下去。回到实验，这次我们向根部同时注入两种真菌，其中一种可以提供磷酸盐或硝酸盐，另一种则不提供任何营养，我们观察到植物主要供养前者，对后者的营养供应更少。这种物物交换模式是纯粹的生理反应，在真菌方也存在。菌丝体在土壤中会遇到各类植物的根部。再做一个类似的实验，这次，让同一种菌丝体定植在两株植物上，其中一株能

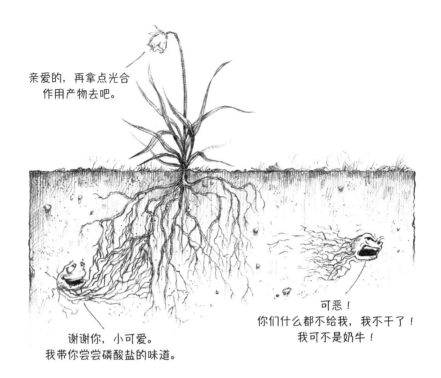

给它提供糖分，另一株则不能。结果显示，菌丝体会优先将矿物资源输送给提供糖分的植物。就这样，通过筛选以切断毫无用处的伙伴互动关系后，最终只有能够互惠互利的合作关系才能维持下去。

此外，并非所有的土壤条件都是有利的。在肥沃土壤中，植物仅凭根部就足以回收周围丰富的资源，这就是长期生长在这种环境中的植物丧失发展菌根能力的原因！让我们取几株生长在未施肥的草原土壤上的小三叶草，比较下其在没有菌根及有菌根的环境中的发育情况：如果它们被菌根化，75% 的根部含有真菌，形成的生物量会比没有菌根的多 45%。好，重新来一次。这一次，我们在土壤中撒入农作时常用的磷酸盐以增强土壤肥力（技术上来说，每千克土壤需施撒 670 微摩尔磷酸盐），结果就完全不同了。首先，植物与真菌的相互作用很少

（不到 50% 的根被真菌定植）；其次，在有真菌的情况下，它们产生的生物量比在没有真菌的情况下少 14%！在肥沃土壤中，真菌对植物生物量的影响是相反的：真菌成为植物的负担，植物试图减少两者的相互作用①（我们将在第 12 章中发现，真菌起到的保护作用使它在任何环境下的存在都是合理的）。

由此可以得出两个结论。第一，共生关系不是无条件的，而是建立在合作伙伴需要的地方。第二，农业作业会破坏菌根关系，以至于部分西方现代田地中都没有菌根。耕作会破坏菌丝体，到了土壤裸露的季节，真菌的觅食伙伴就会被带走，接下来的季节里，一切又要从菌丝体和孢子的碎片慢慢重新开始。然而，矿物肥料会使这种互动关系失去意义，因为此时土壤已经变得过于肥沃了！此外，农业中使用的一些产品可能对真菌有毒：即使通常情况下，对抗病原真菌的杀真菌剂很少会渗透到土壤中，但草甘膦等除草剂会造成严重的伤害，它会杀死球囊菌的孢子，矛盾的是，后者其实并不是它的首要目标。然而，内生菌根在农业土壤中占主导地位，耕作时，孢子是球囊菌维续生命的唯一方式！随后我们将看到，现代农业形式很少（过少）利用菌根的力量。

"食土癖"

我们可以食用植物或种子，这都是真菌的功劳，真菌通过土壤间接滋养了它们。不过……我们为什么不直接吃土呢？这个问题听上去很怪异，但是如果仔细想想，它其实没有你想象得那么奇怪，原因有三。

---

① 我在《永不孤单》中更详细地描述了在生物世界中能够促进这种互助关系的条件（有压力的环境是有利的）。

首先，多种土壤动物以土为食，并食用有机物或攻击它们的微生物。其次，吃土在大型陆生脊椎动物中很常见，我会在后文中论述！最后，我们食用的草地里的腐生蘑菇（小皮伞菌、四孢蘑菇）或森林中的腐生蘑菇（北风菌、小伞菌、紫丁香蘑），其实是它们的繁殖器官，这些真菌的菌丝体长在土里且易被消化。吃土行为甚至还有一个名字，即食土癖［géophagie，源自希腊语 gê（意为"土地"）和 phagein（意为"吃"）］。那么我们可以直接从植物、真菌和细菌的地下"餐盘"中取食吗？食土是否有可能对人类有营养？是，也不是。

一方面，土壤具有潜在的营养价值，至少从它所含的微生物细胞和所提供的矿物盐来看，确实如此。另一方面，土壤的即时毒性很低。如果你在森林里迷路了，饿得晕头转向，又抓不到动物，千万记得别吃植物：大多数植物都有毒，轻则造成腹泻，重则导致死亡！如果你真的很饿，试试吃土吧。土壤的营养价值很低，至少对人类来说，它的营养被大量稀释了。但它能够填饱肚子，而且没有直接的危险。从氮含量的角度来说，可以优先考虑细腐殖质土壤，但坦白讲，换作是我，我还是会先猎食小动物。毒素通常与土壤中的黏土有关，比如单宁酸（有毒金属经常附着在单宁酸上）与生物碱。在这种相互关联的形态中，任何一方都无法进入到生物体内，而是通过粪便被排出。

但这些物质仍然会有少许进入我们体内，从长远来看，它们会导致重金属中毒，因为正常情况下，我们的饮食中不含重金属。同时我们还有感染寄生虫的风险，尤其是被人类粪便污染的土壤。还有一种可能性，即染病（我将在下一章中再做论述）。特别是大部分金属，比如铁会随着土壤中的有机物被保留在肠道中，从而导致贫血；缺乏黏土矿物中保留的钾和钙会导致长期肌肉无力；身体还会缺乏微量元素。也就是说，我们不能长期食用土壤。这就解释了我们对土臭素的本能厌恶，即在第6章中提到的土壤细菌散发出的令人作呕的泥土气味。

那么，为什么有些人会有食土癖呢？虽然确定原因有一定难度，但概括来说，原因有二。首先，这是一种行为疾病，患者会吞食周围物体，这种心理障碍被称为"异食症"，源自喜鹊的拉丁名，[1]因为喜鹊喜欢到处偷各种东西吃。这种病的患者也跟喜鹊一样，且吃的东西可不止土壤。其次，食土与一些地方的文化习俗有关，比如在某些非洲民族中，这些习俗有时被误判为异食症。这种习俗源于过去一种合理且有益的饮食习惯，但随着人口迁移，人们胡乱食用欧洲或美洲的土壤，从而损害健康，这种饮食习惯也因此失去了合理性。然而，在最初，以及在它出现的地区，食土是一种针对性很强的饮食习惯，与许多杂食性或草食性脊椎动物的饮食方式类似。

食土行为的目标是黏土矿物。在热带地区，很多动物会经常光顾富含黏土矿物的土壤，出现"舔地"行为（英语中被称为"矿物舔地"），例如大象、貘、牛、羊、土拨鼠、豪猪、蝙蝠、黑猩猩，甚至包括食草或食谷粒鸟类，例如鹦鹉，被吸引来捕食的食肉动物和猎人也很熟悉这些地方！在法国，牛、羊、猪的养殖户有时能见到这种行为，他们大多会被这一景象惊得目瞪口呆。动物们对黏土矿物的兴趣源于其抗毒、抗病毒和抗菌作用，和思密达一样（其功效在医药领域是众所周知的）。食土的主要目的在于去除植物中单宁酸的毒性。在一种名为西巴短尾蝠的杂食性热带蝙蝠中，部分个体主要以植物为食，吸收的单宁酸也更多，与它们相比，以昆虫为食的个体舔地的频率更低。因此，食土不仅是为了摄入矿物质，还能抵抗植物中的单宁酸。到了今天，人类食土行为依然存在，考古学家发现，这种行为可以追

---

[1] "异食症"的法语名称为 syndrome pica，拉丁语的"喜鹊"写作 *pica*。——译注

溯到直立人时期。相较于吃土带来的营养价值，人类更看重的是它的保护功效。

从治疗的角度来看，陆地脊椎动物更常将土壤外用。用干浴或尘浴来清洁羽毛、皮肤和毛皮：鸟类（尤其是母鸡）已经习惯了这种清洁方式，它们拍打翅膀，让羽毛在满是灰尘的泥土上摩擦，再用喙梳理羽毛。湿浴在有毛皮或皮肤光滑的动物中更常见，举个大家都熟悉的例子，野猪经常在烂泥坑里打滚。许多动物都会用干浴或湿浴清除皮肤上的小寄生虫。寄生虫要么是在干浴时被轻微擦伤，要么是在湿浴时被泥浆裹住，等泥浆干了，寄生虫甚至会被困在里面。

结　语

土壤含有植物所需的水和矿物盐，但因这些物质被大量稀释，土壤几乎没有营养。此外，某些资源（铁或磷酸盐）在土壤水分中移动性低，因此得到它们藏身的角落里才能找到它们。对人类来说，尽管土壤含有矿物质和有机质，但它不能成为我们的日常食物，有一些人或大型脊椎动物食土，也只是因为黏土能起到保护作用，而不是将其作为食物。

为了弥补营养稀释，植物根系通过生长（生长方向通常与养分所在地一致）、分支、覆盖年轻根系的根毛来探索土壤，并与之建立广阔的交界面。等到根部死亡不再提供资源后，根系可被调整。此外，大多数根系还有一张额外的、微小的隐藏王牌，这张王牌自第一批植物化石以来就存在了，即菌根。这种根系与真菌地下菌丝体的联系进一步增加了根系探索的范围，并扩大了其与土壤的交界面。与根相比，微小菌丝的建立成本更低，而且植物可以根据自身需求及易得资源的可用性调节两者间的相互作用，甚至将其中断。此外，在演化过程中，一些植物通过切断这种互动关系来适应肥沃的土壤。菌根存在于85%以上的植物中，它是一种共生体，相较于只能通过生长和死亡来探索土壤的根系，菌根的探索方式更灵活！

71%的内生菌根与球囊菌有关，后者起源于让植物得以从水生演化到陆生的第一批共生体。这些菌根非常适合肥沃的土壤，例如覆盖着细腐殖质或低酸性的半腐殖质土壤，并从中汲取矿物资源。在植物的后期演化中，出现了其他菌根类型。外生菌根常见于温带乔木和灌木中，甚至存在于一些热带森林中，能够很好地适应粗腐殖质，因为真菌可以吸收有机物中的氮和磷，甚至攻击矿物质，这弥补了肥力的缺失。在全球荒原中占主导地位的杜鹃花科的团状内生菌根之所以能够适应粗腐殖质，要归功于真菌，正是依靠真菌，它们才能够更好地找到沉积在土壤且未矿化的有机质中的氮和磷。这也解释了生长在半腐殖质与粗腐殖质上的植物如何能够在演化过程中产生所谓的"顽固"凋落物（即可以抵抗矿化）：真菌中断矿化，植物才得以保留其回收自身凋落物的独家权！

从植物养分来看，我们再次见识到了地下微生物所扮演的关键角色。正如我们在第二部分中所看到的，它们不仅生产植物赖以生存的土壤，还负责搭建土壤与植物的交界面；它们帮助植物解决养分供应的问题，也能让植物适应不同类型的腐殖质。我们可以把微生物想象成适配器。同时，根部因自身存在感太强，在很长时间内让我们对与真菌结合的植物从土壤中汲取养分的方式有了错误的认知！

微生物在土壤中无所不能，甚至可以让植物适应土壤。但微生物的能力还不止这些，接下来让我们看看它们是如何干预植物健康的。

第12章
地下冲突：
土壤，侵略的始作俑者

在这里，钙过量是有害的；在这里，植物需要比它更小的东西来保护自己免受还要更小的东西的伤害；在这里，我们感受内部垃圾桶的魅力；在这里，绣球花在土壤的毒害下变成蓝色；在这里，土壤又跑去纠缠邻居；在这里，死亡躲在土壤暗处窥伺植物，我们的葡萄酒要遭殃了；在这里，转基因生物对植物是致命的；在这里，我们发现世界上最大的生物之一竟然是一种微生物；在这里，一些植物受到来自地下的死亡威胁；在这里，植物是地下生物的傀儡。

趁着小憩的工夫让我们到热带森林里走一走：来吧，来加里曼丹岛看看。没有见过热带雨林的人不能被称为真正的植物学家。雨林雄伟壮丽，仿若一座大教堂，附生植物着生在树干和树枝上，树木不堪重负、摇摇欲坠。这里树种的多样性也令人叹为观止：我在第4章提到过，每公顷森林土地就有数百种树木，在加里曼丹岛的一些森林中更是多达650种！当然，要分辨这些品种并非易事，因为它们的叶子长在树冠上，我们只能通过树皮区分，而且这种多样性几乎是"隐形"的。因此，林业员只能借助一点小"手段"，小心翼翼地用小刀在树皮上划出一道细细的凹槽，内层树皮和木头的颜色能够有效帮助辨认树种。

相比之下，欧洲森林里的物种则要少得多。走吧，到枫丹白露逛逛，数一数里面的树种——两个人4只手就绰绰有余了。整个欧洲大陆只有454种树木（实际数量更多一些）。亚洲或美洲温带森林中的物种多样性更低（只有3~4种），在这些地区，我们只需很短的时间就可以学会通过树皮识别树木，无须借助什么小手段。

坦白讲，物种多样性低的森林并没有什么值得大惊小怪的，按照"生态位竞争排斥"的规则，拥有同一生态位的两个物种不能长时间共存。每个物种都有生态位，即为其提供生存条件的窗口，包括光照、土壤酸度和湿度、最低氮量等。若两个生态位重叠的物种共存，其中一方会因为在两者都能生存的条件下更具竞争力而取代另一方。若两个物种拥有相同的生态位，一方会在竞争中被排斥，避免这一结果的唯一方法，是占领一个至少与另一个物种部分不同的生态位。一个物种对应一个生态位，因此，热带森林中树木的极端多样性实在令人不解：难道那里每公顷土地上有数百个树木生态位（这也意味着同样多的生存方式）吗？也许我在前一章中概述的植物生理学知识还不足以让我们准确区分它们的生态位有何差异？但是，如果确实存在多个不同的生态位，为什么温带森林的物种较少呢？相反，温带森林的情况恰恰表明了每公顷土地的生态位寥寥无几。

你是不是已经晕头转向了？别担心，生态学家也曾为此急得抓耳挠腮。这是一个在很长时间内连科学家都难以解决的悖论，直到土壤用它的方式告诉我们这其实就是一个循环。现在，跟着我直面土壤给植物带来的烦恼和挫折。我们一起回到森林，我将竭尽全力带领你在这里找到能解释这个悖论的答案。

本章重点讨论植物在土壤中面临的问题。我们将看到那些一旦过量就会对植物有毒的离子，我们将探讨造成其毒性的原因及一些植物如何成功避开毒性。最终我们会得出一个结论，即植物能够反映土壤的物理化学特征，并为我们所用。紧接着，我们将谈到这些问题的第二个原因，它与生物相关，即与邻近植物和地下寄生虫、寄生动物或寄生真菌的斗争。我们还将了解这些寄生物如何在时空维度上影响林分结构 ①。

钙的毒性

正如我在前文中反复提到的，过量就会造成伤害：钙离子就是这种情况。少量钙对植物的生长是必需的，是植物的重要组成部分，对动物而言也是如此。在雨水淋溶作用下，热带土壤中钙不足。最重要的是，钙在细胞的不同部分之间扮演着信使的角色。细胞通过相互传送钙来协调或调节各自的活动，例如当细胞受到激素刺激时。我们猜测，钙过量会扰乱这些交流过程。

钙过量导致的第二个功能障碍与细胞蛋白质相关：细胞蛋白质对细胞功能至关重要，有时甚至会产生非常大的影响。蛋白质如何对抗重力的作用以保持在细胞各个部位的分布，而非沉降到细胞下部呢？你可以回忆下第 3 章的内容：胶体尽管很重，但仍然悬浮在水中，它们相互排斥，因为它们都带有负电荷！蛋白质也是如此：虽重，但带电，它们的活动与那些在细胞液中因电荷作用相互排斥的胶体一致。如果

---

① 林木群体各组成成分的空间和时间分布格局，包括组成结构、水平结构、垂直结构和年龄结构。主要决定于树种组成、林分密度、林木配置和树木年龄等。——编注

引入过量的钙，这些带正电荷的离子就会和土壤胶体一样引发絮凝。蛋白质会堆积在细胞的某个角落，在钙的逼迫下"停止服务"。

有二必有三：钙过量还会导致细胞流失。钙黏附在细胞表面，与构成细胞膜的分子相斥。这些被称为磷脂的分子细胞外侧带负电，电荷间的相互作用使钙离子变得有些许黏稠，"亲热"地黏在一起，就像蛋白质一样，从而破坏细胞膜的结构。细胞膜变得可渗透，导致细胞内的营养物质外泄。对暴露在土壤钙中的根细胞来说，它们吸收的所有物质都通过这种方式泄漏出去，植物什么养分都留不住，这解释了为何某些植物在含钙的情况下会出现缺绿病，叶子颜色的变化表明植物整体矿物质营养不良，因为根部不能再为它们供应足够的养分。

两种土壤中的钙含量很高。第一种是石灰岩上的土壤，至少年轻土壤是这样，因为石灰岩就是碳酸钙；第二种是富含钙的火山岩（如玄武岩）上的土壤。土壤中含有极少量的钙是有益的，它可以稳定黏土－腐殖质复合物，使黏土矿物絮凝。还记得我在第3章中谈到的钙肥吗？它为缺钙土壤补充钙，这种保留在土壤中的钙是无毒的。但我们在上文已经了解到，在任何情况下，细胞内或细胞表面都不能有过量的钙。那么一旦钙过量，植物该如何管理多余的钙呢？

我们先从不耐受钙的植物谈起吧，这种情况最容易理解。这些植物一旦发芽就会被钙淹没，苟且活着，然后死去。它们被称为避钙植物［calcifuge，源自拉丁语calx（意为"石灰"，是一种通过加热从石灰岩中提取的氧化钙）和fugere（意为"躲避"）］。我们只能在含钙量较少的土壤中找到这种植物，这种土壤足以满足其对钙的需求，且不会超标。可能人们普遍认为这些植物会逃离富含钙的土壤，但其实大多时候它们会在原地死去。面对这场"大屠杀"，你一定很好奇其他植物是如何解决这个问题的。

第一个解决方案来自镁的帮助，虽罕见，但我们能找到详尽的相关描述，人们在圣吉杨莱代塞尔村[①]附近惊讶地发现了这一现象。栗树属于避钙植物，虽然枝干瘦弱嶙峋，但它们在安费尔内冰斗[②]的石灰岩岩屑中顽强地存活了下来。这里的石灰岩富含镁：这种阳离子与钙的作用相当，但不会对细胞膜造成伤害。因此，避钙植物可以在镁质石灰岩上生存。然而，镁提供的保护既罕见又不完全，且仅对低剂量的钙有效。但请放心，有些植物可以在钙中存活。

允许或阻止钙进入

让我们看看法国地中海沿岸石灰岩灌木丛中的植物，那里的土壤稀薄，却充满了来自下方石灰岩的钙，还有布列塔尼那些富含石灰岩贝壳碎片的海沙堆积而成的沙丘。这两个地方都有植被，但都不甚茂密——石灰岩土壤干燥，不利于植物生长。然而，一些植物却好好地长在那里，我们称其为适钙植物（calcicole，源自拉丁语 colere，意为"居住"），这类植物反映了两种截然不同的生理类型。

第一种类型允许钙进入，但会迅速使其失活。当然，这些植物的细胞膜和蛋白质经过复杂的适应过程后，使植物自身能够忍耐高浓度的钙，因为钙会在植物内部循环。最重要的是，这些植物能限制细胞内自由钙离子的浓度。想知道它们是怎么做到的吗？尝尝野草莓或野生芦笋吧，把它们含在嘴里，那些小颗粒仿佛在舌头上打滚，感受到了吗？要是你还不相信，那再尝个味道更强烈的：一小片野生海芋的

---

① 在地中海附近，是法国最美丽的村庄之一。——译注
② 位于普罗旺斯 – 阿尔卑斯 – 蓝色海岸大区。——译注

叶子。试一下，可能还没等你咽下去就要吐出来了，因为这个东西也含有有毒生物碱。但是如果你咀嚼后吐出来，是不会对身体造成伤害的，只是味道有点冲。你可以用靠近舌尖的地方嚼一下（不要用其他地方，否则味道太烈），过个几秒钟吐出来。一股灼热的辛辣感很快便会在嘴唇和舌尖蔓延开来，但它是无害的。奇怪的是，当你停止咀嚼，这种感觉就会消失，然后随着咀嚼再次席卷而来。

野草莓和野生芦笋的小颗粒就是草酸钙晶体，呈粒状，形成于细胞中心。海芋之所以能将这种晶体作为防御武器，是因为后者在海芋体内呈细针状，会刺入食用者的黏膜：嘴巴咀嚼幅度越大或次数越多，这些晶体就越深入黏膜，同时分解成更小的碎片，继续往内里深入，直到碎成小块才会停止前进。这些晶体均是由植物产生的一种小分子组成的，即草酸盐（COO^--COO^-），它对钙具有很强的亲和力，将其捕获后生成无害的晶体形式 $[COO^-COO^- + Ca^{2+} \rightarrow (COO)_2Ca]$，即在细胞中结晶形成草酸钙。

所有植物都含有草酸钙晶体，通过这种方式中和过量的钙。草酸钙在那些允许钙进入并有能力将其抑制住的适钙植物中极其常见，通常环形分散在其中，这种植物被称为耐钙植物。草酸树就是这种情况，树叶里含有大量草酸钙，我在第 5 章说过，这种树木可是咱们对抗温室效应的"小"法宝。至于海芋，它们拥有变废为宝的本领，草酸盐摇身一变成了它们的防御武器。当枯叶凋零飘落，草酸钙晶体又重新回到土壤中。

相反，还有一部分适钙植物几乎不允许钙进入体内，被称为嫌钙植物（calciphobe，源自希腊语 phobos，意为"恐惧"）。这些植物是如何防止钙进入的呢？它们主动让钙穿透根部细胞膜，将其"泵"到细胞外面。然而，这些钙虽然被赶出大门，却仍然可以从窗户进来，因为它们始终在根部周围徘徊，伺机而动。最后，多亏了菌根真菌，许多嫌钙植物才得以成功抵御钙的攻击。众所周知，桉树或松树生长在富含钙的土壤中，如果我们做个实验，将这些石灰质土壤做灭菌处理，会发现这两个树种无法在这种环境下继续生长；如果我们重新接种菌根真菌，它们则能恢复正常生长。那么，真菌是如何帮助植物耐受钙的？

桉树和松树会发育外生菌根：真菌在根部组织周围"编织"一个菌丝套（绝对货真价实），菌丝附着在所有拥有活细胞的幼根表面（而非有死细胞的树皮）。真菌生长在土壤与植物之间，因此它本身并不能控制钙的毒性。但此处远不止一种屏蔽效应，内生菌根也会通过其他机制干预并为植物提供保护。也就是说，真菌同时用两种方式使钙失活。首先，它会主动将进入自身细胞的钙离子排出去，但正如我刚刚谈到的，这算不上一个非常有效的解决方案。其次，它可以分泌草酸盐。草酸盐在菌根外捕获钙，在土壤中与之结合并生成晶体，将钙固定在土壤中。因此，许多嫌钙植物仅依赖它们的菌根共生体耐受钙。

实际上，许多适钙植物可谓"脚踏两条船"，兼具嫌钙植物（限制钙的进入）和耐钙植物（管理排除万难后进入的钙）的特征，使出浑身解数对抗有害离子。

钠

在植物所需的微量元素中，部分离子一旦过量就会产生毒性，这其中就包括钠，即食盐的成分；它的同伴氯化物一般毒性较小。盐土非常特殊，我在第6章中将其称为"非地带性土壤"，因为它们自身的化学特性战胜了气候的影响。钠含量过多的土壤分布在海边（包括圣米歇尔山的泥滩）和母岩富含盐分的地方（如洛林大区的某些地区或奥弗涅大区的盐泉附近，如圣内克泰尔）。盐土还会出现在土壤因过度灌溉而盐渍化的地方，正如我们在第 2 章中看到的那样，普通植物在这种土壤中无法存活。古罗马人占领敌方城市后会在废墟周围撒盐，这样那里的土壤就再也长不出任何东西了！至少那时的罗马人已经明白，周围没有肥沃土壤的地方就没有城市。

　　然而，盐土上依然生长着一些特殊的植物，而且它们的确在那里"繁衍生息"！在热带气候下，植物甚至会绵延成林，也就是海边的红树林。这些喜盐植物［halophile，源自希腊语 halo（意为"盐"）和 philos（意为"朋友"）］如何在盐中生存呢？盐的毒性是钙的 2 倍，但两者的毒性却有些许差别，因为钠离子只有一个正电荷。钠几乎不会破坏细胞膜或细胞内的联系，但它可以与蛋白质相互作用，因为它也会使其絮凝。此外，钠可以在土壤中达到非常高的浓度，远高于钙，因此它能将水分保留在土壤中。

　　在第 2 章里，我们发现盐渍化土壤中的植物会积累海盐离子、钠和少量的氯。因矿物浓度高于土壤，这些植物能够将水分吸引到自身组织中，但它们如何保护蛋白质呢？相较于普通植物，喜盐植物的蛋白质对盐的忍耐度更高，尤其是这些植物将钠和氯储存在一个特定的隔间——液泡中。这个封闭空间占据了植物细胞体积的 90%，而细胞生命及为其提供生存保障的蛋白质只占据了很小的剩余空间。这个大液泡有几项功能：它是储存毒素的地方，包括我在第 8 章中介绍的单宁酸；它也是个名副其实的内部垃圾桶，植物细胞将废物都存放在那里，因为这些细胞被细胞壁包裹，不能像动物细胞一样将废物排出去（后者没有细胞壁，直接将废物排入血液中）。因此，将钠存储在液泡这样一个惰性储存室中几乎算不上什么难题。

　　此外，在蛋白质所在的细胞的微小活性体积中，如何在保护蛋白质免受盐分侵害的同时保持高浓度呢？植物在那里积累了大量毒性较小的有机小分子（脯氨酸、多元醇、甘油），它们和盐一样，可以聚集在一起并吸引水分。这些分子的形成需要能量，因此细胞仅在必要时才会使用它们。然而，在低盐土壤中，这些分子有时也被放在液泡中，因为低盐情况下对它们的需求量不大。通过这种方式，细胞能够以可接受的能量成本处理盐分带来的潜在危险。

　　然而，盐分移动性大，会不停进入植物中，又该如何处理过量的盐呢？因为钠离子太易溶解，不会像草酸钙那样结晶，因此解决方案只有一个：将其"驱逐出境"！喜盐植物借助根部将盐分排出，根部细胞会主动将多余的盐分归还土壤。菌根真菌有时也会伸出援手。加勒比海岸的一种树木就是这种情况，它生长在盐沙中，为海滩送去了一隅喜人的荫蔽，它就是海葡萄（荞麦的远亲）。我有幸和一位来自安的列斯大学的朋友阿马杜·巴（Amadou Bâ）共同研究过海葡萄的菌根真菌，后者可以增强植物的抗盐性。在另一端，叶子中的木质树液水分蒸发后，盐分可能会积聚，而叶子表面的部分细胞专门负责主动将盐分排出去。此外，在红树林中红树的叶子上，我们可以观察到或者品尝许多喜盐植物表面都会有的微小盐晶体。每次下雨，这些盐晶体都会被冲走，但与此同时，它们的白色沉积物会被叶子当作"防晒霜"，抵御过度的阳光照射。这让人不禁想起野生海芋的防御性草酸钙晶体：一些植物拥有将问题转化为优势的天赋。

　　无论是将多余的盐分排出，抑或是将其储存起来，喜盐植物都向我们证明了任何土壤都不会对所有植物有毒。一些植物能够适应土壤，即使形成的植被覆盖度很低，因为这种适应会消耗一定的能量，可用于生长的资源就相应减少了。例如洛林大区的盐场和盐泥几乎没有植被覆盖，再例如即使人们在盐渍化的农业土壤上种植更抗盐的作物，产量也会下降。相反，在沿海地区，来自陆地的矿物盐解决了这个问题，海边的泥滩和红树林非常多产。

铝

最后，金属在土壤中也可能达到致毒的浓度等级。目前，我们已经了解到铝会在成土过程中积聚。土壤呈酸性时，铝就是有害物质家族的一员；否则，它会与中性或碱性土壤中的氢氧化物一同沉淀，从而失去移动性和毒性。以酸性较强的粗腐殖质为例，它不仅有利于铝的移动，还能促进岩石的完全转化，释放出大量的铝。然而，生活在那里的植物还是想到了应对办法！带正电荷的铝离子具有与钙相似的毒性，且通过相同的机制作用于蛋白质和细胞膜。但与钠和钙不同的是，铝在细胞中没有任何作用，浓度很低——在动物细胞及植物细胞中的浓度都不高。因此，植物普遍对这个"害人精"零容忍。

第一种解决方案是一旦发现铝进入细胞，就主动将其"赶"回土壤中，根部及其菌根真菌主动承担了这项工作。此方案非常有效，因为铝的移动性比钙或钠的移动性要小得多，没那么容易再回到细胞中。

第二种解决方案是将铝固定在土壤中。正如草酸盐用 2 个负电荷捕获钙的 2 个正电荷一样，这次行动的分子具有 3 个负电荷，即柠檬酸盐（因在柠檬中含量高而得名）。

$$柠檬酸盐（Citrate^{3-}）+ 铝（Al^{3+}）\rightarrow 土壤中的柠檬酸铝晶体$$

这就是为什么大多情况下，植物根部和真菌遇到铝后会开始产生和分泌柠檬酸盐。与无法生产柠檬酸盐的突变体相比，能够生产这种物质的植物可以轻松适应浓度高 10 倍的铝！

　　第三种解决方案是把那些依然进入到细胞内的铝放在液泡中。铝与柠檬酸盐或单宁酸结合形成复合物，并以这种形态被植物与真菌（其细胞也有液泡）阻截，阻止液泡内的物质渗漏出去。这种复合物你可能很熟悉，正是因为它们，才有了著名但味道刺鼻的蓝色绣球花。花朵之所以是蓝色的，是因为其细胞液泡中储存着少量单宁酸，也就是花青素［anthocyane，源自希腊语 antho（意为 "花"）和 kuanos（意为 "蓝色"）］，芙蓉、矢车菊、樱桃、蓝莓或红酒中都能找到这种物质。

　　花青素可呈现为红色或蓝色，这取决于两大参数。第一个参数是酸度。花青素在中性到碱性介质中呈蓝色，在酸性介质中呈红色：将一朵蓝色的花放入白醋中，耐心等上一会儿，你就会明白了。但是，一方面，液泡的酸度相同，不受植物的影响；另一方面，生长在酸性土壤中的绣球花是蓝色的！因此，起主要作用的是第二个参数：铝。花青素就是那些与铝或其他金属结合形成复合物的单宁酸之一，它与铝结合后变成蓝色。在酸度较低的土壤中，铝的移动性极低。但在酸性土壤中，铝最终会进入植物，植物再将其存入液泡中。铝在液泡里被单宁酸，特别是花朵细胞中的花青素捕获，从而使后者最终变成蓝色。花青素和铝的这段蓝色 "爱情" 让铝失去了毒性，这还真是别具一格！特别是当花朵凋落到土壤中，铝会继续与土壤中的单宁酸结合形成复合物，但这一次，它要想回到植物根部就没那么容易了。就这样，随着时间流逝，由于阻截了土壤中的铝进入根部，失去了伴侣的花青素重新回归孤寂，蓝色绣球花最终会变成粉红色。

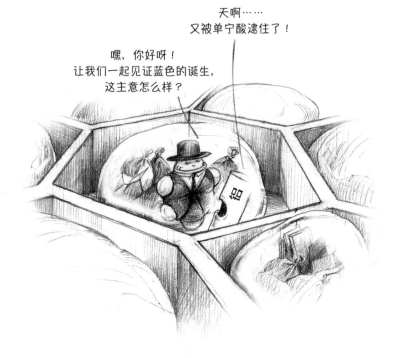

重金属

一些土壤含有其他对细胞有毒的金属：重金属（也被称为"微量金属元素"）。在许多情况下，植物针对这些元素采取的抵抗策略会让人想起嫌钙植物，即将其"驱逐出境"。根及其菌根真菌会主动将入侵者"泵"到土壤中。

这种策略在高浓度环境中更加难以实施：此时，必须将入侵者堆积在液泡中去除毒性，如果需要，就让它们与其他能够阻截它们流出去的分子结合。这种让液泡成为真正的金属矿床的机制被称为生物积累。这可是真菌的"功劳"，正因为如此，才会有不要食用被重金属污染的土壤中的真菌的建议。比如，不得在曾经被放入汽油中的铅污染的路堤上种植蘑菇。真菌对其他金属而言也是有效的浓缩剂，例如汞会以甲基汞的形态被真菌捕获，而甲基汞绝不会从液泡中跑出来。

　　生物积累解释了为何在切尔诺贝利的放射性毒云消散后，仍然不建议食用当地的真菌。事实上，无论哪里下雨，都会有少量放射性重金属渗入土壤中。许多重金属被水流带走或随着时间推移分解直至消失①，但其中有一种重金属（铯 –137）具有两项毒性特征。铯 –137 分解的速度非常慢（每 30 年减少 50%），且在酸性土壤中移动性不大。如果雨水将农田中的铯 –137 冲走（在农业土壤中，通常是中性的细腐殖质占主导），它便会留在酸性更强的森林土壤中，积聚在真菌、腐生菌或外生菌根的液泡中。食用这些植物或者曾吃过它们的野味（野猪、野鹿）后，我们也会摄入铯 –137，后者会持续存在于我们体内。孚日山区、阿尔卑斯山脉和科西嘉岛的酸性土壤都有这个问题，但正在慢慢消失，因为铯 –137 会随着时间不断分解。有意思的是，外生菌根真菌（如牛肝菌或蜡蘑）的放射性很高，很显然，这些真菌积聚的物质从土壤中渗出，为树木提供了保护。

　　一些植物也会生物积累重金属。矿山开采或工业生产给一些地区造成了重金属污染，那里的农产品可能会引发食物中毒。在法国南部圣洛朗勒米尼耶的加德镇，从罗马时期到 1992 年，对锌和铅的持续开采污染了当地的土壤：一些地方的锌、铅和镉含量高达欧洲标准含量的 850 倍。村里的孩子都有轻微铅中毒。植物生物积累的重金属可达到的水平绝对会让你大吃一惊。在新喀里多尼亚，含镍土壤上生长着一种名为喜树（*Pycnandra acuminata*）的灌木，它通过与柠檬酸盐络合积累镍：柠檬酸镍浓度高达干重的 25%！这种植物的汁液呈蓝色，

————————————

① 放射性正是在分解过程中产生的，放射性元素因释放有害辐射而被破坏。

那家伙真大。

我现在就能告诉你们，
咱们今晚吃什么！

因此它在当地被称为"蓝色汁液"，并成功"劝退"了食草动物。

得益于这种生物积累，我们可以通过将重金属集中到可收集它们的植物中，回收土壤中的这些有害元素。尽管这些植物需要花上数十载才能积累一定量的重金属，同时我们也必须考虑到固定在土壤其他成分上的一部分重金属会逃脱生物累积，但从长远来看，我们仍然可以通过这种方式减少污染。这种消除污染的方式被称为生物修复。用来收集重金属的植物随后被焚烧，其灰烬被封存或再利用，这使它们"荣升"为名副其实的"矿工"！我之所以举加德镇的例子，是因为植物的生物积累让人类得以在那里试验这些积累物的原始用途：重金属和新鲜有机物的络合物在化学工业中很有价值，可以催化一些在其他环境下难以发生的化学反应。

因此，植物也可以为我们改善土壤，帮助修复工业生产带来的问题。重建包括巴黎周边、洛林大区或法国北部的前工业区等被重金属污染的大型工业区是未来的工作重心之一！不管怎么说，要是任凭这些土地继续荒废，特别是对其中肥力较低的土壤来说，外力侵蚀很有可能使污染进一步扩散。

植物的生物指示作用

植物经年累月稳立在土壤中，可以说，它见证了所在土地的所有变化：它生长在那里，表明那里的土壤能够满足其需求，也在其能够忍受的范围内。因此，植物是土壤性质与特性的指示牌，这可比局部测量结果要可靠得多，因为在局部测量时，测量时间不同或者测量点相隔几厘米，都会造成数据波动。例如降雨后土壤湿度会发生变化，每个土块的氮含量甚至 pH 值都不同，甚至季节更迭也会对数据产生影响。测量结果并不能反映平均值，我们可以增加测量次数，但这不仅烦琐且成本高昂。而植物只需通过自身的存在就能揭示出自它发芽以来时间留下的所有印记，以及它能进入的所有土壤的特性。此外，每种植物都是独立的"见证者"，也就是说，我们能观察到多少种植物，就有多少个"见证者"。你可能会惊讶地发现，植物对土壤的改变是有限的，正如我在第 8 章谈到的，植物只能对土壤环境做出微小的改变，而且土壤的部分特性大大制约了植物的生长。面对这一现状，植物无能为力。

一个物种的存在能够反映其生长环境的特性，这一现象被称为生物指示，常被应用于某些领域，例如我们可以根据存在的微小藻类和动物来判断水质。林业人员经常通过树下灌木丛植物的多样性来评估土壤的钙含量、平均湿度或酸度：让－克劳德·拉莫（Jean-Claude Rameau）与他人合编的著作《森林植物志》① 不仅列举了植物的名称，

① Jean-Claude Rameau et al., *Flore forestière française* (3 volumes), CNPFIDF, 1989, 1993 et 2008.

还明确了它们所指示的环境特征。结合几种植物的指示情况，我们可
以准确地识别土壤条件，从而确定应该种植或重点种植的树种。

许多生态学著作都使用了毕业于法国蒙彼利埃大学生态学系的德
国生态学家海因茨·埃伦贝格（Heinz Ellenberg）的索引。索引中列
举了每种植物指示的 7 个环境参数：光照、温度、对大陆性气候的偏
好程度，以及土壤湿度、酸度、氮含量和盐度。针对中欧地区生长的
2000 多种植物，埃伦贝格按照等级 1~9 评估了每个参数。在给定的地
点，通过计算存在的不同植物参数的平均值，就可以识别出当地的环
境特征！天知道我的研究团队已经完成了多少土壤分析，但我们其实
只做了一件非常简单的事情，就是识别生长在土壤中的物种！接下来
我们打算用同样的方法继续研究南欧地区的土壤。

奇怪的是，生物指示作用鲜少被应用于农业中，也许是因为人们认
为可以通过施肥来强制改变土壤环境，无须依赖其自身潜力。此外，自

来，说说吧，谈谈你生长的土壤！
我要知道它的湿度、氮含量……关于它的一切，
我都想知道！

20 世纪初以来，除草剂被越来越多地投入使用，杀死了一部分生长在土壤中的"见证者"。但热拉尔·迪塞尔夫（Gérard Ducerf）开启了一项大工程，即为"杂草"正名，赋予其更高的地位，特别是将其作为生物指示工具。[①]总之，植物为适应或抵抗土壤的物理化学干扰所采取的方式能为我们提供信息。

根部作战区

对土壤的干扰不仅限于物理化学层面，周边的生物也会带来干扰！土壤是根部竞争的赛场，邻近的根要么相互躲避，要么正面对战。这是因为土壤中的资源稀缺，这一点我们在上一章里就已了解。由于相互回避，根系尽可能垂直分布。就像土表生长着高矮参差的草、灌木、大大小小的树木一样，植物根系伸展到深处，从而将不同物种间的生态位分隔开。那些地上部分最高的植物，根部往往也延伸得最深。

但是，并不是所有根部都相互回避，回避也不能消除所有竞争。要是你为了分离邻近植物的根掀起一块土，就能见识到根系的错综复杂，为抢夺过于匮乏的资源而发生的争斗痕迹清晰可见。得益于此，一些植物拥有了通过释放毒素除草的能力。在第 4 章中，我谈到了土壤微生物借助抗生素发动"战争"。植物也会通过释放化学分子相互斗争、相互伤害，尤其是在土壤中。植物界将该机制称为**化感作用**［**allélopathie**，源自希腊语 allelon（意为"相互的"）和 pathos（意为"痛苦"）］，但实际上，它与微生物释放抗生素异曲同工。土壤也因此有了化学毒性。

---

① Gérard Ducerf, *L'Encyclopédie des plantes bio-indicatrices alimentaires et médicinales*（《食用及药用生物指示植物百科全书》, 3 volumes), Promonature, 2005, 2008 et 2013.

其中，最著名的例子就是胡桃树，它可以阻止草在其叶子下生长。这种效应有时不是很明显，一方面是由于树荫，另一方面也因为它只针对部分草类。胡桃树的毒性来自一种单宁酸的释放，即胡桃酮，它存在于树叶中（我们摩擦叶子散发出的宜人味道就源于此），随着雨水渗入土壤，并不断下沉；根也会在此过程中分泌胡桃酮。还有桉树，它的根部、枯叶和树皮碎片会释放单宁酸和萜烯，限制植物的生长。法国就有这种情况，因为这些树木在这里很敏感，而在它们的故乡澳大利亚，这种现象就不那么明显了，那里的部分物种已经对这些物质免疫了。菌根真菌将化感作用化合物扩散到土壤中，从而扩大它们的作用范围：我们并不知道这些化合物是沿着它们的菌丝向外扩散，还是被主动运输到细胞中的，但能确定的是，正是形成菌根的伙伴们移动了这场化学战争中的分子！

更小一点的植物也参与了这场战争。绣线菊（蔷薇科）就是这样赢得了"草甸女王"的称号，因为它释放出的水杨醛和水杨酸对邻近植物有害，因此独自称霸了整片田野。绣线菊的叶子也含有单宁酸，这种单宁酸接近乙酰水杨酸盐，是阿司匹林的主要成分，也是运动员治疗瘀伤的乳膏的成分。此外，绣线菊的叶子与根部在压力下会发出一股类似运动员更衣室的味道，用它的花熬制的汤药则被用作镇痛剂。

小麦、大麦或玉米等禾本科植物，以及毛茛属植物或老鼠簕属植物都会与特定的单宁酸，也就是异羟肟酸作用产生毒素。这些化合物一旦被排放到土壤中，远离催生它们的根部，生成的代谢物会对"邻居"毫不手软，因为它们破坏了表观遗传的某些机制。表观遗传（épigénétique，源自希腊语 epi，意为"上面"）是一组添加到脱氧核糖核酸上的标记，它们叠加在该分子所携带的遗传信息上，并以一种可以传递给后代的方式对其加以修改。因此，异羟肟酸代谢物可防止植

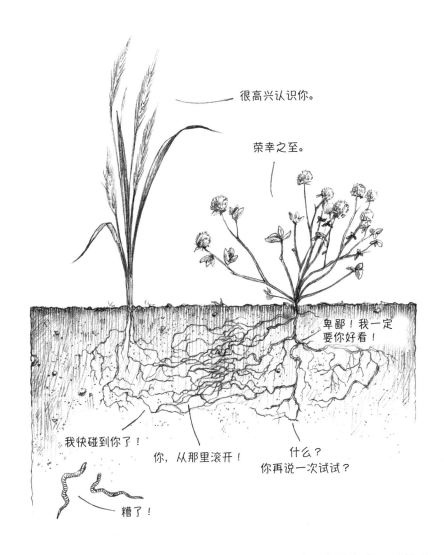

物通过表观遗传机制调节自身基因的活性。目前，育种专家正试图培育出化感作用强的品种，以便轻松除草，特别是观赏草坪的除草。对农作物而言，培育结果不尽人意，因为植物进行化感作用时的投入有时是以牺牲产量为代价的。

除了植物，这些好战的分子还会影响微生物细胞。例如，水杨酸和异羟肟酸会给根部周围的微生物多样性带来巨大的改变，并有助于消除寄生虫。异羟肟酸会与铁结合，禾本科植物利用它及其他分子从土壤中回收铁（从这个意义上说，它们就是前一章中提到的铁载体），这加剧了这些植物与其他根及土壤微生物间的食物竞争。正如我在第8章所说，植物的分泌物是它们管理环境及建立生态位的一种方式。事实上，我们只要发现粗腐殖质与半腐殖质，就能够推断出，植物会通过凋落物并以伤害其他物种为代价重建土壤属性，但这种影响没有那么直接。

最后，一些植物紧贴着其他植物的根部是为了利用对方！寄生植物就是这样，例如鼻花与山萝花。这些绿色植物的根很少，且全部嫁接到邻近植物的根上。它们利用木质树液，趁着"邻居"耐心推动根部在土壤中延伸时寄生于其上，有点类似着生在树枝上的槲寄生。寄生根的植物还包括一些非叶绿素植物，例如列当或齿鳞草，以及生长在部分亚洲森林中的花朵巨大的大王花。这些寄生植物还会吸收宿主的韧皮树液，从而利用宿主的光合作用。它们的根完全嫁接到宿主植物的根上，与运输汁液的导管相连。那些热衷冒险的根肆无忌惮地往周边延伸，种子得以萌发。独脚金是一种寄生于热带作物的植物，每年造成的损失超过400亿欧元，其萌芽是由被寄生的根部所释放的一种物质诱发的，即独脚金内酯。独脚金种子发芽成根后，会朝着距离最近的根的方向生长，追溯到独脚金内酯和其他根分泌物的源头，然后嫁接到上面。对于一动不动的植物来说，很难逃脱这些"货真价实"的植物水蛭。你可能要问了，根部为何会释放出终将背叛它的独脚金内酯？待到下一章，你就会明白这实属无奈之举，根部别无他法！

表面一派祥和的土壤下面却暗潮汹涌，根部竞争与化学反应金鼓齐鸣。但只要不向邻近植物输入毒素或者其他寄生植物上的寄生虫（这些寄生虫一直躲在土壤暗处伺机而动），都无伤大雅。

寄生虫

根瘤蚜

19 世纪末，欧洲葡萄种植业深受粉孢菌的破坏，这是一种叶子寄生真菌。1850—1854 年，粉孢菌使法国的葡萄减产四分之三，人们通过在树叶上喷洒硫黄成功降低了部分损失。1870 年后，一种新型疾病暴发，彻底摧毁了欧洲的葡萄产业，并在 1875—1890 年再次使法国葡萄减产了 75%。起初，人们一直找不到造成这一现象的原因，植物大量死亡，却没有任何可见的入侵者。之所以如此，是因为罪魁祸首是根瘤蚜（*Daktulosphaira vitifoliae*），这是一种接近蚜虫的昆虫，主要生长在葡萄藤蔓的根部！

就像粉孢菌引发的白粉病一样，根瘤蚜也来自美洲。美洲的各种葡萄树种都对这些疾病免疫，但是欧洲的葡萄树种从未遇到过此类疾病，于是轻易就被击垮了，葡萄树根也随之死亡。根瘤蚜在夏天寄生于叶子上，冬天则跑到土壤里过冬，寄生在根部取暖。美洲藤本植物的根部对根瘤蚜具有抗性，而在叶子上生长良好的昆虫到了冬季存活率下降，植物得以在根瘤蚜中存活下来。欧洲的情况正好相反：昆虫在叶子上的存活率不高，因此看上去不太显眼，但它其实在纤维较少、较嫩的欧洲葡萄根部生长得非常好。根瘤蚜破坏了根部，植物也因此迈向死亡。

处理根瘤蚜的方法很多，如二硫化碳，这是一种极易挥发的液体，可以杀死昆虫，但也会杀死使用者，因为它对人类有很大的毒性。在一些地方，葡萄园在冬季也可能被淹灌（有时，极少数的葡萄园会在冬季被天然洪水淹没），水能让根部的昆虫窒息而亡。砂质土壤上虽然很少种植葡萄，但它的环境非常有利，因为昆虫在秋季迁徙到土壤中时会被里面的沙粒压垮：位于塞特港①附近的德瓦萨尔葡萄园给法国国家农业科学研究院（INRA）提供的一系列葡萄树研究样本都没有根瘤蚜，因为它们生长在地中海沿岸的沙滩上。利用欧洲葡萄树与美洲葡萄树培育出的杂交品种对根瘤蚜具有较强的抗性，但第一代杂交葡萄酿造的葡萄酒口感不佳，20世纪就停产了（至少在法国是这样，德国等其他国家从那之后一直在持续进行杂交，并成功培育出了更好的杂交品种）。还有一种目前使用最广泛的方法，即将欧洲优良的老葡萄品种嫁接到源自美洲的根系（或砧木）上，选择哪种根系承受嫁接，依据在适合老葡萄品种生长的土壤上结出的果实质量而定。就这样，美洲品种根部的抗性与欧洲品种叶子的抗性相结合，通过一种真正的土壤"适配器"——砧木——拯救了老葡萄品种。然而，疾病依然存在，在欧洲的许多地方，未嫁接的葡萄树很快就会死亡，且迟早会受到来自地下的昆虫的祸害。

　　土壤同时也是植物寄生虫储藏室，例如昆虫和某些线虫，这也是土壤带来的其他干扰之一，这些寄生虫每年会毁掉世界上近10%的农作物。来自几个不同种群的线虫通过刺入根细胞并吸食其中的内容物来伤害植物；此外，它们还会传播病毒性疾病，例如短节病，从而削弱或杀死植物。有些物种甚至采取游牧式的掠夺方式，即祸害完一株植物又跑去祸害另一株植物；还有些物种则刚好相反，一头"扎根"在某一条根上。所有寄生虫都在土壤里到处寻觅根"猎物"，被土壤释放的分子吸引。在长期寄生的线虫中，有些会进入根部，引发细胞增殖，形成一个被称为虫瘿的大肿块，它们将自己包裹在里面，既可以自保，也便于取食。另一些则只有头部进入根部。雌性线虫在妊娠期

---

① 法国南部城市，毗邻地中海。——译注

身体会越来越大，进而从根部上凸起，它们肿胀的身体在根部表面形成的凸起被称为包囊，里面塞满了卵，最终破裂释放出后代。所有带有虫瘿或包囊的长期寄生线虫都是靠吸收位于根部中心的巨细胞的内容物为生。线虫促发了这些细胞的形成，它们正是在这个过程中不断汲取细胞内容物。

我们已经从第 4 章知道线虫一直都是"安静"地在一旁吃着细菌，你可能会想，是什么使它们中的一些转化为根部寄生虫的。原因是微小的线虫仅靠自己的力量无法穿透植物细胞的细胞膜（壁）。根部寄生虫会分泌一种能够破坏细胞壁的酶，这要归功于它们在演化过程中从植物寄生细菌中接收到的基因！这些寄生线虫绝对是如假包换的天然转基因生物，它们的祖先可能是从食物中获取的这些基因，基因随着被吞食及未被完全消化的细菌残留在线虫体内。在线虫的演化过程中，这种情况发生过好多次，由此演化出了几个会攻击植物的种群。

事实上，即使老根有表皮保护，嫩根也会将那些脆弱的活细胞暴露在土壤或菌根中的真菌中，否则它们如何汲取资源呢？来自图卢兹大学的克里斯托夫·鲁（Christophe Roux）是我非常钦佩的一位同事，他在课堂上是这样描述这场"酷刑"的：这就好比将一个人埋在土里，只露出头，给他食物和水以维持生命，几周后，他被埋在土里的肌肤就会腐烂。然而，人类无法承受的痛苦，植物根部却可以坚持很久，即使是很小或者很细的根部。当然，这并非一点风险都没有，总有寄生虫会乘虚而入。

卵　菌

列出所有土壤寄生虫是不可能的，但是我们可以从真菌中（广义）选取两个例子来看看。

首先，让我们来到远离石灰岩的森林里，即以花岗岩为主的赛文山脉①或者阿尔代什省②，寻找一种避钙植物：栗树。如果你从远处观察栗树林，大多时候你会看到树冠上的枯枝。这些树木受到一种土壤生物的攻击，后者通过吞噬根部将其破坏，有时会导致感病树干基部流出黑色汁液。树木试图通过积累单宁酸自保，但并没有起到什么作用，不过树液仍在单宁酸的影响下变成黑色，这就是为什么这种病害被称为"栗黑水"。这种病害于1860年左右从亚洲传入欧洲，20世纪初，欧洲的栗树林深受其害。目前欧洲采用的防治方法是：在病害肆虐土壤之前移除受影响的树木，并种植对其抗性更强的品种，甚至将树木嫁接到某一根系上，与前文葡萄树的处理方式一样。亚洲板栗树种的根系也能抵抗这种来自其所在地区的疾病。

这一切的始作俑者是一组各方面都与真菌类似的丝状生物，由细丝构成，并通过孢子繁殖。尽管表面上与真菌相仿，但这种生物的演化起源却是独立的：它们就是**卵菌（oomycètes）**，从演化角度来说，与生长在海岸的褐藻是近亲！这些植物**病原体（pathogène）**来自海洋，它们的祖先生活在那里，它们的近亲仍然生活在那里，它们可能与植物本身一样古老。本书的最后几章都将围绕这种生物展开，因为在欧洲栗树的根部上生长着两个密切相关的物种，即樟疫霉（*Phytophthora cinnamomi*）和栗黑水疫霉（*Phytophthora cambivora*）。

卵菌的孢子有两个伸长部分，即鞭毛，使其能够短距离移动，这也是卵菌与真正的真菌之间的不同之处，后者的孢子只有一条鞭毛，通常情况下连一条都没有。有疫霉③的孢子在细根上萌芽并被其吸引。

① 位于法国中央高原东南部的山脉。——译注
② 位于法国东南部，罗讷 – 阿尔卑斯大区所辖的省份。——译注
③ 疫霉属是卵菌纲下的分类。——编注

因此，在一年当中，这种病害至少有部分时间是通过孢子在潮湿土壤中扩散的。如果孢子没有找到"喜欢的根"，可能会选择"放慢脚步"，在地下蛰伏数年，在等待中度日。当所有根都被吞噬之时，整棵树就会死亡。

更多的情况是，略微潮湿的土壤（无论这种湿度是暂时的还是永久的）都有利于病害在两棵相邻的植物间传播。有时，树冠良好的树木会突然枯萎：最高的叶子掉落，露出顶部光秃秃的树枝。这个阶段被称为顶部枯萎掉落，病理原因多源于土壤。紧接着，整棵树会突然死亡，哪怕前一个月看起来还很健康。面对这种情况，如果你在叶子上看不到任何东西，那么就请在土壤中找找寄生虫。

真　菌

接下来，我们再来谈谈另一种来自地下的攻击，这次让我们来到稍远一点的北美洲森林，这些森林尚未被人类开发或鲜少开发，仍然受到自然因素的影响。下面的景象在欧洲针叶林中不太常见（欧洲的针叶林都是有人管理的，无人管理的山区、科西嘉岛的高海拔地区或阿尔卑斯山脉某些偏僻的角落除外），一种真正的真菌正在那里大展拳脚。

一条蜿蜒小径穿过茂密的松树、冷杉和云杉林，森林中随处可见老树倒塌后留下的小洞口。突然，小径通到了一片更广阔的空地。空地边缘的树木枯萎了，再往中间一点，已枯死的树干倒塌在地，再往前，接近中间的树木已经腐烂了。很显然，有一种病原体在这些树木间扩散，陶醉于自己的罪行之中。如果是秋天，我们在枯木上随处都能看到金棕色分层的真菌群，它们在基部汇合成簇——杀手胜利的呐喊再次响起。但一般情况下，这些真菌可以食用。

这种叫作蜜环菌的真菌的菌丝体主要生活在地下。我们用肉眼就可以看到它的菌丝体，特别是在枯木附近和寄生树皮下。事实上，菌丝成群聚集，形成一条条直径 1 毫米的黑色绳索，这些绳索要么分支，要么合并在一起，最终密结成一张巨大的地下网。这些聚集的菌丝绳索乍看很像根，因此被真菌学家称为根状菌索 [rhizomorphes，源自希腊语 rhiza（意为"根"）和 morphè（意为"形状"）]。这张菌丝网靠吸食感病树木的养分生长，逐步蔓延，到了空地边缘便潜入邻近仍然健康的树木根部。真菌穿透粗根，先在树皮下形成根状菌索，紧接着形成一个更扩散的菌丝体，侵入根部木材，向上延伸到树干，杀死树木，然后再将其消化。

是的，你没看错，造成这些树木染病的罪魁祸首是同一个。通常情况下，一块空地只被单个个体的菌丝体占据，虽然无法看到它的全貌，但总之，它又大又老！一种来自美国俄勒冈州东北部的蜜环菌 [奥氏蜜环菌（*Armillaria ostoyae*）] 覆盖了马卢尔国家森林公园（多么不祥的名字）[①] 965 公顷的土地，相当于 1350 个足球场：要达到这个规模，至少需要 2500 多年，其根状菌索总重量约为 600 吨（现存最大的动物蓝鲸的体重是 170 吨）。

在这种情况下，病原体在土壤中布下的陷阱规模是很大的：从病毒到细菌，再到线虫和真菌。病原体大小不一，其来源囊括所有生物群体。正如我们看到的，土壤病原体可以对植物的健康和生长产生巨大的影响。有时候，寄生虫还没来得及享用完盛宴，植物就死亡了，还有些寄生虫虽不至于杀死植物，但会削弱植物的能量（例如线虫），即使额外的攻击带给植物的伤害可能也是致命的。

[①] 法语写作 la forêt de Malheur，malheur 在法语中指"不幸"。——译注

土壤负反馈

虽然有些寄生虫是"通才"（它们可以影响许多植物，甚至所有植物），但其他寄生虫则更特定于一种或几种宿主物种，它们通过攻击宿主，为其去除杂草，从某种程度上来说，这造福了其他植物！让我们再从森林多样性的角度谈谈蜜环菌。从空中俯瞰加拿大北部大片深绿色的针叶林，长有蜜环菌的区域呈嫩绿色的环形，因为环形区域主要是枫树和桦树，叶子颜色较浅，未受到蜜环菌的侵袭。而且，蜜环菌确实为枫树和桦树去除了杂草，这两个树种发芽时不耐荫蔽，出现在这里纯属意料之外。而这要归功于蜜环菌群，是它们消除了针叶林的荫蔽。再后来，由于该区域的中心地带缺乏针叶树，那里的蜜环菌最终被饿死。蜜环菌长期生长在边缘地带，形成一个巨大的"仙女圈"，而在该区域的中心，针叶树在枫树和桦树的荫蔽下再次发芽，这比暴露在阳光下更适合它们生长。这里很快就恢复了森林最初的模样，落叶树因为针叶树的树荫被"踢"出去了。枫树和桦树为针叶树腾出了空间，等同于为蜜环菌送去了食物，也为自己预留了位置。病原体如果在此地驻留一段时间，会对非宿主植物产生间接的积极影响，它们在生态系统中扮演的绝不仅是反面角色，有时会促进生物多样性的发展。

研究蜜环菌空地为我们探索热带森林及解释热带森林高度丰富的生物多样性提供了关键线索！20 世纪 70 年代初，该问题引起了两位生态学家的兴趣，他们是来自美国的丹尼尔·詹森（Daniel Janzen）和来自澳大利亚的约瑟夫·康奈尔（Joseph Connell）。二人同时提出了一种机制，后来人们便用两人的名字命名了这种机制，即**詹森-康奈尔效应（Janzen-Connell effet）**。如果病害成功寄生后开始阻止每种竞争植物物种的生长和增殖，就意味着有足够的资源供所有个体生存，那这些植物所竞争的资源就没有得到充分利用。在加拿大的例子中，在竞争对手被限制的地方，本因争夺光照而被排除在针叶林之外的树木依然傲然挺立。即使它们的生态位相近，但在如此广袤的森林里，植物并不会相斥，因为竞争并非在局部范围内进行。詹森和康奈尔认为，这种效应的辐射范围可达十几米。换句话说，病害使植物失去了竞争能力，也解除了生态位排斥！

詹森－康奈尔效应也被称为土壤负反馈：某个植物物种"培养"病原体，土壤很快就会反过来阻碍其生长。来自北美洲的黑樱桃（*Prunus serotina*）就是个很好的例子。以肉质果实为食的动物会散播种子，离母树越远，散播的种子数量就越少。然而，在植物生长初期观察到的发芽概率则相反：离母树越远，植物发芽概率越大。而且，远离母树，植物存活的概率也会更高：在 16 个月时，母树半径 5 米内的植物存活率不到 20%，而半径 30 米及以上的植物存活率高达 90%！因此，在北美洲，2 棵黑樱桃树的距离不足 30 米是很罕见的。但是，如果土壤经过灭菌，无论与成年树木的距离多少，植物的长势都一样好，因此这些土壤的肥力相当，可见，成年树木附近积聚的微生物会危及幼苗的生存。

许多实验结果都证明热带森林中存在土壤负反馈。有研究人员雄心勃勃地监测了巴拿马森林中 180 个不同物种的 3 万多株幼苗的存活情况，结果表明，同一物种的成年树木会产生不同强度的负面影响。然而，通常情况下，其他物种的成年树木则不会产生任何影响。除了成年树木，还有一个因素会产生土壤负反馈，即发芽密度。以巴西的 *Pleradenophora longicuspis*（橡胶属）为例，种子的密度越大，它们的存活率就越低，但这种效应在使用杀菌剂灭菌后也会消失。幼苗的密度有利于病原体的传播，因为密度越高，幼苗根部相互接触的可能性就越大。其他实验结果表明，即使我们让植物地上部分免受草食动物和病原体的侵害，这种影响仍然存在。因此，负反馈确实是土壤的一种特性。

但这种反馈只针对特定物种，不会影响其他物种。也就是说，具有相同生态位的其他树种可以共存，特别是它们本身的生长很快就会被抑制，也不再与任何物种竞争。因此，热带土壤病原体最大限度地减少了森林中的竞争，从而减少了生态位排斥：它们允许存在比生态位更多的物种！

热带森林中的病原体主要是一组腐霉属的卵菌，将其杀死可以加强成年树木周边土壤的抑制作用。举个更简单的例子，人人都听过一种避免土壤负反馈的农作方法：轮作。简单地说，就是建议不要在小麦后继续种植小麦，或者不要在马铃薯后继续种植马铃薯，以避免长期单一种植。采用这种种植方式的原因，正是前一年的作物吸引了病原体，而真菌、细菌，尤其是线虫在很大程度上都只针对特定播种物种，新物种则不会受到影响！詹森－康奈尔效应和特定病原体的积累在农业领域广为人知。

稀有植物与接替植物，一种土壤效应

土壤负反馈就像一个领路人，它对生态的影响正在浮现。它的力量通常可以解释植物的丰富性，最稀有的植物正是那些土壤微生物负反馈更强的植物。各位马上就会明白造成这一现象的原因。有些时候，某种植物的稀有性正是詹森－康奈尔效应的结果。这还不是全部，在成土过程中发生的植物演替也与类似的机制有关。

在植物演替过程中，一些物种出现又消失，而土壤却变得越来越肥沃，这有利于其他要求更高的物种的到来。但是已存在的物种也可以在土壤中找到所需的一切，而且作为先来者，它们可以享受第一批"住户"的特权！那它们之后又为什么要把位置拱手相让呢？那些第一批生长在石质土中的地衣，还有那些草原植物与未成林的灌木通常在发展为演替顶级后就消失了，它们是如何被拉下"神坛"的，或者说，它们为什么会失去昔日的优势？

让我们到海边走一走，海滩上的沙子来自海洋，最终积聚形成沿海沙丘。沿着这些沙子的"殖民"轨迹，我们能清晰地辨认出植物的演替过程。从海滩出发，不断往内陆深入，我们可以观察到各个演替阶段，即从年代最近的阶段到最古老的阶段。在北欧，沙丘沙地一开始还是光秃秃的，很快便被拂子茅（*Ammophila arenaria*，欧洲海滨草）占领，之后又被羊茅（*Festuca rubra*，紫羊茅）替代，而羊茅后来又被苔草（*Carex arenaria*，沙生苔草）顶替，再后来出现了狗牙根（*Elymus athericus*，披碱草），最后就变成了更茂密的植被。土壤中的有机质、氮和磷的含量越来越高，与成土作用产生的效应一致。如果在种植这些物种之前先对土壤做杀菌处理，土壤越老，即越深入内陆的土壤，植物的长势就越好，无一例外。

但是，如果我们再次将这些物种放入未杀菌的土壤中培育，在肥力与微生物的共同作用下，每个在上一个阶段形成的土壤中生长良好的物种，长势都会在其主导阶段之后形成的所有土壤中每况愈下！以拂子茅为例，它在海滩上或其近期刚形成的砂土中生长良好，但在后期的土壤中则生长不佳。苔草在拂子茅和羊茅时期形成的土壤中生长良好，但在狗牙根土壤中"狼狈不堪"。由此可见，每个物种都倾向于在土壤中积累其特有的病原体，这些病原体会一直潜伏在土壤：**土壤**

反馈（rétroaction du sol）在该物种被顶替后转为负反馈，该转变一旦发生便不可逆，但不会伤害后续物种。就沙丘而言，除了细菌和真菌，根寄生线虫也起着决定性作用。然而，这些线虫都是非常有针对性的。每个植物物种都会吸引自己的线虫，它们入侵植物后使其枯萎，但并不会致其死亡，只会削弱其竞争力。此外，线虫产的卵会继续留在土壤中，这解释了为什么负反馈会持续存在。

总的来说，物种 n 通过改良土壤使环境对物种 n+1 有利，但由于土壤负反馈，其自身的竞争力会随着时间的推移而降低，这逐渐导致 n 被 n+1 取代。同时，物种 n 的种子在其他地方将面临与 n–1（它之前的物种）同样的命运。不要担心物种 n，我们可以认为它就是没有能力留住热情好客的土壤，因此注定要去流浪。总体而言，地表上可见的植物演替似乎都是由来自地下的土壤微生物带动的！因此，成土过程中植被的动态反映了地下的各项活动，不仅包括土壤的物理化学构造，还包括在那里成长的生命。

土壤引发的动物疾病

土壤作为植物病害的储藏室，也为包括人类在内的地表动物带来了一些无妄之灾，微生物学史中流传的一个古老而经典的故事就是个很好的证明。19 世纪，炭疽病造成大量牲畜死亡：1867—1869 年，仅俄罗斯的诺夫哥罗德这一个地区（圣彼得堡附近）就损失了 6 万匹马。更糟糕的是，人类有时也会染上炭疽病，部分患者皮肤会病变，结出黑色的痂（故而被称为炭疽病），致死率约 10%；另外一部分患者会出现肠胃及呼吸道方面的症状，致死率约 50%。在某些传言"被诅咒"的地方，动物莫名其妙就染上了这种疾病，这更增加了诅咒的可信度。

此外，2018 年，炭疽病突然再次出现在上阿尔卑斯省 ① 的牧场，造成约 50 只动物死亡。德国医生罗伯特·科赫（Robert Koch）于 1876 年分离出病原体，并描述了这种细菌（即炭疽杆菌）是如何产生一种被称为孢子的生命，这种生命形式生长缓慢，在恢复活跃前可以休眠数十年。同时，科赫还证明了接种到老鼠体内的细菌会引发这种疾病，这在当时绝对是全新的发现。路易斯·巴斯德（Louis Pasteur）于 1881 年研制出一种针对炭疽病的疫苗，因此名声大噪。但最重要的是，他解开了"田野的诅咒"和炭疽病突然重现的谜团：在牧场，蚯蚓带来的生物扰动把多年前埋在土中的尸体的孢子抬到更高的位置，"埋伏"用在这里再合适不过了！孢子将病毒带到了草地中，提醒人类多年来常常遗忘的错误：将死去的动物埋在土中，却未用覆盖石灰的方法将它们彻底摧毁！

土壤也是动物病害的储藏室，病原体潜伏其中：破伤风的病原体［破伤风梭菌（*Clostridium tetani*）］就属于这种情况，它的毒素会影响神经系统，引发痉挛，致死率为 20%~30%。还有蛔虫（*Ascaris lumbricoides*）也是这种情况，它是一种消化道寄生线虫，是蛔虫病的病原体。虫卵连同被感染个体的粪便会一同沉积在地面上：全球近 10 亿人被蛔虫病困扰，多为急性病例，罕见的严重病例每年会导致 6 万人死亡。总而言之，土壤就像一个仓库，病原体沉积在粪便或残骸中，蛰伏等待机会重新感染新的宿主动物。

此外，真正生活在土壤中的稀有物种也会引发疾病，例如粗球孢子菌（*Coccidioides immitis*），这种真菌会引发山谷热（该疾病因流行于美国加利福尼亚州的圣华金河谷而得名）。这种腐生土壤真菌会产生

---

① 法国普罗旺斯 - 阿尔卑斯 - 蓝色海岸大区所辖省份，位于法国南部。——译注

孢子，待到降雨后，孢子就会发芽并随风扩散，特别是在暴风雨或施工干扰土壤后。孢子被人类吸入后会引发感染，尤其是肺部感染。这种疾病不具有传染性，但有 5% 的患者无法摆脱寄生虫，后续发展成各种慢性疾病，包括肺部、关节、皮肤或神经方面的疾病，进而有可能导致死亡。

还有一种土壤真菌烟曲霉（*Aspergillus fumigatus*），它通常是一种植物病原体，可引发肺部疾病，即侵袭性肺曲霉病：全球每年有 50 万例病例，在免疫功能低下的群体中，有 10% 的人会感染该疾病。在这种情况下，土壤与人类健康之间的联系还伴随着另一个问题：在农业和医学领域，用于对抗曲霉的抗真菌剂都属于三唑类，如戊唑醇。它在农业中的应用是筛选出那些对治疗有抗性的根部，尤其是在荷兰的花卉作物中。过去，三唑类药物可治愈 60% 的病例，而如今曲霉病已无法被完全治愈：在荷兰的一些地方，90% 的患者出现了抗药性。但对这些真菌来说，感染人类就像走进一条死胡同：山谷热和曲霉病不会在人类间传播，选择这条道路对真菌来说就是误入歧途。

土壤引发的动物疾病数量有限，甚至还有一些是不为人知的，其严重性远不如对植物的影响。这可能是因为相较于地上的动物，生活在土壤中的病害更容易接触到植物根部。我们周围无处不在的土壤引发疾病的概率很低，这无论如何都算一个好消息！

结　语

土壤并非适合根部生长的地方，正如我们在上一章中看到的，一方面，土壤中有用的资源被稀释；另一方面，土壤也会给植物造成两种干扰。

第一种干扰是土壤中的钙、钠、铝和重金属等成分有时会达到较高的浓度，而它们在高浓度下是有毒的（即使其中一些成分的少量存在对植物来说是必需的）。尽管它们产生毒性的原因各不相同，但植物的反应是类似的。躲避（也称为逃逸），是指物种不生长在超过限制浓度的环境中。还有一些植物通过排斥或回避将不需要的东西从根部排出去（以钠而言，甚至会通过叶子排出去），并防止其积聚。此外，耐受植物允许这些物质进入体内，但事实上，这种允许依赖于惰性储存或生物积累。植物会将这些物质储存在一个与细胞功能分离的隔间（即液泡）中。因此，一些植物会积聚钙或重金属，这有时可以保护植物免受不喜欢这些物质的草食动物的侵害。以重金属为例，植物的储存功能还有助于清理土壤。一般来说，植物能通过自身的存在反映土壤的成分、湿度或酸度，被用来判定土壤的特征，这就是生物指示。

第二种干扰是大量病原体在土壤中生活、繁殖，甚至蛰伏（以卵或孢子的形态）。在下一章中，我们将看到一些土壤生物与植物反而是盟友，两者一起对抗病原体。尽管如此，植物还是可能会因根部被破坏而枯萎或死亡，始作俑者数不胜数：病毒、细菌、真菌甚至其他邻近植物，它们要么是寄生虫，要么是竞争对手。对植物来说，伴随着各种土壤生物的演化，"麻烦"也层出不穷！

这些地下寄生虫会影响某些植物物种的分布。植物带动了寄生虫的生长，但很快，植物就会发现自己变得虚弱，或者无论如何都无法在原地继续繁殖。来自土壤的这种负反馈（或詹森－康奈尔效应）解释了为什么在热带森林中，几种树种可以共享相同或相似的生态位。森林中的物种极其丰富，比生态位的数量多得多，这是因为病原体会迫使主要的几个物种相互谦让。在病原体的阻挠下，物种数量始终保持在不足以竞争的水平。土壤负反馈也解释了稀有物种的存在，或者一些物种在**生态演替（succession écologique）**中为何会被其他物种取代——因为它们在病原体的入侵下不堪重负。

土壤动物再次拿到了"指挥棒"，它们将影响植物存在的物理化学过程贬为"副指挥"！我们发现，在陆地生态系统中，一切都发生在地下：植物只是地下世界，尤其是土壤动物的反映。我的一位植物学家朋友，同时也是一位毕业于 20 世纪 70 年代的农学家曾说过，土壤主要是农夫该关心的问题。如果这一章证明他是对的，那么下一章将证明他错了。因为土壤本身也是一种"解药"，最重要的是，土壤中发生了许多引人入胜的互帮互助的故事。

植物与土壤相互作用的传奇故事尚未结束。例如，在伴随成土作用的植物演替结束时，温带森林到达了演替顶级，但为何在那之后，大片林地长期都只生长一种或极少量的物种，这些物种如何应对来自土壤的负反馈？答案还是死亡。让我们走进下一章仔细看看吧。

第13章
地下互助：
土壤，共生的源泉

　　　　在这里，我们见证植物与细菌的相爱相杀；在这里，土壤
　　沙龙活动如火如荼，各方相互窥视；在这里，我们了解到要与同
　　伴相处融洽，在土壤里大喊大叫无济于事；在这里，根部引发聚
　　集，不过安保人员已就位；在这里，微生物可以治愈疾病，让那
　　些腼腆的草莓羞红了脸；在这里，就单一种植而言，冥顽不灵要
　　付出代价；在这里，没有比自己更小的东西的帮助，植物仅凭自
　　身力量是无法入侵的；在这里，植物有一个隐藏社交圈（在土壤
　　中）；在这里，我们将发现离奇古怪的地下幽灵。

　　法国地理学家、历史学家罗杰·迪翁（Roger Dion）在《法国葡萄
种植与葡萄酒史：从起源到 19 世纪》[①] 中全面梳理了法国葡萄种植史，
参考资料翔实，是关于法国葡萄种植业的杰出代表作之一，该书出版
于 1959 年，作者从第 4 章起，就给出了一个令建筑爱好者不寒而栗的
结论。除了罗马城市"富丽堂皇的建筑设计"（如寺庙、城墙、浴室和

---

① Roger Dion, *Histoire de la vigne et du vin en France. Des origines au XIXe siècle*,
Clavreuil, 1959（随后多次再版，包括 2010 年法国国家科学研究中心发行的版本）。

圆形剧场），"葡萄藤蔓，一种地中海地区的装饰，虽看上去弱不禁风，但大多时候比人们眼中坚不可摧的巨大建筑更能经受住时间的考验。法国葡萄园……是一座罗马纪念碑，也是在我们的土地上保存最完好的纪念碑之一"，它"经过 15 个世纪甚至更长时间的洗礼后，仍然能产出年收益"。

事实上，早在公元前 7 世纪，希腊人就将葡萄种植经由马赛和科西嘉岛引入高卢，在很长时间内，这一种植文化都是生活在纳博讷（高卢南部的罗马行省）的罗马居民的专属权利。后来，罗马及其数百万居民"口渴"了，开始觊觎高卢的琼浆：得想办法再多生产一点！于是皇帝普罗布斯在遇刺前两年颁布了一项著名法令，准许所有高卢人在高卢各地种植葡萄树。在此之前，这种行为是非法的，如今却成了白纸黑字的明文规定，短短数十载，法国葡萄园就诞生了（阿尔萨斯除外，那里只在中世纪种植过葡萄，还有几个区域也要被排除，如布列塔尼或巴黎附近的葡萄种植业后来失传了）。法国大多数葡萄园的葡萄栽培历史已近2000 年。当然，倒不是说每个区域的种植都持续了这么久，但是综合各地的种植情况，可以说法国的葡萄种植已持续几个世纪，且产出质量经久不衰。勃艮第[①]的伏旧园葡萄园地最晚于12 世纪中叶由西多修道院建成，彼时，那里可能就已经开始种植黑皮诺葡萄了。如今，这片园地被分割转让给了约 80 家酒庄，仍在生产著名的黑皮诺葡萄酒。

我在前一章介绍了土壤负反馈，你可能会奇怪，法国葡萄产业蒸蒸日上的这几个世纪，葡萄树是如何逃脱土壤负反馈的？在土壤中，除了积聚的敌人，难道还可以找到盟友吗？

在本章中，除了菌根，我们还将发现根部的地下微生物盟友。我

━━━━━━━━━━━

① 位于法国东北部的大区。——译注

们将看到它们是如何建立联系的，这可是一个发现地下信号交换的机会。我们还将认识菌根真菌外的其他微生物，它们活跃在根部周围，帮助其汲取营养并保护其免受攻击者的侵害。我们将证实，在这些微生物的作用下，土壤反馈如何在有些时候转变为正反馈。最后，我们还将看到相邻植物如何直接在根部间或通过插入的菌根真菌建立联系——至少对其中部分植物来说，这些联系是有益的。

固氮植物联合共生体

我们在第 11 章中了解了土壤真菌如何为 90% 的植物生成重要的菌根：从 19 世纪开展的第一批实验来看，给土壤灭菌似乎会减少其生长，这表明在这种情况下，至少土壤微生物发挥着比所有存在的病原体更大的积极作用。然而，这不仅是菌根的功劳，现在让我们来看看与养分氮有关的细菌。

早在 1886 年，德国农学家就注意到，相较于灭菌土壤，豌豆在肥力低且未被灭菌的土壤中生长得更好，总氮含量远远高于在无菌土壤中生长的豌豆的总氮含量，甚至超过了土壤中原本的氮含量！这些氮来自何处？其实，是土壤微生物向植物伸出了援手，根部细菌解决了在温带地区更为凸显的氮匮乏。记得在第 6 章之后，我们谈到土壤中的氮实际上来自大气，而土壤能留住氮多亏了固氮细菌。

与固氮细菌相关的植物因为富含氮肥，被称为绿肥作物，它们在根部死亡后留下的残骸，甚至是地上部分的凋落物，在矿化过程中都会释放氮。这些植物的种子富含蛋白质，因此也含有丰富的氮，被人类种植以供食用。它们类属豆科，像豌豆、大豆、三叶草、苜蓿，甚至是四季豆，还有生长于树木间的洋槐和含羞草都是绿肥植物。其中，针对一年生植物，人们通常会在两种需氮作物之间实行粮肥轮作，或者在农田间隙地种植。自古以来，农民就非常熟悉这些植物，甚至早在知道它们的作用与氮有关之前就很熟悉。然而，绿肥作物这一绰号实在是名不副实，因为让它们富含氮的大功臣是细菌。

来吧，让我们小心翼翼地挖出一株三叶草或苜蓿的根部，我们会看到在其侧边长有直径 1~5 毫米大小的粉白色凸起，它们被称为**根瘤**（**nodosité**）。根瘤不会伸长，因此不是根，而是这些植物特有的器官。在显微镜下，我们透过每一个根瘤都能看到大量的细菌，即根瘤菌，它们位于细胞内。这些细菌能够固定大气中的氮并向植物释放铵，铵形成氨基酸和核酸（DNA 的成分）。根瘤为根瘤菌固氮创造了有利环境，而后者对氧气的需求是矛盾的：一方面，根瘤菌需要氧气进行呼吸，从而释放细胞生命所必需的能量，特别是固氮；另一方面，氧气会破坏确保固氮正常进行的酶，即固氮酶。在一种红色蛋白质的作用下，根瘤呈粉红色，也正是得益于这种蛋白质，才有了可测量的局部氧气供应，即一种血红蛋白，其蛋白含量占根瘤总蛋白质的四分之一。根瘤菌浸泡在血红蛋白中，和人类的血红蛋白一样，植物的血红蛋白也会与氧气结合，将氧气带到根瘤菌表面（根瘤菌呼吸的地方），让氧气滞留在那里：氧气不会进入根瘤菌的中心，也就是固氮酶"工作"的地方。

也就是说，植物可以随意支配氮，但成本很高。植物必须建立根瘤，然后提供滋养根瘤菌的糖分，后者会吞噬 20%~30% 的光合作用产物，此外，植物还必须为了获取其他矿物质营养保持菌根。为了像普通植物一样生长，这些豆科植物必须完成 1.6 倍的光合作用！如此高昂的成本解释了为什么这种解决方案没有被普及，不需要根瘤、对蛋白质也几乎没有需求的替代策略取而代之，这样就可以让植物更有效地利用光合作用产物生长和繁殖！

除了豆科植物，一些植物也与其他固氮细菌有共生关系，如桤木、沙棘或木麻黄（或木麻黄属，大型热带树木）。这些植物与豆科植物一样，都属于蔷薇科，但前者的合作伙伴略有不同，都是些弗兰克氏菌属的丝状放线菌（如此命名是为了致敬菌根的发现者阿尔贝特·弗兰克）。植物将它们藏在经过改造的真正的根中，即**放线菌根瘤**［**actinorhize**，源自放线菌（*Actinobactérie*）和希腊单词 rhiza（根）］中，菌根密集分支并不断生长，其菌簇形成一个球体，随着时间的推移，直径可达 10厘米以上。这些弗兰克氏菌属细菌在放线菌菌根中从一个细胞到另一个细胞，不断生长扩散，并在各处形成凸起的细胞，这些细胞被厚实且透氧性低的细胞壁包裹，固氮酶可以在那里大显身手。

我们尚不清楚固氮共生体为何只出现在蔷薇科植物中，而且这种共生在该植物种群内部反复出现。豆科植物有根瘤菌，弗兰克氏菌属细菌也在该种群的其他科植物中出现了好几次。

固氮成本也解释了为什么在土壤富含氮的地方，带有根瘤或放线菌的植物很少甚至根本就没有形成共生关系：与菌根一样，当分包的成本过高且没有必要时，就会被中断。在演化过程中，一些生活在相对富氮环境中的物种已经丧失了固氮共生关系。因此，各类豆科植物，包括许多洋槐，都不再形成根瘤——肥力再次成为合作道路上的障碍。

土壤，共生体对话的场所

在根瘤、放线菌及菌根的形成过程中，有益的微生物都来自土壤。菌根真菌以与其他根部相关的菌丝体或蛰伏孢子的形态存在。固氮细菌作为腐生菌存活下来，且由于缺乏资源或有利的环境，弗兰克氏菌属细菌固氮效果较差，根瘤菌甚至完全无法固氮。以从亚洲引进的大豆为例，到了冬天，它的根瘤菌（慢生根瘤菌属）在欧洲土壤中难以存活，经常被用来涂抹在种子表面，而本地豆科植物却能自主在根部周围找到根瘤菌。那么微生物和第一批穿透土壤的根是如何"团聚"的呢？我在第 11 章中说过，刚刚萌芽的植物的根部被根毛覆盖，这些根毛最初仅凭自己的力量吸收营养。那么对于根瘤菌，第一次"对话"是如何发生的呢？

根瘤菌释放的分子（有时是主动释放的）泄露了彼此的存在，它们就是这样向根部移动的：在土壤中处于自由状态时，根瘤菌的细胞有鞭毛并借助它移动。它们探测到豆科植物根部释放的黄酮类化合物和单宁酸，便向根部的方向游动，尤其当它们对氮的需求很高时。为了回应根部发出的信号，根瘤菌也开始释放小分子，这些小分子扩散开来，告知根部自己的存在。这些小分子就是结瘤因子，之所以被如此命名，是因为实验表明，即使没有任何细菌，它们也足以推动根瘤菌的形成和特定功能基因的激活，包括血红蛋白基因。同时，也是在结瘤因子的诱导下，根的内部筑起了一条长长的"走廊"，从根表面延伸到仍在生长中的根瘤菌的中心。这就是侵染线，之所以被如此命名，是因为根瘤菌会借助自身细胞壁与根细胞壁之间的黏附机制穿透这条"走廊"，从而定植于根瘤中心。

对话自此而始，它将通过筛选决定和谁建立共生关系，因为有许多黄酮类化合物和结瘤因子的变体可供选择。首先，只有某些根瘤菌才能感知到豆科植物根部释放的信号，而所有这些根瘤菌也并非都能产生植物可识别的结瘤因子；其次，在侵染线中进行的物理黏附并不总是成功的；最后，每种植物都有能与自身相容的根瘤菌，反之亦然。

根瘤菌和豆科植物之间的对话不禁让人想到球囊菌和内生菌根植物根之间的交换（我们尚不清楚其他类型菌根中的对话机制，如放线菌）。

后者的情况也一样，根部释放的分子向真菌和寄生虫暴露了其共生伙伴的位置，这些对微生物的"喃喃爱语"都被寄生虫偷听了去。根部释放并被球囊菌感知到的分子就是独脚金内酯，在上一章里，我提到这种分子也能被寄生在根上的植物发现，例如独脚金！我们现在明白了为什么植物一定要释放这些分子，即使它们会向寄生虫暴露植物的踪迹。

接收到独脚金内酯的召唤后，球囊菌菌丝通过向根部生长、分支并发出信号来回应，这个信号就是 myc 因子。与结瘤因子类似，myc 因子诱导根部接收信号并激活菌根化所需的基因。特别是，它们会促使根分支。这两位伙伴在局部分支、繁殖，最终相遇，二者的生长交织在一起：通过土壤中化学信号的交换，这些被称为"菌根"的结合体诞生了。

让我们来看看 myc 因子是什么样子的：它们是甲壳素（真菌中的一种常见分子）的小碎片，能够在土壤中扩散。有意思的是，结瘤因子也有非常类似的化学结构。此外，我们还知道，豆科植物对结瘤因子和 myc 因子的识别是通过类似的机制实现的，因为它们是相似的分子，通常情况下，失去感知结瘤因子能力的突变豆科植物也不再感知 myc 因子。前文中谈到，在演化过程中，球囊菌与第一批陆生植物就有联系，根瘤菌让其祖先得以感知到菌根真菌，除此之外，它们还附带修补了与豆科植物的对话，也就是说，植物和球囊菌间的对话是在根瘤菌和寄生植物的窥视下进行的，并在演化过程中被破坏，得失参半。

土壤，警报拉响之地，也是缔结联盟与背盟败约之地

这些对话开辟了土壤角色的新篇章，让土壤成为化学信号循环的场所。将这些信号交换想象成万籁寂静时相关物种间的低声细语并不

恰当——起初是嘈杂声，甚至是猛烈的喧闹声。众多不同的分子混杂在一起，就像在市场里，为了让对方听见，买卖双方都在高声说话，还有十几个经销商在分发传单。人人都可以互相倾听，但彼此毫无亲密感可言，我们从独脚金在菌根中爆发就能窥知一二了。

无论是主动释放的分子，还是意外从土壤生物中逃出的分子，它们都给另一方送去了信息，因为无论何时，这些在空气或土壤水中循环的分子都可被视为信号。在前面的章节中，我们已经看到线虫或有游动孢子的卵菌如何通过追踪化学信号定位根部并加以寄生。这些信号带来的可能是最坏的结果，也可能是最好的结果，有时涉及的合作伙伴不止一方。古老的玉米品种及其野生近亲类蜀黍著名的防御机制就能证明这点，然而，一些现代玉米已丧失了这种防御机制。

玉米与类蜀黍深受根部叶甲虫（玉米根萤叶甲）的迫害，这是一种鞘翅目昆虫，其幼虫会攻击这些植物的根部。幼虫从埋在土里的卵孵出后，就开始向深处移动，寻找根部——根部释放的化学物质暴露了自身的位置。这些幼虫先是啃食根毛，随着体形和食量不断增大，它们很快就会钻入根部组织大吃特吃。为了觅食，它们钻入根部组织"挖掘"，随着不断地深入，挖到的根越来越重要，最后从茎部钻出，彼时的幼虫早已成年并能飞行。在一些玉米和类蜀黍中，幼虫带来的伤害会导致根部产生 β-石竹烯。这种分子会吸引土壤中的线虫，而线虫通过寄生叶甲虫幼虫[①]（而非根部）获取食物。这样一来，我们就可以安心了！如果植物发出这种化学信号，幼虫被寄生的可能性会增加 5 倍，最终死亡。那些寄生于植物地上部分的昆虫的捕食者也是如

[①] 关于这些寄生线虫，你能在《永不孤单》中了解到更多，这些寄生线虫有时被用于农业中，由于携带共生细菌，它们攻击猎物的方式更加复杂。

此：捕食者识别到的受攻击植物的信号越多，获取的食物就越多；受攻击植物发出的信号越多，受到的保护就越多。自然选择完成了剩余的工作。虽然我们更容易想象信号通过大气传给寄生虫入侵者，并成功吸引它们，但不可否认，这种吸引同样存在于土壤中。在叶甲虫、玉米和线虫共同完成的这场"死神舞"中，后两者验证了敌人的敌人就是盟友的论断，并达成了事实上的合作。

　　土壤中的交流主要限于化学层面，因为光信号无法穿透土壤；而声音信号与所有振动一样，传输效果可以说非常糟糕，因为土壤也隔

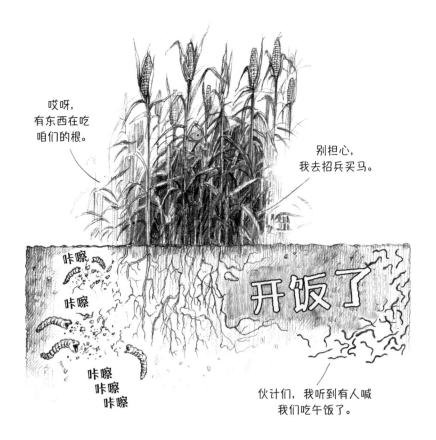

音。假如哪天你被活埋了，请记住，大叫根本无济于事，还不如靠你的双手"开辟"出一条路！然而，我们已经在第 11 章中了解到根会向有水声的方向生长。动物也一样，在短距离内，一些动物对振动非常敏感：我们敲击地面时，较小的动物会向下移动以自保，但蚯蚓和一些线虫则会朝着地面方向蠕动。人们通常认为，后两者会被一种类似雨声的声音欺骗，雨水可以让它们畅通无阻地到达地表而不会变干，但如果听到类似鼹鼠（它们的地下捕食者）发出的振动，它们似乎更倾向逃离！一些鸟类（如海鸥）与龟就利用了这点，它们用脚敲击地面以捕食蚯蚓。无论是声音传输还是化学传输，这些信号在传输过程中都有可能改变方向，有时还会偏离很多。

白蚁甚至能够利用长距离振动交流，随着距离不断增加，它们逐步加大振动的强度来防止其衰减，这种中继系统让人联想到查普可视信号系统。在 19 世纪初的法国，得益于这个在当时具有革命性意义的系统，大城市间的通信可通过信号塔网络实现。技术人员在塔顶安装一个编码信息的铰接式桅杆，随着距离不断增加，沿途的信号塔会接力复制信息。除了化学信号，白蚁还通过土壤振动交流信号。受到干扰的个体反复敲响警报，召唤"士兵"，而"工人"们则赶紧逃离并钻入巢穴。这些振动持续减弱，在 20~40 厘米的距离内几乎无法被感知到——这与蚁群的规模相比算不了什么。但是听到信号的"士兵"会复制它，通过定期重复以应对信号强度的减弱，信号就是这样以每秒 1 米的速度传输的。

化学信号、振动，地下好不热闹！互助联盟正是在这片喧闹中成立的。对岿然不动的植物来说，根部持续存在的信号吸引着生物聚集在它们周围。

根际，改变后的土壤

如今，世人惊讶地发现动植物中居住着许多微生物，这让人们欣喜若狂。这些微生物形成的群落被称为微生物群。在我们看来，这些微生物越来越无所不能，且对宿主的生理至关重要。但植物专家早已为此做好了准备：19 世纪以来，菌根真菌和固氮细菌就是闻名遐迩的生根助剂。此外，20 世纪初，对根的研究结果显示根周围存在微生物群。1904 年，德国农学家和微生物学家洛伦茨·希尔特纳（Lorenz Hiltner）指出，根部周围的土壤含有特定的微生物群。他将受根影响的土壤区域称为**根际**［**rhizosphère**，源自希腊语 rhiza（意为"根"）和 sphere（意为"包裹"）］。其中一项重大变化甚至波及了微生物，用希尔特纳的话来说："植物在很大程度上依赖根际土壤微生物区系（就是我们所说的微生物群）的组成。"

事实上，根际是一种改变后的土壤，因为根部会在周围释放有机质。患病细胞分离后死亡，而根冠中的细胞一边为根尖提供保护，一边随着根尖的生长而脱落或被压碎。还有活性分泌物，如信号分子（例如独脚金内酯、类黄酮或 β - 石竹烯）、抑制竞争根系发展和微生物的毒素（第 12 章中谈到的胡桃酮、水杨酸、异羟肟酸、萜烯）及帮助解除毒性或捕获离子的分子（第 11 章中谈到的草酸盐、柠檬酸盐与铁载体）。通过这些分泌物，根部能够主动影响植物周围的土壤。最后是不可避免的分子泄漏，这些分子偶然会从细胞中漏出去。总之，巨大的生物量因根际沉积最终沉入土壤，也就是说，根际沉积其实就是根［根际沉积（rhizodéposition）的词根 rhiza 在希腊语中指"根"］在生物活着及死亡后沉积的东西。根系吸收 25% ~60% 的光合作用产物，而其中 5%~30%（极端情况下高达 80%）被根际沉积消耗，相当于每年每公顷有 1~4 吨碳被消耗。

　　根际沉积改变了根际的土壤。这种改变首先是结构层面的：你拉动根时，根带出来的土壤就是根际，由于有机物的黏性，它比土壤的其他部分更具黏附性。仔细观察黏附在根部的土壤，你会发现根际是幼根的一大特性，在那里，生物组织可以接触到土壤，而较粗的根周围缺乏根际，几乎留不住土壤。此外，这种改变主要涉及微生物：根际沉积为微生物供应养分，使得大量微生物聚集。根际的微生物数量由此翻了好几番：每克根际含有 1 亿 ~10 亿细菌，是周围土壤的 10~1000 倍！根际还有大量的真菌，包括那些试图进入根部形成菌根的真菌。根际沉积作用在光合作用如火如荼的白天达到鼎盛，生物多样性也会发生变化，它见证了根际沉积作用：丰富的资源促使微生物种群移动，有些物种在有食物的时候聚集在根际，然后在等待下一餐期间又跑到远一点的地方溜达。

　　微生物群能享受根际带来的双倍"福利"，因为除了有机物，根部还通过自身通气组织（这些组织中的间隙能够使根利用来自地上的氧气自行呼吸，这点我在第 5 章中有所提及）带来氧气。氧气泄漏能够促进微生物呼吸。根际的总和占土壤总呼吸的 30%~60%，据估计，从全球范围来看，根际释放的二氧化碳是人类使用化石燃料释放二氧化碳的 3~10 倍！根际富含有机物得益于植物源源不断地供应，同时根际微生物也在积极矿化有机物。

根际，被变形虫破坏的微生物派对

　　微生物群经常受到制约，尽可能将自发性活动组织约束在一定范围内，从而最大限度避免任何形式的燎原之火。在根部释放的分子中，一些能为微生物提供养分（软手段），另一些对某些微生物有毒（硬手段）。因此，所有土壤微生物中，只有某些微生物会在根际繁殖：它们凭"邀请函"入场。同时，根际作为根的前厅，显得更挑剔了，它将细菌和真菌分门别类，只有某些细菌和真菌可以渗透进去。当这些细菌和真菌从土壤移动到根部时，微生物细胞的数量会增加，但种类会减少。现在，让我们看看两个微生物调控根际的例子：其一，通过变形虫；其二，通过消除硝化细菌。

我们从变形虫和一个虽合乎逻辑但鲜为人知的根际悖论开始。我在第8章谈到了氮短缺的问题：在有机质丰富但氮含量不高的情况下，微生物最终会利用矿物氮，并与植物竞争。然而，根际沉积物富含碳，但氮含量非常低，因此在那里"大吃大喝"并繁殖的微生物有可能觊觎根感兴趣的铵或硝酸盐。我们应该感谢瑞典微生物学家玛丽

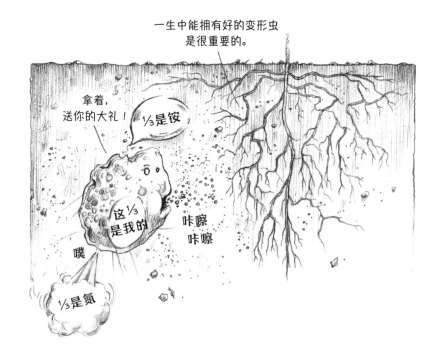

安娜·克拉霍尔姆（Marianne Clarholm），正是她提出并解决了这个悖论。克拉霍尔姆将土壤灭菌后，只向其中注入几种细菌，由此观察到，和预期一样，这些细菌和缺氮植物间存在竞争，且这种竞争对植物是有害的。在之前的研究项目中，她就曾注意到细菌会在降雨后繁殖，正好赶在变形虫（第 4 章中发现的单细胞细菌）繁殖并使它们吞食的细菌种群崩溃之前。她想知道变形虫是否也对根际有调控作用，事实上，如果她将带有细菌的变形虫注入被灭菌的土壤中，植物会发育得更好，氮含量会比有细菌但没有变形虫的土壤高 3~4 倍！由此可见，变形虫能在小范围内模拟动物在局部氮循环中发挥的作用，这也是它的一大主要功能：没有变形虫，细菌就会夺走根部的氮。

这些变形虫通过啃噬根际的细菌并将它们"一网打尽"，从而实现对根际的管控。变形虫吞下的细菌中的氮被分成三等份。第一份在未被消化的部分，并最终通过粪便被变形虫排出，粪便中含有有机氮，会被其他微生物攻击。第二份被用于生产变形虫的生物量，因为这些变形虫通过进食，体形会变大。最后一份以铵的形态被释放，这是变形虫排出的残渣，可被根部重新吸收。事实上，为了满足自身能量需求，变形虫在不同猎物间流转，这使得它们大量呼吸，破坏含氮分子，从而释放铵。毫无疑问，其他元素也是以这种方式返回到植物中的。在根际中避免竞争仍然是土壤生命构建的决定要素。与上一章提到的詹森 – 康奈尔效应一样，微生物通过破坏一方而不损害另一方来削弱竞争。

根际，硝酸盐生产抑制剂

另一种可以对根际起到调控作用的方式针对的是一个不太普遍的问题：细菌在根际进行硝化作用（见第 7 章），将铵（因其携带正电荷而被很好地保留在土壤中）转化为带负电荷的硝酸盐。即使植物更喜欢硝酸盐，后者还是经常会从植物中"逃"出去。首先，因为硝酸盐更容易被水冲走；其次，反硝化细菌利用硝酸盐呼吸，这些细菌使氮以气态返回到大气中（见第 5 章）。在硝化作用的影响下，土壤中共有50%~70% 的氮流失到植物中。在缺氮土壤中，细菌和植物之间存在利益分歧：虽然相较于铵，植物更偏爱硝酸盐，但却热衷于阻止硝化作用。一些植物会释放出阻止参与硝化作用的酶的分子（尤其是在第一阶段，即亚硝化作用中）。

我们可以在红杉（北美红杉）或非洲稀树草原的禾本科植物（如高粱或一些品种的巴拉草）中发现这种硝化作用的生物抑制功能。该机制增加了植物获取的氮，使稀树草原产生的生物量与热带雨林旗鼓相当！这点在农业领域广为人知，人们有时会同时使用合成的硝化抑制分子与氮肥，以便为植物保存氮。现如今，种植作物时，人们会选择一些能够抑制硝化作用的玉米和大麦品种以改善这一性状。

硝化作用的生物抑制作用在植物演化过程中多次出现，每次根部释放的分子都不同，如高粱的单宁酸（高粱酮和樱花素）、巴拉草的内酯（巴拉内酯）、大米的癸二醇。在不同情况下，化学"修补剂"也不同，但它确保了抑制作用的实现。而且，这些分子通常是多功能的，例如高粱酮对其他植物来说是一种有毒分子，具有化感作用。

在根际，微生物在物种、个体数量和新陈代谢方面都受到调控，那些对植物最有利的微生物受到"夹道欢迎"。当然，有时某些病原体或竞争对手也会闯入，但这不是因为植物没有努力将它们中的大多数拒之门外。现在让我们看看某些微生物如何使自己变得"有利可图"，从而在根际中占据一席之地。

根际，植物的微生物助剂

非常幸运的是，即使根际中含有伺机而动的寄生虫，许多其他生活在这里的"居民"也能够确保实现洛伦茨·希尔特纳描述的援助计划：帮助根部，从而进一步帮助植物。对这些根际微生物来说，根部的健康至关重要。因为微生物不仅摆脱了被禁止留下的竞争对手，也享受着根部供应的物质。它们为植物提供的每种帮助方式都是在演化过程中精心筛选的，因为植物能为它们提供更好、更持续的资源。许多根际细菌会促进植物生长，这些细菌有一个绰号，即 PGPR，全称是 plant growth promoting rhizobacteria，即"促进植物生长的根际细菌"，它们采用多种方式为植物提供帮助。

一些细菌会产生激素，与植物激素类似，可以改变根的生长和功能：生长素会促进根部生长及分支，而细胞分裂素则会增加根尖的细胞分裂。一些细菌会溶解矿物质，该功能我在第 9 章介绍过。一些细菌会促使这些资源向根和菌根真菌的方向转移，例如通过调节局部酸度，某些细菌能够提高磷酸盐的移动性；铁载体（第 11 章中介绍的携带铁的分子）的产生让其他物种得以移动铁。还有一些细菌会促进菌根真菌的生长和菌根的形成。根际就是这样构建了根（或菌根）及其功能。

PGPR 效应有时与根际中氮气的固定有关，特别是被固氮螺菌和其他固氮细菌固定的氮气：这些细菌的细胞泄漏或意外死亡后会在根部周围释放氮。拂子茅是一种禾本科植物，生长在含氮量低的沙地中，它的根际每克含有 1000 万个固氮菌属的固氮细菌，是周边泥沙中固氮细菌含量的 100 倍：这些细菌以根部释放的物质为食，作为回报，它们为根部供应氮。在这些情况下，根际扮演的角色与豆科植物的根瘤相仿，但是其与植物间的联系更松散，成本更低，收益也要低于根瘤。

以微生物产物甚至微生物为食

某些根际细菌会溜进细胞壁间隙，从而进入根部组织，它们并不会导致根部死亡，有点像菌根真菌。健康植物的组织每克含有 1 万 ~1 亿个细菌，是根际细菌量的百分之一，但也算是规模巨大了。请注意，植物与动物的一个主要区别，就是动物细胞没有细胞壁，细菌没有机会"溜进"细胞壁间隙中。微生物只能在健康动物的"门口"徘徊，但却有部分微生物可以渗透到健康的植物中。能够进入健康根部的微生物物种数量比根际细菌更加有限：根部的化学和机械防御通常会阻挡大多数不需要的物种，虽然有时某些入侵者仍然能够成功越过这些屏障并引发疾病。这些根系微生物来自土壤，不再是根际微生物，而是**内生菌**［**endophyte**，源自希腊语 endon（意为"内部"）和 phyton（意为"植物"）］。

固氮细菌也存在于根部，如井草螺菌、固氮螺菌、固氮弧菌、伯克霍尔德菌等，它们在根部得到滋养和保护，通过提供所需氮量的10%~80% 来增加植物中的氮——至少在实验室条件下是这样的！关于该现象的研究主要针对甘蔗和谷物（包括玉米或小麦）等禾本科植物。在水稻种植中，伯克霍尔德菌每年直接向植物中注入 25~30 千克的氮，从而使每公顷土地的产量增加 10 吨。相较于根际固氮细菌，根部固氮细菌的氮供应效率更高，但仍低于根瘤或放线菌。在播种前，为种子接种固氮细菌不仅会在种子生产过程中产生额外的成本，而且不能确保成年根部上有细菌，也不能保证一定能促进产量增长。尽管如此，这个已使用二十余载的方法仍然大有前景。与此同时，存活的细菌会在根部死亡后返回土壤。

前文说过，根以微生物的产物为食。那根为什么不直接食用微生物呢？最近，一个新概念被提出并流传开来，即食根（rhizophagie，源自希腊语 phagein，意为"吃"）。这项饱受争议的研究显示，根际细菌最终会被吃掉。观察结果虽然模棱两可，但根据这项结果，根际细菌会在根部生长时期进入根尖，它们会在发育过程中失去其内含物，甚至最终被破坏，从而为根部贡献养分。但有些细菌会通过根毛逃出来，跑到更远的根际继续生存。然而，迄今为止，从我们掌握的图像来看，尚不能确定这些现象很常见，或者说它们就是按照这种顺序发生的，抑或说细菌就是沿着上述方向进出根部的。而且，内生菌对根的影响的测量结果表明，内生菌对根部的贡献非常小（除了之前谈到的内生固氮细菌在特定情况下会供应氮，但这些细菌本身并未被破坏）。

尽管如此，食根现象的确存在，且名实相符，并非坊间传闻，也并非凶残之举。比如非洲的 30 多种螺旋狸藻属（狸藻科）物种。它们生活在潮湿贫瘠的土壤中，这些地方通常能发现食肉植物，如茅膏菜科和蝇草。除了氮和磷，这些食肉植物还捕食昆虫。螺旋狸藻捕获的东西与普通植物截然不同：它们没有根，散发在土壤中的白色丝状结构实际上是不含叶绿素的薄丝状叶子。这些叶子的末端被分成两部分，富含分泌腺；在腺体 Y 形分叉的中心有一个小通道，通往叶体中的消化腔（位于 Y 的底部）。土壤微生物被腺体的分泌物吸引，并被 Y 的两条"手臂"引向通道开口：通道内侧边缘有小纤毛，那些冒险进入的昆虫可以前进，但不能调头往回走。当昆虫到达消化腔时，为时已晚，它们的生命随着前进的步伐走向了尽头……螺旋狸藻确实吃土壤微生物，特别是体形较大的微生物（如草履虫），以补给氮、磷资源！

保护植物健康的根部共生体

介　入

　　根际作用不仅限于营养供应，还包括维持根部健康。一些根际微生物可以为植物提供常见的保护，发挥的作用与菌根真菌类似，这就是我们接下来要谈的问题。

　　与菌根真菌一样，一些根际细菌可以降低土壤毒性，改善逆境土壤。有些根际细菌会产生可以保持水分的凝胶，一方面在干旱时可以自保，另一方面也对根部有益。有些根际细菌会捕获重金属。最后，还有一些根际细菌能消除缺氧土壤的毒性，因为微生物呼吸的产物对植物有害，如过量的 2 价铁、其他被移动的金属及气态硫化氢。这些土壤中的植物，包括前面提到过的圣米歇尔山泥滩，都受到化能自养菌的保护，这些细菌也在此过程中汲取生命能量。它们使从根部逃逸到根际的氧气与亚铁反应，产生无害的 3 价铁（把根际染成橙色），或与硫化氢反应，使后者变成良性甚至有营养的硫酸盐。

　　在第一次海湾战争期间，油井被毁后，科威特 4000 万吨土壤被溢出的碳氢化合物污染：一些植物在碳氢化合物含量高达 10% 的土壤中重新生长，其中部分化合物有剧毒。很快，人们就发现，相较于根际细菌的存在，植物种类并没有那么重要，这些根际细菌依赖根部的氧气供应吞噬不受欢迎的碳氢化合物。

　　此外，根际微生物和菌根细菌一样，可以抵御寄生虫和入侵者，让我们看看它们是如何做到的。首先，根际微生物会挤占空间。这些微生物十分贪婪，它们从根部和根际掠夺最优质的有机物，包括那里的氮、磷和铁。这里对新来者来说并不友好，在过度拥挤的根际，面对激烈的竞争，微生物纷纷筑起了壁垒。特别是当根部属于外生菌根且被包裹在真菌的菌丝体中时，壁垒会更坚固，对空间的竞争也更激烈。

抗生素或有毒分泌物会加剧竞争。真菌学家对秋天的乳菇早已司空见惯，这种蘑菇被切开后会渗出乳汁，故而得名。乳汁是一种白色或有色的液体，通常是苦的或辛辣的，甚至有灼烧感，富含不易被消化或有毒的萜烯，有时对人类来说也有毒性。这些蘑菇会形成外生菌根，当表面出现裂缝时，同样的乳汁会从中流出，击退病原微生物或对根部过于进取的寄生线虫。我们将在本章后面看到产生对抗病原真菌抗生素的细菌。

某些真菌甚至会"近战"，木霉就属于这种情况，它们没有菌根，但大量存在于根际，极易被其他种类的真菌吸引。木霉会缠绕在所寄生的真菌菌丝周围，通过吸食其内容物（直至宿主死亡）生长。木霉喜欢根际的微生物密度，它们会削弱对根部有害的真菌，但幸运的是，并不会过多地伤害菌根。正是因为这些正面作用，木霉被应用于商业，全球300多种配方中都有添加这种真菌：主要被用于花园和苗圃中，如此大规模的应用和财务报表上的数字都十分有吸引力。你可能还记得，在第4章里，我们谈到真菌通过使土壤线虫窒息来杀死它们，如今，这些节肢动物又被"兜售"给同一批客户，以保护具有高附加值的植物。如果把根际比作酒吧，那么这些真菌都是肌肉发达的保镖。

改变植物

根际微生物的影响并不仅限于它们自己做的事情，还包括它们让植物做的事情。根际微生物本身并不会触发植物的免疫系统。首先，在没有信号表明细胞被破坏或受到压力的情况下，植物对根际微生物的存在几乎没有任何反应；其次，菌根真菌甚至会释放调控分子（太幸运了）抑制根部对它们的反应。然而，根部仍然会略微加强防御，建立它们的"弹药库"。

　　外生菌根就是个例子。自从菌根出现在法国中学课程里，教师在给学生展示根部真菌时就会使用外生菌根，因为学生可以透过放大镜看到菌根。课堂上，教师会将根部切成薄片，透过显微镜展示其内部结构——没错，他们经常这样干！虽然一般情况下，这些薄片透明度足够高，可以让人观察到里面的细胞，但是这些细胞都是棕色且不透明的，也就是说，其实什么都看不到。这是因为细胞的液泡中积累了褐色的单宁酸，由于外生菌根真菌并不会破坏这些细胞，这些防御分子依然隐藏在根部中心严阵以待，可以在病原体来犯时随时出击。

　　在防御方面，根际对植物的改造更进一步。与在灭菌土壤中生长的植物相比，有菌根或根际细菌的植物对病原体、病毒、细菌、真菌甚至草食动物的攻击具有更强的抵抗力！它们能够以更快的速度及更大的力度建立防御，这种快速反应使其能够避免或控制损失，也就是说，其免疫系统的反应更灵敏。更令人惊讶的是，这种效应即使在远离与微生物接触的其他根部和植物的地上部分也能发挥作用。我们来做个实验，让植物的一部分根与根际微生物接触，另一部分放在灭菌土壤中生长，相较于整个根部都在灭菌土壤中生长的植物，前者能够更好地抵御攻击。地上部分也发生了改变：在正常微生物土壤中的植物对叶片遭受攻击的反应比在灭菌土壤中生长的植物更快。生活在根系的"居民"能够系统地调节根系与地上部分的免疫功能。

　　一方面，不言而喻，灭菌土壤中的植物是实验培育的畸形产物，因为只有含有生命的土壤才称得上土壤。那么这些植物出现"故障"也就不足为奇了，它们只不过是帮助人类更好地了解微生物作用的实验工具罢了。但另一方面，这意味着在植物萌芽阶段，促使其防御系统成熟的信号并不是从内部发出的，而是由于在生长初期，根部接触了土壤中的生物！

　　菌根提供了许多其他远程影响植物功能的例子。比较在不同真菌影响下形成的菌根植物，可以观察到它们的气孔（叶片上的小孔，在第 2 章中有所述及，水从其中逸出）开度不同，以及土壤缺水时气孔自行关闭以节省水分的能力也有差异。多亏了这种远程影响，部分真菌可以为植物提供更好的抗旱保护。除此之外，在果树等地上部分的器官中，植物的基因表达方式不同，这取决于它是否菌根化，以及存在的真菌种类。

　　法国国家农业科学研究院开展的一项实验表明草莓中的这种效应极其复杂。将其与在灭菌土壤中生长的草莓进行比较，结果显示，内生菌根真菌（丛枝菌根真菌）的存在能够促进植物生长、增加叶绿素含量，除了导致果实矿物盐含量增加，不会产生其他影响。与始终在灭菌土壤中培育的草莓相比，其他接种了根际细菌（荧光假单胞菌）的草莓结出的果实更大、更多，味道也更酸或更甜。好吧，我知道你想同时改善叶子和果实，那就给它们接种这两种微生物吧。二者产生的效果差异很大，虽然对植物生长的影响较小，但多数情况下，接种后的树木会结出更多的果实，最重要的是，这些果实颜色更加饱满且香气逼人！可想而知，要是换一种微生物"配方"接种，产生的效果又不一样了，且影响发生的过程十分复杂，但这的确为提高农产品质量开辟了一条新道路。

　　那么远程影响是如何实现的呢？关于这个问题的答案，你绝对能脱口而出，没错，就是通过帮助根部发挥作用并利用土壤。菌根真菌和根际细菌可以调节植物的生理状态，从而调节植物的性能。但这并非全部。正如我在前文所说，根系微生物会生产类似植物激素的分子，将信息传递到植物深处。除此之外，与植物相互作用的微生物还会向周围的细胞注入其分泌的小蛋白质。这些小蛋白质到达植物细胞内后会改变植物细胞的功能，特别是酶的活性或基因表达。对菌根等共生体而言，这种改变也有利于植物；但对病原微生物而言，对微生物有益就会伤害植物。

因此，土壤微生物通过为植物供应食物、提供保护及影响植物生理的分子来改变植物！在健康方面，植物则需要比它体型更小的东西……

抑制性土壤

随着时间的推移，给植物提供保护的微生物的生长使土壤的防御水平越来越高，小麦和大麦的全蚀病就是个很好的例子。如果连续几年播种同一种谷物，引发疾病的真菌就会在土壤中积聚，这种疾病也会加重。患病作物的茎基部变黑，植株变黄，穗变白、枯萎，直至被掏空，产量损失可高达 50%。引发这种疾病的真菌（小麦全蚀病菌）定植于根系，啃食根部并致其死亡，坏死的根部使那里的汁液无法向上输送。这种真菌靠死去的根的残片过冬，如果不每年更换作物，土壤的病原体负荷也会随之增加，损害就会扩大。

矛盾的是，如果继续坚持播种同一种谷物，症状会减轻，三四年后甚至会消失。一般认为，此时土壤已变成抑制性土壤——因其可以抑制疾病。到底发生了什么？如果土壤经过灭菌处理，抑制性就会消失，也就是说，这种特性的维持需要生物。且这种抑制性是可传播的，因为在任何土壤中添加 10% 的抑制性土壤就足以使其具有抑制性，换句话说，它可以被接种。这种影响实际上是根际假单胞菌为保护其资源发动的化学战争的产物。

这些假单胞菌通过产生一种名为 2,4- 二乙酰基间苯三酚的抗生素来保护根部，该抗生素对治疗全蚀病很有效。然而，它们起作用需要一些时间，因为这种生产遵循第 4 章中提到的群体感应机制，也就是说，只有当"主角"超过一定浓度时，某些细菌活动才会被触发。结果就是，病菌只有在土壤中达到足够浓度，才有可能制造出抗生素。而且，抑制性需要花上几年的时间才能形成，大规模谷物种植土壤都是抑制性的，包括美国太平洋西北部 80 多万公顷的土地。一些市面上出售的商业配方中添加了会生产抗生素的假单胞菌，如绿针假单胞菌，人们可在播种时将其添加到种子中。

　　链霉菌属的放线菌使一些农业土壤可以抑制镰刀菌属的病原真菌，后者会杀死并吞噬根部。链霉菌会产生抗生素（如许多放线菌），以及能够破坏真菌细胞的几丁质酶，它们还会在土壤中释放挥发性分子以赶走真菌，这可能是因为真菌演化出了尽可能避开链霉菌的能力。链霉菌制剂（如 MycoStop）现已上市售卖，主要用于高附加值作物。链

霉菌需要富含有机质的土壤，它们以有机质为食，这也是它们钟爱根际的原因。

由此可见，抑制性还涉及土壤的非生物特征。但我们也不应该停止培育那些对镰刀菌敏感的作物品种，因为链霉菌正是在这些作物的根际范围内发展的，植物也在其中发挥了作用。抑制作用的矛盾点在于，鉴于这些微生物的竞争优势在未受病原体干扰的根际中不太明显，抑制作用的发挥需要持续培养对其敏感的植物，这样，对植物有保护作用的微生物才会出现并持续存在。因此，应该逐年种植吸引病原体的植物。

森林土壤的正反馈

我们必须明确一点，并非所有土壤都具有抑制性，这取决于土壤特性及相关的植物。但当面对抑制性土壤时，你可以合理地提出疑问：我在上一章谈到了土壤负反馈，此处是否依然建议轮作？你大可放心，轮作在大多数情况下仍然是黄金法则。但是通过抑制性土壤，我们能够了解到土壤正反馈的植物，这解释了为什么有些植物可以长期占据某个地带，例如上一章末尾提到的温带森林树种，或者本章开篇提到的种植史长达几个世纪的葡萄树。

植物"定居"在一个地方时，它会滋养那里的寄生虫和根共生体，促进它们生长。如果寄生虫产生的影响累积到一定程度后超过共生体的影响，土壤反馈就是负面的，这对热带森林中的顶级树木群落、稀有物种和生态演替中的树种都有影响。相反，对于其他物种，如果共生体的影响累积超过寄生虫的影响，土壤反馈就是正面的！在下文中，我们将看到这些物种在演替顶级时形成的茂林或具有的入侵性。还有一些物种，它们生长在不同的土壤中，土壤反馈也会不一样（有时是

正反馈, 有时是负反馈): 就像我们的作物一样, 最好交替耕种, 但它
们有时也会遇到抑制性土壤。

因此, 有时互助会占上风, 让我们到热带森林里寻找证据吧。我们
正走在一片树种极其丰富的森林中, 在距离出发地 1000 公顷、1 万公顷、
数万公顷的范围内, 景色也在悄然改变, 我们仿佛走进了热带多样性中
的一个奇特例外。这些地区生长着所谓的单优势种 (monodominante,
源自希腊语 monos, 意为 "唯一的"), 主要是没有根瘤的乔木豆科植
物。在非洲的森林中, 高达 90% 的树木都是大瓣苏木, 其木材就是著
名的林芭利; 在南美洲, 比如圭亚那的森林中, 一些地方 80% 以上的
树木都是苏木。让我们继续来到亚洲热带地区, 那里的森林中主要生
长着当地属植物龙脑香科, 以及一些山毛榉目下的壳斗科植物。这些
长期由少数几个植物物种组成的森林让我们不禁联想到以少数几种松
树、山毛榉科 (山毛榉、橡树或栗子) 为主, 还有一些椴树的温带森
林, 或者南美洲温带森林的南青冈。这些森林中的物种是如何避免土
壤负反馈的? 这个问题很复杂, 我的研究团队为此做了大量研究, 可
惜仍未找到确切的答案, 但还是寻得了几条线索。

首先, 单优势种或多样性低的森林中的树木有一个共同点, 即它
们会结出大量果实, 但结果的时间不规律且无法预测。观察员和林业
员都知道, 橡栗并非每年都有 "好收成" (橡子产量高); 那些吃山毛
榉坚果 (即山毛榉的果实, 含淀粉且美味, 鲜为人知) 的人应该注意
到了, 很多年都没有见到这东西了。山毛榉的果实非常大, 掉落在成
年树木之下的土地上, 部分被一些热衷收集种子的动物搬到别的地方
贮藏。但是由于这种树木不定期结果, 种子和芽上的寄生虫会在长达
数年的时间里没有食物来源, 最后都饿死了, 再后来, 那些资源匮乏
时期的少数幸存者突然间收获了大量种子, 数量多到根本吃不完。在

没有种子的年份，这些植物利用一种类似轮作的方式让种子和芽上的寄生虫活活饿死！还剩下最后一个问题，即种子与成年树木共同拥有的寄生虫（即使成年树木很少会受到寄生虫的影响）：什么可以抵消它们的负面影响呢？

这些树木的另一个共同特征是都有外生菌根，这与该菌根特有的土壤有关。这些土壤矿化不良，且土壤中的外生菌根真菌密度大，由成年树木滋养的外生菌根有利于与之相伴的幼苗的生长。就这样，幼苗在发芽时与成年树木"预付"的真菌联系起来，这就是我们所说的"苗圃效应"，它实际上就是来自土壤的正反馈。我们可以通过实验证明这种效应的存在。例如，借助只透水的膜从成年树木滋养的外生菌根真菌中分离出幼苗，会使幼苗发育不良。外生菌根伙伴会触发土壤正反馈，并施加超过病原体的影响。但不知为何，被球囊菌内生菌根化的物种似乎从其菌根中受益相对较少，且病原体的影响通常占上风。除了我们已经见到的细胞和生态差异外，这是不同类型菌根间的又一项差异！

浩浩荡荡的入侵物种队伍的正反馈

单优势种或少数物种占主导的森林似乎在很大程度上可以归因于土壤的正反馈。但是显然，一些外生菌根树种并不遵循这条规则，且这并不排除它们也会受到土壤病害的影响，例如在温带森林中开辟空地的蜜环菌（见第 12 章）。此外，某些内生菌根植物也可以得到正反馈：在长达几个世纪的时间里，对葡萄树的单一栽培就是个很好的例子。

土壤正反馈解释了生物多样性低的顶级演替森林的存在，法国就是这种情况。在生态演替过程中，得到负反馈的植物在最终消失并让位于其他植物前，反映了仍在形成阶段的土壤的变化。成熟土壤最终形成时，存在两种情况：其一，以内生菌根热带森林为例，演替顶级种群延续负反馈，林分结构在多个树种间摇摆不定，每个树种都无法充分利用其生态位；其二，最终得以定居的树种获得正反馈，从而加剧了竞争，导致每个生态位对应一个树种，林分结构单一，就像外生菌根森林。因此，温带地区的演替顶级植被的特征就在于土壤正反馈。

无论是何种反馈，我们都不应将其视为一个物种不可改变的内在属性。抑制性土壤表明，通常得到负反馈的植物在某些土壤中也能得到正反馈。一切都取决于当地存在的微生物，在这里，地下生命再次拿到了指挥棒。

入侵植物是依赖土壤可变效应的另一个显著例子。随着贸易交流被引入的植物在当地积极繁殖并最终打败了本地植物，例如在法国有来自日本的蓼（虎杖）、来自美洲的葡萄（垂序商陆）和水龙（黄花水龙）。欧洲本身也是这些植物的出口国，但当它们在其入侵的地方被发现时，几乎已经面目全非，看看美国加利福尼亚州 2~3 米高的茴香或新喀里多尼亚 5~7 米高的荆豆树！这些植物在当地的高度是在欧洲高度的 2~3 倍，遭受的病害也更少，特别是土壤病原体更少——这些病原体并未随植物一同被引入。但这些植物是如何获得入侵力量的呢？

这可能是多重原因造成的，但土壤反馈就是其中之一，因为植物引入地区的土壤负反馈通常比其原产地要小！上一章中谈到的黑樱桃在美国原产地以负反馈闻名，因此在种植时，每株个体要相隔 30 米以上。黑樱桃入侵法国，在这里大量密集生长，土壤反馈接近零（寄生虫的影响中和了共生体的作用）！与美国相比，从欧洲根际分离出来的卵菌病原体对根的攻击强度是在美国的 20%~50%。同样，刺槐在其原产地北美洲呈现负反馈，但到了法国就变成了正反馈，成功入侵：随处可见一簇一簇的白色花朵，芳香怡人！这有点像买彩票，能否成为入侵者取决于引入地的微生物及其影响。而且，来自原产地的有利微生物的到来会在第二阶段为入侵物种提供更多的帮助，例如西方人在热带地区种植了大量松树，它们的外生菌根真菌一齐涌来，激发了非常强烈的正反馈，甚至比在温带森林中更强，这使得这些树木对原生森林构成了威胁！

因此，被引进的入侵植物正是那些有幸占据了"天时地利人和"的植物：一方面，它们并未在当地发现病原体，或者它们已经摆脱了原产地的病原体；另一方面，它们在当地找到了微生物助剂，或者携带其原产地的微生物助剂。所有这些都可以建立正反馈。但从长远来看，这种反馈不稳定，因为随着入侵植物数量增多，它们最终还是会筛选出自己的病原体。这些病原体都是后来引入的或由当地病原体演化而来，一旦开始肆虐，食品储藏室中充足的粮食供应定会助它们一臂之力。在新西兰，很大一部分植物种群都是这些"外来移民"。虽然这个事实让人黯然神伤，但新西兰的确是个绝佳的观察站，在这里，我们可以观察到不同时期的入侵植物。据观察，植物被引入的年代越久远，收到的土壤负反馈就越强烈，侵略性也越小。引入植物及其微生物病原体共同演化的格局曾在短时间内被打破，如今已恢复，并形成了更多的负反馈。这再次证明了反馈并非植物的绝对属性，给定土壤 – 植物系统在微生物的作用下长期处于动态变化中。对某些物种而言，改变土壤或者加快演化，规则就可能会随之改变。

根部编织的植物网

土壤也是根部携手合作的场所。当然，这种现象很罕见，因为根寻求相同的资源，这让它们从一开始就处于竞争中。此外，许多植物

"伴侣"通过在不同深度定植，最大限度减少对彼此的干扰：这也是推行农用林业的原因之一，因为相较于一年生作物，树根能延伸到更深的地方。

另外，当不同物种利用土壤的方式有差异时，它们可以互补。在农业领域，豆类和禾本科谷物的混合种植就是一个利用协同作用的例子，例如欧洲的小蚕豆和小麦组合或玉米和四季豆组合，这一前哥伦布时期伟大且经典的农业种植方式（被称为米尔帕耕作法）至今仍在美洲实行。我在前文谈到过禾本科植物释放的铁载体可以调动铁，而铁通常情况下几乎不在土壤中移动。我们也知道豆科植物具备固氮的能力，其中一部分氮会渗入周围的土壤。但我们不知道的是，根瘤会使周围的土壤弱酸化，并创造酸度条件，使通常不易移动的磷酸盐得以在局部范围内移动。因此，虽然根系间确实存在竞争，但可用资源的总和增加了，蔬菜总产量也增加了：与单独种植相比，混合种植收获的谷物和豆类肯定更少，但产生的总生物量比分开种植的两种作物中的任意一种都多。

另一种直接合作不常见，且仅限于同一物种的植物：根可以融合，从而使相关根系相互接触。这种情况主要发生在多年生植物中，因为融合需要一些时间。同一物种的两个个体的根并排生长，在增粗的过程中压碎相邻根的表皮，从而相互嵌入。运输汁液的导管在强力挤压下接触，然后互相连接。树枝之间也会发生这种自发的嫁接，但频率低，因为流动的空气环境使接触更加不稳定，而嫁接需要固定的环境。阔叶树与针叶树会产生这样的融合，研究人员将土壤完全剥离后进行观察，得出的研究结果证实了这点。在加拿大魁北克省的班克松生长地，20%~75% 的个体发生了根融合。融合的数量随着树龄的增长而增加，显然也随着树木的密度增加而增加。

　　相互连接的个体能够更好地抵御寄生虫攻击（已得到证实），要么是因为它们通过这种方式能够非常迅速地感知警告信号，要么是因为来自邻居的资源帮助它们在攻击中幸存下来。最重要的是，植物机械锚定的稳定性增加了，抗风能力也随之加强。我接下来要谈到的几个极端又诡异的故事形象地展示了这些根连接后所做的物质交换。首先，在美国加利福尼亚州红杉林（北美红杉）中，在高大绿树的树荫下，生长着一群全白针叶、"瘦骨嶙峋"的个体，这些突变体没有叶绿素，因而也没有光合作用。它们外表瘦弱，却充满活力，因为它们通过根融合回收了大高个儿邻居的汁液！但这种白色树木并不常见。这种情况在其他物种中是不可能发生的，它意味着异常频繁的地下嫁接。

　　法国的森林中也有类似的现象。如果将阔叶树树干拦腰砍断，树桩边缘会冒出小芽，树干的活性组织就分布在此，这些活性组织会长出新枝，树木借此重新生长。但是如果从底部将针叶树砍断，树桩不会发芽，没有新芽，树木就会死亡。在冷杉林或云杉林中，你可以仔细观察下被林业员砍伐干净的树桩：一些树桩的边缘出现了隆起，随着时间的推移，隆起会略微增大。树桩并不会腐烂，尽管新芽还未冒出，但活性组织缓慢增殖，最终发育成一个缩小但非常有活力的不成形块状物。当然，由于缺乏光合作用，该褐色隆起的养分供应要归功于底下的根与邻近树根的融合。那么，邻近树木的寄生虫对隆起来说是负担吗？答案是否定的，因为隆起仍然有自己的根系，邻近的根系为其供应糖分，而它则为对方捕获土壤中的水和矿物盐：通过根融合，邻近树木吸入形成的汁液，并从中受益。就这样，隆起作为额外的根被嫁接到活树上。

　　有些枯死的树木，树桩早已消失，甚至仅以根的形态存在，由邻近有树干和叶子的树木滋养并利用。在某些情况下，树干根系的残片

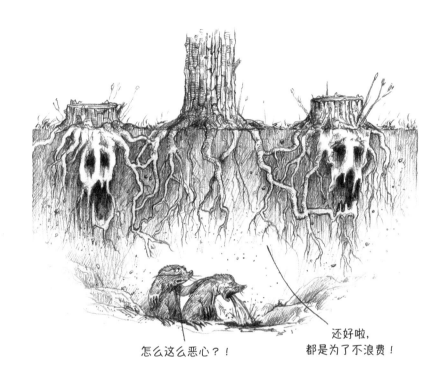

怎么这么恶心？！

还好啦，
都是为了不浪费！

完全从地面消失，但仍继续存在于地下，嫁接到一个或多个邻居身上，比如杨树（白杨）。仔细想想，这种地下残存有点令人惊讶，它让人联想到人类器官移植，捐赠者慷慨地提供了器官，他那已经消逝的生命火花在另一个人身上延续。器官"移植"已在植物中实施了很长时间，这种机制介于利用（没有叶绿素的红杉）与互助之间：根被为其提供养分的其他植物利用。

菌根编织的植物网

真菌创造的联系在利用与互助间摇摆。因为菌根编织了共同的网络：一株植物与数十种甚至数百种土壤真菌结合，真菌在菌丝体带领它到达的所有根部建立菌根，覆盖范围可延伸至数平方米！因此，菌根借助真菌编织了一张植物网，又借助植物编织了一张真菌网。上文谈到的同一物种的幼苗与成年树木之间的苗圃效应就展示了这些联系，它们形成了所谓的"菌根网络"。但是该网络也连接了成年树木，且通常是不同物种的成年树木，因为这些相互作用并不只针对特定的物种。例如，我和同事已经在科西嘉岛范戈河沿岸的一片森林中发现了外生菌根真菌，那里只有两种宿主物种，分别是野草莓树与冬青栎。根部真菌的多样性（超过 500 种）掩盖了地表植物物种的单调。此外，70% 的根部样本被在两种宿主上形成外生菌根的真菌定植！

让我们从推动苗圃效应普及化的间接联系开始：如果两种植物（无论是否属于同一物种）使用相同的真菌形成菌根，但其中一种植物从真菌那里获得了更多的资源，或者为真菌提供的养分更少，这实际上就是间接互助。大量实验证明了这种间接的相互作用，至少在实验室里是这样！在一些农用林业的实验中，实验人员在核桃树下种植玉米，结果显示，使这两种作物菌根化的球囊菌似乎主要由其周边的树木滋养。奇怪的是，这种频繁发生的间接机制不如下文的机制被公众所熟知，后者虽更为罕见，但有很高的讨论度，我会尽量用最谨慎的方式介绍它。[1]

菌根网络使光合作用产物得以从一株植物转移到另一株植物，这点可以从不含叶绿素的小型森林植物得到证实，例如水晶兰（松下兰）或一种叫鸟巢兰的兰科植物，两者共享邻近树木的菌根真菌所供应的养分，借助插入的真菌转移光合作用产物。与真菌的作用相反，带有

---

[1] 这项工作难度很大，因为这是我带领的研究团队的研究课题之一，尤其是在波兰的华沙国家博物馆和格但斯克大学的研究。

这些菌根的植物能够供应有机物，但目前尚不清楚与其一同形成的真菌能否从中获益，即能否获取可以在某些季节起到保护作用的维生素，帮助它们抵御干旱或寒冷，又或者真菌只是单纯寄生在植物上？在热带灌木丛厚厚的树冠下，这种不含叶绿素的植物比比皆是，具有代表性的包括龙胆属和远志。这一次，它们与这些树冠所属树木的根部共享球囊菌的养分，树木虽然在光照竞争中打败了菌根网络，但事实上，后者早已后来居上！

对这些物质交换的研究表明，借助菌根网络实施的此类"盗窃"行径也对绿色灌木丛植物有利！几种兰花和森林杜鹃花虽然是绿色植物，但部分受到菌根网络的滋养，这张网络将它们与邻近树木连接起来。它们的光合作用在森林的荫蔽下效率低下，被树荫遮蔽更多的灌木对菌根网络的利用也更多，并因此最终适应了森林环境。这种来自光合作用和菌根网络的混合养分被称为混合营养〔mixotrophie，源自希腊语 mixo（意为"混合的"）和 trophè（意为"食物"）〕。

除了这些灌木丛，能被阳光照耀到的"正常"植物（如森林中的树木）能否在这场与真菌的物质交换中暂时受益呢？ 20 世纪 90 年代，一项经典的加拿大实验表明，桦树和花旗松的幼苗会互相交换碳资源，从净交换量来看，花旗松受益更多——获得的收益相当于其自身光合作用产物的 10%~25%，生长在最荫蔽处的个体获得的资源最多！近期，一项在瑞士森林中开展的实验结果显示，树木 4% 的光合作用产物来自与其处于同一菌根网络中的临近植物，但树木之间的净交换量可能为零，因为双方互为供给方与接收方。被削弱或拥有更多荫蔽的树木会比其他树木受益更多吗？也许是这样，但除了某一时刻的交换测量值，年报表数据及这场交换的获胜方还远未确定。当豆科植物被纳入菌根网络时，它们的一部分氮可通过网络移动到邻近植物中。因此，

他是谁？

这是真菌送来的，就那个介绍人！
所有的运输都是他负责的，
他还负责维持各个家族间的和平。

除了能证明两者相关性的特定案例，这种交换机制及其对植物的重要
性至今仍存在争议。

　　最后，我们再来谈谈菌根网络中一场意料之外的交换，即警报信
号的交换。被病原真菌或草食性昆虫攻击的植物会合成单宁酸等分子，
勉强限制住攻击。在某些情况下，本身未受到任何攻击的植物通过菌
根网络与受到攻击的植物连接，前者会在邻居受到攻击的一两天后建
立类似的防御机制，处在相同距离但不共享菌根真菌的植物却没有任
何反应。显然，警报信号已通过网络传播开来！相较于在实验室的花
盆或温室中，这种警报在大自然中发挥的作用没有那么重要。此外，

我们仍然不清楚到底涉及哪些信号及它们如何在菌丝中或在菌丝表面传输。但从现有情况来看，这些植物显然在地下紧密相连，即使从地表完全看不到！这次也一样，最好去瞧瞧地下的世界。

身处复杂利益网中的植物

菌根真菌将某些植物连接在一起，在英语中，人们称其为木维网（wood wide web，蔓延整个森林的网络），借用了万维网的称呼（world wide web）。然而，该暗喻瞄准植物，却忽略了同样的事情也发生在森林之外（例如草原上），只将真菌视为被动接受资源的管道。土壤及其代理似乎都是惰性的，而活生生的真菌可能才是这张网络的主要操纵者！体形小不等于微不足道。

植物帮助邻居，同时也与邻居竞争（叶子争抢光照，根部争抢真菌的养分），那么植物可以从邻居的叶子与根部获得什么好处呢？正如我们看到的，连接到网络意味着允许剥削者利用它，因此，网络并不总是一份互助承诺书。一些研究人员已证实基因相似的植物组成的网络更强大、更活跃，植物可以在演化过程中主动选择帮助者，因为这种帮助有利于那些产生与帮助者基因相近后代的植物。这就好比作为施助方的植物通过代理繁殖，是对近亲种群的小小帮助。但是，正如我们所见，菌根网络可以在不同的环境条件下运行，甚至在不同物种之间运行！为什么要冒风险为寄生虫敞开大门？这太疯狂了，简直就是为他人作嫁衣。

如果从土壤的角度看，尤其是从真菌皮肤（或细胞壁）中看，事情就没有那么自相矛盾了。将资源或信息从一株植物转移到另一株植物是为了减少竞争，确保真菌连接的不同植物都能在更安全的环境下生存。

拥有多个合作伙伴，并避免其中一方取代其他合作方，是为了避免将所有鸡蛋放在一个篮子里，能够做到这一点的真菌才能更好地生存！这种调解邻里纠纷的保险策略可能是真菌强加给植物的，也就是说，来自土壤。

因为真菌可以利用菌丝在空间上重组资源及"远程"相互作用，甚至无须形成菌根。近几年，研究意外发现有一种真菌通过扩散的方式进入根部，时不时有几根菌丝从土壤的各个角落溜进来，但并未形成复杂的结构，也没有像菌根那样强烈的定植。我们给这种真菌取了个简单的名字——内生菌，因其存在于植物组织内部，但不显眼，相关研究也很少。一些内生菌以复杂的方式将植物与其生长环境联系起来，以下两个例子就是明证。

罗伯茨绿僵菌是一种真菌，会攻击埋在土壤中的昆虫，从而得以在冬季从幼年过渡到成年：它定植在这些昆虫中，致其死亡并最终将它们吞噬，故而被用于生物防治，消灭不受欢迎的生物。然而，我们发现它也是根的内生菌（同样不产生菌根），将从猎物那儿抢来的一部分氮分给根部，使某些根变成间接的食肉植物！

另一个例子解释了勃艮第松露（黑夏松露）和佩里戈尔德松露（黑冬松露）特有的现象：这些真菌在树木上形成外生菌根，我们观察到其周围的一片区域植被非常稀疏。在这里，草本植物因未知原因密度较低且体形较小，这片表面被称为烧焦区。烧焦区的形成原因仍是个谜，因为区域内的内生菌根化的草本植物，甚至是没有菌根化的草本植物，都不应该与松露发生相互作用。但我们已发现[1]，这些松露物

---

[1] 这是我的研究团队中两位杰出的博士生埃莉萨·塔森（Elisa Taschen）和洛尔·施耐德·莫努里（Laure Schneider Maunoury）的研究成果。

种的菌丝可以穿透草本植物的根部，形成内生菌。盆栽实验表明，烧焦区的植物的内生菌定植刺激了松露的生长，却因消耗了这些植物大量的氮和磷，从而使其发育平均减少了40%。而与此同时，因松露而长出外生菌根的树木中的含氮量较没有松露时增加了。可以说，松露似乎利用了烧焦区的植物（或至少与其竞争），以促进其自身生长与增长宿主树木的营养供应。这种联系使松露种植充满前景，因为它赋予了那些自发长出的"杂草"一项功能，而这些杂草是在松露生长地开展的这场行动中无意间被捕获的。

　　这些研究表明，真菌网络有时会超越简单的菌根网络，土壤真菌会产生意想不到的联系，对植物可能有益，也可能无益。

结　语

　　土壤不只是用来蛰伏的居所，除了菌根真菌，许多其他微生物、真菌、变形虫和细菌都遍布在根际，也就是根部周围的土壤，有些甚至渗透到植物的健康组织中。某些蔷薇科植物密集及有组织的细菌定植甚至会形成固氮器官（根瘤或弗兰克氏菌属的放线菌），使植物升级为绿肥植物，因为它的居民为其提供了来自大气的氮。除了这些关联和菌根，还有根部的微生物定植，这种定植分布更广，数量不多，且没有明显的形态改变：这些居民被称为"内生菌"，尽管它们很审慎，但仍可能对植物的生理产生较大的影响。

　　从根际到内生菌，微生物以不同的方式发挥作用，如供应养分（特别是在根际）、解除土壤中矿物质或有机分子的毒性、合成激素、改变植物生理结构。微生物还能够减少病害对植物的攻击，通过竞争、生产抗生素或改变植物免疫反应（这种影响可以延伸到植物地上部分），降低攻击者入侵的可能性。因此，土壤也是互助的场所，是形成共生关系的合作伙伴库。即使根际有可能吸引坏人，但仍不失为一处舒适的居所，善良的微生物仙女们纷纷涌向植物根部。

　　面对植物遇到的问题，土壤生物再次提供了解决方案，再次发挥了主导作用。这也再次验证了这句格言：没有纯粹的好与坏。对植物而言，土壤中的生物既为它们带来了问题，也带来了帮助。植物会放大微生物的影响，针对不同类型的微生物，土壤可能会变得对其不利（寄生虫占优势为负反馈）或更加有利（共生体占优势为正反馈）。究竟是何种反馈，取决于植物和土壤，即生活在那里的微生物群落，温带地区演替顶级森林中的外生菌根树木就是正反馈。入侵植物虽然经常在原产地收到负反馈，但它们在引入地能得到正反馈，由此展示了另一种土壤是如何扭转局势的。

　　植物和植物群落就像是土壤生物手中的提线木偶，但事实上，植物反过来决定了它的根际及土壤生物。植物利用分泌物过滤进入的物质，并通过改变其周边土壤建立生态位。植物与土壤微生物之间的依存关系是相互的，要确定哪一方占主导地位，与确定先有鸡还是先有蛋是一样的！但毋庸置疑的是，植物与微生物之间的联系就如鸡与蛋之间的联系一样紧密。

　　土壤是相互作用发生的场所，这种相互作用错综复杂且不为人知。因此，土壤也是信号交换的场所，且通常是化学信号：寄生虫确定猎物位置，盟友齐聚并为它们的共同生活做好准备，机会主义者盗用最初并非为它们准备的信号。彼此留下的分子是为那些能够读懂这些痕迹的物种准备的：对所有物种而言，最好和最坏的情况都可能发生……先从植物开始。

第14章
对土壤的"冒犯"：
从侮辱到拯救

在这里，我们踏上前往圣地的朝圣之旅；在这里，土壤为我们提供非常宝贵的服务；在这里，只有发展才能生存，只有生存才能发展；在这里，4.7亿年演化的产物并非在一朝一夕间能被重新发明出来；在这里，不知何去何从的时候，解决方案通常就在我们脚下的土壤里；在这里，在用有机物喂食土壤之前，先为它披上一件绿衣；在这里，一位奥地利建筑师教会我们热爱自己的粪便，我们可以在维克多·雨果那儿找到一切答案；在这里，草甘膦"毒害"了博弈的宁静；在这里，土壤最终变得与垃圾场并无二致；在这里，不只是自动取款机会吞噬银行卡。

他的朋友圣科隆基利（saint Colomkille）这样评价他："他是一盏明灯，在智慧之光中闪耀。"他就是克朗马克诺伊斯的圣西亚朗（Ciarán de Clonmacnoise），这位爱尔兰修道士也是一位学者，于545年修建了一座大修道院，即克朗马克诺伊斯修道院，这座位于爱尔兰中部的研究中心在长达千年的时间里享有盛名。16世纪时，修道院经常遭到英国人的洗劫，最终被彻底毁坏，但这里至今仍保留着美丽的凯尔特十字架和众多罗马式宗教建筑的遗迹，其中就包括西亚朗教堂。西亚朗教堂是一座朴素的长方形建筑，面积约 10 平方米。据说，那是克朗马克诺伊斯修道院的第一座木质建筑，是该遗址最小的一座教堂。西亚朗教堂建在西亚朗墓之上，从那以后西亚朗便被封为圣徒。这里一直被爱尔兰天主教徒视为圣地，因为西亚朗曾承诺说，许多灵魂将从克朗马克诺伊斯进入天堂。因此，数个世纪以来，人们常来到此地祭拜，墓地被毁之后依然如是。

西亚朗教堂的维护工作不尽人意，英国人"友好地"来过之后，屋顶没有了，墙壁开始向内倾斜，入口的拱门也倒塌了，如今只能靠仓促换上的粗制滥造的大门楣支撑，以取代坍塌了的基石。与其说这是英国人的"关注"种下的恶果，倒不如说是爱尔兰人对天主教虔诚信仰的产物：朝圣者带走几把埋葬圣西亚朗的泥土，认为这可以给他们带来幸福……一把又一把，就这样，土壤的缺失破坏了地基！收集圣徒墓中的泥土是爱尔兰人的传统，可以追溯到某种异教信仰：在位于唐帕特里克①的一处据说是圣帕特里克（saint Patrick）的埋葬处也出现过同样的问题。跟克朗马克诺伊斯一样，如今那里也拉起了警戒线，教徒不得越过警戒线取土。

热爱土壤的我十分乐意看到为这些举动镀上一层神圣的色彩。然而不幸的是，胡说八道接踵而至。比如人们经常这么形容土壤：人们之所以要争夺它，是因为想要更接近天堂。这并不是说大地距离天空更近了，但可以肯定的是，这些看似善意的举动经过长年累月的累积，最终导致了土壤的退化。在不断被取土后，土壤根本不能支撑隆起的地基。这个故事揭开了人类所犯的错误，有些举动短期内不会造成严重的后果，但长此以往会导致坍塌。各地的土壤都在经历人类"不懂

---

① 英国北爱尔兰东南部的一个区。——译注

事"带来的后果。

在最后一章里，我们将手握王牌，认真审视人类的行为并区分哪些是可持续的，哪些不具有可持续性。作物生产方面尤其如此，这就是我们要管理土壤的主要原因。

我们将认真总结土壤提供的生态系统服务，并研究如何保护土壤。我们将发现，有必要将自己置于演化的角度并遵循土壤的历史逻辑：充满生命的土壤是被植物覆盖的，而且是被有机物滋养的。我们会考虑输入土壤的物质平衡，然后探讨污染与发展造成的土壤消失的问题。最后，我们将谈论当前全球变化带来的风险。

最后这一章将总结前文中零散提及的各项威胁，并概述未来的解决方案（仅限于法国①）。在本章中，你还将看到作者正在向你走来：赤身裸体，仅披了一件汇编好的知识外套，看上去弱不禁风，但十分真诚。虽然我的知识储备有限，但绝不夸大其词。本章将打破你已有的认知，通过试验让你在字里行间、在当今诸多斗争中发现细微的差异。假如你在读完这些文字之后认为与我并非同道中人，那你也至少会觉得我给你带来了知识和怀疑，除了理性和批判性精神，没有任何其他的偏见。但愿你在实践中有所收获。

土壤的生态系统服务

许多生态学家也许已厌倦他们的研究，以及生态系统功能的内在关联性仍被误解的事实。他们大胆提出了生态系统服务的概念，这个

---

① 感谢巴黎高科环境与生命科学工程学院（AgroParisTech）的克莱尔·舍尼（Claire Chenu）对这部分文字的仔细审读。

概念不再以生态系统本身为中心，而是以人类为中心，即立足于其为人类提供的重要服务来展示生态系统。虽然大自然不只为人类而存在，但还是让我们花一点时间来完成这项工作：联合国于 2000 年开展千年生态系统评估项目，2005 年公布的结果区分了四个类型的生态系统服务。我将以土壤为例——说明。

第一个类型是供应服务，指那些人们首先想到的有形的、且通常有利可图的产品。土壤能供应食物（动物、真菌或植物）、材料（材料本身，也包括木材、稻草或纤维）、能源（植物燃料或生物燃料），最后是遗传和生物技术资源（包括抗生素，主要来自地下微生物）。本书所用的纸张就是土壤提供供应服务的一个实例！90% 以上的人类食物直接来自土壤，获取方式包括采集、狩猎、畜牧或耕作。在我和朋友马蒂厄·布尔尼亚共同完成的一本漫画中 [1]，我们选择用聚宝盆来指代土壤！

第二个类型是更无形的监管服务，这有助于维持我们的环境质量和土壤所在的生态系统。正是因为监管服务，供应服务才得以被保留了下来。土壤能调节蓄水、防止洪水和固定污染物，尤其是能为植物提供营养资源，同时抑制病原体的传播或某些物质的毒性。土壤的承载能力及其锚定建筑地基或植物的能力可以被归为这类服务中。

第三个类型是社会文化服务，指人类与生态系统保持的无形联系。对土壤来说，就是指其为景观增添的一抹色彩，它被赋予的象征意义或宗教价值（如在圣西亚朗教堂之下的土壤）或它所记录的来自过去的印记（见第 6 章）。这本书不正是土壤提供的社会文化服务吗？

---

[1] Mathieu Burniat (et MarcAndré Selosse, 科学顾问), *Sous terre* (《地下世界》), Dargaud, 2021.

　　第四个类型是支持（或自我维护）服务，这确保了其他各项服务的正常运行，包括对生物圈功能的贡献。土壤通过回收利用参与水和元素的循环；土壤中包含的生物多样性功能丰富；土壤有助于调节大气成分、减缓温室效应、提高水与海洋的肥力；土壤在成土作用下，即通过转变与分解得以维持；土壤可以减弱各种干扰的影响，如极端气温、压实、盐渍化、干旱等。

　　因此，土壤提供了巨大的服务，这些服务构成了我们世界的骨架。在以人为中心的基础上，生态系统服务的概念方法要更进一步：通过预估这些服务的经济贡献及干扰成本来评估这些服务。这种以经济效应为中心的评估方法会带来一定的问题，因为指望自然似乎很荒谬，而且计算起来也很困难！但这有助于还原事情的原貌。例如新西兰火山母岩上的草原土壤，研究人员已对其 13 项生态系统服务展开了评估（不包括更难量化的社会文化服务）：每年每公顷至少可以产生 1.38 万欧元的经济效益。再举个例子，蜣螂掩埋牛粪可以加快牛粪的清理与回收，据估计，这在澳大利亚每年可以节省 20 亿欧元的成本。总的来说，全球土壤的生态系统服务价值每年高达数百亿欧元，甚至数千亿欧元。没有人支付或收取这笔款项，它是免费提供给用户的。相反，人类若放任土壤功能减退，获得的收益也会下降，这就相当于支付全部或部分款项。

土壤管理的关键：土壤演化史

　　自然主义者让－巴蒂斯特·德拉马克（Jean-Baptiste de Lamarck）认为生物会随着时间的推移而改变，并因此演化，在他看来，我们几乎都是演化而来的。但是，这只是一条原则，几乎不会影响我们的世界观，尤其是我们的行动。例如，我们几乎不会认为周围的生物是基于其祖先的生存条件被筛选出来的，然而，一旦脱离这些条件，它们就有可能无法适应。下面我要谈到的是两个截然不同的例子，它们强行改变了游戏规则，没有考虑被操控生物的演化逻辑。

自19世纪以来，人类一直专注于研究植物本身，而未考虑到它们从环境中得到的帮助。要为植物供应食物吗？那就提供矿物肥料吧。要为植物提供保护吗？那就来点杀虫剂吧。植物之间相互竞争吗？那就通过耕作、火烧或除草剂给它们去除杂草吧。我们给了植物作为一个有机体所需要的一切。但是，按照我们目前的认识，植物是与多种土壤生物一同演化的，且不是自主演化的。因此，还必须考虑到伴随它们的生物。植物自从演变为陆生之后，便扎根于土壤之中，与其中的生物打交道，从土壤中获取食物、防御和生理方面的帮助。给植物施撒矿物肥料，就像给人做静脉注射一样。施肥会削弱不能在肥沃土壤中生长的豆科植物的菌根关系和根瘤。植物不仅会对矿物肥料产生依赖，还会失去微生物（尤其是菌根真菌）对植物病害的控制作用。为了弥补这一点，人类使用了抗菌治疗。这些治疗在短期内取得了一定的成效，却进一步损害了能起到保护作用的微生物，就这样，植物再一次对抗菌素产生依赖。对人类施肥和检疫的依赖形成双重恶性循环，否定了土壤微生物不断通过演化形成的可以支持植物的结构。这个双重循环作为当前极端的卫生战士的化身，更喜欢回避所有微生物，而人类将有可能失去这个对自身最有利的群体。我们不仅没有利用植物的演化，还将植物置于一种乌托邦式的演化中，在这样的条件下生存的植物很难被自然选择选中。

另一个例子来自生物动力法中经典的"500试剂"。这种方法是将牛粪发酵后的产物放入牛角中，并在冬天将其埋入土里。微生物不断

我还好！我可没等着你们来解救我，
真菌已经解决了问题。

繁殖，第一批到达的微生物会消耗掉大部分氧气。很快，土壤变成了
一个少氧甚至无氧的空间，许多微生物只适合在这样的环境里生存，
但与此同时，它们需要大量的有机物。将牛角从土里取出后，再将里
面的牛粪发酵物放入水中并细细搅拌一小时，用来制备一种被大量稀
释的悬浮液，这个过程被称为激活。然后，将该悬浮液喷洒在农作物
上。从微生物和演化的角度来看，这种制剂很致命，原因有二。首先，
制剂中的大多数微生物在搅拌、喷洒及最后田间沉积的过程中无法忍
受被暴露在氧气中。其次，这些微生物来自富含有机物的潮湿环境，
但最终将面临干旱与粮食短缺。在这样的环境中，微生物无法很好地

生存，许多微生物最终只能以蛰伏的形态继续存活。因此，这类操作产生的效应（如果有的话）[①]不能被视为微生物效应。这个例子否认了演化的作用，但正是因为演化，埋在土中的牛角里才有了微生物，它们与上一个例子中的植物一样，被置于一种乌托邦式的演化中，在这样的生存条件下，它们很难被自然选择选中。

人类总是试图比土壤生物、植物和微生物 4.7 亿年的演化做得更好。这种行为既自负，又抱着机会主义者的侥幸。我们要懂得如何利用生物的演化逻辑，并将其作为行动的指挥棒：这是演化给我们上的第 1 课。这是否意味着我们只能重复大自然一直以来对土壤所做的事情呢？难道我们不能通过改变土壤生产力以更好地养活数十亿人口吗？

不断完善我们的实践

幸运的是，我们没有故步自封、墨守成规。但是，我们必须巧妙地把握发生的变化，想要推动有机体和土壤的功能演化，就必须利用它们自身的潜力，并朝着可持续发展的方向前进。因此，我们在选择技术时必须不断衡量和监测它们对土壤及其生物的影响。从这个意义上说，我们的目标不应是回到人类存在之前的神话时代和虚幻的黄金时代，而是应该建立一个有条不紊和建设性怀疑的时代。我们必须时刻观察，试验坚持某种实践的可能性，或者设想其他实践方式。没有什么解决方案是永恒的，我们必须自我完善，这是演化给我们上的第 2

[①] 并不排除非微生物效应，即使应用浓度非常低，这些效应仍然没有科学解释。此外，据我所知，到目前为止，本书所参考的科学出版物的研究主题都未涉及这些效应。如果你对生物动力法感兴趣，或者你和我一样欣赏实践它的人，将来会有更有意思的东西在等着你。但无论如何，这些东西几乎没有任何科学依据。

课，从另一个层面来说，它与我们自身的行动有关。现在，让我们详细谈谈如何持续完善我们的实践。

发明传统农业的人是人类的大恩人。"传统"在这里指的是包含耕作与投入矿物肥料和杀虫剂的农业形式。在欧洲，在德国化学家尤斯图斯·利比希（Justus Liebig）的推动下，矿物肥料于 19 世纪出现；20 世纪之交，农药诞生，这标志着前几个世纪给社会带来毁灭性打击的严重粮食短缺的结束，这些实践通过规范农业生产解决了当时出现的饥荒问题。在宣扬"贬斥农业论"（agribashing）的时候，请不要忘记最初我们之所以能够吃饱，都要归功于传统农业。不过，随着时间的推移，传统农业对农民、消费者和生态系统健康的有害影响也显露出来。否认这些影响只会得出一个必然的结论，即现在忽视它们应该受到谴责。但未来，我们还必须继续对新实践保持怀疑的态度，甚至基于新的科学知识改进它们。我们对土壤的所作所为会改变环境，因此必须对其结果进行中长期的监测。

我曾遇到过一些农夫，演化与适应是我从他们那里学到的最有用的道理之一。我注意到，他们能够观察土壤并不断调整实践。我不知如何用生物动力法来解释某些实践有时为何能取得显著成效，但是，我注意到生物动力法的实践者也在给自己"提问题"。他们时刻关注田地的情况，经常调整生物动力法的实践策略；对土壤和植物质量的持续监测使他们得以快速做出反应，同时估算出随着时间的推移产生的长远影响，而非即时的好处。在我看来，这在很大程度上解释了他们的成功。我认为生物动力法是一种人文主义：实践和调整这种思想的人，无论男女，比其理论原则（这里不做赘述）内容更重要。许多其他的替代农业实践也是如此，其成功源于对行动始终保持质疑、专注和调整的态度，因此，这也是实践者灵活适应的结果。

也就是说，我们不能只看到短期效应，要从长远角度考虑，不断自我完善。这就是演化给我们上的第 2 课。针对那些墨守成规、不加以评估就一味坚持过去做法之人的谴责，迫使我们在将来也要对我们的新实践保持质疑的态度。

土壤管理必须与时俱进，完善过程中要遵循两个一致性，即生活在土壤中的居民已经完成的演化开辟了新的可能，也暗示了危险的僵局，而未来要求我们的实践要根据新的事实和知识不断发展。其中，遵循第一个一致性建议意味着回归土壤特征：（1）总是栖息着当地物种，（2）由土壤激发活力，（3）从不裸露，（4）富含有机物。现在，我们来依次谈谈这些特征提供的 4 种途径。

"就地取材"

避免引入物种

我们想要有活力的土壤，那么一直生活在土壤中的生物有一项优势：它们完全适应了当地环境，而从其他地方引入的物种则相反。

第一，如果一个物种（微生物、动物或植物）的祖先长久在一个地方繁衍生息，那是因为它们在筛选的过程中幸存了下来，而那些适应能力较差的物种被淘汰了。这场筛选持续的时间很长，不仅要考虑一般的环境条件，还要将罕见的波动（如十年或百年不遇的干旱或霜冻）及其他生物的影响一并考虑进去。这才确定了所谓的"本地"物种：虽然距离通常无法量化，但按照常识，我们仍然以此为标准来划分生活在类似环境条件下的物种，距离超过几百千米，就不再是本地的了。从这个角度来看，前面谈到的"500 试剂"遵循的逻辑是正确的，虽然有一定的局限性，但它是基于当地微生物多样性施行的。本地适应是演化留下的遗产，我们必须将其保存下来并加以利用。

第二，引入的生物与它们到达的生态系统没有任何关联，没有任何演化史可以预测它们会与当地条件和原住民发生什么相互作用。一切皆有可能，可能不会带来任何改变，也可能是最好的结果，又或者出现最坏的结果。还记得上一章中的入侵植物吗？从统计数据来看，在引进的1000 种植物中，只有 100 种能够生长，10 种能够繁殖，1 种变为入侵植物。也就是说，通常情况下，引入的物种无法存活，造成这一结果的原因包括病原体、第一个严冬等。但是，少数情况下，植物适应得太好了，以至于最后变成了祸害。这个情况也适用于土壤生物。

我们已经发现，一些入侵物种会给生态系统带来剧变。在第 10 章里，我展示了亚洲和欧洲蚯蚓被引入本没有蚯蚓的北美洲土壤后，那里的生物扰动加剧所引发的危害：外来蚯蚓扰乱了当地动物和根系，提高了土壤肥力，从而危及主要植物群。但由于是入侵物种，蚯蚓自身也并不总是能称心如意！在法国的引入物种中，有一些属于扁形动物（扁虫），这是一群细长、扁平的动物，从生物学上讲，它们并不是

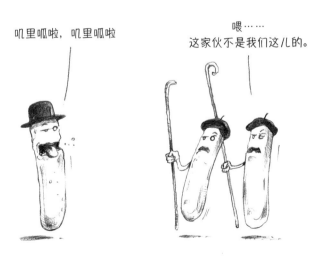

蠕虫，通过捕食用真正的蚯蚓造成严重破坏。一种身长 10~17 厘米的新西兰扁虫（*Arthurdendyus triangulates*）被引入爱尔兰和英国后，蚯蚓的生物量减少了 20%，特别是**深层蚯蚓（anécique）**，它们会在经过浅土层或地表时被扁虫捕食。在欧洲许多其他掠食蚯蚓的外来扁虫中，努氏奥氏涡虫（*Obama nungara*）、笋蛭涡虫（*Bipalium kewense*）和泛笋蛭涡虫（*Diversibipalium multilineatum*）正进入法国，特别是法国南部，并危及蚯蚓在土壤中的功能。不受欢迎的外来物还包括病原体，我们在第 12 章中看到了摧毁法国葡萄园的根瘤菌。目前，在澳大利亚和新西兰，从欧洲和亚洲引入的卵菌，尤其是疫霉属卵菌，通过寄生根部破坏了当地的植物群。这也是为什么，我们要提醒到机场的徒步旅行者记得清理鞋子（千真万确），在森林入口处放置地毯、刷子和刮刀，在公路边画出沟壑以阻挡车辆携带的孢子，但这些都没有什么效果，只需少量孢子偷偷溜进来就够受的了。

第三，引入植物的地下助剂有时会间接带来损害。由于热带地区缺乏外生菌根真菌，被欧洲人引入的松树无法在此生长：这些欧洲殖民者虽然不清楚失败的原因，但仍坚持种植，因为松树能为他们提供有用的建筑木材，尤其是造船业。欧洲人设法引进了生长在欧洲土壤中的幼苗，并在无意中引入了欧洲的外生菌根真菌。目前，在南美洲、非洲和新西兰，松树正在入侵数百万公顷的土地，它们得以成功定居，外生菌根真菌的传播"功不可没"。松树凭借针叶改变了土壤，当地植物在形成的半腐殖质和粗腐殖质上无法生存——稀薄的灌木丛中只有少数植物，也都来自欧洲。这种松林的入侵实际上是松树与其菌根微生物联合组成的团队入侵！

因此，将外来生物引入土壤有时会导致不良改变、新的竞争、病害或以前从未有过的食物链。诚然，这样的引入一直都存在，甚至在人类出现之前就有，但频率要低得多。引入速度的加快可能会给土壤及其生态系统服务造成更多干扰。

谨慎引入物种

在旅程的最后一站，让我们来看看一种蓬勃发展的新技术：为植物与土壤生物接种微生物助剂。我们已经提到了大豆特有的根瘤菌、谷物固氮根际细菌和拮抗真菌，例如针对植物寄生真菌的木霉或针对寄生线虫的线虫捕捉菌……然而，除了这些已经试验过的方法，许多其他要被接种在土壤中的微生物，甚至是叶子上的微生物，都是通过合作网络销售或传播的！正如我们所说，在植物健康方面，微生物提供了巨大的希望，但市场上售卖的产品真的含有微生物吗？在我看来，质量参差不齐，有必要做个盘点以区分良莠。举两个例子，有效微生物（EM，英语全称为 efficient microorganisms）及菌根真菌。

有效微生物是日本研发的一种由约 80 种来源不同的微生物组成的混合物。好消息是，来自不同生态位的微生物多样性说明无论土壤环境如何，总有微生物有望成功定居。坏消息是，由于缺乏有利环境，许多微生物从一开始就注定要失败。事实上，为数不多的相关研究表明，将有效微生物投入农业生产后，结果大相径庭，这可能要部分归因于土壤类型，即土壤成分决定环境是否对微生物定居有利。但对我们的土壤而言，主要的不利因素正是这些微生物的外来来源：成功定居难道不是入侵的前奏吗，这不是玩火吗？

再来看一看菌根真菌的接种吧。首先，我想谈谈其潜力。1994—1998 年，我在撰写论文期间做过相关的实验。该论文探讨的是生长在法国农田里，用于重新造林的花旗松在受控条件下的菌根化问题。当然，这种来自美国的针叶树有些水土不服，但是在 20 世纪 90 年代，这个问题尚未被完全确认（我说过，人有权犯错，只要懂得如何质疑自己）。花旗松的优势在于，它不会像其他软木那样酸化土壤。然而，在我着手写论文时，之前的研究员已做了 20 年的相关研究，他们在众多外生菌根真菌中选择了一种适合花旗松的双色蜡蘑。随后，法国国家农业科学研究院的实验表明，被这种真菌菌根化的植物特别适合海拔 900 米以下的酸性土壤，可以改善生长和提高移植存活率。为了完成论文，我花了很长时间继续着这项工作，并围绕 10 年前在林地中种下的两批花旗松的生长情况展开研究，其中一部分花旗松接种了双色蜡蘑，另一部分未接种但土壤会提供自生的菌根真菌。结果显示，接种后的树木高度高出 10%，产出的木材增加了 60%！同时，这项研究还确定了接种的真菌 10 年后仍然存在，其他外生菌根真菌的多样性也未受到影响。目前，接种双色蜡蘑的花旗松仍在市场上售卖。我们现在知道会发生什么及在哪里使用双色蜡蘑，30 多年的研究已经确定了这套方案的零风险及使用建议。

接种带来的利益及其技术可行性被提出后，我们应如何看待所有市售菌根真菌的接种呢？从技术层面上来说，如果产品没有明确说明或限定它们所帮助的植物和可添加它们的土壤，人们可能会有疑虑，因为给定的真菌并非对所有土壤或所有植物都有效，这一点我在第 11 章和第 13 章中有所提及。当然，在许多情况下，使用的菌株都是通用且强大的：接种使用频率高。也会发生我们为植物接种，但最后什么都得不到的情况。此外，这些真菌通常来自其他地方，例如印度或加拿大（有时来源并不确定）。因此，我们有可能将潜在的入侵者引入土壤！令人感到意外的是，针对引入用于生物控制的生物有着极其严格的规定，而针对土壤微生物助剂在市场上的投放却没有任何监管及授权！但两者的风险是一样的。在没有任何技术说明的情况下，消费者如何选择呢？没有准确的信息，就没有选择的自由，更别谈负责任的行动了。因此，我们是否可以承担引入带来的随机后果所伴随的环境和道德风险呢？

接种外来微生物绝非小事。土壤是很严肃的问题，承担不起不可挽回的错误。引入作物助剂之前必须深思熟虑、反复实验，同时尽可能就地取材。任何其他选择都可能让你掉入陷阱，仿佛回到了街头小贩叫卖假药的时期。就地取材，使用当地的微生物就可以避开这些街头小贩！如今，一些新兴公司会从田地里提取微生物（根际细菌、菌根真菌），并选择适合的盆栽植物循环种植，以此扩增微生物，然后再将其重新引入土壤。借助这种方式评估土壤潜力可以以较小的风险获取数百年来本地生物适应环境留下来的遗产。

千年宝藏就在我们的脚下！而我们在寻求解决方案时，没有充分考虑土壤及其生物的作用。在本章接下来的内容中，我将依次谈谈献给这位"睡美人"的三个吻，即唤醒土壤潜力的三条行动路径：充满生命、被有机物覆盖和滋养的土壤。

充满生命的土壤

采用接种微生物的方法至少是将土壤视为生命过程来对待的，但并非所有土壤处理方式都是如此：过去一些传统的处理方式否认土壤生物的作用，如今我们必须要更加谨慎地思量是否要采用这些方式。

20 世纪 80 年代末出现了一个很棒的举措：日晒法。这种对抗土壤病原体的方法很有吸引力，因为它是非化学的，即利用阳光将约 30 厘米厚的土壤表面（大多数微生物与不需要的种子都聚集在这个范围内）加热并消毒。用透明篷布（例如用聚乙烯制成的篷布）盖住土壤，并

将其暴露在阳光下加热几天。但这种杀菌可不分青红皂白，好菌坏菌
都被杀死了！日晒法应该保留给那些被难以清除的病原体侵染的土壤，
经常使用会破坏土壤微生物帮助植物的能力，使植物依赖补偿性投入。
还有一些使用更广泛的杀菌方式，如耕作。我们在第 10 章里发现，耕
作可以去除杂草并加速生物扰动，同时消灭蚯蚓、真菌和某些细菌。
我稍后还会讨论这个问题。

　　让我们前往"杀手区"找到一种杀虫剂，透过它，我们可以看到
某些分子进入土壤后带来的破坏，而这些分子并不适合土壤。关于草
甘膦的毒性，因为这已是公认的科学事实，这里不再做全面论述，只
有那些执拗地怀疑投入了数千万欧元才得出的研究成果的人才会提出
质疑。我也不是要强调彻底消除草甘膦，只要仍然参与全球竞争，要
保持法国农业的竞争力，就不可能一夜之间完全摆脱草甘膦。但是如
果你认为我们永远无法摆脱它，那就大错特错了：一方面，直到 20 世
纪 70 年代，它都一度不被人所知；另一方面，为什么要怀疑人类的智
慧？只需鼓励大家努力研究替代品就好了（顺便说一句，相关研究尚
未得到大规模资助）。这项研究发现要归功于农民，因为他们是第一批
接触草甘膦毒性的人，最终，禁令颁布带来的经济损失也将由他们承
担。但是，不要相信草甘膦不会伤害土壤。

　　在土壤中，草甘膦很容易与各种成分结合，虽然移动性不强，但
它会发生各种改变，从而产生大量特性未知的衍生物。如果使用正常
剂量，草甘膦及其衍生物会杀死球囊菌的孢子，而大多数农业植物的
内生菌根都是由这些真菌形成的。此外，草甘膦对蚯蚓有毒，尤其是
针对深层蚯蚓和它们的卵而言，这种蚯蚓在经过地表时会被草甘膦杀
死。杀死蚯蚓会促进细菌增殖，导致更少细菌被食用，它们受到的控
制也随之减弱。只要蚯蚓种群没有重组，细菌激增就会加速矿化：生

成硝酸盐和磷酸盐的速度分别快 17 倍和 2.3 倍，这两种物质不能被完全消耗且最终会被水流带走。这些流失一方面会导致邻近淡水富营养化，另一方面需要新的肥料投入，这也是为什么草甘膦会让植物对肥料上瘾。

已知除草剂分子会破坏土壤中的生物，矿物肥料也是如此。正如我们在第 11 章中看到的那样，矿物肥料会抑制根部与菌根真菌或固氮细菌的结合，因为植物可以直接在肥沃土壤中以较低的成本找到矿物资源。无论是除草（耕作、草甘膦）还是施撒矿物肥料，这些方法虽能帮助植物生长，但却时常会伤害并干扰土壤中的生物，因此必须在非常特殊的情况下动用它们。另外，土壤生物不仅通过微生物与根的相互作用发挥功效，它在土壤生态系统服务中扮演的角色更全面。

土壤尚未死亡

土壤中生物多样性的丧失会损害土壤功能，因为正是内部的生物多样性保证了土壤功能的正常发挥。将土壤做实验性灭菌处理，再提取最初生物多样性的一部分为其重新接种，将这份处理过的土壤与改变前的土壤（同一份土壤）比较，结果显示，处理过的土壤功能较之前退化了，特别是肥力降低了。微生物多样性减少 30%，随之减少的有机物矿化及矿物盐回收高达 40%，植物生产力下降 50%，土壤抗侵蚀的稳定性下降 40%。当然，由少数物种发挥的功能最容易受生物多样性下降的影响，如木质素破坏或硝化作用。不受欢迎的群体反倒是唯一的赢家：病原微生物因为与常驻微生物的竞争减少了，在被竞争淘汰之前的停留时间增加了 3~5 倍。土壤变得贫瘠，唉，最后还是落了个可悲的下场！

有人声称法国农业土壤已死，但没有比这更离谱的事了，因为所有土壤都在呼吸，这就是那里仍然存在生命的证据。但许多土壤呼吸较少，特别是当有机质含量低，也就是微生物贫乏的时候——比前文提到的实验土壤要少得多。法国国家农业科学研究院在第戎[①]对法国国内2200种土壤中的细菌开展了一次大清查[②]，结果表明，这些土壤的生物多样性下降了，但质量并未受损。从数量上讲，细菌生物量的减少顺序为：森林 > 牧场 > 休耕地 > 一年生作物 > 葡萄园和果园，干预和投入也是依照该次序递增的。与牧场或森林相比，耕地土壤中的生物多样性减少了 30%~40%！而从质量上讲，所有这些土壤之间存在的物种数量几乎没有差异：土壤至少在一段时间内再次成功抵御了干扰。从中可以得出以下几条结论。好消息是，传统农业简直是为欧洲土壤设计的，只能缓慢地改变土壤。这与传统农业在其他地区的影响相反，尤其是热带地区，它不太适应那里的土壤。坏消息是，细菌生物量减少的背后是令人不安的崩溃趋势，因为物种灭绝都是从数量稀少开始的。以自行车手为例，失去平衡后，人先是扭扭歪歪地往侧边倾斜，很快便彻底往旁侧倒去，最后摔倒在地。如果在车手稍微失去平衡的时候拍张照，会发现从照片上看他还是直立的。只有当倾斜得很明显时，才预示着他可能会摔倒。但如果你仅凭照片就以为没有什么值得担忧的，未免太天真了。看看生物多样性为我们留下了多少亮丽的风景线，现在是时候把握趋势并采取行动了。因此，对法国地下细菌的清点为我们及时敲响了警钟，此时亡羊补牢，犹未晚矣！

---

① 法国东部城市。——译注

② B. Karimi, N. Chemidlin PrévostBouré, S. Dequiedt, S. Terrat, L. Ranjard, *Atlas français des bactéries du sol*（《法国土壤细菌图谱》），Biotope, 2018.

如何维持土壤生物与生物多样性呢？你可能认为可以引入微生物，但接种本质上就是持续的输入，就跟儿童自行车两侧的小轮子一样。最好的办法是保持土壤的内在生物多样性，原理与维持自行车手的稳定类似（我们稍后会看到具体操作方法）。毕竟，我们出售蚯蚓并非因为我们理解了将其引入土壤的重要性，只不过将其作为鱼饵罢了！农民不能也不应该成为微生物学家，即使供应商为他们提供了昂贵却无用的土壤微生物多样性分析。你是否还记得前文说过，几千年来，农民一直都通过栽种植物促进固氮细菌的发展（固氮细菌住在植物体内），这些植物则被称为"绿肥植物"：事实上，这大大增加了土壤中根瘤菌的密度，这也意味着传统农业方式可以达成所需的微生物目标。

因此，我们应该继续保持农民惯常使用且可行的宏观调控手段，除了特定情况，避免采用日晒法、重复耕作、杀虫剂或过量的矿物肥料。更确切地说，我们将充分利用土壤的正常演化逻辑促进农业技术的发展，并将植被覆盖及有机物的定期供应纳入考虑范围。

被覆盖的土壤

除了干旱地区，土壤上通常覆盖着植物，即使到了干燥或寒冷的季节，也有少数植物能够勉强存活。长期被植物覆盖就是土壤的演化逻辑，而且，土壤只与植物一同出现！土壤需要被植物覆盖的原因有以下四个。

第一个原因是侵蚀。植物不仅可以妆点土壤，也是土壤抵御侵蚀的关键：土壤表面的颗粒被风或雨滴打散，而植物的地上部分可以削弱风与雨水的能量；流入土壤中的水遇到根部与真菌，形成名副其实的土壤保持网。欧洲冬季常见的棕色装饰、被翻耕过的田野及其伴生

物、沟渠、侵蚀沉积物积聚的赭褐色河流并不会持续太久。我们在第
10 章里看到了犁过的土壤被剥离的速度如何超过其重新形成的速度。
此外，植物还可以增强土壤在潮湿时期对机械的承载力与利用度。

第二个原因与土壤生物有关，这些生物主要由植物注入地下的有
机物提供养分。除了少数化能自养菌，土壤中的大多数生物都从这些
养分中获取能量。植物在某种程度上通过光合作用利用太阳能，并将
营养输送至土壤中。根际丰富的微生物（活的根给根际带去大量资源）
就足以证明这一点。死去的微生物残骸、废弃的叶子和根部也会沉积，
这点我稍后再做论述。植物是菌根真菌、固氮细菌或根际细菌的主要
养分来源。没有植物，菌根真菌中只有少数孢子能够存活，至于固氮
细菌，就只有少数远离根部的幸存者了：土壤的共生潜力在下一个季
节会下降。

第三个原因是为了维持土壤肥力，这一点同样适用于休耕地。因
为矿化有机物的微生物不停产生硝酸盐和磷酸盐。这两种矿物盐稳定
性差，如果没有被根或伴随它们的菌根真菌回收，就会被水冲走。植
物便利用它们维持土壤肥力，死亡后再将它们还给土壤。我们之所以
会在休耕地种植一些植物，如开着紫色蜜源花的钟穗花（艾菊叶钟穗
花），便是因为它们能够在未来几年内持续捕获肥力。

避免土壤裸露的第四个原因与土壤水上升有关，没有植物，蒸
腾作用就无法得到保证。我在第 2 章中说过，当水暴露在炎热气候中
时，蒸发增加，土壤深处的矿物盐会沉积在地表。当然，在法国凉爽
的气候条件下，土壤不会受到影响，但在更干燥的气候中，比如在中
欧（匈牙利）、澳大利亚或非洲，年复一年，土壤表层会盐渍化并丧失
生产力。植被退化是土壤盐渍化的首要原因，我在下文中还将谈到第 2
个原因，即灌溉。

保护性农业

那么,如果我们想让土壤被覆盖,如何立即实现呢?首先,最好不要清除覆盖物,至少不要太频繁地清除覆盖物。尽可能减少每年的耕作次数,必要时可以采用翻土或松土来代替耕作,比如可以借助翻地叉。针对更大的区域可以进行土地平整,还可以使用圆盘犁。古代农业就会避免耕作:印加人和其他许多美洲印第安人将种子播种在用棍子挖的洞里,或者就直接撒在土上,播种后立即将割下来的植物覆盖在上面。

另一个导致植物灭绝的行为也必须避免:放牧时间过长或动物密度过高导致的过度放牧。过度放牧在地中海和热带国家很常见,但迄今为止很少被提及。但是,最重要的是,我们可以采取一些能起到正面作用的手段,在两次收获之间保持植被,且这些手段在我们不顾一切坚持耕作的情况下也是可行的,那就是用草本植物或树木覆盖土壤。我将依次谈谈这两种策略。

第一种覆盖策略,即保持草本植物并限制耕作,也就是在未耕作的土壤上实施所谓的"直接"播种。几种相似的农业类型都以此为特征,它们有着各式各样的名称,如可持续农业、简化栽培技术、保护性农业。我们重点谈谈保护性农业,与之相关的研究很多,它结合了三大原则:每年种植不同作物(轮作),两次连续收获间隙用植被覆盖土壤(通过种植所谓的"中间"或"填闲"作物,也称为间作作物)及免耕(只在播种前犁地)。保护性农业于20世纪40年代诞生于美国,在黑色风暴事件(见第2章)发生后,它的首要目标是减少侵蚀,使土地恢复到接近耕作前的水平。保护性农业的弊端是会导致产量下降,但降幅非常有限(平均不到10%),下降原因可能是技术、工具和植物品种仍未达到最优,从长远来看,影响可能为零。

保护性农业的实施有时会因土壤种子库的缘故比较困难。起初，不需要的植物大量繁殖，但这种情况会逐渐停止：一方面，这些植物的种子通常需要耕作才能到达土壤种子库；另一方面，精心挑选的间作作物会积极与它们竞争。另一个困难即土壤寿命可能不足以抵消农业机械作业对土壤压实的影响，这就需要减少作业频率、避免在潮湿时期作业、使用较轻的机械，如果压实问题仍然存在，则要采用温和的方法疏松土壤。随着时间推移和不同的农业管理，最初的困难可以得到解决。

在播种最后一茬作物前清除间作作物会带来问题，因为目前，至少在欧洲，人们都是使用除草剂清除间作作物。此外，百草枯的出现使英国的免耕栽培在1955年左右发生飞跃式发展。如今，首选的除草剂是草甘膦。然而，在保护性农业中，用于控制杂草的除草剂的总消耗量减少了50%~70%，因为合理的轮作和间作作物会损害不需要的植物，一旦土壤种子库耗尽，二者就能顺理成章地替代耕作，达到同样的除草效果。此外，草甘膦对地下生物的有害影响在很大程度上可以通过其他有利举措被抵消，例如免耕或始终保持植被覆盖。总而言之，即使使用草甘膦，保护性农业也对土壤生物有利，尽管仍然缺乏详细的评估。但放弃草甘膦无疑会带来更健康、更有活力的土壤！必须找到其他方式替代草甘膦破坏间作作物，例如利用牲畜踩踏震动土壤、割草、在不翻耕的前提下对土壤做轻度浅耕、在行政规定允许的地方焚烧、选择不耐寒且在冬季就会死亡的间作作物等。

在微生物多样性和数量方面，保护性农业的表现超过了传统农业，甚至优于有机农业。事实上，从严格意义上讲，有机农业不使用合成化学品，而是用有机肥料代替矿物肥料。然而，即使它以这种方式解决了人类的健康问题，也并不会为土壤作业及覆盖创造任何条件，换句话说，它会带来干扰。[①] 很难一下子让一切都达到最优：保护性农业必须摆脱草甘膦，有机农业必须仔细观察土壤。在我看来，将保护性农业和有机农业结合起来（很多先驱者已经尝试过）是未来农业的希望，我们必须鼓励这个方向的研究。

农用林业

第二种覆盖策略就是种树，不论耕作与否，树木的生长期都比播种在地下的一年生植物长。农用林业就是将树木与农作物，甚至与放牧结合在一起，例如在播种区之间种植成排的树木，或在土地四周搭建树篱或者种植单棵树木（少数情况下）。诚然，树木会和一年生作物争夺光照或土壤资源，每种作物的产量都低于纯森林或纯一年生作物。但是土壤得到了更好的保护，竞争不全是障碍，因为每一方都在利用对方忽视的资源。在农用林业中，木材和一年生作物总和产生的生物量，比单纯种植其中任何一方的土地生物量多 1.5 倍！

事实上，这种相互作用不仅是竞争性的，因为根和叶，无论在空间上还是时间上，都会相互回避。树木和一年生作物会利用不同空间，前者的根更深，叶子更高。随着时间的推移，双方生长期也会错开，秧苗在树木发芽前就已经长出来了，而树木则更多地利用作物生长期的后期。此外，二者还存在协同作用，特别是当人们种植带有内生菌根的树木（如核桃树、枫香树、苹果树、花楸树、槭树或白蜡树）时，菌根之间会协同作用。因此，树木维持的真菌对一年生作物和内生菌

---

① 这也说明了我们普遍忽视土壤。有机农业的健康目标聚焦人类，因此相较于更关注土壤的农业形式，它更广为人知，被验证性更高。我们不该将这些农业形式对立，而是要将它们结合起来，让消费者能够理解来自地下的指令！

根作物都有利。早期研究表明，在有树的情况下，内生菌根真菌的多样性更加丰富，这要归功于那些长在树下且在收割时未被清除的草。

葡萄园中的草是一种特殊的覆盖物，这种长满草的葡萄园越来越多地取代了过去长在裸露土壤中的葡萄树。一方面，在一些夏季干燥的地区，葡萄树和草可能会争抢水分。但另一方面，这些土地受到的侵蚀更少，到了冬天，更方便机械作业（拖拉机伴随着隆隆声开来），生长在行间的植物根部巧妙地疏松土壤，提高了土壤渗透和保持水分的能力，在一定程度上抵消了二者的竞争效应。如果是豆科植物，它们可以固氮，或为与葡萄树共享的内生菌根真菌供应养分。葡萄树通过形成菌根网络，甚至可以将氮从豆科植物转移到葡萄树上！这些对土壤生物的影响及植物间的协同作用的研究才刚刚起步，但因只考虑到植物间的竞争而一度被冠以"杂草"之名的植物得以被正名。

懂得如何在竞争中出彩，在连续的时间或不同的空间中用几种植物重建复杂的生态系统，从而稳定土壤、滋养地下微生物——我们必须给土壤披上一层覆盖物（植被）以保证对地下生物的养分供应！如何让土壤可持续发展，是目前我们正在研究的课题。

富含有机质的土壤

让我们来看看土壤有机质，它是滋养许多土壤生物的关键元素。正如我们在第7章中看到的那样，有机质分解会释放氮和磷，从而转变为一种有机肥料。从这个意义上说，有机质是土壤的血液，可以滋养细胞。此外，有机质还能够改良土壤（见第1章和第3章），间接促进植物生长；通过将土壤碎片连接在一起来限制侵蚀；一部分微生物会形成黏土－腐殖质复合物，保持土壤肥力；保持土壤孔隙的稳固性；

最后，有机质还有助于保持水分。有机质不仅是土壤的血液，还是它的骨骼、皮肤、灵魂的一部分！

土壤有机质含量是投入与输出达到平衡后的结果。传统农业会损害有机质，因为这种模式只知道收割，而不补偿那些土壤失去且无法再获得的物质；而且，耕作会增强土壤透气性，土壤呼吸随之增加，从而消耗有机质。引入更多的有机质可以弥补收割及耕作（如果继续坚持这种做法的话）导致的损失，这点可以通过间作作物实现，但正如我们在第 3 章和第 8 章中看到的那样，畜牧业可以提供粪便。传统农业有时也会施用粪肥，但并不总能做到用量均衡，往往不能弥补损失的有机质，相反，不是这里投入过多，就是那里投入过剩，尤其是在集约化养殖农场附近区域。粪肥的使用给我们提了个醒，即只要动物生产始终在规定的局部范围内合理施行，就不应该将植物生产与动物生产对立起来。

事实上，持续且长久的有机物投入也曾创造出沃土，例如第 5 章谈到的美洲热带地区的亚马孙黑土。欧洲也存在一种类似的土壤，但鲜为人知，那就是 plaggen（源自荷兰语，意为"炭片"），在丹麦、荷兰、比利时和德国半腐殖质和粗腐殖质分布的贫瘠地区，这种土壤形成了肥沃的岛状地带。几个世纪以来，从周边地区收集的植物和腐殖质被用作农场动物的垫草，塞满了粪便，最后被埋入房屋周围的土里。这些粪便经过长年累月的累积使黑色土壤增厚，转化为细腐殖质，富含 40~150 厘米深的有机质，而普通土壤只有 30 厘米！尽管随着矿物肥料的引入，到了 20 世纪，人们不再使用 plaggen，但它们在一段时间内与土壤生物活动同步获得的肥沃动力至今仍然存在。

如今，我们依然能做得一样好吗？毫无疑问。保护性农业能够恢复这种平衡：一方面，未被收割的间作作物使土壤有机质储量增加；

另一方面，停止耕作后，土壤透气性下降，有机质因此得到保护。转向保护性农业会使土壤碳含量增加 5‰，某些情况下甚至增加 15‰。有机农业也伴随着类似的有机质储量重建，但使用的不是矿物肥料，而是有机肥料。

今天，提高农业土壤中有机质的含量不仅是恢复其演化逻辑的一种方式（因为土壤中总是含有一些有机质的），也是储存碳的一种方式。这些碳如果不被吸入或燃烧，大气将损失同样数量的二氧化碳。我们在第 5 章中发现了这个巨大的希望：每年增加 4‰的土壤碳储量将抵消人类的年二氧化碳排放量。当然，这并非在任何地方都能实现，但它展现出了潜在的可能性。此外，这并不是说我们的排放是合理的，而是说可以通过这种方式吸收已排放的二氧化碳，它可是导致气候变化的罪魁祸首。

但是在哪里可以找到这种有机质呢？动物是否能够提供足够的废物来滋养农业土壤？答案是肯定的。要知道，人也是动物！现在让我们一起打开垃圾桶吧。

昔日垃圾桶里的纯金

人类废物万岁！这个观点并不新鲜，请回忆一下第 3 章中伯纳德·帕利西说过的话，早在 16 世纪，他就建议回收人类和动物的粪尿、泥土和污物。奥地利艺术家和建筑师弗里登斯赖希·百水（Friedensreich Hundertwasser）在其作品中将植物与石头结合在一起，他还写过一篇关于"粪便的颂词"："我们误解了自己产生的废物，[……]茅坑对我们来说就像死亡之门。[……]然而恰恰相反。生命始于粪便。[……]从人类有记忆以来，我们就一直在尝试获得永生。人类想要有灵魂。

我们灵魂的粪便。有了粪便，我们将永垂不朽。"[1]如果我们将粪便埋入土里，那它们的确是我们对永生最可靠的贡献。

法国著名作家维克多·雨果（Victor Hugo）在《悲惨世界》中表达了这样的担忧：巴黎下水道的污水会流向塞纳河而不是田野。"巴黎一年要把 2500 万（法郎）抛入海洋。[……]用城市来给平原施肥肯定会大获成功。如果说我们的黄金是粪尿，反之，我们的粪尿就是黄金。据统计，仅法国一国每年就从河流向大西洋倾入 5 亿法郎。这产生两个结果：土壤贫瘠，河流被污染。[……]因此我们可以这样说，巴黎最大的挥霍，它奇妙的节日，波戎区的狂欢，它的盛宴，它的挥金如土，它的豪华，它的奢侈，它的华丽，就是它的下水道。"——雨果已经在量化生态系统服务了！

这些拥有远见卓识、能言善辩之人远非土壤学家，他们只是悲叹于人类竟遗忘了古老的处理方式。直到 19 世纪末，巴黎也和其他城市一样，在积极推行排泄物回收，这项举措可以创造收益，因为农民会将其买下作为肥料。例如，18 世纪末，一种由巴黎居民粪便发酵而成的产品"人粪粉"被抢购一空：高温消灭了危险的细菌，经脱水和碾碎处理的东西以溢价出售。农民们看中它强烈的气味和咸味（你没看错）。1864 年，负责部分巴黎下水道的里歇尔公司的营业额相当于今天的 700 万欧元！的确，曾经的我们懂得如何回收废物并将其转化为资源，变废为宝，后来我们就把这些经验遗忘了。

19 世纪下半叶，人们将垃圾从田间转移出去，原因有三：其一就

---

[1] Friedensreich Hundertwasser, "Scheißkultur–die heilige Scheiße"（"粪便文化——神圣的粪便"，1979—1980), *Hundertwasser–Schöne Wege. Gedanken über Kunst und Leben*（《百水——美丽的方式。对艺术和生活的思考》), dtvkunst, Munich, 1983.

是雨果抨击的这一整套下水道系统，它最终会将污水排入河流；其二，垃圾向复合型演变，与不能埋入土里的金属或塑料混在一起；其三，20 世纪初发生的第三大主要变化，即矿物肥料取代了有机肥料。这些肥料来自工业（硝酸铵）和矿场（磷酸盐、钾），更易于运输和精确计量，而且它们更便宜，因为由此引发的环境污染所产生的费用并未包含在内。现在我们再来谈谈百水先生的愤怒从何而来，对此我也有同感。因为即使到了今天，垃圾回收机制依然没有达到最优。在法国，只有不到一半的有机废物被回收到土壤中。从全球来看，人尿含有农业所需氮的 20%。氮肥生产会消耗能源且磷矿储量有限，在这样的情况下，回收利用至关重要。将废水排放到专门的站点并加以净化处理，在此期间，肥力并不会返回到土壤中——我们需要做得更好！

如今垃圾桶里被腐蚀的黄金

目前，有机废物回收利用带来了两个问题。第一个问题是，它可以作为一种肥料，却不足以替代有机质的贡献，后者还可以发挥其他作用。这点我们从堆肥处理就可以看出：一方面，这是一种有益的施肥方式，它可以让废弃物回到土壤中，但仍然减少了返回土壤中的有机质。事实上，堆肥通过分解和呼吸作用缩小了废弃物的体积，在释放二氧化碳的同时，又保留了残留物中的氮和磷。这些转变使运输变得便捷，保护了肥料的价值，减少了难闻的气味，但是它们剥夺了土壤同样多的有机质！为了更好地利用我们的垃圾箱，我们需要找到直达土壤的“路线”。堆肥只是第一步，我们必须走得更远。

第二个问题是，我们习惯把所有乱七八糟的东西都扔到垃圾里！面临着侵蚀和惊人的肥力损失，20 世纪末，香槟地区的一些葡萄种植户将家庭垃圾碾碎，埋进土里。想法很明智，但是做法很荒诞，因为这些被输送到土壤中的东西混入了污染物，里面的金属和塑料残留会在长时间内持续污染土壤——塑料和金属碎片遍布在土壤中。事实上，这种混合物有时会潜伏在土壤里，甚至下水道里。《悲惨世界》出版 30 年后，下水道里的污水被用来灌溉巴黎下游，靠近热讷维耶[①]和阿谢尔[②]农业园区一带的土壤：在贫瘠的塞纳河冲击土上，农业活动和蔬菜种植开展得如火如荼，一派欣欣向荣。经过 100 多年的污水灌溉，废水中大量存在的重金属（铅、汞、铜、锰和砷）在土壤中积累，造成了严重污染。这些污染物沉积的速度虽缓慢但稳定，因此被污染的土壤无法被修复，直到 2000 年，污染才停止蔓延，但此时的蔬菜作物早已不适合食用。

简言之，我们的垃圾桶和下水道里含有对土壤有益的肥料和有机质。那里确实有纯金，但它可能会被最坏的东西腐蚀，就像其他不太贵重的金属一样。为了让这些黄金恢复价值，我们必须承担起垃圾筛选和非混合处理的责任，还必须找回废物的生态意义：一个物种产生的废物就是另一个物种的资源！因此，它们只是相对意义上的"废物"。

动态平衡下的养分输送

土壤是一个开放的系统，既能接收也能输出：输入和损失间的平衡（即前文谈到的有机质的输入与输出）适用于万物。从这个意义上说，投入并非纯属无稽之谈，尤其是向种植农作物或放牧的农业土壤中投入肥料。我们仍然应该重视衡量这种平衡，特别是由于土壤的调

---

① 法国法兰西岛大区上塞纳省的一个镇，位于巴黎西北方。——译注
② 法国法兰西岛大区伊夫林省的一个市，位于巴黎西南方。——译注

节作用，轻微的不平衡在短期内并不会有什么影响，但当这种不平衡的状态积累到一定程度，会导致最坏的结果。准确地说，目前已有好几项平衡状态在逐渐失衡。

第一项平衡与水分和空气的通量有关，在第 2 章和第 5 章里，我们了解到这取决于孔隙度。凭借根部生长与土壤动物得以维持的土壤孔隙，在传统农业中遭到破坏。耕作后的土壤孔隙度增加，允许更多的空气和水进入，但形成的大孔隙能保留住的水分更少，很快就会自行塌陷，此时就需要再次耕作，最终对这种做法形成依赖。然而，反复耕作会产生不确定的附带影响。此外，土壤裸露时，一些淤泥含量高的土壤在雨水作用下形成一层硬壳，阻止水渗透进去，而耕作就使土壤裸露，这并不利于水分进入土壤！最后，农业机械会压实土壤，这也会影响孔隙度……希望我们未来能够减轻机械重量并更好地调整轮胎压力，因为如果轮胎内部空气更少，重量就可以分布在更大的表面上，对土壤产生的压实影响也更小；履带式车辆同样可以更好地分配负载。动物会产生粪尿，但恢复动物牵引并非在任何地方都可行，并且管理起来相当麻烦：在我看来，该方案虽然能产生一定的效果但不太建议。通过避免耕作，保护性农业依靠土壤生物（植被的根、真菌、变形虫和动物）促进可持续孔隙的再生：在动物活动的影响下或当固定组织死亡后，有机质会使形成的微孔隙保持稳定。这些微孔隙相连，有利于空气流通，而且它们一般都很小，能够保持水分。有些人担心放弃耕作会使土壤窒息，或者植被会与作物争抢水分（例如长满草的葡萄园），请放心，我向你们保证：湿度高的土壤可以抵消一部分对水分的竞争！无论什么性质的土壤，我们都不该禁止在土壤生物作用不够充分的情况下适当疏松下土壤。

第二项平衡与矿物盐相关。矿物盐来自大气沉积物，尤其是母岩，随着土壤深处的水流出。两种情况可能会导致盐分积累过多。我们已经谈过第一种情况，即在某些气候条件下，植被缺乏导致地表水蒸发：水不再向深处流动，而是在蒸发时将矿物盐沉积在地表。第二种情况是用含有矿物盐的水灌溉土壤（这些水来自河流、水坝或地下水）。如果土壤深处没有足够的地下水供应，这些投入的矿物盐会被土壤吸收，使后者逐渐趋于饱和。为了限制盐渍化，必须始终确保排水通畅。

第三项平衡与肥力相关，尤其是氮、磷和钾含量，作物收割会造成这些元素含量下降，必须要弥补损失。理想状态是菌根可以代替施肥：我们在施肥的时候，尤其希望能在较低浓度的肥料下作业，但又总是有必要弥补收割带走的肥力。当然，豆科植物可以丰富土壤中的氮，但必须人为添加磷和钾。如果说目前有时可以停止磷的供应，那也是因为多年来播撒的磷酸盐已结晶，并缓慢地被释放出来：许多农业土壤中含有数十年的磷储备！未来工作的关键在于如何管理投入的肥料，限制其渗漏到大陆水域中（及其对农业预算的影响）。这些矿物肥料突然到访土壤，大多无法被土壤吸收，因此不能反复投入；相反，有机肥料的肥力能够很好地被土壤吸收且释放速度缓慢，前途无量。这并不排除在特殊情况下，可以使用矿物肥料做即时性调整，但必须限制用量及使用频率，特别是因为按照目前的速度，全球磷酸盐储量将在 50~100 年内耗尽。

最后，让我们来看看在一些替代农业中投入的东西，例如堆肥、发酵的植物残体（有些来自森林，有些不是）。我们很难对复杂且几乎没有研究过的产品做出判断，但总的来说，针对所有不符合接收土壤演化逻辑的东西，都要警惕反复引入。当森林植物残体中的单宁酸，甚至是发酵后的单宁酸被引入到细腐殖质中，它们会变异还是累积？虽然投入产生的即时效应显著，但长期来看，它们经过积累后产生的结果可能会不同，必须区分暂时状态和随后形成的永久状态。因此，这里再次需要我们保持警惕并加以评估。问问自己，偏离土壤演化逻辑的冒险是否有必要如此复杂：借助植被，土壤已经可以做很多事情！

生态环境中没有稳定的平衡，一切都处于变化、流动、动态和转变中——尤其是在土壤里！然而，动态平衡是存在的，例如输入和损失之间的平衡。还是以前文提到的自行车手为例：他本身是不稳定的，只有速度可以让他保持动态平衡。人在骑车时左右摇摆，与此同时，自行车在风力或前一刻的推力作用下往旁侧倾斜，两者达成平衡；要是不动，车手根本无法保持平衡。土壤也遵循动态平衡，这就提出了双重要求。首先，我们应该管理的是"动态"（这就相当于骑车时向右和向左的推力），即输入和损失。其次，有些东西前一刻是好的，下一刻未必如此，也并非处处如此。例如，自行车手现在正向右倾斜，过一会儿又变成向左倾斜，而与此同时，另一位自行车手在向右倾斜。神话传说里的灵丹妙药是每个环节保持动态平衡后的产物，因此必须始终对这种状态保持感知力和质疑。这绝非易事。

对抗土壤流失

罗马人深谙土壤的重要性，我在第 12 章中说过，他们征服一座城市后，想要将其消灭，就会在城市周围的土壤里撒盐，迦太基就是这样被摧毁并"变咸"的。的确，失去土壤是不可逆的，至少在文明时代如此。然而当下，我们也正在失去土壤，仿佛我们在不知不觉中给它"撒了把盐"。这种退化既是质量层面的退化，也是数量层面的退化。

我们用投入土壤中的东西破坏了它的质量。首先就是为了农业种植投入土壤中的所有产品。以十氯酮为例，这是一种用于控制香蕉树象鼻虫的杀虫剂。1976 年，美国禁用十氯酮，但瓜德罗普岛和马提尼克岛仍然允许使用此类杀虫剂，直到 1993 年才禁用，而在那之后，十氯酮继续被非法使用。这种含有剧毒的杀虫剂在土壤中积累，并持续存在长达数世纪的时间，然后再慢慢被释放到河流和大海中：现如今，加勒比岛的某些地区已无法再开展农渔业。在第 10 章里，我们见证了一场足以表明土壤与沿海地带之间联系的惨剧，这正说明受污染土壤会对人类健康产生长期影响，如癌症、神经退化、儿童发育不良、不孕不育等。村庄被毁，村民流离失所，最终被迫沦落到需要社区援助的境地——尽管草甘膦的毒性没有那么强，但面对这般惨状，那些时至今日仍主张推迟停用草甘膦的人应该好好反思下。事实就是事实，不可逃避。对希泽（德塞夫勒省[①]）谷物平原土壤的分析表明，其中 90% 的土壤含有至少一种杀虫剂、一种杀菌剂和一种除草剂的混合物，而 40% 的土壤含有 10 多种杀虫剂！在全球范围内，64% 的农业土壤有可能被一种以上的杀虫剂污染——我们的确已经污染了未来几代人的土壤。

另一个导致土壤质量下降的因素是重金属。铜是被我们主动引入到土壤中的，为了预防病原体，铜被喷洒到葡萄树或其他果树上，最终进入土壤，这些土壤的铜含量是其他土壤铜含量的 10~10 000 倍。每公顷土壤中的铜含量接近 200 千克时，就会产生毒性，但在铜浓度高出 10 倍的土壤中，作物仍然能够存活，那是因为铜在土壤中通常不能活动。如今，铜的使用剂量是以前的 10%~20%，但即使推荐剂量为每公顷每年摄入 4 千克铜，土壤中的铜仍在继续积累，尤其是在葡萄园中。我们还

① 法国西部省份。——译注

有一点时间，但从长远来看，我们必须放弃铜。有时我们会无意中将金属添加进土壤：镉与其他重金属一样，都有剧毒，是从矿山中提取的磷酸盐的污染物。就这样，镉在不知不觉间随着添加的矿物肥料在土壤中积累。与我们刚刚谈到的热讷维耶或阿谢尔的情况一样，人们将劣质污水处理厂的污泥作为肥料撒入土壤中，也在无意中引入了重金属。在法国，农业土壤的重金属含量是森林土壤的 2~3 倍，然而，后者也未能幸免于来自空气的输入。事实上，由我们的工业或城市活动产生的富含重金属的灰尘也会通过大气进入土壤：从 20 世纪末开始，每年有 4.5 万吨锌和 8.5 万吨铅落在欧洲大地上！没有击中目标的猎枪弹也"贡献"颇大：目前在欧洲大陆上，猎枪弹每年投入土壤中的铅至少达 2 万吨。局部地区的土壤污染更集中，这是由现代法规实施之前的采矿或工业活动造成的：长期以来，业已消失或被收购的公司获得的利润都进了私人腰包，他们永远不会为造成的损失买单。面对这样的风险，生物修复（见第 12 章）见效慢且成本高昂，没有比防患于未然更好的方案了。

最后，从数量上讲，土壤会因人类活动而流失。新社区、工业区、通信基础设施等建筑物层出不穷，有些覆盖了部分土壤，例如有草地的停车场，有些则是完全覆盖，例如大楼和公路。土壤在这些覆盖物下消失了，后者使渗入土壤中的水减少，致使洪水泛滥加剧，尤其是在地中海地区；此外，几乎所有地方的市政当局都建造了蓄水池以防止决堤。然而这些土壤是大自然赐予人类的宝贵遗产，一旦消失，往往无法恢复。我们对建设和发展的热情高涨，但与此同时，城市的心脏正在死去。在法国，随着建设进程的推进，每秒有 26 平方米的土地被吞噬。这就意味着每年有 6 万公顷的农林土壤被人类侵占，也就是说，每 10 年消失的土壤面积与法国一个省的平均面积（70% 由非常肥沃的土地组成）相当。在欧洲，每年有 44 万公顷土壤被覆盖。城市居民享受着周围厚实、肥沃土壤的滋养,而事实上,我们不断发展的城市正是建立在这片沃土之上。城市及工业区的扩建在蚕食我们最美丽的土壤! 以法国为例,本土 10% 的土壤已被人类侵占。

再次重申,没有什么比防患于未然更有效。目前,针对侵占沃土的行为仍没有相关立法及税收规定,而这两项举措可以防止人类对土壤的疯狂掠夺。我们的子孙永远不会原谅我们用钢筋混凝土取代土壤。让我们回到第 6 章,再看一看成土过程,哪怕你明天就可以回到过去,也别指望能为你的曾孙准备出土壤啊!

明明有保护鸟类或两栖动物、植物或湿地的协会,我却几乎未听过任何保护土壤的协会。然而土壤才是其他"战役"之母,有了土壤,植物、动物、水域和湿地才能存在。不过欧盟已经朝着这个方向迈出了几步:"关爱土壤就是关爱生命"[1] 项目旨在确保 2030 年 75% 的土壤保持良好的健康状况,无论是为了食品质量,还是为了人类、自然和气候。欧洲正在行动,而我们的公民却没有意识到这一点。我们忽略了土壤的潜力,而欧洲推行的这个项目却将其纳入至高的希望之列。

在全球变化之际

土壤也是扩散扰动的受害者,即其他地方的活动通过环境传播后产生的大范围扰动。这些活动会破坏所到之处土壤,并且由于它们是通过大气传播,我们的肺和生活也会在此过程中受到影响。我们在前文见过这种类型的干扰,特别是经由大气输入的重金属。此外,第 3

---

[1] 该项目英语名称为 "Caring for Soil is Caring for Life",法语名称为 "Prendre soin des sols, c'est soigner la vie"。——译注

章中提到的酸雨是使用某些化石燃料的结果。酸雨落在土壤表面，使其酸化，并用氢离子代替土壤中的营养离子。正如我们在第 5 章中看到的那样，全球变暖会增加透气土壤中的微生物呼吸，使冻土融化并产生甲烷，从而增加土壤碳排放量。所有这些改变都难以控制，因为它们依赖于整个地球的活动，并且不受当地管理者的约束。由此可见，土壤向大气开放，但带来的是最糟的情况。现在让我们再来看看两种波及范围更广的污染，它们甚至离污染源很远，但依然威胁着土壤。

　　首先是富营养化。人类习惯让所操控的一切物质都变成气体挥发掉，特别是将其制成喷雾喷洒，由此产生的粉尘和液滴（也被称为气溶胶）散落到各处。不仅重金属，以矿物或有机物形态存在的氮和磷都是这样到达土壤中的。在欧洲，50 年来，大气向土壤中输送的氮增加了 1 倍多，甚至在局部范围内增加了 10 倍！这些散落物会导致富营养化，与我在第 10 章中述及的水生生态系统的情况一样，这些无意中被引入土壤的肥料有助于植物生长。你可能会天真地认为这是有利的，但事实并非如此。在一些贫瘠土壤中，当地的植物和微生物让位于来自资源更丰富环境的生物，从而威胁到这些地区一直以来的生物多样性。在欧洲一些有半腐殖质或粗腐殖质的地方，近 20% 的微生物物种已经消失，其他微生物取而代之。令人担忧的是，那些生长在细腐殖质之下的生物遍布各处，从而达到富营养化的标准。

　　大气中飘浮的微塑料是我们面临的第二种扩散污染。尽管实验结果表明，塑料可被一些生物降解，但塑料出现在环境中的时间太短，以其为食的生物不是随处可见。塑料无法被降解，只会碎裂，就像粗腐殖质中的植物残骸一样，最终形成无数大小不一、形状各异、成分各异的小块并危及海洋和土壤（塑料对海洋危害的相关研究更多）。部分微塑料是当地的塑料碎裂后产生的，但另一些是在其他地方碎裂后被风吹散到人迹罕至的地方：美国国家公园每公顷土地每年会接收 20 千克的微塑料，位于欧洲的比利牛斯山的一处高海拔区域每天每平方米能接收 365 个微塑料，甚至在珠穆朗玛峰的顶峰上都能找到微塑料！碎裂的最后阶段，小分子析出并进入有机物和细胞中，对身体产生不良影响，尤其会损害动物的激素系统，这为它们赢得了"内分泌干扰物"的称号。动物吃入的碎片会堵塞它们的消化道，比如塑料袋会导致海龟肠梗阻。无处不在的微塑料也会影响土壤结构，减轻土壤重量，使根部更好地生长，对于那些最长的根部，它们还可以增加水循环。正是因为这方面的功效，人们才往花盆土壤中掺入膨胀聚苯乙

实际上，这玩意儿没那么硬！

烯泡沫颗粒。从技术层面上来说，这种输入对那些勤灌溉的盆栽有用，但从本质上来说，此类行为应该受到谴责：富含微塑料的土壤干燥得更快、更易碎，也更容易受到侵蚀。此外，将这些再也无法回收的聚苯乙烯埋入土里会造成不可逆的污染。最后，微塑料的种类异常丰富，产生的影响也不尽相同，但尽管如此，最坏的情况是可预见的，尤其考虑到我们的食物被微塑料污染了。我们每周会摄入 5 克微塑料，相当于一张银行卡！无论是对土壤还是对人类来说，这种扩散污染都是有害的，二者都将面临内分泌紊乱。

由于缺乏可靠监测，全球对土壤退化的估算数据并不准确，但结果仍令人担忧：30%~50% 的土壤已经退化。在这场可悲的比赛中，法国并未处于领先地位，这对法国农民来说是个好消息。法国农民的农业作业方式曾被认为对土壤有益，但这些作业在短期内的影响仍然是有限的，从长期来看，还是会对土壤造成威胁。在世界其他地方，传统农业有时即使在极短期内也只能落下一个溃不成军的结局。

不要忘了还有两件让人头疼的事呢。第一件事我们经常遇到，即土壤拥有抵御扰动的能力，但只能发挥到一定的程度。换句话说，我们对土壤持续的施压有一天可能会导致其反应过度。第二件事是扰动的交叉效应。许多研究只针对土壤对一两项扰动的反应，这一方面是出于可行性的考虑，另一方面也是为了区分各项因果对应关系。不过这种方法忽略了协同作用，因为一种扰动可能会加强或削弱同时发生的另一种扰动的影响。2019 年，一研究项目组雄心勃勃地测试了 2~10 种扰动组合的影响，包括干旱、氮供应、微塑料、杀菌剂、铜、草甘膦、盐渍化、杀虫剂等，这些扰动轮番上阵，实验土壤一项都逃不过。然而，组合的效果并不总是相加的，有时甚至是相乘的！此外，这些组合指向的结果方向基本一致，最终都会加剧土壤功能及其生物多样

性的退化，无论每种扰动单独产生的负面效应和正面效应（时有发生）是什么。当这些扰动成群结队鱼贯而至时，各方的负面影响便组合在一起，对土壤重拳出击。这种混合效应让人担心土壤面对我们的行为，会突然跳起来大喊：是时候采取行动了！

结　语

前面的文字可能与你一直坚信的事实相悖，但它们是基于联合国粮食及农业组织（FAO）与生物多样性和生态系统服务政府间科学政策平台（IPBES）已经得出的结论。让你崩溃非我本意，因为事态并不全是悲观的。我并不主张"贬斥农业论"，毕竟法国农业在这场"比赛"中表现得还算不错，只不过这是一场在失败者之间展开的比赛。没有任何方法，也没有另一个世纪的理论哲学可以为我们提供指导，只有通过对局部土壤开展求真务实的观察、实验及掌握相关的知识才能得出结果。在推进这些步骤的同时，每迈出一步，我们都要不停地扪心自问。上面的话不仅仅是建立在确定的基础上的，这是对所有提问者的告白，鼓励他们不要将任何答案视为永恒，也不要将任何状态（尤其是过去的状态）视为完美。

这一章总结了土壤的生态系统服务，再次回顾了土壤为我们提供的一切：食物、材料、能源、水循环和肥力的调节、大气的组成、海洋气候和肥力的形成，以及未来土壤的再生。我们还讲到了，从目前掌握的知识来看，针对那些我们让土壤蒙受的损害，还有方法可以修复。这些方法还是很有希望取得成效的，只要能充分考虑到当地土壤的演化机制，同时避免将那些从未在土壤中出现过的成分引入其中或实施有悖于其演化逻辑的操作（至少在没有准备预防措施的时候不行），如微塑料、合成分子或来自其他生态系统的分子，尤其是来自其他地方的生物。

作为所有进程的主导者，土壤生物贯穿了本书的全部内容。必须鼓励使用和发展当地的生物而不是引入的生物，后者对当地环境适应较差，甚至是入侵性的。只有在测试验证了效果和有用性条件的情况下，接种引入生物才是可行的。但对农民来说，在播种和耕作（有限）之间"远程"控制土壤生物可能会更容易。因此应避免以下行为：过于频繁的耕作、过度施肥、系统地使用杀虫剂（包括除草剂）。相反，其他行为有助于改善耕地中生物匮乏（尚未被完全破坏）的状况。永久植被覆盖不仅可以防止侵蚀，还能够避免居住在土壤中的生物挨饿，例如两次收割间的间作作物（可以避免耕作）、临时草地或树篱及农林业中的树木。植被覆盖是（重新）建立富含有机物的土壤的方式之一，人类与牲畜的排泄物也能出一份力，同时可以弥补农作物每年带走的氮、磷和钾。增加有机质含量可以改善许多土壤性能，我们应该重新审视有机废物回收，土壤需要它们！

我们应该学会更好地管理，甚至控制我们投入土壤中的东西：水、肥料，还有有毒的杀虫剂分子、重金属或微塑料。如今，土壤正遭受多重扰动，而土壤本身与这些扰动旷日持久的对抗很可能让它们有一天离我们而去。生物多样性和生态系统服务政府间科学政策平台的统计结果显示，土地退化已影响到全球 32 亿人；未来 30 年内，5000 万到 7 亿人可能因土壤的变化而被迫迁移。因此，土壤问题与地缘战略密切相关。

再次重申，面对这些挑战，任何答案都不是永恒或通用的。相信土地意味着每种土壤的性质都是独一无二的，针对不同的土壤，需要采取不同的处理方式。虽然一般不推荐使用矿物肥料给土壤施肥，但这种方式适用于局部地区。在某些情况下，仍然需要时不时地犁一犁地。一些地区可以连续几年种植同样的植物：想想第 13 章中的抑制性土壤吧！没有什么是绝对的好或坏，除非我们偏离了适度，这个"度"则取决于每种土壤。这一章提供的只是普遍性指导建议，每个地区的每个人都必须通过测试并观察细微差别，在普遍指导建议的基础上，根据具体情况做出调整。

我们也要谨记未来的日子更好了，但还不算好。我们必须继续前进，继续质问自己。法国作家、科学家贝尔纳·德丰特内勒（Bernard de Fontenelle）曾说："不是每个人都懂得如何怀疑，[……]我们需要受到启发才能做到这一点，需要力量才能坚持下去。"怀疑不是断然拒绝一切，而是经过充分的分析之后再做出决定。我们应当继续将建设性怀疑当作日常，让研究员和实践家齐聚一堂。只有这样，试验和发展的重担才不会只落在那些管理土壤人的肩上。

　　土壤是集体的责任，不仅关乎整个社会，也关乎未来我们每个人的子孙后代。

尾声

从生命世界之源到时间的尽头，是 G 大调交响曲吗

在这里，我们需要站到一定的高度才能客观地看待土壤；在这里，我们长话短说；在这里，我们在笔记本上写下 12 月 5 日；在这里，我们再次背起重担，这次是道德的重担；在这里，亲爱的读者，是时候说再见了。

感谢所有跟随我一同踏上旅程的读者，我们得出一个共同的结论：这是一段漫长的旅程，只为探索一件既复杂又美丽的东西，它穿过我们的房子（包括厨房），穿过地球的每个角落。我们发现了形形色色的土壤，它们为我们留下了文字——沿途遇到的众多词源都散发着科学的芬芳（希腊语和拉丁语），还有些裹挟着世界各地泥土的芳香，如日语、波兰语、意大利语、德语、加斯科涅语、塞尔维亚语、克罗地亚语、丹麦语、俄语等。本书并非一部纯粹的土壤自然史，实则更多谈论的是土壤及其多样性。

每种土壤都是独一无二的，所以请相信它！土壤学家会谅解我在本书中并未对土壤做任何分类：相较于对整个土壤系统的粗略描述，我更喜欢用实例说话，而且，坦白地说，我自己对这些分类都是一知半解。土壤千差万别，哪怕只是细节上的差异。如果你想要简单地了解

土壤分类，可以前往荷兰瓦格宁根大学的世界土壤博物馆，那里的土壤样品被储存在半透明树脂中。告别意大利乌菲齐美术馆或法国卢浮宫的人群吧，前往世界土壤博物馆参观一下，这里的游客并不多，很安静，可以看到近 80 个土壤剖面，还配有讲解员。这些剖面是从保存在储藏区的 1000 个剖面中挑选出来的。这场旅程绝对精彩绝伦、独一无二，遗憾的是，这有点像看植物标本——闻不到植物的香味、感受不到植物生机——塑造这些土壤的生物和活力并未被保存下来。

现在让我们尝试总结一下所有土壤或多或少共有的特性。

宏伟的生命之柱

我们先后退一步（重新）审视下土壤：从太空出发，朝着地球行进，瞄准一片大陆，一同探索我们即将陆续走过的地方。我们慢慢下降到大气层中，大气密度会递增，但里面的成分仍然非常均匀。这里只有一点点生物，孢子、少许花粉、气流携带的细菌、一只鸟，它们都只是过客。这是一个时刻在运动的地方，没有生物，也几乎没有有机物。

然后，我们离土壤已经很近了：瞧，这是一片草地。有机物丰富起来，这里有了动物（嘿，看，饲养员来巡地了）、微生物、植物，整个世界都生活在土壤之上。我们继续往下，突然，多样性爆发了，就在此时，我们刚刚触碰到土壤。随着我们不断下沉，化学、有机和矿物成分的多样性和丰富性剧增；在生物多样性方面，物种和个体的数量也在飙升，涌现了很多动物，尤其是微生物——复杂性和多样性都达到了最大值。我们来到根部，蜻蜓穿梭在其间，让我们再往深处探一探：在最初的几十厘米中，多样性指数仍然很高，随着越来越靠近母岩，多样性指数也在逐渐下降。

从大气层开始，我们的运动强度会降低，当我们到达母岩时，环境仿佛凝固了。化学成分的多样性也开始减少，直到与岩石的多样性相当，只剩下极少量的微生物。生物多样性和数量也在缓慢下降，然后很快稳定在一个低水平上。我们到了岩石里，迈进地质世界。确实，这里有少量微生物，甚至在几千米深的地方都存在微生物，但数量很少且生长非常缓慢，因为那里资源匮乏。1 立方千米的岩石只有 1~10 吨的生物物质，是 1 平方千米厚度为 1 米的土壤生物物质的千分之一！

生物多样性在土壤中达到顶点，这里上演着一场生物、生活方式、各种化学成分的巴洛克式爆炸——也许土壤也是生物世界最丰富的构造，它能够攫取并控制惰性。生物在从天空到地球深处的生命之柱中，在岩石与大气的交界地带大量繁殖，这片区域被生态学家称为群落交错区，它位于两个同质环境之间，由于这两个环境的交界带很薄，大量生物多样性在这里积累以应对环境变化。一些人将这个产生生物的界面称为临界区。不知你是否意识到，如果从大气（600 千米厚）和地球半径（6360 千米）的尺度来看，这种土壤极薄，厚度仅在几毫米到 100 米之间。即使每公顷土地有 4000 吨这样的土壤，又算得了什么呢？在我们走过的生命之柱中，它就是一张隐形薄膜，但它是如此珍贵，有了它，才有了我们生存的世界！群落交错区和临界区只不过是两个略显沉闷的专业术语，再看看我们的土壤，那里是一场生物的狂欢派对，高朋满座，觥筹交错，一派生机。而这般生机勃勃的景象要归功于周围两种不同环境间的接触，即岩石和大气。

再看一看我们的田野、花园和森林吧，我们看到的只是陆地生态系统的表层。我们生活在土壤的皮毛中，却天真地以为看到了整个陆地生态系统。生活在我们头发里的虱子可能认为人就是龟裂的粉红色表面，上面长满了不规则的毛发，在虱子看来，这些毛发就像是长着鳞片的柱子，它们就在其中游荡。然而，它们的食物来自更深的地方，但它们能看到我们皮肤下面的东西吗？我们就像地球上的虱子，我们的眼睛只能看到事物的表面。不过好在我们的大脑可以想象出更多的信息，它告诉我们，我们的陆地生态系统不是绿色的，而是黑色、棕色、米色或红色的，这取决于土壤的颜色。

总结土壤

总结土壤并非易事。在大气和地壳岩石的交界处，存在着各种状态的物质：固态、液态和气态。其中固态物质包括矿物质和有机物：生物及其死亡后的残骸渗透到土壤的不同深度，土壤中含有 60%~80% 的陆地生态系统生物量（无论活的还是死的）。根据计算结果，每平方米土壤含有 65 千克的生物量，但这些生物并不都是可以被看见的，因为土壤中的死亡有机物及大多数生物都非常小。此外，土壤的尺度——离子、分子、黏粒（粒径意义上）、淤泥、沙子和微生物——不可见的程度极高，也能逃过我们的眼睛。26% 的已知物种生活在土壤中，但只有不到 1% 的土壤居民有自己的名字及相关描述。土壤是生物多样性的温床，此处所说的"多样性"不仅指物种，还包括它们的生活方式。这种生物多样性参与了地下世界运行的方方面面。

任何静态描述都不适用于土壤，因为土壤是一个不断运动的过程。流动中的水与固体成分的交换、消耗和产生的气体、降解中的有机物、溶解或形成中的矿物质、不断建造和被破坏的生物量、在重力和生物扰动作用下的物理混合……土壤就像一台永动机，因为它是一个生态系统，它诞生、发育、成熟，可能因侵蚀而死亡。土壤在不断调整，严格来说，它本身并不是活的，但它包含了生命。在课堂里高喊"活土壤"的确能激起学生的兴趣，但在本书中我避免使用这个说法，因为它在细节上不够准确，且略显冗余。最后，土壤动力调节了许多参数，如水的成分和流动、温度、机械稳定性等。土壤在环境恶劣时将生物保存了下来，从长远来看，它所保存的是历史的痕迹。

土壤向世界敞开了大门，因为它与其他生态系统相连。每平方米土壤可蓄水 50~400 升，既可调节河流流量，又可让水蒸发进入大气；它向大气开放，将温室气体输送到其中，还可以通过储存有机物来限制温室效应；它因侵蚀向内陆水域开放，再进而向海洋开放，将肥力输送到海中，催生了水生生态系统的生命。我说过，水域是土壤的眼泪，空气里回响着土壤的叹息。我们的食物，无论是陆生还是水生的，无一不是土壤的功劳！如果一切都将终于土壤，那么一切也始于那里：从大气到生物，还有风景。土壤造就了地球。

正如我们了解和经历的那样，土壤的确是世界的起源。法国画家、雕塑家居斯塔夫·库尔贝（Gustave Courbet）曾创作过一幅美丽的同名画作[1]，该画带有强烈且辛辣的女性特征。如今，一个半世纪过去了，这个题目听上去仍然挑衅意味十足，而我再次借用这个题目，以期能打动你。或许你听说过有人声称找到了女人头部那部分的画作？这是一件极具争议的作品，据说原先的画布更大，后来被重新切割。最近有人发现了一幅小画，画里是一颗拉长的女人的头颅，整幅画延续了《世界的起源》中身体的形式和风格。

如果说土壤是世界的起源，那么，我们能找到它的"头颅"吗？人类是否可以成为那颗有思想、有灵魂的头颅？没有什么比这更不确定的了。

---

[1] 现收藏于巴黎奥赛博物馆。

土壤学诞生了，但它能存活吗

　　就像新生儿在生命之初只能看到母亲的乳头，看不到更大的环境，甚至看不到母亲的脸一样，人类迟迟没有将土壤作为一个独立于植物与岩石的个体去看待。科学就像一个婴儿（对维护它的人来说非常耗时），它对世界的看法会愈发清晰。直到19世纪下半叶，科学才带领我们看到了土壤——人类总是很难关注到身边的事物。

　　俄罗斯地理学家瓦西里·多库恰耶夫及其关于气候和土壤类型之间联系的开创性研究（见第6章）经常被认为是土壤学的基石，在1883

年的研究成果中，他将土壤视为"独立的自然体"，而他几乎从未赋予岩石独立的地位。但是名人从来不是只靠运气，在科学领域，一个理论的确立通常得益于同时期数位研究人员的成果。弗里德里希·阿尔贝特·法卢（Friedrich Albert Fallou）是一位对农林业管理感兴趣的德国律师、博物学家，他在 19 世纪中叶提出，土壤不单纯是纯粹的地质物体。德国人将法卢视为土壤学的创始人，后者在 1862 年出版的一本著作的标题中创造了这个名字，这本书的题目是《土壤学，一门综合且详细的土壤科学》（*Pedologie oder allgemeine und besondere Bodenkunde*）。我在第 8 章中还提到了丹麦的森林学家和博物学家彼得·米勒，他早在 1879 年就描述了德国土壤，并列举了腐殖质的主要类型。查尔斯·达尔文从 1837 年起就对土壤和蚯蚓产生了兴趣，尽管他直到 44 年后才发表了相关文章。

我们如同一个目光越来越敏锐的婴儿，在 20 世纪末开始将土壤视为一个不断调整的动态化学过程，到了 21 世纪初，当我们更加确定土壤中存在微生物网络时，又将土壤视为一个活的生态系统。但我们还未完全了解如何使用土壤，甚至尚未意识到它的重要性！

在引言中，我以我的大学课程为例展示了农业界、农艺界、林业界是如何开展土壤学的教学的，但是正如本书所示，人人都对土壤感兴趣，但并未给予其足够的重视。结果就是，土壤从未停止带来坏消息——直至今日的功能退化。然而，如果我们可以预知到这些问题，土壤可以成为我们改变世界的手段！例如，我在第 5 章中谈到土壤可以帮助我们减少大气中的二氧化碳：每年增加 4‰的土壤有机质含量，刚好可以抵消人类产生的二氧化碳。即使目前的增加量还够不到抵消的标准，我们投入农业土壤中的物质也将重建土壤结构、抗侵蚀能力、含水量和微生物。有些人可能认为亚马孙雨林被砍伐都是巴西当局的错，但如果我们不在自己国家管理因缺乏碳而濒临死亡的土壤方面树立一个好榜样，又谈何说服别人呢？

　　人类早已将土壤视为独立的个体，但一个半世纪过去了，如今的人类是否已经理解自己所看到的一切呢？是否已经改变了自己对土壤的看法，是否已经看到了隐藏在土壤背后的长期效益？联合国宣布2015 年为"国际土壤年"，而公众普遍对此漠不关心。每年的 12 月 5 日是世界土壤日，也是在提醒大众，多么明显的意图！

　　再次回到前面的那个问题，我们是否能找到世界的起源——土壤的"头颅"？我不确定人类是否已经足够成熟来承担这个角色，但确定的是，我们亟须一个能思考土壤未来的头脑！

土壤的道德维度

　　土壤是一项遗产。这一维度远远超出了之前提到的生态作用，特别是与营养有关的作用。土壤生物也是遗传资源库，虽然我们尚不清楚其在未来的用途。目前，土壤生物已被作为工业用酶的来源：20 世纪 60 年代末，洗衣粉中的"贪吃酶"（用于去除衣服上的污垢）就来自土壤中的生物分解者。土壤生物也是抗生素的来源，当细菌对现有抗生素产生耐药性时，开发新抗生素的希望就在落在了土壤微生物身上。一些放线菌中的硫肽距被发现已有 50 余年，但很少被使用，直至今日，我们才再次对此类菌素产生兴趣；2014 年，人们在一种名叫 *Eleftheria terrae* 的细菌（顾名思义，来自土地①）中发现了另一种抗生素泰斯巴汀，有望由此找到新的抗生素家族。

———————————

① 法语中 terre 表示"土地"。——译注

　　与土壤生命的节奏相比，人类的生命长度与昆虫无二，可以说昙花一现。土壤退化速度非常缓慢，这就是为什么我们往往无法立即意识到自己的行为是危险的。我曾带一批农业高中的学生去远足，我们在一条公路上发现了侵蚀痕迹，就在一块翻耕过的田地附近，我提醒学生特别留意这片区域。当我向他们解释长期耕作的风险时，一位学生正与其他人嘲笑那些曾经来田野里炫耀的巴黎人："我父亲和祖父就这样做过，而我们现在就在这里。"亲爱的人类啊，人生一世如白驹过隙，我如何能帮你考虑你孙子的未来呢？我真是太无助了！

　　此外，土壤生成需要数百年，甚至上千年。我们不能创造土壤，这些我们赖以生存的土壤，为我们构建环境的土壤。我们只能继承土壤，我们的下一代也是如此。换句话说，我们借用了后代的土壤。我们有使用权，但我们如果爱我们的孩子，就应该为了他们关注土壤，确保我们的行动是可持续的：我们可以收取利息，但不能动用本钱。我们应当把自己置于父母的立场上去管理土壤，但是要怎么做呢？很简单，成为公民并帮助最年轻的一代也成为公民。

　　成为公民就是要明白，我们的消费行为能够增加所购买产品的生产方的价值。信用卡无所不能，因为消费需要生产。希望这本书能够给各位读者提个醒，不要忘记我们才是耕种者，即使我们是委托他人操作的：我们不需要亲自抡起锄头，也无须手握农机方向盘，但我们做出的选择和消费行为是值得认真筛选并加以管理的！清晰的标签、社区和餐馆老板的采购政策、农户的直销模式，我们能够通过这些了解到所购买的东西是如何生产的。亲爱的读者，这是你们的战斗。

　　帮助他人成为公民意味着相信教育可以让下一代更加了解这些问题。当我完成这本书时，法国的高中会考改革竟然偷偷修改了各学科的成绩比重，太可恶了！如今正值环境与健康危机之际，这场改革简直就是一种倒退和盲目的行径，它把生命和地球科学从高二和高三的主干课程里删除了。抗议无效后，为了救急，我和一些老师选择每周给高一年级的学生上一小时的课。课堂上，我们谈论土壤，将其视为未来公民的食粮，我们还探讨为了保持健康、生物多样性和气候需要哪些其他必要条件，但这每周的一小时能起到多大作用呢？在随后重建的生物和地质学高等学校预备班（BCPST 班）[1]的预科课程中，我们也将土壤引入了教学内容中。遗憾的是，这些尝试起到的作用微乎其微，至今我们仍然无法从环境与地下世界的维度与学生探讨我们的命运。

亲爱的读者，这是我们的战斗。让土壤拿回它本来的贵族身份，向所有人解释它的价值。起源于另一个时代的侮辱性蔑称"乡巴佬"[2]简直荒诞至极：衣服上的泥土是一种装饰，如果穿这件衣服的人尊重他所在的这片土地，那么这就是他应得的功勋。牢记沿途的惊喜，它可以改变我们对土壤的看法，让我们爱上土壤。乐观一点，不管发生什么，生活总是美好的。好了，是时候休息一下了。

休憩的场所

本书在灰蒙蒙的冬天拉开了序幕，随着最后一行的临近，让我们一起迈向夏日的甜蜜。我将带你去一个我在法国很喜欢的地方，来一场放松的冥想：我们将在最后一次思想之旅中前往贝尔岛[3]。现在，我们就站在内陆海岸的悬崖边缘，博尔格杜海滩上方，在一片美丽的、

---

[1] BCPST（Biologie, Physique, Chimie, Sciences de la Terre），即生物、物理、化学、地球科学。——译注

[2] 法语为 culterreux，其中 terreux 意指"泥土的"。——译注

[3] 位于法国布列塔尼大区，地处法国西部。——译注

绿油油的羊茅草地上，草地在大柏树的荫蔽下免受风吹，这些已经是土壤赠予的礼物了。再往前走一点，是有人野餐后剩下的东西：一块奶酪（身边永远围着微生物）、酒瓶里没喝完的葡萄酒、五颜六色的果皮，这些无一不在提醒我们，世界的味道和颜色也源自土壤。

是时候休息一下了。在海滨小路上，两个人在迈着大步跑步，脚下的泥土让他们缓下了步伐。这里的土地软软的，夏天我总是光着脚走在上面——我在岛上曾有过"赤脚植物学家"的绰号。我放下书，纸张上某棵高贵的树木正在拼命生长，书页仿佛也被扯着往大地的方向翻去。困意来袭，我躺下来，大地的湿气钻到鼻孔里，夹杂着蘑菇、香草和橙子树的味道。我的眼皮越来越重，朝大海望去，一艘渔船漂浮在海面上，后面远远地跟着一群海鸥；再近一点是碧绿的海，生长着大量浮游生物；离我几米远的地方，就是美丽的博尔格杜白沙滩。退潮后，沙滩露出来，就在布满棕色海带的岩石之间。从海滩的沙子到海洋生物，再到渔业和海带，这些仍然是土壤的力量，正是土壤的肥力灌溉着水生生物。这一切构成了土壤交响乐的最后乐章。

在我身后的岛屿高原上，时不时传来小羊的咩咩叫声（这里的羊都是本土物种），它们在不太肥沃的土地上吃草。我陷入沉沉的睡眠，被土壤的凉爽包裹着，远处传来农用机械的嗡嗡声，这是农民们收获后的季末耕作吗？在一片预示着侵蚀的尘土中，成群的海鸥在周围盘旋，吞食蚯蚓和土壤里小型生物。或者这是我们在 2030 年左右才发明出的一种新款轻型机械？这种机械作业产生的压力更小，无须压实农作物的残骸，这样，这些残骸就可以与回收的有机废物及为了在冬天保护土壤而种植的间作作物的残骸混合在一起，并最终返回土壤。

我是在做梦吗？朋友们，加快脚步吧，只有你们才能在未来做出决定。至于沉睡的我，就让我沉浸在海岸的甜蜜中吧，请把我的骨灰撒在我刚刚告诉你们的地方，我希望有一天它们能在土里安息。

参考文献

你可以在下面这本扣人心弦的漫画中了解关于土壤生物的信息，这本漫画由我本人担当科学顾问：

Mathieu Burniat, *Sous terre* (《地下世界》), Dargaud, 2021.

与土壤相关的著作还有：

Denis Baize, *Naissance et évolution d'un sol. La pédogenèse expliquée simplement* (《土壤的诞生与演化，成土作用的简单释义》), Quæ, 2021.

Alain Brêthes, Jean-François Ponge, Jean-Jacques Brun, Bernard Jabiol et François Toutain, *L'Humus sous toutes ses formes* (《各种形式的腐殖质》), Engref, 2007 (2e éd.).

Francis Bucaille, *Revitaliser les sols* (《重振土壤》), Dunod, 2020.

Yves Coquet et Alain Ruellan, *Les sols du monde pourront-ils nourrir 9 milliards d'humains?* (《全球土壤能养活 90 亿人吗？》), Le Pommier, "Les Petites Pommes du Savoir" ("知识的小苹果"丛书系列), 2010.

Charles Darwin, *La Formation de terre végétale par l'action des vers* (《腐殖土的产生与蚯蚓的作用》), L'Élan des mots, 2021.

Frédéric Denhez, *Le Sol. Enquête sur un bien en peril* (《土壤：濒危资源调查报告》), Flammarion, "Champs actuels" ("当代田野"丛书系列), 2018.

Philippe Duchaufour, Pierre Faivre, Jérôme Poulenard et Michel Gury, *Introduction à la science du sol. Sol, végétation, environnement* (《土壤学导论：土壤、植物、环境》), Dunod, 2018 (7e éd.).

Christian Feller, Ghislain de Marsily, Christian Mougin, Guénola Pérès et Thier y Winiarski, *Le Sol. Une merveille sous nos pieds* (《土壤：我们脚下的奇迹》), Belin, 2016.

Michel-Claude Girard, Christian Walter, Jean-Claude Rémy, Jacques Berthelin et Jean-Louis Morel, *Sols et environnement* (《土壤与环境》), Dunod, 2011 (2e éd.).

Michel-Claude Girard, Christian Schvartz et Bernard Jabiol, *Étude des sols. Description, cartographie, utilization*（《土壤研究：描述、图鉴、使用》）, Dunod, 2017.

Jean-Michel Gobat, Michel Aragno et Willy Mathey, *Le Sol vivant. Base de pédologie-biologie des sols*（《有生命的土壤：土壤学－土壤生物学基础》）, Presses polytechniques et universitaires romandes, 2010 (3ᵉ éd.).

David R. Montgomery, *Dirt. The Erosion of Civilizations*（《泥土：文明的侵蚀》）, University of California Press, Berkeley, 2007.

—, *Cultiver la révolution : ramener notre sol à la vie*（《耕作革命：让土壤焕发生机》）, France agricole, 2019.

Marc-André Selosse, *La Symbiose. Structures et fonctions, rôle écologique et évolutif*（《共生：结构与功能，生态功能与演化》）, Vuibert, 2000.

—, *Jamais seul. Ces microbes qui construisent les plantes, les animaux et les civilisations*（《永不孤单：滋养动植物、主宰世界的微生物》）, Actes Sud, 2017.

—, *Les Goûts et les Couleurs du monde. Une histoire naturelle des tannins, de l'écologie à la santé*（《世界的美味与色彩：单宁酸的自然史，从生态到健康》）, Actes Sud, 2019.

术语表

标有星号（*）的术语在本表中另有专条可供参阅。

-A-

Acide 酸性（物质）
指含有氢离子*的介质，如醋。氢离子浓度越高，物质的酸性越强。与"中性（物质）"*和"碱性（物质）"*对应。

Acides aminés 氨基酸
含氮有机物*中的一种小分子，存在于所有生物体内。蛋白质由相连的氨基酸组成，如酶*。

Acides fulviques 黄腐酸
土壤中一组极其多样化的有机物*的总称，呈强酸性，可溶于水，呈黄褐色。其中大量分子是单宁酸*。

Acides humiques 腐殖酸
土壤中一组极其多样化的有机物*的总称，呈黑色，在碱性*水中形成溶液*或悬浮液*，在酸性*水中则不会形成悬浮液。其中一些分子是单宁酸*。

Actinomycètes 放线菌
一种细菌群，多呈丝状，其中一些会生成抗生素［链霉菌属（Streptomyces）、放线菌属（Actinomyces）等］，另一些可固氮*［弗兰克氏菌属（Frankia）］。

Actinorhize 放线菌根瘤
由根和土壤放线菌（弗兰克氏菌）组成的混合共生器官，可以固氮*，提高植物中的氮养分含量。

Allélopathie 化感作用
植物的一部分（叶子或根部）所释放的分子（如单宁酸*）会抑制邻近植物的发芽、生长、存活和繁殖，相当于微生物*中的抗菌作用（产生抗生素）。

Amendement 土壤改良剂
一种输入到土壤中的物质，不直接作为肥料*滋养植物，而是通过改变土壤性状间接改善植物的营养生长条件，例如石灰岩或有机物*贡献的养分。

Amibe 变形虫
一种单细胞生物，覆盖着一层柔韧、可变形的膜*。变形虫通过改变体形挪动身体，进而将有机物*或小型猎物包裹并吞下，再将其消化。它们由多个种群演化而来，因此体形各异。

Anécique 深层蚯蚓 / 深栖类蚯蚓

一种蠕虫，它们和某些蚯蚓一样，在土壤里纵向挖掘，形成垂直通道。在挖掘过程中会积极搅动蠕虫之间的土壤层*。深层蚯蚓在生物扰动*中发挥着主要作用。

Anoxie 缺氧

一种环境状态，例如不含氧气的土壤。

Argile 黏粒 / 黏土

有两层含义。（1）从粒径意义上说称为黏粒，指直径小于 0.002 毫米的颗粒，比粉砂*小，通常具有胶体*性质。（2）从矿物学意义上说（除非另有说明，从第4章起特指这层含义）称为黏土，类属层状硅酸盐，由铝氧和硅氧的微小片层在矿物结构中交替堆叠而成。黏土大多都属于黏粒。

Azote 氮

化学元素（符号 N），在大气中呈气态 [N_2，少数情况下以氮氧化物的形态存在，包括一氧化二氮（N_2O）]，但也存在于有机物*或溶液*的离子*中，如铵（NH_4^+）和硝酸根（NO_3^-）。

-B-

Basique 碱性（物质）

指含有氢氧根离子*的介质，例如肥皂、液体管道疏通剂或苏打水。与"中性（物质）"*和"酸性（物质）"*对应。

Biodisponible 生物可利用性

指能进入微生物或根部的物质，无论是有毒的还是有益的物质，它们都可以在土壤水中自由循环。

Biofilm 生物膜

一种微生物*群落，它们形成活膜并附着在石头、牙齿或任何基质表面，通常无法被肉眼看见。

Biomasse 生物量

指有机体、生态系统或某一单位面积土壤中存在的有机物*总量。根据上下文，意指死亡和（或）活着的有机物。

Bioturbation 生物扰动

由生活在环境中的有机体的活动引发的对应环境（如土壤）的物理搅动和混合。

-C-

C/N 碳氮比

表示有机物*中碳原子数与氮*原子数比值的化学符号。如果物质的这一比值高，则代表氮含量相对较少，这种物质对分解*和矿化*因子而言营养价值较低，分解和矿化进程会受到制约。

Capacité d'échange cationique 阳离子交换能力

土壤将阳离子*保留在其有机物或黏土胶体*上的能力，这些胶体本身带负电荷。良好的阳离子交换能力是肥力好的必要条件。

Carboxylates 羧酸盐

至少在碱性*环境中带负电荷的有机分子，因为它们含有一个或多个部分的 –COO$^-$（在强酸性环境中被氢离子中和并生成 –COOH）。

Cation 阳离子

带正电荷的离子*。

Cellule 细胞

构成生物体和进行新陈代谢 * 的单位。细胞总是受到细胞膜 * 的限制，在植物、真菌和细菌中，细胞膜外面还有一层发挥保护作用的细胞壁 *。动物和变形虫 * 的细胞没有细胞壁。许多微生物 *（包括大多数细菌）由单个细胞组成，其他生物（如大多数真菌、植物和动物）由许多黏合和连接的细胞组成。

Cellulose 纤维素

由葡萄糖分子串联而成的大分子，是植物细胞 * 壁 * 的组成部分。

Chimiolithotrophie 化能自养菌

细菌的新陈代谢 *。细菌从矿物质间的反应中获取生命能量，例如氧与亚铁间的反应，与铵或硫化氢间的反应。除光合作用 * 和呼吸作用，化能自养是细菌主要的生存方式之一。借助这种能量，细菌将二氧化碳转化为有机物 *，就像在光合作用 * 中一样（但在这种情况下，所需的能量不是来自光）。

Chitine 甲壳素

存在于真菌细胞 * 壁 * 和昆虫外壳上的物质。甲壳质的分子式与纤维素 * 接近，因为它是由一连串葡萄糖分子组成的，但每个分子都由于氮 * 的加入被改变了（葡萄糖转化为 N– 乙酰半糖胺）。

Climax 演替顶级

生态系统因生态演替 * 而逐渐趋向的状态，尤其指土壤和植被在特定气候下达到的稳定状态。

Colloïde 胶体

由细小的固体颗粒组成的有机物或矿物质，每个颗粒带有相同符号的电荷（土壤胶体带负电荷）。同性电荷相斥，从而使其在水中形成悬浊液 *，除非在可发生絮凝 * 的条件下。

Compétition 竞争

同一物种或不同物种中生物之间的一种关系，各方因存在共同的需求（空间、营养资源、光等）而发生的负面相互作用。在竞争过程中，有时某一方会释放毒素（抗生素、化感作用 *）来消灭竞争对手。

Complexe argilo-humique 黏土 – 腐殖质复合物

（矿物学意义上的）黏土 * 通过钙或铁等阳离子 * 与有机物 * 连接后形成的一种特殊胶体 *。这种复合物的大小有利于絮凝 *，使其成分免于被降解，有效提升土壤阳离子交换能力 *。

Cristallisation 结晶

与水蒸发有关的机制，溶液 * 中的水离子 * 达到一定浓度后凝结成固态晶体。与"溶解" * 对应。

Cyanobactéries 蓝细菌

能够进行光合作用 * 的细菌群，它们可以自由生活或共生 *，比如在某些地衣中。一些蓝细菌可以固氮 *。

-D-

Décomposition 分解

有机物 * 的降解机制。在酶 * 的作用下，大分子被分解成较小的分子，能够进入以其为食的生物的细胞 * 内。

Dénitrification 硝化作用

在缺氧条件下导致土壤中的氮 * 流失的

机制。细菌利用硝酸盐完成呼吸作用并释放气态氮氧化物（包括一氧化二氮）。这些气体逃逸到空气中，引发温室效应。

Dispersion　分散

与水的物质供应相关的机制（如果水的阳离子＊含量低），胶体＊通过该机制进入水中并形成悬浮物。与"絮凝"＊对应。

Dissolution　溶解

与水有关的机制，固态晶体通过释放离子＊被分解，并在水中形成溶液＊。与"结晶"＊对应。

DNA　脱氧核糖核酸

一种线性分子，其结构负责基因编码。大多数基因用于形成蛋白质的氨基酸＊。这些蛋白质如果是酶＊，则有利于细胞＊结构或新陈代谢＊。

-E-

Ectomycorhize　外生菌根

一种菌根＊，真菌的细丝在根部周围形成菌丝套，并钻入根部外侧细胞之间（但从未进入细胞内部），形成细胞间的交换界面，即哈氏网。构成这种共生＊关系的真菌属于不同的子囊菌群，如松露和担子菌、牛肝菌或鹅膏菌。

Édaphique　土壤的

与土壤有关的。

Endomycorhize　内生菌根

一种菌根＊，真菌菌丝在根部表面形态不明显，它们通过分支伸入某些细胞内部，形成细胞内交换结构。形成内生菌根的微小真菌是球囊菌。

Endophyte　内生菌

生长在植物组织中的细菌或真菌，植物不会出现明显病变或症状。

Engrais　肥料

投入土壤中滋养植物的资源（直接为植物供应养分，与土壤改良剂＊的间接投入不同）。肥料可以是矿物盐＊（如磷酸盐、硝酸盐、钾，我们称之为矿物肥料），也可以是有机物＊，但后者需经微生物＊矿化＊后才能释放可供植物吸收的资源（即有机肥料）。

Enzyme　酶

一种可以提高化学反应速度、促进化学反应的蛋白质。细胞生命的新陈代谢＊反应依赖酶进行。

Érosion　侵蚀

土壤在风力作用（以颗粒形态）或水力作用（被溶解形成溶液＊、在水中形成悬浊液＊或以颗粒形态被水流冲刷带走）下被剥蚀或搬运的过程。

Évapotranspiration　蒸散

水分通过土壤蒸发和植物蒸腾作用返回大气中。

-F-

Fixation d'azote　固氮

一些细菌将大气中的氮＊转化为铵，再转化为氨基酸＊的能力。这使得这些细菌（或与它们共生＊的植物，如豆科植物）摆脱了对土壤中有机氮、铵或硝酸盐的依赖。

Floculation 絮凝

与高浓度阳离子被引入有关的机制。这些阳离子可以中和胶体 * 中的电荷，使胶体不再在液体中形成悬浮液 *，而是在其重量的作用下沉降。与"分散" * 对应。

Fongique 真菌的

与真菌相关的。

-G-

Gloméromycètes 球囊菌

见第 482 页"内生菌根 *"条。

-H-

Herbivore 食草动物

以植物为食的动物。

Horizon 土壤层

构成土壤的分层，各分层大体分布均匀（特别是其成分），通常与土壤表层平行排列。

Hôte 宿主

指为另一种生物提供生存环境的生物，前者为寄生生物，或与宿主建立共生 * 关系。与"非宿主" * 对应。

Humification 腐殖化

生成稳定腐殖质 * 的机制。如果植物或微生物中的有机物 * 几乎未发生改变，则为 H1 类腐殖化，因为这些有机物的成分或环境条件阻碍了自身的分解 *。

Humine 腐殖土

土壤中极其多样化的有机 * 分子的总称，不溶于水，呈黑色。其中一些分子或它们的某些部分是单宁酸 *，有助于土壤肥力的形成。

Humus 腐殖质

通用术语，指：（1）土壤中的所有有机质 *；（2）土壤中缓慢分解的有机质部分（更准确地说，是稳定腐殖质）；（3）（本书中使用的定义）位于表土层的纯有机层，也称为"O 层"。

Hydrophile 亲水性基团

指自发与水相互作用并能够保留水分的分子或物体。

Hyphes 菌丝

构成真菌"隐形"且永久存在的部分（即菌丝体 *）的微小细丝。

Hypogé 地下生的

地下的。

-I-

Intrants 投入

农业生产中投入土地中的物质总称，包括土壤改良剂 *、肥料 * 或农药（除草剂、杀虫剂、杀菌剂等）。

Ion 离子

带正电荷（阳离子 *）或负电荷的小分子。

-J-

Janzen-Connell (effet) 詹森 – 康奈尔效应

见土壤反馈 *。

-L-

Lande 荒原

植被以低于2米的小灌木和灌木丛为主，是土壤贫瘠的标志，腐殖质多为粗腐殖质＊。不要将这个术语与朗德省（法国地名）混淆，该地区在种植海岸松之前是一片潮湿的沼地。

Latérite 红土

一种富含铁和铝的热带土壤，引申为一种建筑材料。红土因富含铁而呈红色（见红土化作用＊），有时含有一层坚硬的土壤层＊，即"薄铁磐层"。

Lessivage 淋移作用

黏土颗粒在水力作用下下移至土壤底部，形成悬浮液＊；下移的黏粒通常通过絮凝＊向下重新沉积。

Lignine 木质素

分布在植物细胞＊壁＊中的一种大分子，由单宁酸＊相互连接并与细胞壁的其他成分相连构成。木质素可以加固细胞壁，尤其可以让树木挺拔。木质素只能被某些真菌及在有氧环境下形成的自由基分解＊。

Limon 粉砂

直径在0.002毫米至0.02毫米之间的颗粒（在某些分类中，上限为0.075毫米或0.063毫米），在粒径意义上介于砂粒＊和黏粒＊之间。

Lithosol 石质土

初育土的一种，土层浅薄，常见于陡坡，是成土作用＊初始阶段的成果。石质土直接位于母岩＊之上，上面覆盖着生物膜＊或非常薄的有机层。

Litière 枯枝落叶层

指土壤上部，由几乎完整且易于识别的枯叶组成，是腐殖质＊的最表层。

Lixiviation 淋溶作用

使土壤水中的矿物盐＊溶解＊并将其移动到土壤底部。

-M-

Macropore 大孔隙

土壤中的孔隙，因其足够大而无法借助毛管力保持水分。雨水下渗时，大孔隙内含有空气。

Membrane 膜

脂质薄膜，包裹细胞＊，将其与外界隔离。在细胞内，内膜界定细胞区室，如液泡＊。在植物、真菌和许多细菌中，细胞膜外还覆盖着一层保护壁＊。

Métabolisme 新陈代谢

维持生物体或细胞＊正常运行，使其构建自身结构并实现重要功能（合成氨基酸＊、制造或分解复合分子、产生细胞能量等）的一系列生化反应的总称。

Métaux lourds 重金属

金属化学元素，之所以被称为"重"，是因为它们在固态下通常（但并非全部）密度非常大（更准确的称法为"微量金属元素"）。它们在大多数土壤中浓度并不高，有时很少的量也能发挥作用（属于微量元素），但在高浓度时都是有毒的。

Microbe 微生物

微小生物体，包括真菌（含酵母菌、单

细胞真菌）、细菌、病毒和各种其他单细胞生物（含变形虫＊和纤毛虫）。

Micropore 微孔隙

土壤中的孔隙，因其足够小，可以借助毛管力保持水分。如果土壤干燥，也可容纳空气。

Minéral 矿物质

指不属于有机物（其化学结构中没有碳原子或只有 1 个碳原子，因此碳原子不会相互结合）的固态物质或溶液＊中的分子或离子＊。

Minéralisation 矿化

有机物＊分解机制。在此过程中，细胞使用有机分子释放能量（通过呼吸作用）后，剩余物以矿物分子、气体（二氧化碳、水）或矿物盐（硝酸盐、磷酸盐）的形态被消除。

Moder 半腐殖质

腐殖质的一种类型，有机物＊分解＊和矿化＊发生缓慢，主要发生在真菌作用下。半腐殖质是一种体形小且对土壤搅动不明显的蚯蚓＊（线蚓）的食物。耐受相当贫瘠的土壤且生长速度适中的植物会在半腐殖质上生长。

Mor 粗腐殖质

腐殖质的一种类型，在稀有真菌的作用下，有机物＊分解＊和矿化＊发生得极其缓慢。粗腐殖质中不存在土壤生物，因此土壤搅动很少，甚至没有土壤搅动。能够耐受非常贫瘠土壤的植物可以在粗腐殖质上生长缓慢。

Mull 细腐殖质

腐殖质的一种类型，有机物＊分解＊和矿化＊迅速，主要发生在细菌作用下。细腐殖质会被搅动土壤的蚯蚓吞食。得益于这种快速循环，需要肥沃土壤的植物会在细腐殖质上迅速生长。

Mycélium 菌丝体

微小细丝（或菌丝＊）的集合体，构成真菌和卵菌＊"隐形"且永久存在的部分。

Mycorhize 菌根

由土壤真菌和根组成的混合共生器官，为共生双方供应养分、提供保护发挥至关重要的作用。

-N-

Nématode 线虫

一种蠕虫种群（见蠕虫＊），体形非常小，大量存在于土壤中，以细菌为食，或依具体种类寄生在植物和动物上。

Neutre 中性（物质）

一种既非酸性（物质）＊也非碱性（物质）＊的介质，即其中含有的氢氧根离子和氢离子＊数量相当。

Niche écologique 生态位

物种的属性，指适宜该物种个体生长的物理条件和化学条件（光照、土壤酸度和湿度、含氮量等）。

Nodosité 根瘤

土壤细菌（根瘤菌）在根部形成的混合共生器官，发挥固氮＊作用，提高植物的氮营养。

-O-

Oomycètes 卵菌
由细丝（或菌丝*）组成的生物群，因此拥有菌丝体*，和真正的真菌一样，通过孢子*繁殖。尽管两者有诸多相似之处，但这一接近褐藻的群体在演化中独立于真菌出现。

Organique 有机物（质）
指由生物制造的物质，其化学结构至少有2个碳原子，这些碳原子相接（如糖或氨基酸）。与矿物质*对应。

-P-

Paroi （细胞）壁
覆盖在细胞膜外的一层厚度不一的结构，可以保护细胞。真菌、藻类和植物的细胞被（细胞）壁包围，其中含有植物中的纤维素*（甚至木质素*）及许多真菌中的甲壳质*。很多细菌的（细胞）壁性状不同。

Pathogène 病原体
引发疾病的寄生生物。

Pédogenèse 成土作用
裸露的母岩*上形成土壤的过程，最终发育成演替顶级*。

Pergélisols 永冻层
永久冻结的土壤。

pH pH值
"氢离子浓度指数"的缩写，表示酸度，其值范围在0~14之间（土壤一般为2~8.5）。酸性*土壤的pH值小于7；碱性*土壤的pH值大于7；中性*土壤的pH值接近7。

Phosphore et Phosphate 磷和磷酸盐
存在于有机物*或矿物质*分子中的化学元素（符号P），多指在土壤中移动性较差的磷酸根（PO_4^{3-}）。

Photosynthèse 光合作用
利用光能从空气里的二氧化碳中制造糖（因此是自养营养）。这一过程由蓝细菌*等细菌和植物完成。光合作用还有一个副产品，即氧气（O_2）。

Phytolithe 植硅体
在某些植物组织中形成的一种起到保护作用的硅质凝结物（对抗食草动物*），质地硬，通常具备该物种的形态特征。

Pigments bruns 血褐素
单宁酸*和蛋白质的复合物，呈棕色，在植物细胞*死亡过程中由细胞残骸形成。它将枯叶染成棕色，并被真菌分解。

Podzol 灰化土
在低温气候下及酸性*粗腐殖质*上发育的一种土壤，其特点是黏土*矿物被破坏，因此肥力低。

Profil pédologique 土壤剖面
土壤从表面到母岩*的切面，由各土壤层*堆积而成。

-R-

Rétroaction du sol 土壤反馈
先前存在的个体和（或）该物种的种群密度会吸引携带病原体*和有利微生物*（包括那些形成根共生体*的微生物），

从而导致的植物物种土壤质量的变化。如果病原体的影响占上风，则为负反馈（后代在这里长势不佳，即詹森 - 康奈尔效应）；如果有利微生物的影响占上风（后代在这里长势良好），则为正反馈。

Rhizosphère 根际
土壤的一部分，那里的微生物生长在根部周围并受其影响。

Roche（Roche mère）岩石（母岩）
位于土壤之下的地质构造的组成部分。岩石通过自我转化促进土壤的发育形成，有时被称为"母质"，因为它有时就是一种更古老的土壤，而不是严格地质意义上的岩石。岩石是当前土壤形成的基础。

Rubéfaction 红土化作用
与炎热气候相关的过程，该作用将铁以3价铁的形态从母岩 * 中释放，将土壤染成红色。

-S-

Sable 砂粒
有两层含义。（1）从粒径意义上说，指直径 0.02 毫米至 2 毫米的颗粒，大于黏粒（土）* 和淤泥 *。（2）从矿物学意义上说（除非另有说明，从第 4 章起专指这层含义），指由纯石英组成的矿物。第 2 种含义的砂粒大多属于第 1 种含义的砂粒。

Salinisation 盐渍化
矿物盐 * 在水分蒸发过程中通过结晶 * 沉积在土壤中，使土壤不适合植物生长。

Saprotrophie 腐食营养
从已经死亡的有机物 * 中吸取的营养。

Sel 食盐
一种特殊的矿物盐，氯化钠（也称海盐）；广义见矿物盐 *。

Sels minéraux 矿物盐
可以以溶液 * 或晶体形态，甚至与胶体 * 结合存在于土壤中的离子 * 的总称。有时缩写为"盐"（注意不要与食盐 * 混淆，后者是矿物盐的一个特例）。

Sève 树液
在植物体内循环的营养液，有两种类型。木质树液将土壤中的水和矿物盐输送到叶子和芽中，而韧皮树液将光合作用 * 产生的糖输送到非光合器官（芽、果实或根部）。

Sidérophores 铁载体
主要是由细菌和植物分泌的分子，它们会捕获环境中的铁并携带其一起移动。铁载体被生产它们的细胞 * 主动回收，为这些细胞提供铁。

Sol 土壤
地壳最外层，位于下部地层（或母岩 *）和大气之间，包含生物圈的主体部分。

Solution 溶液
水和不带电（例如小分子糖类）或带电的小分子（离子 *）在溶解 * 过程中形成的均一的化学混合物；如果水蒸发，可能会发生结晶 *。溶液是半透明的，但也可能有颜色。不要将其与含有小固体颗粒的悬浊液 * 混淆。

Spore 孢子

生殖细胞*，通常具有抗性和传播性，可以在细菌、真菌、藻类、苔藓或蕨类植物中发芽成新的个体。

Succession écologique 生态演替

物种（例如植物）不断被替代的生态机制，每个物种都会被后续物种替代，从而引发环境变化，直到达到演替顶级*。

Suspension 悬浮液

水和胶体*（固体颗粒）的混合物，两者相互排斥，在某些条件下可能会发生絮凝*。由于胶体的存在，悬浮液是不透明的，并且可能有颜色。不要将其与溶液*混淆。

Symbiose 共生

不同物种之间的一种合作共存关系。严格来说，在本书中意指互惠互利。

-T-

Tannin 单宁酸

一种酚类或多酚类植物分子，主要通过与蛋白质（如酶*）结合（会改变蛋白质的功能）保护植物免受食草动物*和微生物*的侵扰。单宁酸最终会进入土壤并对其产生影响，影响程度视单宁酸浓度而异。

Terpène 萜烯

具有生物活性的植物分子，通常带有毒性，其结构中含有一个或多个异戊二烯单位。

Tourbe 泥炭土

含有大量水和酸性物质*的土壤，由富含单宁酸*的有机物质*堆积而成，其分解*受到环境条件的抑制。

-V-

Vacuole 液泡

植物或真菌细胞*内部的一部分，被膜*单独分离开来，包含储存物、毒素或废物。动物体内没有液泡。

Vers 蠕虫

广义上指不同种群的细长动物，包括线虫*和环节动物。狭义上仅指环节动物，包括本书中提到的蚯蚓（正蚓亚目）、链胃蚓科、巨蚓科和线蚓亚科。

致 谢

衷心感谢玛丽安娜·克拉霍尔姆（Marianne Clarholm）、马克·迪库索（Marc Ducousso）、贝尔纳·雅比奥尔（Bernard Jabiol）、让－克里斯托夫·拉塔（Jean-Christophe Lata）、格韦尔塔兹·马赫奥（Gweltaz Maheo）、尼古拉·马特冯（Nicolas Mathevon）、杜瓦勒·麦基（Doyle McKey）、帕斯卡尔·波德沃耶夫斯基（Pascal Podwojewski）、萨米埃尔·雷布拉德（Samuel Rebulard）、让－皮埃尔·萨尔图（Jean-Pierre Sarthou）、皮埃尔·托马斯（Pierre Thomas）和皮埃尔·瓦拉（Pierre Valla）对本书内容的补充及为此付出的时间。感谢热罗姆·普勒纳尔（Jérôme Poulenard）绘制的法语版封面的土壤插图。感谢克莱尔·舍尼（Claire Chenu）、伊曼纽尔·波尔谢（Emmanuelle Porcher）、雅克·托马斯（Jacques Thomas），特别是米歇尔·布罗萨尔（Michel Brossard）和克里斯蒂安·费勒（Christian Feller）对本书细致的科学审读。书中每一部分的内容都有所有人的功劳。

本书的成功问世在很大程度上要感谢弗朗索瓦丝·马雷夏尔（Françoise Maréchal）、让·保罗·卡皮塔尼（Jean-Paul Capitani）、弗朗西斯·比卡耶（Francis Bucaille）、洛朗斯·法耶（Laurence Fayet）、弗雷迪·加罗（Freddy Garreau）、奥德蕾·普鲁斯特（Audrey Proust）和塞利娜·托马斯（Céline Thomas）的校对，他们的工作确保了语言的通顺、文字的准确和语言风格的统一。感谢我在南方文献出版社的合作伙伴阿依泰·布雷松（Aïté Bresson）对本书的关注；感谢玛丽亚·罗比尼克（Maria Robionek），如果没有她的帮助，我根本不可能在这么短的时间里完成校对工作。